D1618390

ALLE ZEIT WACH
1842

André Kilchenmann (Hrsg.)

Technologie Geographischer Informationssysteme

Kongreß und Ausstellung KAGIS '91

Mit 104 Abbildungen

Springer-Verlag
Berlin Heidelberg New York
London Paris Tokyo
Hong Kong Barcelona
Budapest

Professor Dr. phil. II André Kilchenmann
Waldring 10
W-7517 Waldbronn 2 (Busenbach)

Springer-Verlag und Umwelt

Als internationaler wissenschaftlicher Verlag sind wir uns unserer besonderen Verpflichtung der Umwelt gegenüber bewußt und beziehen umweltorientierte Grundsätze in Unternehmensentscheidungen mit ein.

Von unseren Geschäftspartnern (Druckereien, Papierfabriken, Verpackungsherstellern usw.) verlangen wir, daß sie sowohl beim Herstellungsprozeß selbst als auch beim Einsatz der zur Verwendung kommenden Materialien ökologische Gesichtspunkte berücksichtigen.

Das für dieses Buch verwendete Papier ist aus chlorfrei hergestelltem Zellstoff gefertigt und im ph-Wert neutral.

ISBN 3-540-54889-0 Springer-Verlag Berlin Heidelberg New York

Die Deutsche Bibliothek - CIP-Einheitsaufnahme
Technologie geographischer Informationssysteme
Kongress und Ausstellung KAGIS '91. André Kilchenmann (Hrsg.). -
Berlin ; Heidelberg ; New York ; London ; Paris ; Tokyo ; Hong Kong ; Barcelona ; Budapest : Springer, 1992
ISBN 3-540-54889-0
NE: Kilchenmann, André [Hrsg.]; KAGIS <1991, Karlsruhe>

Satz: Reproduktionsfertige Vorlage vom Autor
30/3145-5 4 3 2 1 0 – Gedruckt auf säurefreiem Papier

VORWORT

Vor ziemlich genau einem Jahr kam ich von der EGIS'90 in Amsterdam zurück nach Karlsruhe und war als Mitglied des EGIS Steering Komittees ziemlich enttäuscht darüber, daß von insgesamt fast 1000 Teilnehmern nur ca. 20 aus Deutschland an diesem europäischen Kongreß über Geographische Informationssysteme teilgenommen hatten. Mir schien es damals notwendig, für den deutschsprachigen Raum eine Veranstaltung zu organisieren, die möglichst vielen Interessenten den Einstieg in die Technologie der geographischen Informationsverarbeitung erleichtern sollte, um den internationalen Anschluß nicht zu verpassen. Ich freue mich, daß recht viele diese Idee angenommen haben und nach Karlsruhe gekommen sind.

Damals bin ich im Telephonbuch bei der Suche nach der Nummer des Karlsruher Kongreß- und Ausstellungszentrums ganz zufällig auf die REGA gestossen. Nach Gesprächen zwischen Frau Bäckel, der Geschäftsführerin, und mir, entschloß sich Frau Bäckel, das große Wagnis der Organisation eines GIS-Kongresses mit Ausstellung in Karlsruhe zu wagen. Sie hat heute einen großen Drahtseilakt ohne Netz hinter sich. Ich meine, daß sie für ihren Wagemut unsere Anerkennung und Dank verdient.

Mein Dank richtet sich auch an alle Aussteller. Obwohl in diesem Bereich europaweit unterdessen sehr viele GIS-Ausstellungen organisiert werden, haben insgesamt 25 Firmen ihre Produkte in Karlsruhe vorgestellt. Sie sind das Salz in der Suppe jeder GIS-Veranstaltung und ich bin glücklich darüber, daß in Karlsruhe das ganze Angebot an Hard- und Software präsentiert wurde.

Ich möchte einen weiteren Dank aussprechen, und zwar an meine Kollegen im Programmkomittee. Herr Dr. Bill, Herr Dr. Fritsch und Herr Dr. Strobl haben mit ihren Anregungen viel zur Programmgestaltung beigetragen. Statt in Konkurrenz zu treten, was oft der Fall ist, haben wir zu einer engen Kooperation gefunden und ich hoffe sehr, daß diese nicht nur weitergeführt, sondern noch ausgebaut werden kann.

Karlsruhe, im Oktober 1991 André Kilchenmann

INHALTSVERZEICHNIS

Hard- und Software / Firmenpräsentationen

Anwendungen von GIS in verschiedenen Bereichen

Ausbildung / Schulung

GIS: Vergangenheit - Gegenwart - Zukunft

André Kilchenmann
GeoInformatikZentrum
Institut für Geographie und Geoökologie II, Universität Karlsruhe
Kaiserstr. 12, D-7500 Karlsruhe 1

Vergangenheit

Geographische Informationssysteme (GIS) sind heute ungefähr 30 Jahre alt. Roger F. Tomlinson berichtet in seinem historischen Rückblick (Tomlinson 1984 und 1990), daß er im Jahre 1960 die Grundideen für ein GIS entwickelte, 1962 seine Vorschläge der Kanadischen Regierung unterbreitete und 1964 das erste polygonorientierte GIS, das Canadian Geographical Information System (CGIS), für das "Agricultural Rehabilitation and Development Program" in Betrieb nahm. So wie heute noch in den meisten Fällen ging es darum, alle Informationen über die Landnutzung, die in Kartenform bereits existierten, im Computer digital zu speichern und für anschließende Übersichten und Analysen bereit zu halten.

Mit zunächst etwas anderer Zielsetzung entwickelte sich fast gleichzeitig die rasterorientierte Computerkartographie, insbesondere am "Harvard Laboratory for Computer Graphics and Spatial Analysis" (mit dem Pionierprodukt SYMAP). Diese neue Technik der Kartenspeicherung und Kartenproduktion mündete aber bald in die allgemeine Entwicklung Geographischer Informationssysteme, oft im Zusammenhang mit der Neuorientierung der amerikanischen Geographie ("quantitative Revolution", "Spatial Analysis"). Bereits 1968 wurde innerhalb der "International Geographical Union" (IGU) eine wissenschaftliche Kommission eingerichtet, die sich mit dieser neuen Technologie auseinandersetzte ("Commission on Geographical Data Sensing and Processing"). 1970 organisierte die IGU (auf Anregung von R. F. Tomlinson) in Ottawa mit Unterstützung der Unesco die erste GIS-Konferenz, an der 40 Geographen und verwandte Wissenschaftler teilnahmen. 1972 folgte dann die zweite Konferenz mit nun bereits 300 Teilnehmern. Im selben Jahr wurde durch die IGU die erste GIS Publikation herausgegeben (zwei Bände mit dem Titel "Geographical Data Handling").

Bald darauf begannen sich die Themen "GIS" und "Computerkartographie" in Lehre und Forschung an einigen amerikanischen Universitäten zu etablieren. Als bekanntestes Beispiel sei das "Geographic Information Systems Laboratory" an der SUNY in Buffalo genannt.

Als Folge von Studienaufenthalten und -kontakten von Dieter Steiner mit der GIS/Computerkartographie-Szene in den USA und Kanada kam es bereits 1966 (also vor 25 Jahren) am Geographischen Institut der Universität Zürich zur Entwicklung eines eigenen Computerkartographieprogrammes. Ich hatte damals das Glück, unter Anleitung von Dieter Steiner an der Entwicklung von GEOMAP arbeiten zu können. In meiner Dissertation (Kilchenmann 1968) finden sich die ersten mit GEOMAP produzierten Computerkarten und 1971 publizierten wir den ersten Atlas mit Computerkarten, den "Computeratlas der Schweiz" (Kilchenmann et. al., 1971).

Ich möchte nun kurz darstellen (siehe dazu Abb. 1), wie GEOMAP damals konzipiert wurde, weil dadurch die heute noch gültigen Grundzüge der GIS-Technologie deutlich werden.

Zu jener Zeit war der Printer, der auch die Protokolle des Rechners ausdruckte, das einzig verfügbare Ausgabe-Gerät für Karten. Dies bedeutete, daß man den Kartenausdruck auf dem Rasternetz der Printerzellen aufbauen mußte.

Auf diesem Raster wurden zuerst die Flächen definiert, d. h. es wurden die Koordinaten der Knoten aller Polygone von Hand festgelegt und auf Lochkarten übertragen.

Desweiteren wurden für alle Flächen Polygonzentren festgelegt und deren Koordinaten wiederum auf Lochkarten übertragen.

Dann folgten im Lochkartenpaket die Werte der zu kartierenden Variablen.

Diese Geometrie- und Sachdaten wurden nun vom Programm eingelesen und mit diesen Daten wurde ein Raumfüllungsalgorithmus gerechnet, der im Ergebnis zur thematischen Karte führte, welche auf Magnetbändern oder Festplatten gespeichert oder ausgedruckt wurde.

Die Wirkung dieser einfachen Schwarz/Weiß-Karten (Abb. 2) war natürlich bescheiden. Wir haben die Wirkung in der Publikation durch Überdruck von farbigen Linien, Grenzen, Flußnetz zu verbessern versucht.

Die Entwicklung der Computertechnik, insbesondere der graphischen Darstellungsmöglichkeiten, der interaktiven Graphik, der Rechnerleistung und der Speicherarten haben von diesen Anfängen zur modernen GIS-Technologie geführt. Grundsätzlich funktionieren die heutigen GIS-Systeme indessen nicht viel anders.

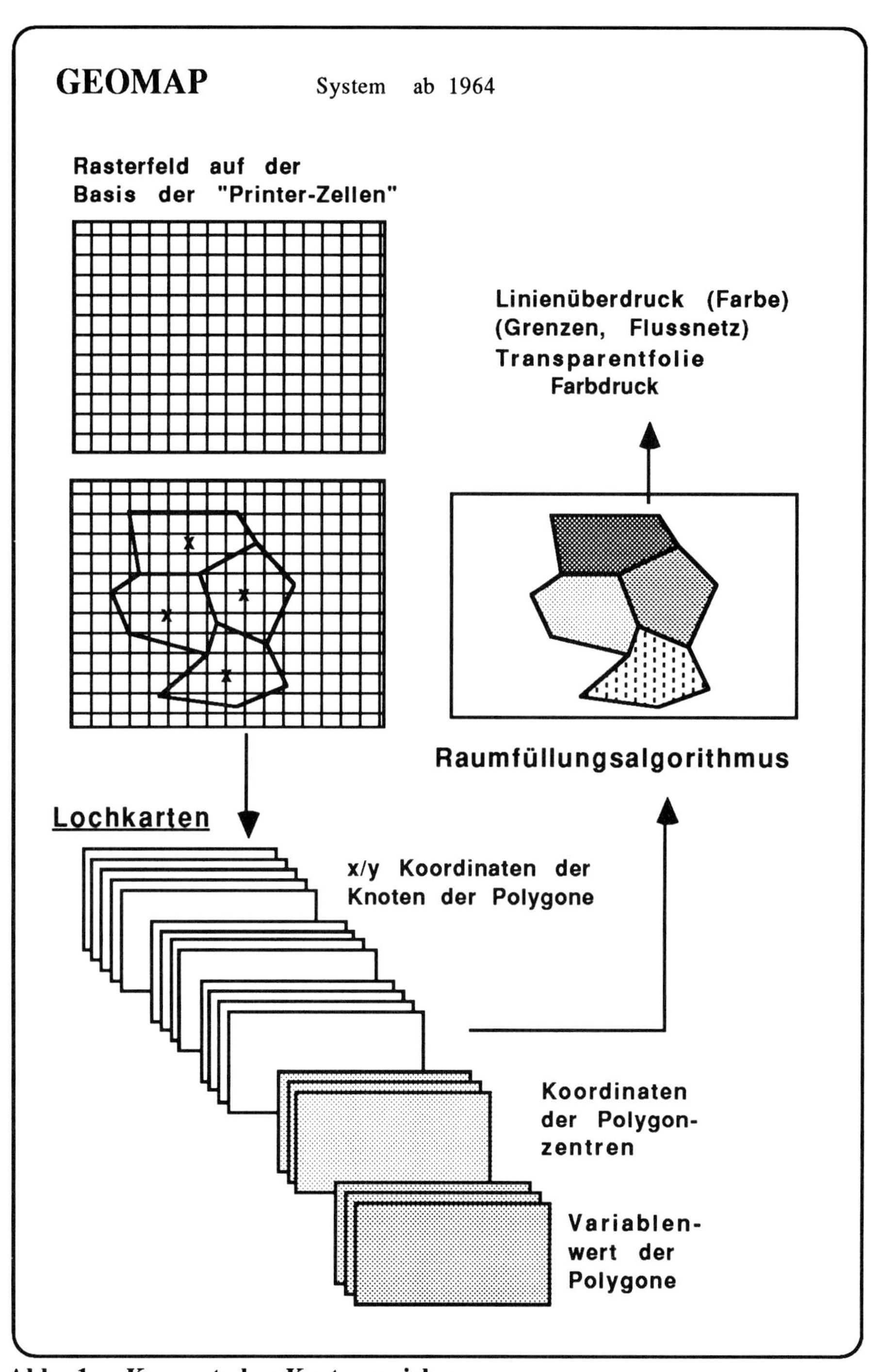

Abb. 1 : Konzept der Kartenspeicherung

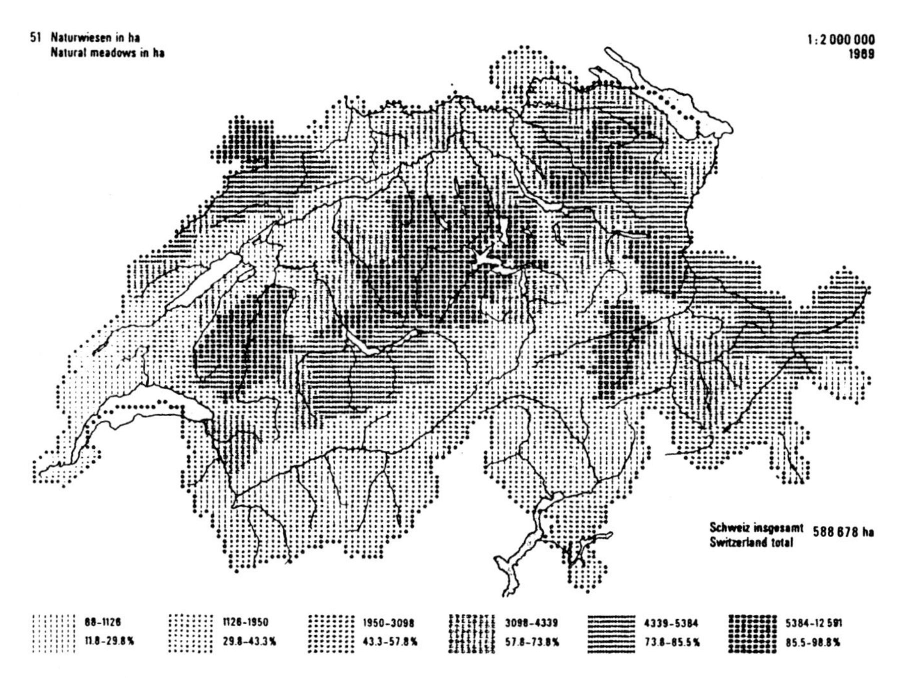

Abb. 2 : Beispiel aus dem "Computeratlas der Schweiz

Gegenwart

Ottens (1991) hat die GIS-Entwicklung in drei Phasen eingeteilt, die in Abb. 3 zusammengestellt sind. Es fällt auf, daß er für die Phasenübergänge einen Spielraum von 5 Jahren vorgibt. Daraus zu schließen, daß er im internationalen Vergleich einzelnen Ländern einen Verzögerungszeitraum von 5 Jahren zuordnet wäre indessen falsch. Ich schätze die gegenwärtige Situation in der Bundesrepublik so ein, daß sich hier insgesamt vor kurzem der Übergang von der Pionier- zur Reifephase vollzogen hat.

Phasen der GIS-Entwicklung (nach Ottens, 1991)

1. Pionier-Phase (Innovation) : ca. 1965/70 - 1980/85

2. Reife-Phase (Spezialisten, Kommerzialisierung) :
   ca. 1980/85 - 1990/95

3. Benutzungs-Phase (weitverbreit. Einsatz): ca. 1990/95 -

Abb. 3 : Phasen

In verschiedenen Disziplinen haben sich einzelne "GIS-Spezialisten" etabliert. Ich habe diese Fachbereiche in der Abb. 4 zusammengestellt. Im Gegensatz zur ausgesprochenen Führungsrolle der Geographen in der nordamerikanischen (auch britischen) GIS-Entwicklung kamen in der Bundesrepublik auch aus dem Vermessungswesen wesentliche Anstöße. Die deutsche Geographie hat eigentlich bis heute auch in diesem Bereich ihre Innovations- und Technologiefremdheit bewahrt. Vielleicht gerade deswegen haben viele anderen Disziplinen begonnen, räumliche (geographische) Analysen mit raumbezogenen (geographischen) Daten zu machen und dafür Geographische Informationssysteme einzusetzen.

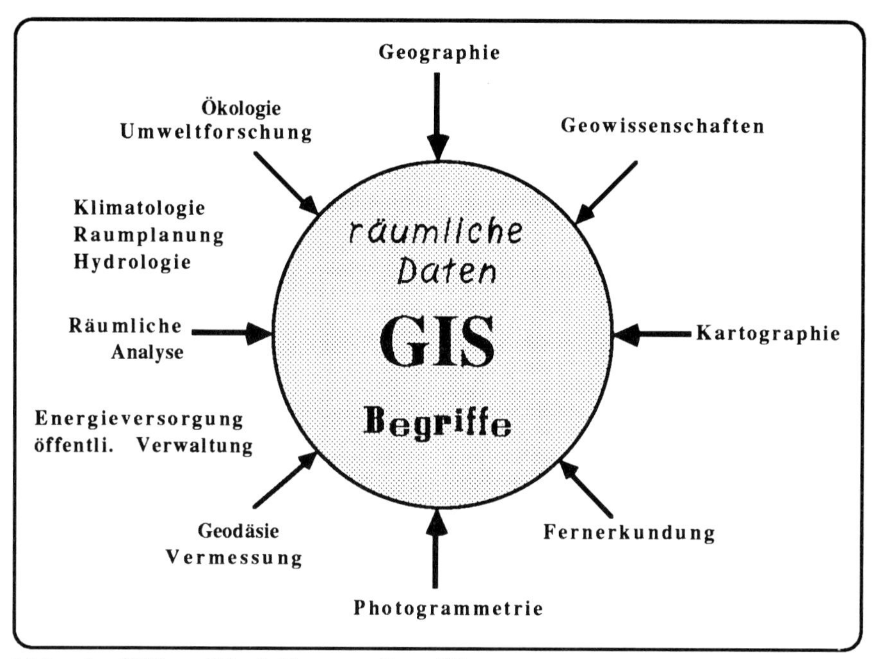

Abb. 4: GIS - Disziplinen - Begriffe

Das Thema GIS ist jedenfalls heute eine ausgesprochen interdisziplinäre Angelegenheit. Nicht nur, daß sich an GIS-Veranstaltungen Teilnehmer aus den verschiedensten wissenschaftlichen, institutionellen und privatwirtschaftlichen Bereichen zusammensetzen, es scharen sich zunehmend (z.B. im Bereich der Umweltforschung) auch interdisziplinäre Forschergruppen um ein gemeinsames fachübergreifendes Geographisches Informationssystem. Dies fördert einerseits die heute dringend notwendige integrative Forschungstätigkeit, bringt aber andererseits aus allen Bereichen fachspezifische Begriffe in die GIS-Terminologie. Da alle beteiligten Wissenschaften ihren Begriffsapparat mit einbringen, stehen wir heute vor einer ziemlich verwirrenden Begriffssituation, mit unterschiedlichen Definitionen für bestimmte Begriffe (z. B. geographische Objekte, Regionalisierung u. a.).

Zur Illustration der Themenvielfalt habe ich die Abb. 5 vorbereitet. Die Darstellung soll absichtlich verwirrend und unübersichtlich sein, um das gegenwärtige Wirrwarr anzudeuten. Die GIS-Thematik ist heute mehrdimensional, wobei die Dimensionen selbst noch nicht klar erkannt sind. Ich habe einige der wichtigen Begriffe, die in der GIS-Literatur auftauchen, hier zusammengestellt.

GIS THEMATIK MEHRDIMENSIONAL

Image Processing	Multimedia Hypermedia GIS	AM/FM CAD/GIS	Cost - Benefit
Netz-verwaltung	UVP Umweltschutz	Umwelt-informations-systeme	Kartographische Analyse
Industrie verwaltung Hochschulen	Awareness	Copyright Rechtliche Probleme	Spatial Analysis
Digitalisieren Scannen	GIS und Fernerkundung	Ausbildung Curriculum	Organisationen Zeitschriften
Experten-systeme	Kunstliche Intelligenz	Fuzzy Data	Daten-genauigkeit Fehler
Geostatistik Interpolation	Muster-erkennung	Datenstruktur Datenmodelle	3-D / 4-D Digitale
Schulung	Neurale Netze Datenbanken	Karten-grundlagen	Gelande modelle
Hardware-angebot	Software-angebot	Peripherie-gerate	Literatur Kongresse

Decision Support System / LIS-GIS

Themenvielfalt

Abb. 5 : GIS-Themen

Die Kommerzialisierung hat auch im deutschsprachigen Raum voll eingesetzt. Es gibt z. Zt. bereits 85 Firmen, die sich mit der Entwicklung, dem Vertrieb oder mit der Anwendung von GIS-Software befassen, und die Zahl dürfte sich in der nächsten Zeit noch rasch vergrößern. Dies ist umso erstaunlicher, als die GIS-Technologie noch kaum im Lehrbetrieb an den Hochschulen angeboten wird. Es bedeutet, daß sich die meisten GIS-Fachleute in der Privatwirtschaft dieses Handwerkszeug autodidaktisch angeeignet haben oder sich das notwendige Wissen über die Produktschulung bei führenden GIS-Anbietern beschafft haben.

Zwischen Kommerz und Hochschule besteht heute in der Bundesrepublik noch keine befriedigende Kooperation. Mit GIS-Software läßt sich, da es sich um ein neues Produkt mit vielfältigsten Einsatzmöglichkeiten handelt, gutes Geld verdienen. Gute und eingeführte Produkte sind entsprechend teuer. Die Hochschulen, die qualifizierte GIS-Ausbildung machen könnten, sind in der Regel nicht in der Lage, die hohen Anschaffungs- und Wartungskosten für Mehrplatzlizenzen zu bezahlen. Sie müssen Ihre Dienstleistungen ja kostenlos anbieten.

Es wird in unmittelbarer Zukunft notwendig sein, für beide Seiten befriedigende Lösungen zu finden.

Zukunft

Einzelne Institute und Organisationen sind sicher auch im deutschsprachigen Raum bereits am Anfang der "Benutzungsphase" (siehe Abb. 3), die durch den weitverbreiteten Einsatz der GIS-Technologie gekennzeichnet ist.

Es steht aber außer Zweifel, daß die computertechnologischen Entwicklungen die Einsatzmöglichkeiten von Geographischen Informationssystemen in Zukunft noch weiter vorantreiben werden. Da die Rechner immer leistungsfähiger und kleiner, die Datenspeicher immer komfortabler und aufnahmefähiger und die Ausgabegeräte immer billiger und besser werden, ist abzusehen, daß GIS die traditionellen Karten so ersetzen werden, wie z. B. elektronische Datenbanken die traditionellen Karteikästen. Man wird also wohl in einigen Jahren überall dort, wo man bisher mit Karten gearbeitet hat, mit einem GIS arbeiten, egal, ob dies nun auf dem Großrechner oder auf dem "Notebook" geschieht.

Jeder, der bisher mit geographischen Daten und mit Karten gearbeitet hat, wird sich also überlegen müssen, wie er zukünftig die Vorteile der "digitalen, elektronischen Karte" in seinem Bereich nutzen kann, welche ganz neuen Möglichkeiten sich dadurch unter Umständen eröffnen. Und jeder, der bisher nicht mit Karten oder raumbezogenen Daten gearbeitet hat, wird sich überlegen müssen, ob es nicht zu seinem Vorteil wäre, wenn er dies zukünftig tun würde.

Die Computertechnologie und speziell die GIS-Technologie werden die Entwicklungen in allen Lebens- und Wissenschaftsbereichen stärker beeinflussen, als viele dies ahnen. Es wird also zu einer ganzen Reihe von fachspezifischen GIS-Entwicklungen in verschiedenen Wissenschaften kommen.

Ich will dies am Beispiel der Geoökologie zeigen (siehe Abb. 6). *Geoökologie* ist (nach meiner Definition) eine interdisziplinäre integrierende Wissenschaft, welche die raum-zeitlichen Prozesse untersucht, die die Welt verändern. Die Welt kann dabei verschieden groß sein. Es kann sich um eine Stadtregion handeln, um einen Landkreis, ein Land, einen Kontinent.

Entsprechend dieser Definition planen wir in Karlsruhe, wie Abb. 6 zeigt, die Entwicklung von "Geoökologischen Computersimulationsmodellen auf GIS-Basis".

Man sieht die raumzeitliche Verteilung z. B. der Umweltqualität zu zwei verschiedenen Zeitpunkten t=1 und t=2. Die Prozesse, welche die Veränderungen zwischen den beiden Zeitpunkten herbeiführen, sollen nun in Modellen mit Transformationsregeln oder Transformationsgleichungen erfaßt werden.

Der Komplex der z.B. für das Thema Umweltqualität relevanten Daten (als Beispiel habe ich auf der Abbildung die Landnutzung, Bevölkerungsverteilung und Industriestandorte angegeben), werden in einem GIS gespeichert, mit den dafür geeigneten Analysetechniken voruntersucht und dann als Datenbasis für die Modellrechnungen aufgearbeitet.

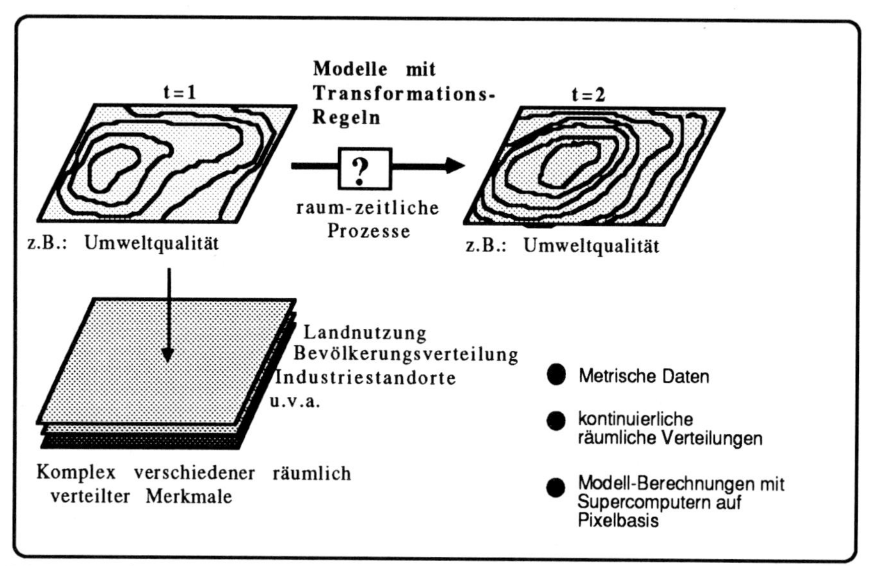

Abb. 6 : Geoökologische Modelle Auf GIS-Basis

Für die Modellrechnung sind zwei Ansätze denkbar. Man kann die Transformationsregeln aus zwei vorgegebenen Verteilungen berechnen, oder auf Grund der vorgegebenen Transformationsregeln aus einer bekannten Verteilung eine zukünftige prognostizieren.

Dabei ist entscheidend, daß es heute möglich ist:

(a) mit metrischen (oder pseudometrischen) Daten zu arbeiten,
(b) die Modelle auf kontinuierlichen räumlichen Verteilungen aufzubauen, und
(c) die Modellgleichungen mit Super-Computern auf Pixelbasis zu rechnen.

Raum-zeitliche Modelle setzen sich aus drei unterschiedlichen Modelltypen zusammensetzen, welche in Abb. 7 dargestellt sind.

Währenddem heute Geographische Informationssysteme noch weitgehend dafür verwendet werden, Karten, räumliche Netzwerke oder einfach räumliche Daten digital zu speichern, werden GIS zukünftig als Datenbanken für verschiedendste Zwecke, z. B. wie oben für die Geoökologie beschrieben, als Basis für Analysen und Modellrechnungen, eingesetzt werden. Daten sollen ja nicht gesammelt werden, damit sie gespeichert und gegebenenfalls noch graphisch dargestellt werden, sondern aus Daten soll Wissen werden, das zur Problemlösung eingesetzt werden kann.

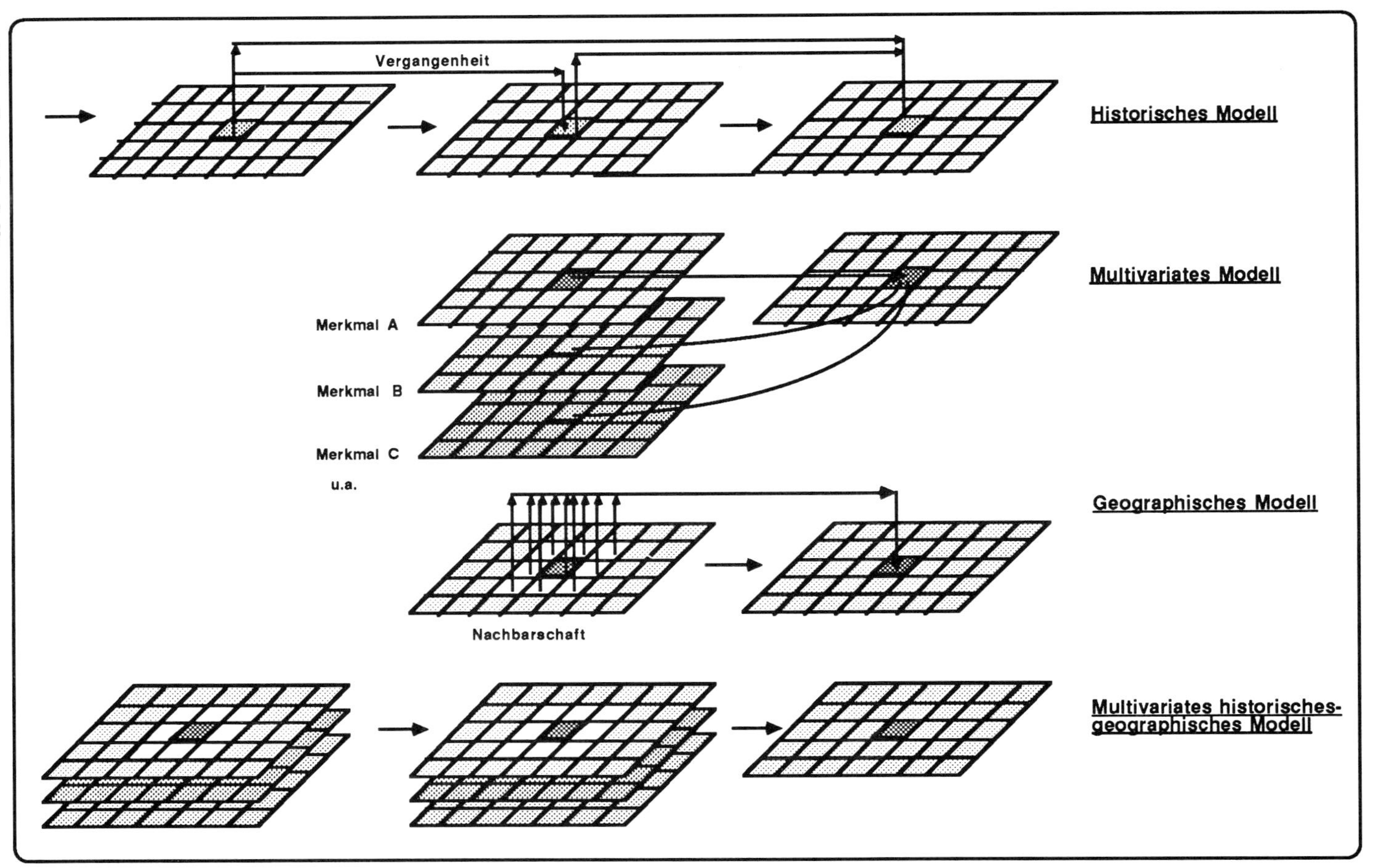

Abb. 7 : Modelltypen

Da alle Daten, ja jedes einzelne Datum, irgendwo auf dieser Erde gibt (ein Datum also immer das Merkmal eines Objektes darstellt, das irgendwo lokalisiert ist), sollte der Raumbezug (eine Koordinate o. ä.) zwangsläufig in jeder Datenbank mitabgespeichert, in der Analyse und im Modell mitberücksichtigt werden. Damit wird ein GIS zur allgemein notwendigen Datenbankform. Wer nicht so verfährt, arbeitet mit unvollständigen Informationen, berücksichtigt nicht eine vielleicht entscheidende Dimension seines Problems. Dies hat man zweifellos in der Umweltforschung zu einem großen Teil erkannt. Aber dies gilt für alle Problembereiche.

Peter Burrough (1991) hat das Konzept eines "intelligenten GIS" (Abb. 8) entwickelt, in dem er für den hier propagierten GIS-Einsatz in der fachwissenschaftlichen Wissensverarbeitung und Problemlösung einen bestimmten Verfahrensweg fordert.

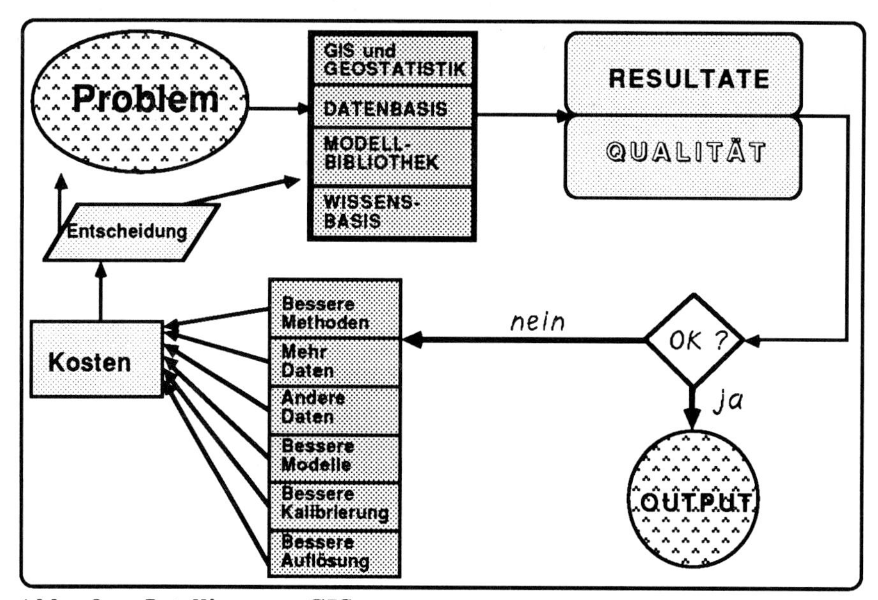

Abb. 8 : Intelligentes GIS

Ausgehend von einer bestimmten Problemstellung kommt es zum Einsatz eines vierteiligen Instrumentes, bestehend aus einem GIS- und Geostatistikpaket, der Datenbasis, einer Modellbibliothek und der aktuellen Wissensbasis.

Nicht nur die aus der Analyse sich ergebenden Resultate sind wichtig, sondern auch Angaben über die Qualität der Ergebnisse, über die Fehlerwahrscheinlichkeit und die Fehlerverteilung.

Falls die Qualität nicht ausreicht muß die Analyse mit
- besseren Methoden,
- mehr oder anderen Daten,
- besseren Modellen,
- besserer Kalibrierung oder
- besserer Auflösung

wiederholt werden, es sei denn, die Kosten sind zu hoch sind.

Es werden gegenwärtig in der europäischen GIS-Szene eine ganze Reihe von Zukunfts-Themen diskutiert (EGIS´91), die in Abb. 9 zum Abschluß nur stichwortartig zusammengestellt werden sollen.

Beim Einsatz von Geographischen Informationssystemen werden zukünftig der Phantasie und Kreativität keine Grenzen gesetzt. Die Technologie bietet heute schon mehr Möglichkeiten als genutzt werden. Ich bin überzeugt davon, daß GIS in vielen Disziplinen wertvolle Entwicklungs- und Forschungsimpulse geben werden.

Geographische Informationssysteme geben uns die Möglichkeit, die gewaltigen Mengen an räumlichen Daten, die jetzt schon überall anfallen, auch sinnvoll auszuwerten und in Wissen umzuwandeln.

Literaturverzeichnis

Burrough P (1991) The Development of Intelligent Geographical Information Systems. Proceedings EGIS 91

Kilchenmann A (1968) Untersuchungen mit quantitativen Methoden über die fremdenverkehrs- und wirtschaftsgeographische Struktur der Gemeinden im Kanton Graubünden (Schweiz). Juris Verlag, Zürich

Kilchenmann et al. (1972) Computer Atlas der Schweiz. Kümmerly und Frey, Bern

Ottens H (1991) GIS in Europe. Proceedings EGIS 91

Tomlinson RF (1972) Geographical Data Handling. UNESCO/IGU, Ottawa

Tomlinson RF (1984) Geographic Information Systems-a new frontier. The Operational Geographer, 5, 31-35,
Nachdruck in: Peuquet DJ, Marble DF (1990) Introductory Reading in Geographic Information Systems. Tayloe & Francis, New York

- Die GIS-Industrie boomt: 15-30% jährliche Zuwachsraten, davon heute mindestens die Hälfte in den USA
- Aktuelle GIS-Informationen sind schwer zu bekommen, da die wenigen GIS-Fachleute überlastet sind und für Wissensvermittlung wenig Zeit haben.
  Dominanz der "Grauen Literatur".
- GIS-Kenntnisse sind in den höheren Hierarchie-Positionen noch kaum vorhanden. Ungelöste Organisationsfragen, Ausbildungsproblematik
- Innovationen: privatwirtsch. Zeitschriften - Videos - Demo-Projekte - Nationale Initiativen, Zentren
- Ungleicher Stand in den europäischen Ländern.
  EGIS Teilnehmerzahlen, Europäische Initiativen: Europäische Konferenzen, Europ. Zeitschrift, Europ. GIS-Zentrum
- Nachfrage nach GIS-Experten ist sehr groß, das Angebot sehr klein. Die Technologische Entwicklung ist sehr rasch
- Die Ausbildung muß in bestehende Programme integriert werden Ausbildungsprogramme für bereits Berufstätige sind notwendig
- Innovationen: Core Curriculum Projekte (NCGIA), "Bulk Purchase" von Software (GB), GIS Forschung (RRL), Technologie-Transfer (URSA-NET)
- Europäische Programme (CORINE), European Science Foundation
- Organisatorische Fragen: wie verändert die GIS-Technologie die Organisationsstrukturen in Betrieben, Verwaltungen und Hochschulen

Abb. 9 : Schlußpunkte

Zur Erfassung raumbezogener Daten

Dr.-Ing. Ralf Bill
Institut für Photogrammetrie, Universität Stuttgart, Keplerstraße 11,
7000 Stuttgart 1

1 Einleitung

Der zunächst wesentlichste Bestandteil von Geo-Informationssystemen sind die Daten, mit denen sie arbeiten. Deshalb ist die Erfassung von Daten, die digital zu erfolgen hat, die entscheidende Basis für Anwendung und Erfolg eines GIS. In diesem Artikel werden die verschiedenen Methoden der Datenerfassung und die verschiedenen Arten von raumbezogenen Daten übersichtshaft behandelt. Die Erfassung solcher Daten ist eine höchst arbeitsintensive und kostenaufwendige Tätigkeit. Vor allem auch weil die Anforderungen an Vollständigkeit, Fehlerfreiheit und Struktur der Datenbasis hoch sind, soll das System seinen Zweck erfüllen. Der folgende Beitrag stellt im wesentlichen einen Auszug aus Bill/Fritsch (1991) unter dem Gesichtspunkt der Datengewinnung dar. Auf die dort zu findende ausführlichere Darstellung und Literaturangaben sei verwiesen. Bei den Daten unterscheidet man die geometrischen Daten einschließlich topologischer Angaben und die beschreibenden, thematischen Daten als die beiden Hauptklassen (Abbildung 1)

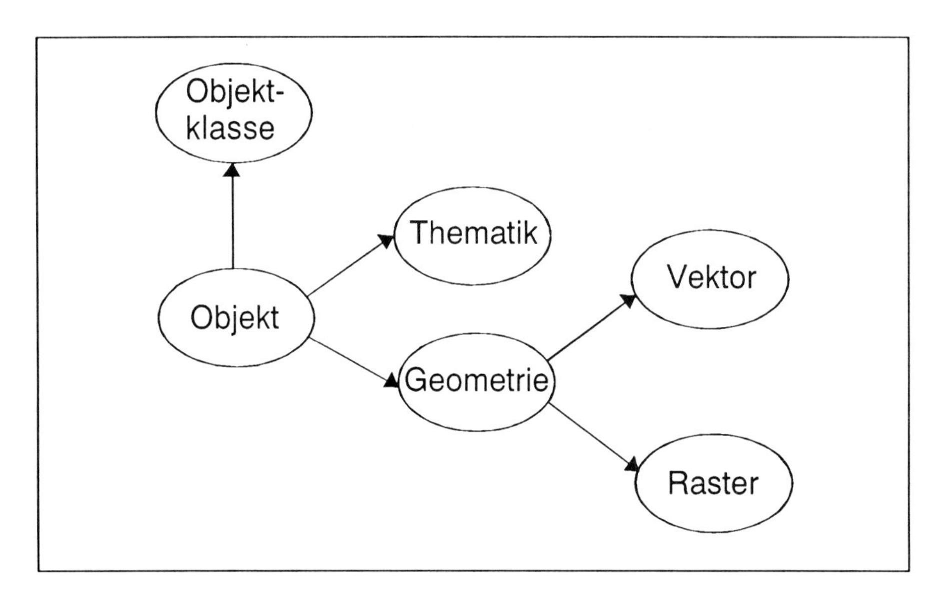

Abbildung 1 : Objektklassenmodell

Am Beispiel Nadelwald sollen die wesentlichen Komponenten eines raumbezogenen Objektes illustriert werden (Abbildung 2).

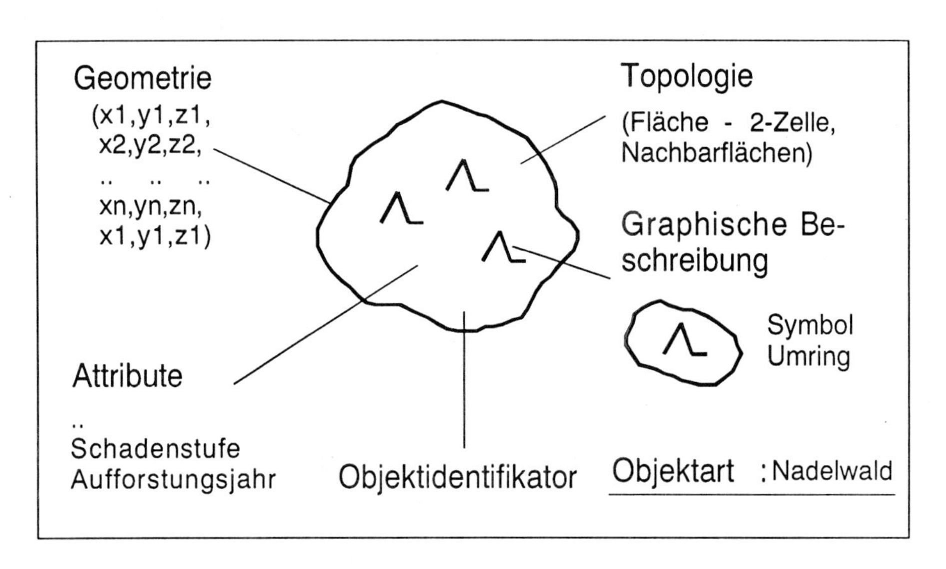

Abbildung 2 : Komponenten eines raumbezogenen Objekts

Die Wahl der Erfassungsmethode für diese Komponenten hängt im wesentlichen von der Anwendung und dem zu erfassenden Objekt ab. Verfügbares Budget und die vom GIS bereitgestellte Funktionalität sind Rahmenbedingungen. Die Datenerfassung sollte zum einen so genau und vollständig wie notwendig und zum anderen so wirtschaftlich wie möglich erfolgen. Bei der Vielzahl möglicher Informationen, die zum Teil auch schon in digitaler Form vorliegen, gilt es generell vor einer Neuerfassung abzuklären, inwieweit bereits existierende Daten Verwendung finden können. Die Fragen, die vorweg zu beantworten sind, betreffen die

- Genauigkeit, sowohl geometrisch (maßstabsorientiert) als auch thematisch
- Exaktheit, Vollständigkeit und Sachgerechtheit der Daten
- Aktualität der Daten
- Aufwandsabschätzung der Datengewinnung

Wir unterscheiden hinsichtlich der Herkunft der Daten zwischen :

- *Originärer und unmittelbarer Erfassung* am Objekt oder an dessen unverarbeitetem Abbild (Bild). Diese liegt bei der Ersterfassung primär für topographisch-kartographische Zwecke vor. Methoden sind die tachymetrische Vermessung und die Photogrammetrie.

- *Sekundärer und mittelbarer Erfassung* ausgehend von Daten, die bereits in verarbeiteter Form vorliegen (z.B. als Karte, Statistik). Dies ist die verbreitetere Methode in Form der manuellen bis automatischen Digitalisierung.

Für Geo-Informationssysteme gelten grob die folgenden Maßstabsbereiche in den Anwendungen und die wesentlichen Datenquellen (Abbildung 3).

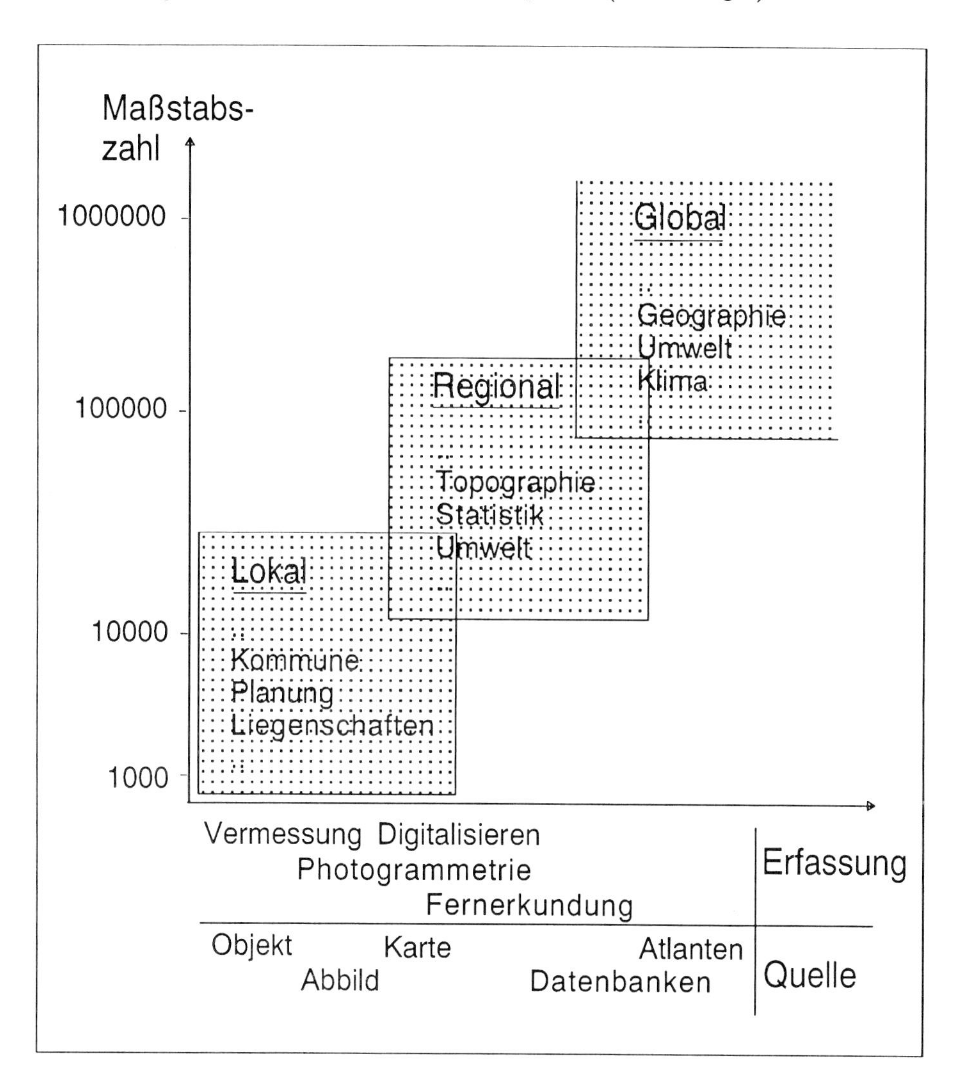

Abbildung 3 : GIS-Anwendungen in Abhängigkeit von den Maßstäben und Datenquellen

2 Originäre Erfassungsmethoden

Originäre bzw. primäre Erfassungsmethoden sind solche Methoden, die Daten direkt am Objekt oder dessen Abbild gewinnen (Abbildung 4). Als wichtigste Methoden der topographisch-geographischen Erfassung digitaler Daten sind die Vermessung und Photogrammetrie zu nennen. Weiterhin ist die Fernerkundung eine originäre Erfassungsmethode, mit der flächenhaft thematische z.B. Vegetationsdaten gewonnen werden. Andere originäre Erfassungsmethoden sind thematische Felderhebungen (z.B. Biotopkarte) oder Permanentregistrierungen (Wasserstände, Gewässergüte, Radioaktivität etc.).

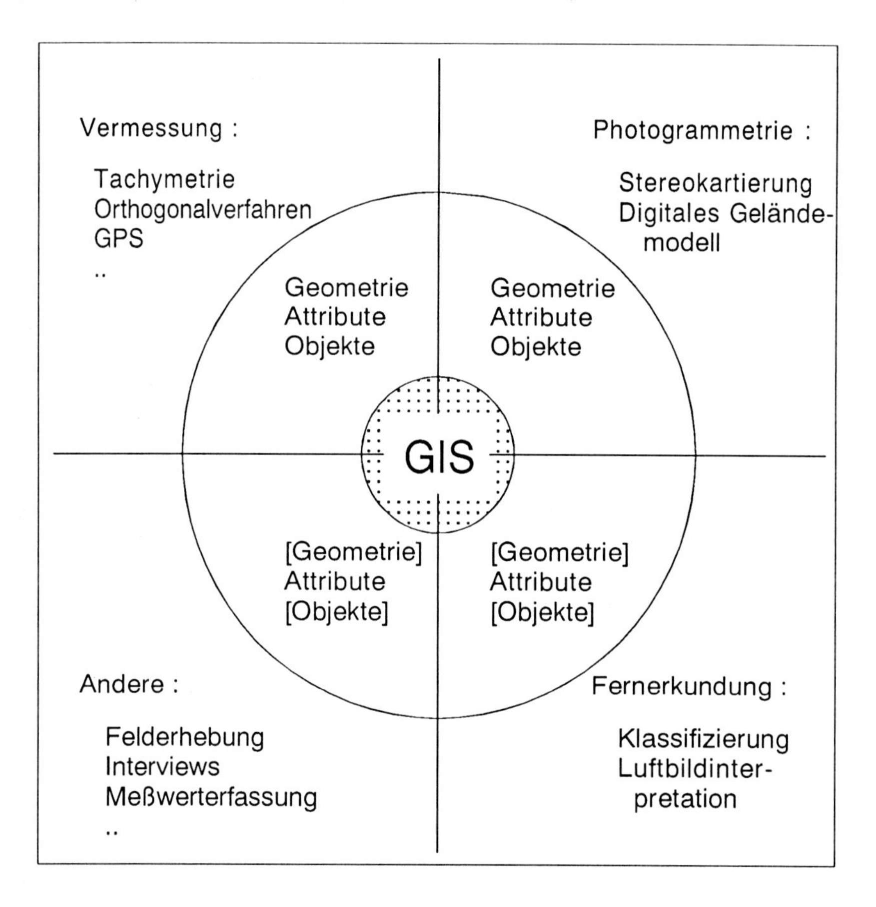

Abbildung 4 : Originäre Erfassungsmethoden

2.1 Vermessung

Die Vermessungskunde befaßt sich mit der Vermessung und Abbildung der wichtigsten und auffälligsten natürlichen und anthropogenen Strukturen und Objekte der Erdoberfläche. Sie liefert überwiegend geometrische Beschreibungen von Liegenschafts- und topographischen Objekten. Die *Detailvermessung* (Topographische Vermessung, Liegenschaftsvermessung und Ingenieurvermessung) verdichtet das geodätische Grundlagennetz durch Einzelpunkteinschaltung oder Polygonierung und führt ein-, zwei- oder dreidimensionale Messungen am Objekt selbst mittels Nivellement, Orthogonalverfahren, Tachymetrie oder anderer Methoden aus. Sie eignet sich für große Kartenmaßstäbe, also Anwendungen im lokalen bis regionalen Bereich. Je nach eingesetzter Methode (Lagemessung, kombinierte Lage- und Höhenmessung) entstehen durch Berechnungen unter Einsatz trigonometrischer Beziehungen und statistischer Verfahren aus den Feldmessungen (Winkel, Strecken, Höhenunterschiede, Orthogonalmaße) zwei- oder dreidimensionale Koordinaten in einem ebenen rechtwinkligen (kartesischen) Koordinatensystem. Die Methoden der Detailvermessung sind die direkten Datenlieferanten für Geo-Informationssysteme. Für GIS kommen teilweise auch primitive Vermessungsmethoden wie Abschreiten zum Einsatz, wenn es nicht auf hohe Genauigkeiten ankommt. Nachfolgend sollen einige Angaben über die wichtigsten Methoden gegeben werden.

2.1.1 Tachymetrie

Die Tachymetrie ist heute das wichtigste und leistungsfähigste Verfahren der Feldmessung. Sie kombiniert Horizontalwinkel- und Vertikalwinkelmessung mit der Streckenmessung (optisch oder elektronisch). Dies kann mit einem Gerät (Tachymeter) oder durch Einsatz von zwei separierter Einheiten (z.B. Theodolit und Entfernungsmesser) erfolgen. Das anschließende Berechnungsverfahren gestattet die Ableitung 3-dimensionaler Koordinaten (Abbildung 5). Das wesentliche Kennzeichen der Tachymetrie ist das punktweise Erfassen der Situation und der Geländeoberfläche durch polare Bestimmung. Als Instrumentarium kommen heute registrierende elektronische Tachymeter zum Einsatz, die in der Größenordnung um 20 TDM kosten. Diese erlauben eine objektkodierte Datengewinnung, d.h. den im Felde registrierten Punkten wird ein entsprechender Objektidentifikator (Objektcode) zugewiesen. Die Daten können nach der Ableitung von Koordinaten aus den Originärbeobachtungen (Horizontal- und Vertikalwinkel und Strecken) dann direkt in ein GIS übernommen werden. Im GIS sind nur sehr geringe Nacharbeiten notwendig. Tachymetrische Verfahren werden im topographischen Bereich insbesondere dort eingesetzt, wo kleine Aufnahmegebiete zu bearbeiten sind, die nicht aus der Luft eingesehen werden können (z.B. Wald) oder aus anderen Gründen nicht photogrammetrisch erfaßt werden können. Das Tagespensum liegt je nach Gelände und Anwendungszweck bei etwa 400 bis 800 Punkte/Tag bei einer Genauigkeit von +- 0.05m. Diese hängt im wesentlichen von der Gebietsgröße und den Genauigkeitsspezifikationen der Geräte ab. Für das Liegenschaftskataster werden als Punktverteilung ca. 100 Punkte/Hektar, für das Leitungskataster allerdings 1000 Punkte/Hektar angegeben.

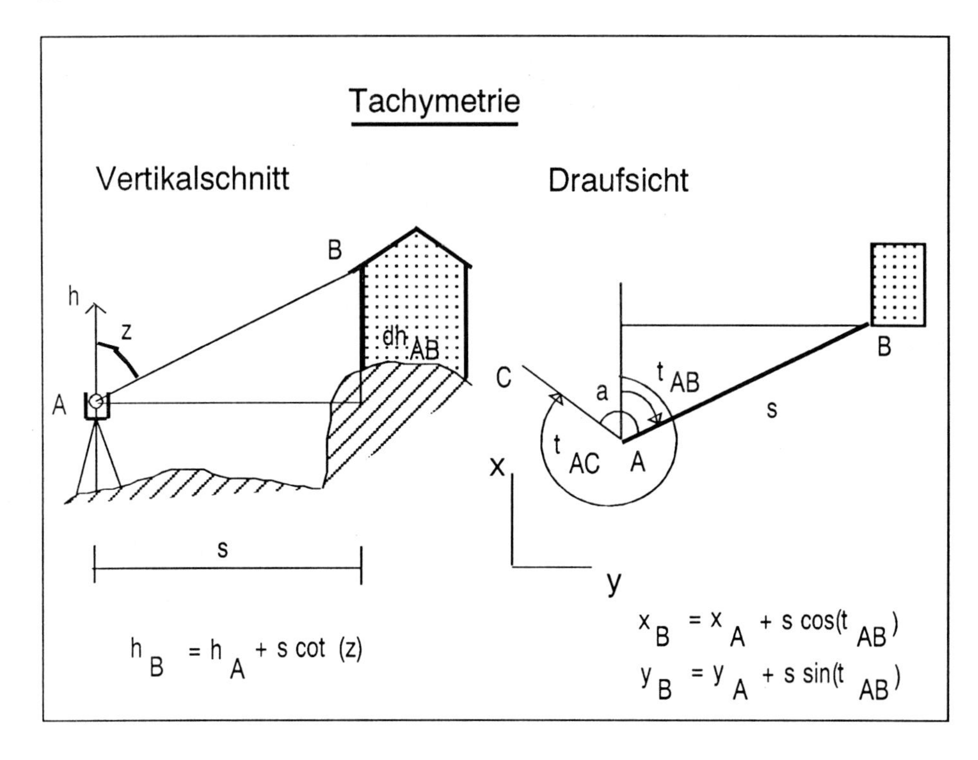

Abbildung 5 : Tachymetrische Vermessung

2.1.2 Orthogonalaufnahme und Einbindemethode

Das *Orthogonalverfahren* beruht auf der rechtwinkligen Einmessung interessierender Objektpunkte auf eine koordinatenmäßig bekannte geradlinige Standlinie, womit dann ebenfalls für diese orthogonal eingemessenen Punkte Koordinaten berechnet werden können. Unter Nutzung von Meßband (zur Streckenmessung), Winkelprisma oder Kreuzscheibe (zur Absteckung rechter Winkel) und Fluchstäben wird diese Methode überwiegend im Katasterbereich – zur zweidimensionalen Aufnahme von Bauwerken, Grenzpunkten bis hin zu Leitungen – eingesetzt.

Bei der *Einbindemethode* werden die aufzunehmenden Objektpunkte in andere Meßlinien oder Polygonseiten eingebunden und darauf streckenmässig eingemessen. Beide Methoden finden ihren gemeinsamen Einsatz in der Grundstücksvermessung und der Leitungseinmessung (Abbildung 6). Sie bedingen hohen Personaleinsatz, liefern aber 2D-Koordinaten mit hohen Genauigkeiten im cm-Bereich. Das Orthogonalverfahren wurde in letzter Zeit vermehrt durch das polare Aufnahmeverfahren (siehe Tachymetrie) abgelöst, welches zwar höheren gerätetechnischen Aufwand voraussetzt, allerdings EDV-technisch durch Einsatz von Feldspeichergeräten besser zugänglich ist.

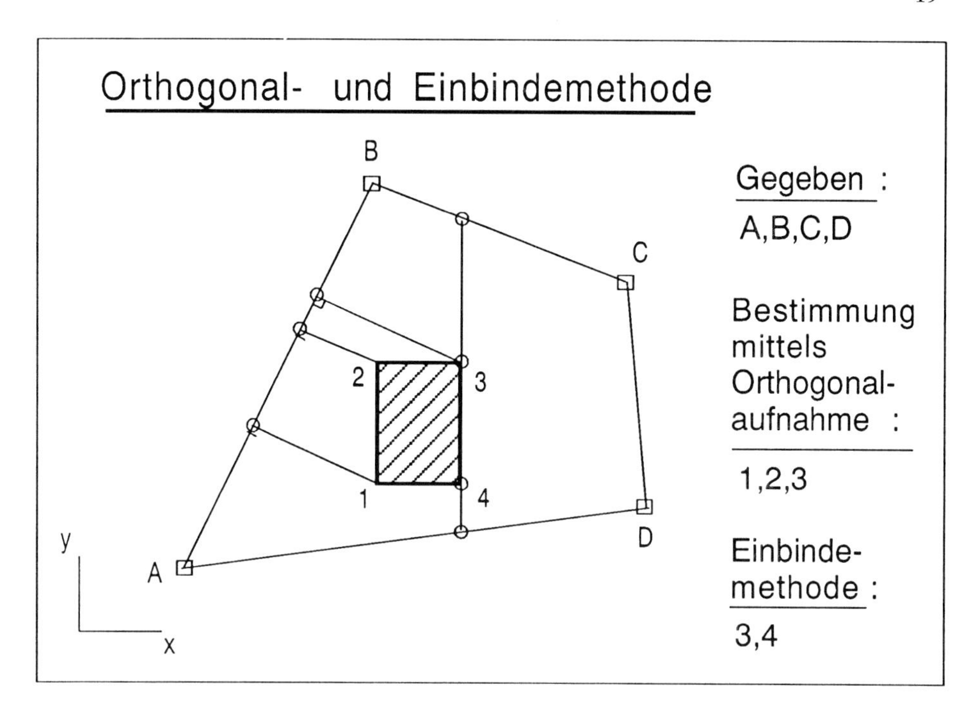

Abbildung 6 : Orthogonal- und Einbindemethode

2.2 Photogrammetrie und Fernerkundung

Für GIS von besonderer Bedeutung sind Photogrammetrie und Fernerkundung als flächenhafte Aufnahmemethoden. Die *Photogrammetrie* ist eine indirekte Meßmethode, da sie geometrische Messungen Messungen nicht direkt am Objekt sondern an photographischen Abbildungen des Objekts ausführt. Wichtigster Bereich ist die Luftbildauswertung zur Ableitung topographischer und thematischer Karten der Maßstäbe > 1:100000, d.h. für lokale bis regionale Anwendungen. Das Verfahren geht von der Tatsache aus, daß die in der Natur vorhandene oder künstliche Strahlung (z.B. Sonnenlicht, Radar, Schall) von den Objekten unterschiedlich reflektiert wird, in einem Sensor (z.B. einer Kamera) gesammelt und auf einem Informationsträger (z.B. Film) gebunden wird. Es werden sowohl analoge als auch digitale Erfassungs- und Verarbeitungsmethoden eingesetzt. Der klassische Weg der Datenerfassung, auf den wir etwas näher eingehen, führt vom analogen (photographischen) Luftbild über die photogrammetrische Stereoauswertung zur Strichkarte bzw. zum digitalen 3D-Vektordatenbestand.

2.2.1 Stereoauswertung

Die räumliche Rekonstruktion eines Objekts aus Bildern ist nur möglich, wenn die gegenseitige räumliche Lage von Bildebene und Projektionszentrum (innere Orientierung), die richtige gegenseitige (relative) Orientierung zwischen den Bildern und die Orientierung der Bilder auf ein übergeordnetes Koordinatensystem (absolute Orientierung) gegeben ist oder bestimmt werden kann (Abbildung 7). Die Bestimmung der Orientierungsparameter erfolgt heute meist durch Herstellen der analytischen Beziehungen zwischen Bildkoordinatensystem, den Orientierungsparametern und den Landeskoordinaten von Paßpunkten mit Methoden der Ausgleichungsrechnung.

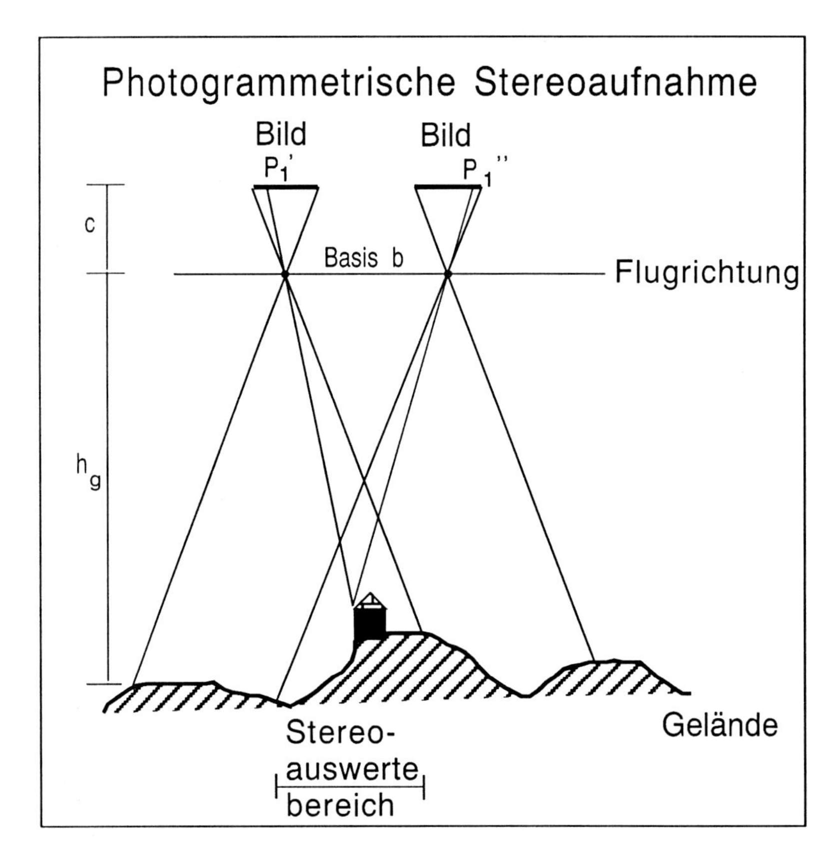

Abbildung 7 : Photogrammetrische Stereoaufnahme

Die manuelle Stereoauswertung am analogen oder analytischen Plotter ist das heute übliche Verfahren zur Erstellung von topographischen Karten. Der Operateur führt am analytischen Auswertegerät die räumliche Meßmarke an den Objekten entlang; er sieht das Gelände stets plastisch vor seinen Augen und digitalisiert objektweise die wichtigsten Gegebenheiten.
Ein Nachteil ist die Unvollständigkeit mancher Objekte bedingt durch die Verdeckung durch andere Objekte oder an aus dem Luftbild uneinsichtigen Stellen,

die durch örtliche Vermessung z.B. mit Tachymetrie ergänzt werden. Der Operateur erzeugt direkt objektcodierte Informationen für das GIS, welche über Schnittstellen vom photogrammetrischen Gerät zum GIS übertragen werden. Moderne analytische Auswertegeräte sind integrierte Arbeitsstationen des GIS und füllen somit die Datenbasis des GIS mit 3-dimensionalen Koordinaten. Die Gerätekosten liegen bei einigen Hundert TDM. Interessante Option zu analytischen Auswertegeräten ist die Einspiegelung oder Superimposition.
Als Faustregel für die mit der Stereoauswertung erreichbare Genauigkeit kann folgende Angabe gelten : Geht man von einer auf das Bild bezogenen Meßgenauigkeit von 0.01 mm aus, so ergeben sich bei Bildmaßstäben – als Verhältnis von Kammerkonstante zur Höhe über Grund ($c : h_g$) – zwischen 1:10000 und 1:30000 Punktgenauigkeiten von 0.10m und 0.30m für Lage und Höhe. Die erreichbare Höhengenauigkeit liegt maximal bei etwa 0.1 Promille der Flughöhe h_g.

2.2.2 Digitales Geländemodell

Die Photogrammetrie liefert Höhenpunkte oder Höhenlinien. Sie ist der Hauptdatenlieferanten für digitale Geländemodelle als Oberflächenmodell. Abbildung 8 zeigt die gängigen Methoden der Primärdatenerfassung für digitale Geländemodelle wie direkt abgefahrene *Höhenlinien*, Messung morphologisch ausgewählter *Einzelpunkte* und *Bruchkanten*, *dynamische Profilierung*, *Gittermessung*, *Progressive Sampling* und *digitale Bildverarbeitungsverfahren*. Sämtliche manuellen photogrammetrischen Methoden verlangen einen geschulten Auswerter. Als Alternative zur photogrammetrischen Gewinnung von DGM-Daten ist die Tachymetrie sowie die Digitalisierung vorhandener Kartenunterlagen wie z.B. der Höhenlinienfolien zu sehen. Die Erfassung und Ableitung digitaler Geländemodelle resultiert in sehr hohen Datenmengen und Verarbeitungszeiten.

2.2.3 Interpretation und Fernerkundung

Photographische Abbildungen dienen nicht nur der Vermessung; auch reine Interpretationen werden sehr oft mit diesen durchgeführt. Die *visuelle Bildinterpretation* durch den Menschen ist zur Zeit noch die am häufigsten benutzte Methode der Informationsgewinnung aus Bildern, die auch mit relativ geringem Geräteeinsatz realisierbar ist. Die Ergebnisse der Interpretation werden entweder direkt im Bild vermerkt oder auf eine parallel mitgeführte Karte übertragen und dann in das GIS digitalisiert. Die Genauigkeit der Interpretation (geometrisch und thematisch) hängt neben dem Bildmaßstab wesentlich von der Schärfe der Abgrenzung des Interpretationsgegenstandes ab.
Die *Fernerkundung* liefert multispektrale digitale Daten; sie findet bedingt durch die geringe Auflösung der Satellitensensoren von maximal 10 - 20 m Einsatz in den Maßstabsbereich $< 1 : 50000$, d.h. für regionale bis globale Anwendungen, in denen sie sich zunehmender Beliebtheit erfreut. Sie nutzt Multispektralaufnahmen von Satellitensensoren überwiegend zur Interpretation und Klassifizierung, aus GIS-Sicht also zur Ableitung von Attributen zu den raumbezogenen Daten. Die 7 Spektralkanäle von Landsat mit MSS, RBV und TM ermöglichen

in Kombination verschiedenster Kanäle die Ableitung insbesondere von Vegetationsinformationen (Kanäle 1,2,3) oder Feuchte- und Wärmedaten (Kanäle 5 und 6). Verwendung finden hierbei Methoden der digitalen Bildverarbeitung zur Manipulation, Auswertung, Analyse und kartographischen Aufbereitung der Satellitendaten. Als problematisch erweisen sich zur Zeit noch einige Randbedingungen der Fernerkundung wie die noch nicht vollständig automatisierte Auswertung, das Fehlen flächendeckender Daten für die Bundesrepublik, die geringe Auflösung der Daten und der große Bedarf an Speicherplatz sowie die mangelnde Verknüpfung zwischen GIS und Fernerkundung.

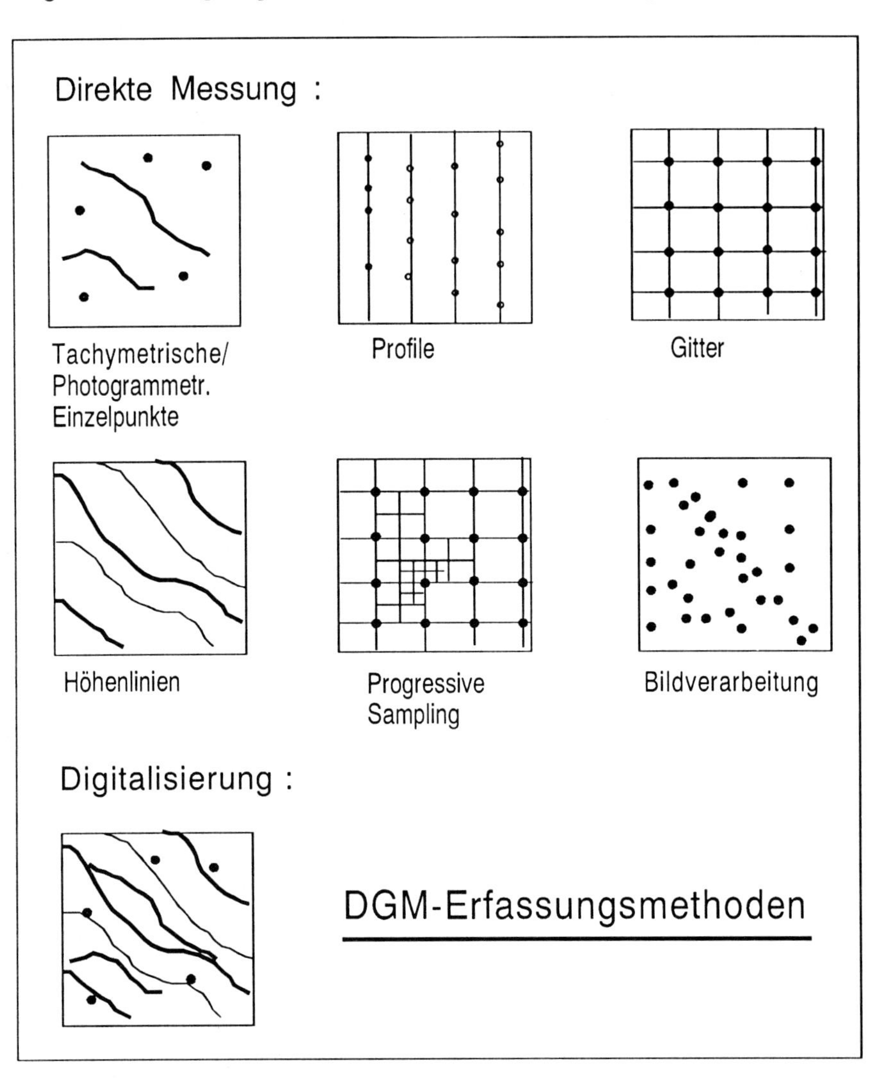

Abbildung 8 : Datenerfassung für digitale Geländemodelle

2.3 Andere Erfassungsmethoden

In verschiedenen Fachdisziplinen kommen andere Arten der Erhebung von in der Regel thematischen Informationen mit Raumbezug vor. Beispiele solcher Daten sind geologische Strukturen, Pflanzengesellschaften, Landnutzung, rechtlich-administrative Strukturen, statistische, soziologische und Umweltphänomene, archäologische Funde, physikalisch-chemische Eigenschaften u.v.a.. Je nach Anforderungen ergibt sich für deren Erhebung ein großes Spektrum an Aufnahmemethoden von der *Feldaufnahme* der substantiellen Merkmale der Objekte sowie deren raumzeitlichem Verhalten, dem *Messen* oder *Zählen* zur Erhebung diskreter und kontinuierlicher Daten (z.B. Temperaturverteilungen, Verkehrszählungen, Pegelstände, Luft), der *Feldaufnahme durch Einbindung* im Bezug zu topographischen oder liegenschaftsmässigen Gegebenheiten, Erhebungen in Form von *Interviews* (Befragungen, Telefonaktionen), *Stichprobenerhebungen*, *repräsentative Umfragen* und *Volkszählungen*, der *kontinuierlichen Meßwerterfassung* in Netzen von Meßstationen bis zu anderen *Spezialmethoden*. Derartige Daten sind im GIS i.d.R. als Attribute anzusehen; sie werden manuell an einem alphanumerischen Bildschirm in das GIS übertragen, sofern nicht beleglesfähige Vordrucke verwendet wurden oder die Daten direkt digital anfallen.

3 Sekundäre Erfassungsmethoden

Die sekundären Erfassungsmethoden sind weit verbreitet und spielen im GIS eine bedeutende Rolle. Gemeinsam ist ihnen, daß sie von einem vorgegebenen, für einen bestimmten Zweck erstellten Produkt beginnen und damit genau der Informationsgehalt vorliegt, der bei der Primärerfassung von Interesse war. Weiterhin ist die Genauigkeit i.d.R. schlechter als bei der Urerfassung (Abbildung 9).

3.1 Manuelle Digitalisierung

Die Digitalisierung (manuell oder automatisch) von vorliegenden Karten oder Kartenauszügen ist eine der häufigsten Methoden der Datenerfassung für GIS. Dies ist unter anderem darin begründet, daß sehr viele Daten bereits in analoger Kartenform vorliegen. Außerdem ist diese Methode bewährt, auf hohem Niveau und durch komfortable Benutzerführung unterstützbar. Beim manuellen Digitalisieren spielt der Mensch als Erfasser die wesentliche Rolle; er erkennt die Bedeutung der einzelnen Punkte, Linien und Flächen und codiert die Geometrie- und Topologie- sowie die beschreibenden Informationen direkt in entsprechende Objekte des GIS.

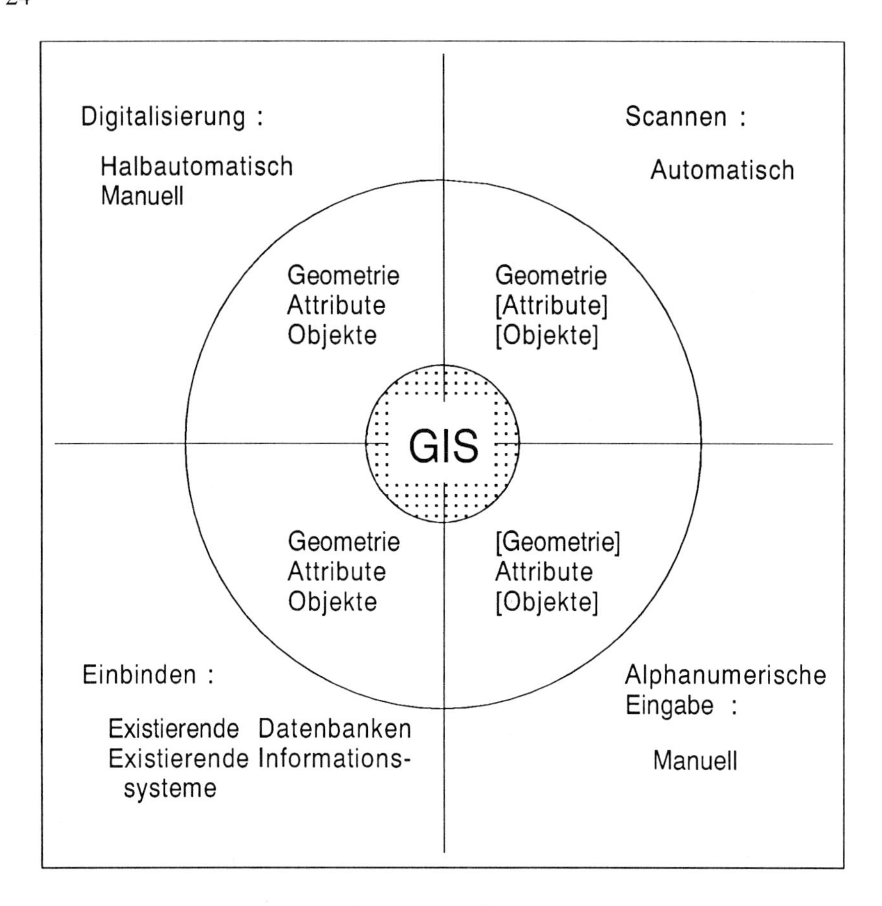

Abbildung 9 : Sekundäre Erfassungsmethoden

Nach Einpassung der zu digitalisierenden Vorlage am Digitalisiertisch fährt der Operateur objektweise mit der Maus – ausgestattet mit einer Cursorlupe – die zu koordinierenden Punkte an oder dynamisch an Objekten entlang. In der einfachsten Form der manuellen Digitalisierung erfasst der Operateur ohne Rücksicht auf topologische - oder Objektstrukturen punkt- oder linienweise – der sogenannte *Spaghettiansatz* – und überläßt die Topologie- und Objektbildung einem später ablaufenden Programm (falls vorhanden). In der nächsthöheren Form – dem *Linienzuganstz* – digitalisiert der Auswerter linienzugweise; Topologie- und Objektbildung erfolgen wiederum anschliessend. Die höchste Form der Digitalisierung – der *Polygonansatz* – verlangt auch die größte Funktionalität und Performanz des Systems, da hier polygonweise erfaßt wird, automatisch die Topologie- und Objektbildung stattfindet und hierfür der bereits erfasste Datenbestand direkt Berücksichtigung findet (vgl. Abbildung 10).

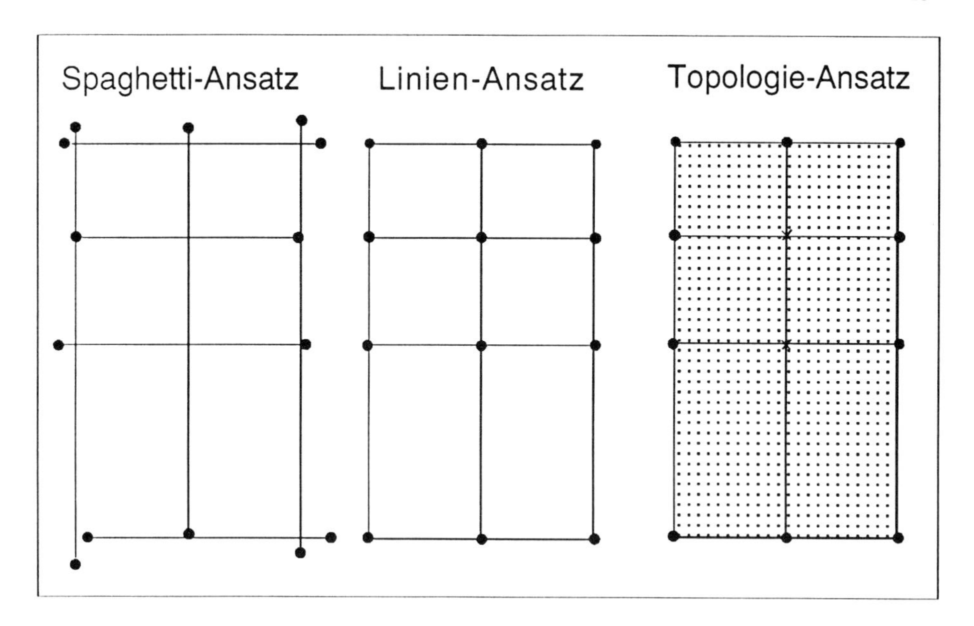

Abbildung 10 : Verschiedene Ansätze zur Digitalisierung von Vorlagen

Die Vorzüge der topologisch strukturierten Vorgehensweise stellt Abbildung 11 zusammen. In einem solchen System sind deutlich weniger Digitalisieraktionen nötig; das System erkennt selbständig zu berechnende Schnittpunkte, bildet automatisch geschlossene Polygone und Flächen, erlaubt sofort die Attributeingabe und hängt diese – sofern nicht anders gewünscht – an eine aus dem Polygon abgeleitete Position ohne erneute Interaktion. Der Vorteil der letztgenannten Methode ist darin zu sehen, daß bei entsprechender Intelligenz der GIS-Software direkt objektweise topologisch strukturierte Daten entstehen und auch ein Teil der Sachdaten direkt miterfaßt wird. Der Arbeitsfortschritt ist kontrollierbar hinsichtlich Vollständigkeit, Plausibilität und Korrektheit; direkte Interaktion zur Behebung von Fehlern ist möglich, sofern dies von der Erfassungssoftware bereitgestellt wird.
Neben der überbestimmten Transformation zur Beseitigung von Inhomogenitäten der Vorlage können von Seiten des GIS weitreichende Algorithmen zur Berücksichtigung geometrischer Bedingungen (Parallelität, Orthogonalität, Geradlinigkeit, Koordinaten-, Abstands- und Flächenbedingungen) bereitgestellt werden, um die zu digitalisierende Grundlage ins GIS-Koordinatensystem bestmöglich einzupassen. Andere algorithmische Unterstützung kann z.B. geboten werden bei der Randbereinigung zur Erlangung von blattschnittfreien Datenbeständen oder zur Stützpunktausdünnung bei dynamischer Datenerfassung.

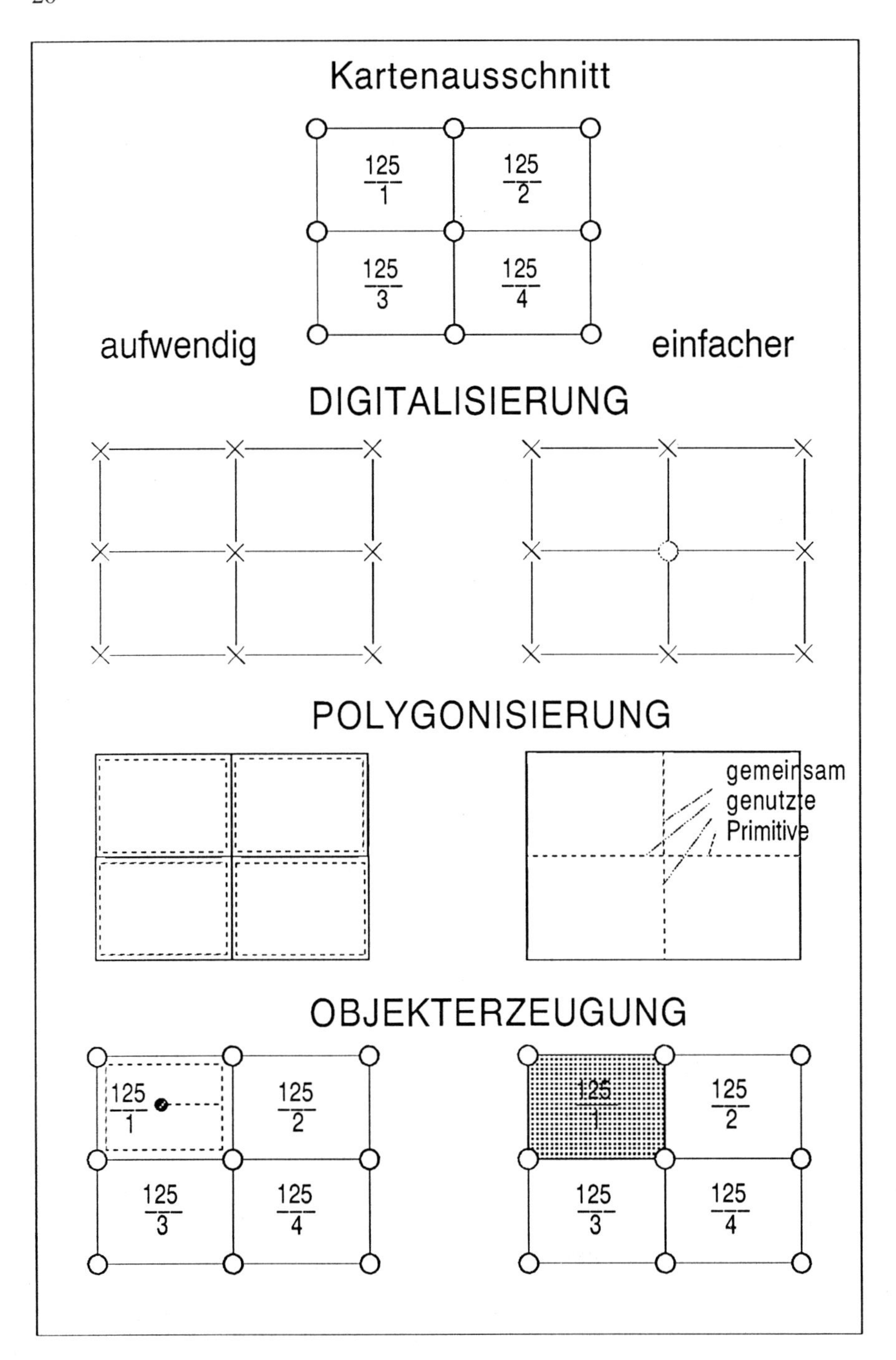

Abbildung 11 : Vergleich zweier Digitalisiervarianten

Der Komfort bei der Digitalisierung wird erhöht durch Abspeicherung und Einstellen von Standardparametern wie Punktidentitätstoleranzen, Snap-Toleranzen, automatischer Polygonschluß zur Flächenbildung sowie durch Anbieten verschiedener Digitalisiermodi (statisch, dynamisch nach Zeit-, Weg- oder Krümmungskriterien), Objektbildungsverfahren (nach Geometrie, auf Anweisung etc.) und direkte Plausibilitätskontrollen. Während früher Digitalisierarbeiten nicht am GIS-Arbeitsplatz stattfanden sondern an einem getrennten Digitalisiertisch minderer Softwareintelligenz, konzentrieren sich heutige GIS-Produkte auf die Datenerfassung und stellen eine Digitalisierstation als Arbeitsplatz und entsprechende Funktionalität zur Erfassung qualitativ hochwertiger Datenbestände bereit. Der Vorteil der manuellen Digitalisierung liegt in dem hohen Komfort, dem nahezu vollständigen Vermeiden interaktiver Nacharbeiten und in der uneingeschränkt einsetzbaren Technik. Manuelle Digitalisierung ist dann vorteilhaft einsetzbar, wenn komplexe Karteninhalte mit unregelmässigen Geometrien, viel Symbolik und heterogene Objektarten für kleinere Kartenserien zu erfassen sind. Als Nachteil steht dem der vergleichsweise hohe Zeitaufwand und Personaleinsatz gegenüber. Die Digitalisiergenauigkeit liegt bei etwa 0.25mm. Eine geometrisch grundrißtreue Digitalisierung ist von Kartenvorlagen bis zum Maßstab 1:5000 möglich; beim Digitalisieren von Karten 1:25000 und kleiner ist der Generalisierungsanteil in der Karte schon in einer Größenordnung zu erwarten, die nur eine grundrißähnliche Darstellung im Detail gewährleistet. Eine moderne Variante der manuellen Digitalisierung nutzt Rasterdaten als Hintergrunddarstellung auf dem Bildschirm, auf der dann die Digitalisierung stattfindet. Als Scanvorlage kommen Karten, Orthophotos oder entzerrte Satellitenaufnahmen in Betracht.

3.2 Semi-automatische Digitalisierung

Das manuelle Digitalisieren ist ein sehr aufwendiger Vorgang; daher bestand schon sehr früh die Tendenz zu automatischen und halbautomatischen Verfahren. Beim semi-automatischen Digitalisieren wird das manuelle Nachführen entlang einer Kurve durch einen automatisch gesteuerten Linienverfolgungsprozeß ersetzt. Der Operateur positioniert auf dem Anfangspunkt des Linienzuges, gibt entsprechende Attributwerte ein oder führt die Objektzuweisung durch und läßt dann das System diesem Linienelement folgen. Bei dem System Lasertrack von Laserscan (GB) muß die Vorlage vorher auf Mikrofilm abgebildet werden. Während des Linienverfolgungsprozesses entstehen Rasterdaten am CCD-Sensor, die dann automatisch in Vektordaten umgerechnet werden. Die Investitionskosten sind extrem hoch; ein Operateur ist permanent zur Leitung des Systems notwendig. Die semi-automatischen Digitalisiersysteme bieten bei großmaßstäbigen Vorlagen keine Vorteile gegenüber der manuellen Digitalisierung. Handelt es sich dagegen um die einzelnen separaten Folien topographischer Karten, z.B. die Höhenlinien oder den Gewässerdecker, so ist das semi-automatische Digitalisieren bis zu 10 mal schneller als das manuelle und bis zu zweimal schneller als die automatische Digitalisierung.

3.3 Automatische Digitalisierung (Scannen)

Beim automatischen Digitalisieren läuft das Abtasten einer graphischen Vorlage ohne Operateurunterstützung ab. Die Vorlage wird beim Abtastvorgang in eine Matrix einzelner Rasterpunkte mit definierten Grauwerten überführt, die auch einzeln weiterbehandelt werden. Die erzeugten Rasterdaten sind topologisch jedoch nicht objektweise strukturiert und sind eventuell anschließend in Vektordaten zu transformieren. Sie können aber auch als reine Hintergrunddaten betrachtet werden. Die Vorlage sollte hohe graphische Qualität besitzen. Manipulationen sind im Rasterbild möglich und teilweise nötig zum Entfernen kleinerer Flecken. Diese Retuschen – unter dem Begriff Rasterdatenvorverarbeitung anzusiedeln – beziehen sich sowohl auf die Geometrie z.B. Fehler bei Kreuzungsgeometrien, Achsunterbrechungen, Schleifen als auch die Logik durch Fehlinterpretation oder Schmutzpartikel.
Die Investitionskosten für Scanner sind noch recht hoch. Die geometrische Genauigkeit ist sehr hoch; der reine Abtastvorgang ist sehr schnell, bedingt aber noch – falls eine Vektordarstellung und -speicherung gewünscht ist – enorme interaktive Nacharbeit. Qualifizierte Software insbesondere zur kartographischen Mustererkennung ist ebenfalls noch nicht in hoher Zahl am Markt. Am erfolgsversprechendsten erscheint derzeit die automatische Abtastung einsetzbar für einfache Kartentypen mit regelmässigen Geometrien, geringer Symbolik und einheitlichen Objektarten (nur Höhenlinien, nur Gebäude und Grundstücke) bei großen Kartenserien, für die sich der Erfahrungsaufbau und der Lerneffekt in der Software niederschlagen kann. Eine solche Möglichkeit ist gegeben, wenn die Karte aus einzelnen Deckfolien aufgebaut ist; dies bedingt die geringsten Nachbearbeitungszeiten, die allerdings immer noch sehr hoch sind. Erfahrungen liegen insbesondere für Katasterkarten vor.

3.3.1 Vektor-Raster- und Raster-Vektor-Konversion

Bedingt durch die beiden verschiedenen Datenformate für Geometriedaten bedarf es der Konversion in beiden Richtungen, d.h. von Vektor- zu Rasterdaten wie auch umgekehrt von Raster- zu Vektordaten. Beide Datenarten bieten Vorteile, die bei Umwandlung genutzt werden können. Die an das Scannen anschliessende Weiterverarbeitung zur Erlangung von Vektordaten besteht bei Liniengraphiken wie Karten und Plänen aus

- Vektorisierung (*Raster-Vektor-Konversion*) und Trennung in Linien verschiedener Strichstärken (*topologische Skelettierung*)

  1. Verdünnen aller Linien auf Skelettlinie von 1 Pixel Breite,
  2. Suchen und Registrieren aller Knoten,
  3. Durchlaufen des Rasterfeldes zeilenweise und Feststellen von Linienanfängen am Blattrand, auf der Zeile oder bei Knoten, Verfolgen der Linie bis zum Blattrand, zur Vereinigung mit anderen Linien oder bis Knoten, Registrieren der Pixelkoordinaten der Anfangs-, End- und Zwischenpunkte.

4. Transformieren in Landeskoordinaten anhand von Paßpunkten.

- *Interaktive Nacharbeiten* zur Korrektur von schlechten Schnitten, Fehlzuweisungen und Genauigkeitsverlusten. Das Ergebnis sind *unstrukturierte Vektordaten.*

- *Mustererkennung* zum Erkennen und Klassifizieren von

  1. Zahlen und Schrift,
  2. Symbolen
  3. Linien und
  4. Objekten

  Das Ergebnis sind *objektweise strukturierte Vektordaten.*

Letzteres ist derzeit Forschungsthema und kann als noch nicht durchgehend praxisreif betrachtet werden. Umgekehrt bietet die *Vektor-Raster-Konversion* mathematisch keine größeren Probleme. Über die Vektorvorlage denke man sich ein Rechengitter mit der gewünschten Rasterauflösung (Pixelgröße) gelegt. Dann ist nur noch zu bestimmen, welches Rasterelement belegt ist oder nicht. Ein Punkt wird demjenigen Bildelement zugeordnet, dem er in der Rastermatrix am nächsten liegt. Liniengraphen werden als Punktfolgen im Raster betrachtet; es wird punktweise verfahren. Der Ablauf der Vektor-Raster-Transformation gliedert sich in die Verfahrensschritte Datensegmentierung und Vektor-Sortierprozesse, die Transformationsberechnungen und die Linienverdickung. Während der erste Teil primär der Effizienzsteigerung dient, erzeugt die Transformation aus beliebigen Koordinaten z.B. von Anfangs-, Zwischen- und Endpunkten einer Linie ganzzahlige Rasterkoordinaten. Gerade für die Zwischenpunkte sind hier verschiedene Algorithmen zur Erlangung eines optisch befriedigenden Bildes bekannt. Zur Ausgabe bedarf es eventuell noch einer Linienverdickung, die z.B. durch viermalige Parallelverschiebung in vertikaler und horizontaler Richtung oder durch kreisförmige Rasterschablonen entlang der Mittelachsenführung erreicht wird.

3.4 Alphanumerische Dateneingabe

Alphanumerische Daten gibt es in vielfältiger Form; sie sind mit geeigneten Methoden dem GIS als digitaler Datenbestand verfügbar zu machen. Dies kann z.B. durch manuelle Eingabe bestehender Zahlenlisten wie Koordinatenverzeichnisse, von Daten aus Felderhebungen, Statistiken oder Karteien usw. geschehen. Es entstehen – sofern es sich um graphikorientierte Sachverhalte handelt – vollständig unstrukturierte Daten, die interaktiv am graphischen Arbeitsplatz überarbeitet und strukturiert werden müssen. Dies ist i.d.R. heute weniger üblich. Bei alphanumerischen Sachdaten ist dagegen die manuelle Eingabe gängige Praxis; das Problem ist die Zuordnung zu den Objekten im GIS, die in der Regel mittels des Objektidentifikator – teilweise auch über Referenzkoordinate – erfolgt. Vorteilhaft ist, wenn das GIS einen alphanumerischen Bildschirm als Eingabeeinheit unterstützt und dort z.B. die maskengeführte Eingabe solcher Attributwerte ermöglicht. Weiterhin zählt hierzu die Übernahme oder Einbindung sämtlicher existenter Datenbestände aus Datenbanken, Informationssystemen etc..

4 Datenquellen

Zur Erfassung sekundärer Daten gibt es sehr viele Quellen je nach Ursprung und Vorgeschichte der Daten. Am wichtigsten sind hier die Karten, Bilder und existierende Datenbestände. Wir unterscheiden hier :

- *Amtliche Kartographie*, die von Vermessungsverwaltungen (vom IFAG (Institut für Angewandte Geodäsie), den Landesvermessungsämtern, den Vermessungsämtern bis zur Flurbereinigung) und autorisierten Stellen (wie dem Hydrographischen Institut, der Schiffahrtsverwaltung, der Bundesbahn u.v.a) betrieben wird
- *Gewerbliche Kartographie*, zu deren wichtigstem und auflagestärksten Kartenwerk die Straßenkarten gehören

Amtliche Kartenwerke sind *Topographische Kartenwerke* im engeren Sinne, d.h. bis zum Maßstabsbereich 1:300000

- topographische Grundkarten (> 1:5000) mit vorwiegend grundrißtreuer Darstellung,
- topographische Spezialkarten (1:20000 bis 1:75000) mit vorwiegend grundrißähnlicher Wiedergabe und
- Luftbildkarten (> 1:25000).

Die deutschen amtlichen topographischen Kartenwerke umfassen den Maßstabsbereich 1:5000 bis 1:1000000. Sie stellen im wesentlichen die Erdoberfläche mit allen ihren wahrnehmbaren natürlichen und künstlichen Erscheinungen dar. Ab dem Maßstab 1:25000 handelt es sich um sogenannte Gradabteilungskarten, d.h. Karten, deren Blattgrenzen nach geographischen Koordinaten bzw. Netzlinien geschnitten sind und somit das Kartenblatt in mittleren Breiten trapezförmig ausfällt.
Katasterkartenwerke beinhalten den graphischen Nachweis der Liegenschaften in den Maßstäben 1:1000 bis 1:2500.
Als *geographische Kartenwerke* gelten die

- Generalkarte (> 1:1000000),
- Regional- und Länderkarten (> 1:10000000) und
- Erdteil- und Erdkarten (< 1:10000000).

Neben den topographischen Karten existieren eine Vielzahl sonstiger Kartenwerke, die für die Erledigung einer fachspezifischen Aufgabe in ein GIS übertragen werden müssen.
Moderne Kartenformen verwenden das Luftbild direkt. Dies kann in Form des

- entzerrten Luftbildes,
- des analogen oder digitalen Orthophotos oder der Orthophotokarte,
- des Satellitenbildes oder der Satellitenbildkarte

geschehen. Das umgebildete Luftbild wird mit Kartenrahmen, Legende, Gitterkreuz und Beschriftung ergänzt und als Karte im Maßstab 1: 2000 bis 1:25000 oder die Satellitenaufnahme in Maßstäben ab 1:50000 präsentiert. Diese Kartenform erfreut sich nach Rasterisierung zunehmender Beliebtheit als Hintergrundinformation in einem GIS, welches in der Lage ist, Rasterdaten zu präsentieren. Auf der Grundlage des Rasterhintergrundes können Datenbestände sehr effizient fortgeführt werden.
Existierende Datenbestände sind weiterhin eine wesentliche Datenquelle für GIS. Hierzu zählen *Statistiken* jeglicher Art insbesondere die Gruppe der demographischen, wirtschaftlichen und sozialen Zensusdaten z.B. in Form der Statistischen Berichte, *Amtliche Gemeindeverzeichnisse*, *Amtliche Veröffentlichungen und Nachweise* z.B. in Form von Gesetzes- und Verordnungsblättern, *Fachliteratur und Archivalien*, *Informationssysteme und Datenbanken* wie ALK/ALB (Automatisierte Liegenschaftskarte/Automatisiertes Liegenschaftsbuch), AT-KIS (Amtliches Topographisch-Kartographisches Informationssystem), STABIS (Statistisches Bodeninformationssystem) u.a. oder verschiedene globale Datenbanken wie GEMS (Global Environment Monitoring System), WDB (World Databank) I und II, Mundocart etc., Landsat Database als Satellitendatenquelle, landesweite *digitale Geländemodelle (DGM)*, *Konstruktionszeichnungen* technischer Anlagen und andere.

5 Datenverifikation und Datenfortführung

Die *Datenverifikation* stellt sich als das größte Problem bei der Datengewinnung dar. Damit bezeichnet man die Prüfung der Vollständigkeit, Zuverlässigkeit, Korrektheit und Eindeutigkeit der Datenerfassung und damit des GIS-Datenbestandes. Vollständigkeit besagt, daß alle interessanten Gegebenheiten der realen Welt in Geometrie, Topologie und Attributierung in das GIS als Objekte überführt sind. Korrektheit und Eindeutigkeit der Erfassung heißt, daß die Objekte lagerichtig in sich, in Beziehung zur Nachbarschaft korrekt und mit den zugehörigen beschreibenden Informationen abgelegt sind. Sowohl Überdefinitionen – Mehrfacherfassungen mit geringen Abweichungen – als auch Unterbestimmungen – fehlende Information, die im Original oder der Vorlage gegeben war – kommen vor und sind zu beseitigen; im ersten Fall ist eine Datenbereinigung dahingehend vorzunehmen, daß ein redundanzfreier Datenbestand entsteht, während im zweiten Fall die noch fehlende Information zu ergänzen ist. Die geometrische Qualität und die der gewünschten Anwendung zweckmässige Qualität der Geometrie- und Sachdaten muß verifiziert werden. Der Datenverifikation kommt im GIS höchste Bedeutung zu, da ein schlechter Datenbestand das GIS völlig wertlos und irreführend machen kann. Das bisher von GIS-Nutzern

gezeigte unkritische Verhalten gegenüber der Datenqualität kann in naher Zukunft zu enormem Nachbearbeitungsaufwand und hohen Kosten führen. Sehr verschiedene Methoden der Verifikation existieren. Sie sind abhängig von dem erfassten Datentyp (Vektor, Raster, Beschreibend), dem zur Verfügung stehenden Instrumentarium und der Kenntnis über das Objekt.
Der GIS-Datenbestand verliert rasch an Wert, wenn er nicht permanent aktualisiert und fortgeführt wird. *Datenfortführung* ist der andauernde Vorgang, mit dem der digitale Datenbestand den laufenden Veränderungen der erfaßten Objekte angepaßt wird. Dies ist hierbei weniger im Sinne von Versionenverwaltung zu sehen, welches eher im CAD-Bereich anzusiedeln ist. Der GIS-Datenbestand kennt meist jeweils nur einen eindeutigen Zustand der Sicht der realen Welt. Ausnahmen sind Anwendungen im Umweltbereich oder bei historischen Untersuchungen. Der Bedarf an Nachführung der Daten aufgrund zeitlicher Veränderungen ist sehr verschieden je nach Objektarten, die im GIS verwaltet werden. Während geologische oder administrative Datenbestände eher langfristige Fortführungszyklen besitzen, ändert sich die Landnutzung oder die Eigentumsverhältnisse häufiger. Dies reicht in Umweltanwendungen bis hin zu Fortführungszyklen in wenigen Stunden, wenn Originalmeßdaten aktuell zu halten sind.

6 Literatur

Bill, R., Fritsch, D. (1991) : Grundlagen der Geo-Informationssysteme. Band 1 : Hardware, Software und Daten. Wichmann Verlag Karlsruhe.

Hybride Datenstrukturen in Geo-Informationssystemen

Dieter Fritsch
Lehrstuhl für Photogrammetrie und Fernerkundung
Technische Universität München, Arcisstraße 21
8000 München 2

Zusammenfassung

Die Integration von Geometrie, Topologie und Thematik innerhalb der Datenhaltung von Geo-Informationssystemen bedingt sorgfältige Überlegungen zu den Datenstrukturen. Während heutzutage räumliche Objekte überwiegend mit Randbeschreibungen geometrisch zerlegt werden, deren unterschiedliche thematische Bedeutung dann noch objektweise zu ordnen ist, zeichnen sich mit den Modellierungsstrategien des CAD sowie des objektbezogenen Programmierens Ansätze für neue Datenstrukturen ab. Diese können sowohl auf Vektor- als auch auf Rasterdaten angewendet werden.

In diesem Beitrag wird generell auf Datenstrukturen eingegangen. Es zeigt sich, daß unterschiedliche Datenmodelle des CAD durchaus schon zu hybriden Datenstrukturen führen können, die jedoch überhaupt keine Rasterdaten berücksichtigen. Die Integration von Rasterdaten kann dann vermittels flächenhafter Komprimierungsstrategien wie z.B. Quadtrees zu einer kombinierten Datenstruktur führen, die nicht nur Daten gleichen Typs sondern die verschiedenen Ausprägungen der Vektor-, Raster- und thematischen Welt gleichermaßen beinhaltet. Einige Beispiele möchten die Leistungsfähigkeit solcher hybrider Datenstrukturen belegen.

1 Einleitung

Geo-Informationssysteme von heute bestehen in erster Linie aus großen raumbezogenen Datenbanken, in denen die Daten hinsichtlich ihrer Position, Nachbarschaftsgeometrie (Topologie) und Thematik geordnet sind (R.Bill/D. Fritsch 1991). Diese Ordnung trägt nicht nur zur Bereitstellung von umfassenden Datenmodellen bei, wie sie in räumlichen Analysen benötigt werden, sondern ist auch für den schnellen Datenzugriff notwendig. Von daher umfaßt der Begriff *Datenstruktur* neben der Zerlegung hinsichtlich topologischer und thematischer Grundprimitive auch die Zugriffsmechanismen auf die entsprechenden Datensätze, die in der Form von sequentiellen Dateien, invertierten Listen und relationalen Tabellen auf der Magnetplatte abgespeichert sind (G. Dröge, 1991).

Das grundlegende Modell zur Bereitstellung von Datenstrukturen ist mit der Abbildung 1 gegeben. Jedes räumliche Objekt – sei es eine Parzelle, ein

Gebäude oder eine Versorgungsleitung – läßt sich in einen geometrischen und thematischen (semantischen) Anteil zerlegen. Während die Geometrie punktscharf meistens durch Vektordaten (z.B. Koordinaten) wiedergegeben ist – eine Ausnahme bilden dabei Sekundärmetriken in Form von Bezirken und anderen regionalen Abgrenzungen – sind Bilddaten in der Form von äquidistanten Rastern flächenhaft diskretisiert. Dadurch ergibt sich automatisch eine Unterscheidung der Geometriedarstellung in *Vektor-* und *Rasterdaten*, die nicht zwangsläufig unterschiedliche Aggregationsebenen enthalten müssen. So kann z.B. eine digitale Orthoprojektion durchaus ebenso punktscharf visualisiert werden wie die dazugehörigen Vektordaten, wenn eine Deutsche Grundkarte 1:5000 (DGK 5) fortzuführen ist.

Die semantische Einordnung des Objekts geschieht heutzutage *objektweise*, d.h. topologischen Grundprimitiven wie *Punkt, Linie* und *Fläche* können auf diese Weise unterschiedliche semantische Bedeutungen zugewiesen werden. Eine Linie kann einen Flußlauf darstellen; der Flußlauf ist wiederum Teil einer politischen Grenze usw. Die Zuordnung von unterschiedlicher Semantik eines räumlichen Objekts geschieht mittels Objektschlüsseln (OS), die i.d.R. schon einen zweidimensionalen *Zugriffsmechanismus* darstellen. So bildet die Postleitzahl (PLZ) einen solchen OS, indem die PLZ als Oberbegriff den entprechenden *Klassenidentifikator* und die einzelnen PLZ der Städte den jeweiligen *Objektidentifikator* repräsentieren. Weitere Beispiele hierzu finden sich in R. Bill/D. Fritsch (1991).

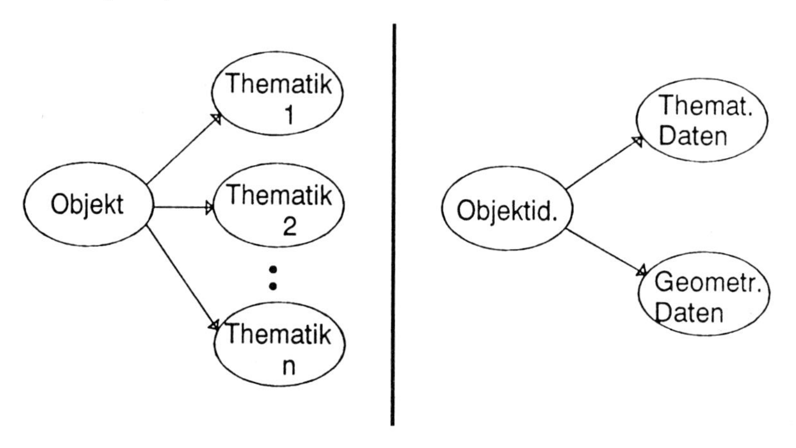

Abb. 1: Objektdefinition in Geo-Informationssystemen

2 Geometrische Betrachtungen

Die Geometrie von räumlichen Objekten ist bisher überwiegend zweidimensional (2D), d.h. es liegen Daten in Form von x,y-Koordinaten bzw. von Rasterelementen m,n vor. Gegenwärtig ist die Integration von Höhe und Zeit Forschungsgegenstand der raumbezogenen Datenhaltung, um Teile der Erdoberfläche bzw. der

-kruste vollkommen dreidimensional (3D) wiederzugeben sowie ihre zeitlichen Zustände zu untersuchen und zu prognostizieren.

Generell ist hinsichtlich der geometrischen Modellierung zu unterscheiden in das *Kanten-* oder *Drahtmodell*, das *Flächen-* oder *Blockmodell* und das *Volumen-* oder *Körpermodell*. Am Beispiel der Modellierung eines Hauses werden mit der Abbildung 2 die *fünf* Darstellungsformen des CAD demonstriert.

1) Parametrische Beschreibung

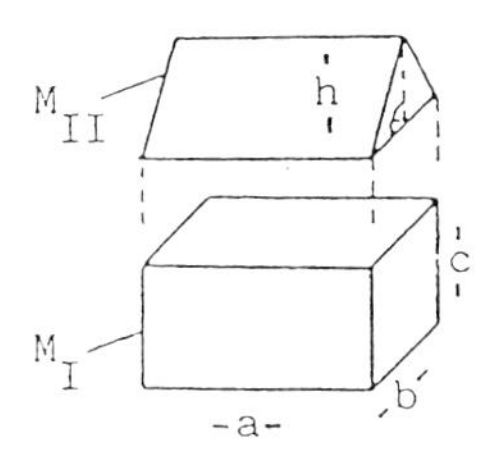

$$M_{II} = \{ a,b,h \}$$
$$M_{I} = \{ a,b,c \}$$
$$\rightarrow M_0 = M_I \cup M_{II}$$

2) Enumerationsverfahren

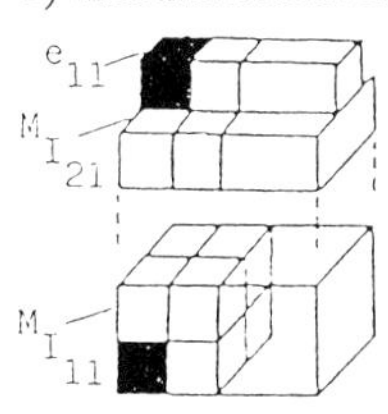

$$M_{I_{21}} = \{ e_{11}, e_{11}, \ldots , e_{11} \} = 6\, e_{11}$$
$$M_{I_{11}} = \{ e_{11}, e_{11}, \ldots , e_{11} \} = 8\, e_{11}$$
$$M_0 = M_{I_{11}} \cup M_{I_{12}} \cup M_{I_{21}} \cup M_{I_{22}}$$

3) Zellenzerlegung

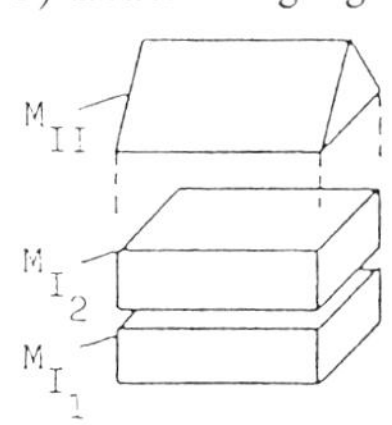

$$M_0 = M_{I_1} \cup M_{I_2} \cup M_{II}$$

4) Randbeschreibung

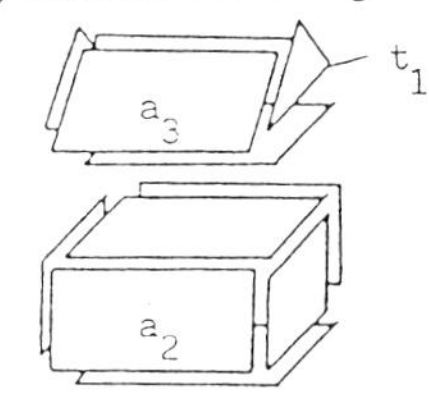

$$M_{II} = \{ a_3, a_3, a_2, t_1, t_1 \}$$
$$M_{I} = \{ a_1, a_1, a_2, a_2, a_2, a_2 \}$$
$$\rightarrow M_0 = M_I \cup M_{II}$$

5) Modellierung mit Primitivkörpern

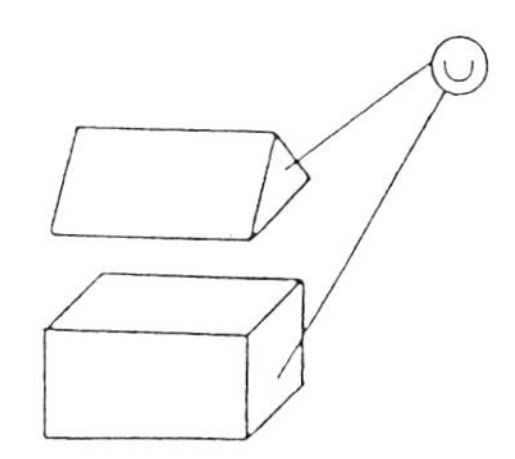

$$M_0 = M_I \cup M_{II}$$

Abb. 2: Modelle der Computergraphik

Diese Darstellungsformen sind folgendermaßen zu charakterisieren:

1. Die parametrische Beschreibung quantifiziert das Objekt durch Parameter wie Länge, Breite, Höhe

2. Das in der Rasterdatenverarbeitung häufig eingesetzte Enumerationsverfahren benutzt fest vorgegebene Raumzellen zur Beschreibung bzw. Approximation von komplizierten räumlichen Objekten. Der Zugriff zu den einzelnen Volumenelementen (volume elements, voxels) geschieht über den *Oktogonbaum* (R. Bill/D. Fritsch, 1991).

3. Die Zellenzerlegung beschreibt das Objekt durch Raumzellen von unterschiedlicher Größe

4. Die Randbeschreibung gibt das räumliche Objekt durch seine Randelemente wieder, was z.B. Flächen, Linien und Punkte sein können. Auf dieser basiert die Detailabbildung in den meisten heute verfügbaren GIS, da hier die Topologie besonders einfach integriert werden kann.

5. Bei der Modellierung mit Primitivkörpern können beliebig komplexe Raumkörper Anwendung finden. Wenngleich sie ein sehr leistungsfähiges Instrumentarium zur Verfügung stellt – hierzu kann insbesondere die Boole'sche Algebra eingesetzt werden – wird sie bisher wenig verwendet.

2.1 Vektordaten

Vektordaten sind von Haus aus meistens punktuell – ihre Position kann in einem übergeordneten Koordinatensystem definiert sein, jedoch sind auch lokale Koordinatensysteme denkbar. Im einfachsten Fall werden vektorielle Linienzüge durch lange, dünne Listen (Punktlisten, auch als Spaghettis bezeichnet) alphanumerisch wiedergegeben, deren Orientierung in Linienlisten festgehalten ist. Am Beispiel der Abbildung 3 ist die Kombination einer Randbeschreibung eines Teils der Erdoberfläche mit der parametrischen Darstellung eines Hauses aufgezeigt.

3a) Perspektive Darstellung einer Realszene

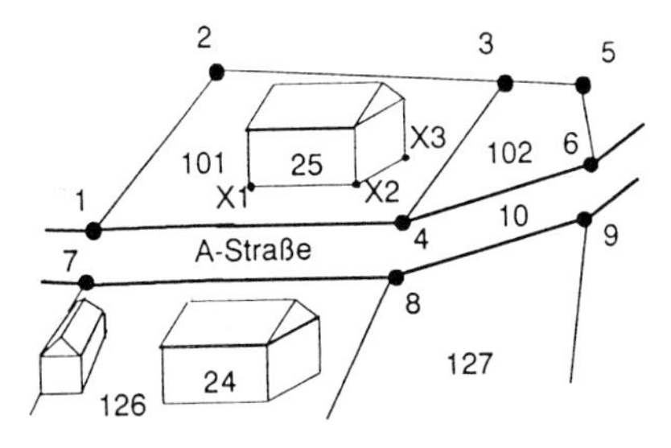

3b) Alphanumerische Randdarstellung der Realszene

Punkte			
Pkt.-Nr.	x	y	z
1	x_1	y_1	z_1
2	x_2	y_2	z_2
3	x_3	y_3	z_3
4	x_4	y_4	z_4
X1	x_{X1}	y_{X1}	z_{X1}
X2	x_{X2}	y_{X2}	z_{X2}
..	..	..	..

Linien			li.	re.
Linie-Nr.	Anf.	Ende	Fl.	Fl.
A	1	2	100	101
B	2	3	111	101
C	4	3	101	102
D	1	4	101	10
XA	X1	X2	25	101
..	..	..	..	..

3c) Parametrische Beschreibung der Gebäude

Gebäude	Ang.	in	(m)	
Nr.	a	b	c	h
24	10	6	5.5	3
24-1	5	3	2.5	1.2
25	12	7	5	4

Abb. 3: Randdarstellung und parametrisierte Beschreibung in Kombination

Die Punkt- und Linienliste enthalten die Geometrie der Lage und Nachbarschaft des Flurstücks 101 sowie des Gebäudegrundrisses von Haus Nr. 25 – mit der Gebäudeliste ist die parametrische Beschreibung von Gebäuden angedeutet. Bereits diese Kombination läßt sich als *hybride Struktur* auffassen.

2.2 Rasterdaten

Rasterdaten können vielfältige Phänomene ausdrücken wie z.B. Strahlungsintensitäten, Geländehöhen, demoskopische Beobachtungen u.v.a.m. Sie müssen sich nicht unbedingt auf ein übergeordnetes Koordinatensystem beziehen, sondern können durchaus lokal definiert sein oder haben a priori überhaupt keinen geometrischen Bezug. Im letzteren Fall stellen die Rasterdaten *regelmäßige Sachdaten* dar, was auch als *Sachdaten-Gridding* bezeichnet wird.

Im allgemeinen wird unter Rasterdaten punktuelle oder Zelleninformation verstanden, die ebenso wie Vektordaten über einen Objektidentifikator mit unterschiedlicher Semantik verknüpft sind. Die räumliche Struktur von Rasterdaten ist durch die lokale Anordnung der Rastertopologie vorgegeben, welche durch die Verknüpfung von benachbarten Rasterzellen direkt gegeben ist (vgl. Abbildung 4). Dieser Vorteil der einfachen geometrischen und topologischen Verknüpfung wird vielfach bei der Überlagerung von Rasterdaten genutzt, indem Karten mit verschiedenem thematischen Inhalt einfach durch die Position der Rasterelemente miteinander in Beziehung zu bringen sind.

A	A	A	A	A	B	B	B
A	A	A	A	A	B	B	B
A	A	A	A	A	B	B	B
B	B	B	B	B	C	C	C
B	B	B	B	B	B	B	C
B	B	B	B	B	B	B	B

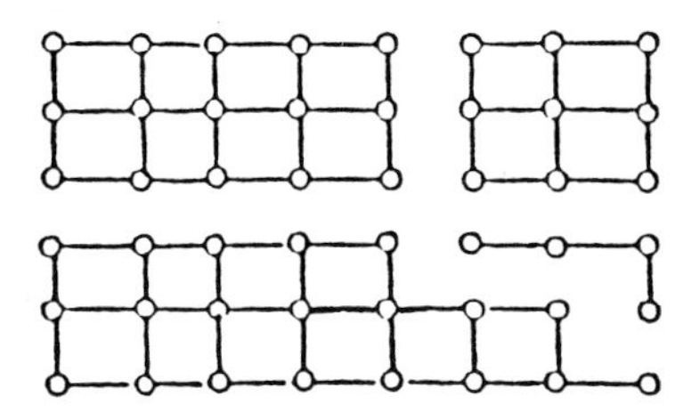

Abb. 4: Rasterdaten und ihre Nachbarschaft

3 Topologische Betrachtungen

Unter dem Begriff *Topologie* wird die Analyse von geometrischen Eigenschaften verstanden, die invariant sind hinsichtlich kontinuierlichen Transformationen. Dabei handelt es sich i.d.R. um das Aufzeigen und Manipulieren von Nachbarschaftsbeziehungen der drei topologischen Grundprimitive: *Punkt*, *Linie* und *Fläche*. In der Abbildung 5 ist die topologische Zerlegung eines regelmäßigen Objekts (planarer Graph) vermittels dieser drei Grundprimitive angedeutet, die jedoch noch um eine *Raumzelle (3-Zelle)* erweitert werden können.

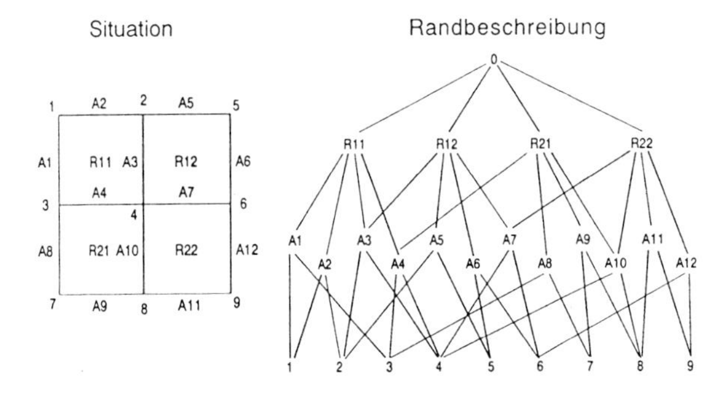

Abb. 5: Topologische Zerlegung eines einfachen Graphen

Bisweilen beschränken sich die topologischen Modellbildungen in Geo-Informationssystemen auf eine planare Wiedergabe, d.h. es werden Hierarchien in der Form von zweidimensionalen Graphen aufgebaut. Von daher bietet die *Graphentheorie* ideale Hilfsmittel, um Konsistenzprüfungen, kürzeste Wege, Verschneidungen u.a.m. durchzuführen. Ein wichtiges Konsistenztheorem in der raumbezogenen Datenhaltung ist der Satz von Euler, in dem der Zusammenhang zwischen der Anzahl der Punkte p, der Linien l und der Flächen f hergestellt wird:

$$C = p - l + f = 2 \tag{1}$$

Man nennt C die *Charakteristik* der Abbildung, in der f stets den Außenraum enthalten muß.

3.1 Vektordaten

Mit den Anfängen der digitalen raumbezogenen Datenhaltung in den sechziger Jahren sind schon *vektorielle Datenstrukturen* entwickelt worden, um die Daten nach den Ordnungsprinzipien der Topologie abzuspeichern. Entsprechend den Regeln der Graphentheorie werden Punkte mit Verzweigungen als *Knoten* und Linien als *Kanten* bezeichnet. In der Abb. 6 sind zwei historische Datenstrukturen für Vektordaten wiedergegeben – die DIME- und die POLYVRT-Datenstruktur (R. Bill/D. Fritsch, 1991). Als Nachteil beider Strukturen hat sich das Fehlen von Objekt- und Flächenhierarchien herausgestellt, auf die später zur Definition eines umfassenden vektoriellen Datenmodells noch näher einzugehen ist.

Bei der DIME-Struktur wird keine strenge Unterscheidung hinsichtlich der Elemente der Graphentheorie durchgeführt – Anfangs- und Endknoten eines Linienelements müssen nicht unbedingt Verzweigungspunkte darstellen, sondern können durchaus Zwischenpunkte eines Kantenpolygons sein. Jedes Liniensegment besitzt vier Zeiger, von denen zwei auf den Anfangs- und Endknoten und zwei auf die benachbarten Flächenelemente verweisen. Der Nachteil der Struktur liegt darin, daß Polygonobjekte nur unter großem Aufwand gebildet werden können, da sehr viele Kantenstücke existieren, deren Verzeigerungen immer wieder durchlaufen werden müssen. Dieser Nachteil wurde bei der POLYVRT-Struktur behoben, indem nun streng graphentheoretisch vorgegangen worden ist. Dabei wurde in Knoten und Punkte unterschieden, wobei alle Zwischenpunkte einer Kante unter einer bestimmten Adresse abzulegen sind.

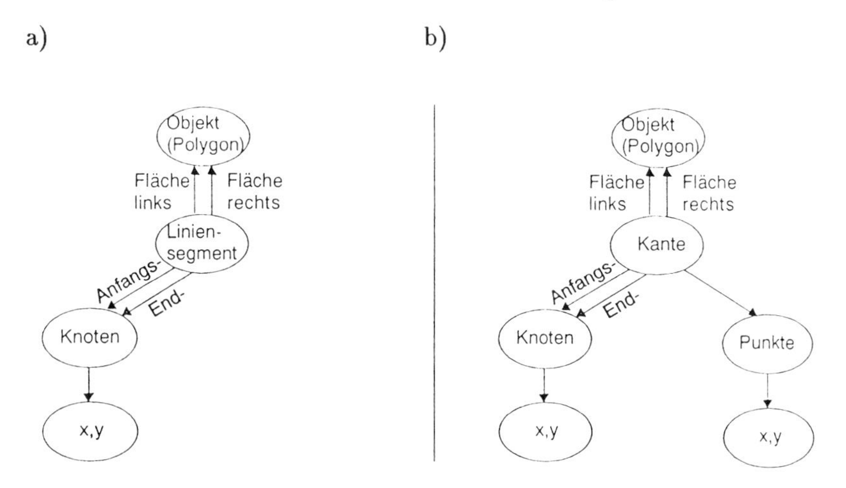

Abb. 6: Vektorielle Datenstrukturen, a) DIME b) POLYVRT

3.2 Rasterdaten

Rasterdaten besitzen eine sehr einfache Topologie, die durch die Position des Rasterelements (Pixel) m,n (m Spaltenindex, n Zeilenindex) gegeben ist. Von daher ist mit *Rastertopologie* zumeist die unmittelbare Nachbarschaft des einzelnen Pixel angesprochen, aus der sich der sich der *Kettencode* entwickelt hat. Weitere Organisationsformen für Rasterdaten sind die *Runlength-Kodierung* und die *Quadtree-Zerlegung*, auf die ebenso einzugehen ist.

3.2.1 Kettencode

Der Kettencode enthält i.d.R. die *Acht-Umgebung* des einzelnen Pixels – eine andere Bezeichnung ist mit *Freeman-chain* gegeben. Dabei bedient man sich der Abspeicherung der *acht* möglichen Verzweigungsrichtungen, wie sie mit der Abbildung 3 an einem kleinen Beispiel angedeutet sind. Der Kettencode ist als eine *Linienstruktur* aufzufassen, deren Orientierung immer wieder neu durch die Verzweigungsrichtung – auch Freeman-Zahl genannt – definiert wird. Betrachtet man die Freeman-Zahlen bzw. den Spalten- und Zeilenindex als *Koordinaten*, so ergeben sich lange, dünne Linienlisten (Spaghettis).

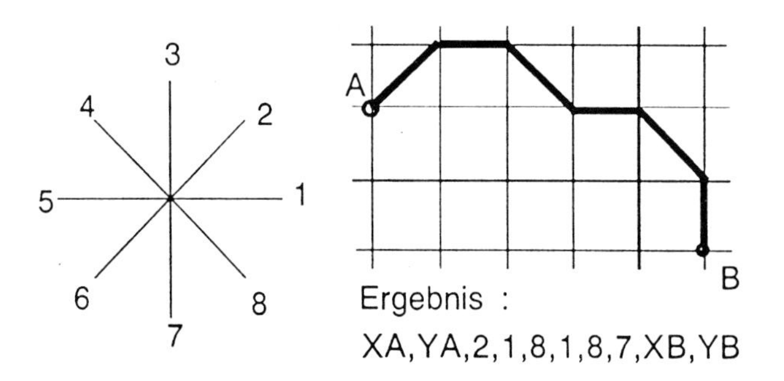

Abbildung 3: Rastertopologie in Form des Kettencodes

3.2.2 Runlength-Kodierung

Die Berücksichtigung von topologischen Grundprimitiven in der Form von Punkt (Knoten, Kn), Linie (Kante, Ka) und Fläche (Fl) kann sehr leicht innerhalb der *Runlength-Kodierung* berücksichtigt werden. Während in R. Bill/D. Fritsch (1991) die Runlength-Kodierung an binären punktuellen Daten demonstriert ist, wird mit der Abbildung 7 die Erhaltung der topologischen Grundprimitive aufgezeigt, die insbesondere bei Vektor-Rasterkonvertierungen gewährleistet werden muß.

```
x x x x x x x x x x x x x o o o     (14,3,Fl)
x x x o x x x x o x x x o o o o     (4,1,Kn) (9,1,Ka) (13,4,Fl)
x x x x x x x x o x x o o o o o     (9,1,Ka) (12,5,Fl)
x x x x x x x o x x o o o o o o     (8,1,Ka) (11,6,Fl)
```

Abb. 7: Topologisch orientierte Runlength-Kodierung

3.2.3 Quadtree-Zerlegung

Das Quadtree-Prinzip eignet sich besonders als flächenhafte Datenstruktur, zur Verschneidung von thematischen Rasterdaten sowie als Zugriffsmechanismus in der hierarchischen Datenspeicherung. Die Definition des Quadtrees ist sehr einfach: Ein Quadratsegment wird durch sukzessive Viertelung unterteilt, wobei die Auflösung – die kleinste Einheit des Quadtrees – durch den Anwender vorgegeben werden kann (vgl. Abbildung 8).

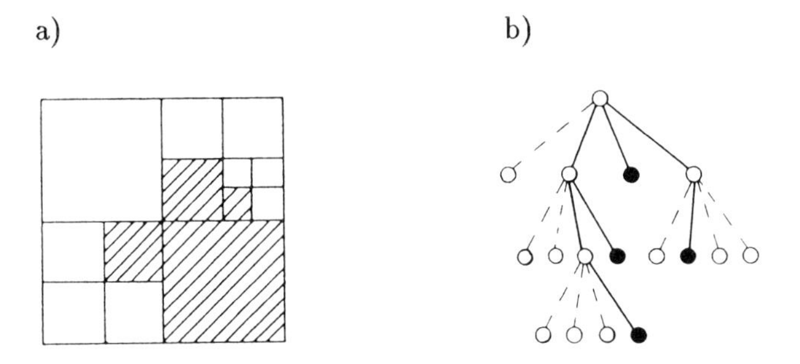

Abb. 8: Quadtree-Zerlegung, a) Ebene b) Hierarchie

Durch die sukzessive Viertelung werden einem Vater vier Söhne zugewiesen – jeder Sohn kann wiederum vier Kinder haben. Auf der untersten Stufe des hierarchischen Organisationsprinzips befinden sich die kleinsten Quadtree-Zellen; diese enthalten die Randinformation des flächenhaften Objekts und tragen daher zu einer *Quasivektorisierung* der homogenen Rasterdaten bei.

4 Thematische Betrachtungen

Das thematische Modellieren stellt in der Hierarchie des Datenmodells die schwierigste Aufgabe und sogleich die oberste Ebene dar. Wie bereits in der Einleitung erwähnt, erfolgt die Zuweisung von unterschiedlicher Thematik eines raumbezogenen Objekts über einen Objektidentifikator, der gleichermaßen für Vektor- und Rasterdaten gilt. Innerhalb des thematischen Modellierens unterscheidet man in zwei grundsätzlich verschiedene Strategien: Das *Ebenenprinzip* und das *Objektklassenprinzip*. Die älteste Methode ist das Ebenenprinzip, das auch als *layer principle* bekannt ist, wohingegen das Objektklassenprinzip neuesten Forschungsansätzen nicht nur in der raumbezogenen Datenhaltung sondern auch der Informatik zugrunde liegt.

4.1 Ebenenprinzip

Das Ebenenprinzip separiert Geometriedaten von verschiedener thematischer Bedeutung streng durch die Abspeicherung in verschiedenen Ebenen, wobei der Raumbezug direkt durch die Position der abgespeicherten Elemente in einem einheitlichen Koordinatensystem für *alle* Ebenen gegeben ist. Auf diese Weise können vielfältige thematische Inhalte durch einfache *Superimposition* miteinander vereinigt bzw. verschnitten werden.

Bezeichnet E_i $\forall i$=1,2,....,n die jeweilige Ebene, so läßt sich das Ebenenprinzip darstellen als Vereinigungsmenge aller verfügbaren oder als Teilmenge selektiv gewünschter Ebenen, also

$$E = E_1 \cup E_2 \cup .... \cup E_n \quad (2)$$

In der Abbildung 9 ist das Ebenenprinzip am Beispiel der Datenhaltung im Vermessungswesen dargestellt: Die Kombination der Ebenen 1 (Flurgrenzen), 2 (Grenzpunkte), 3 (Bodenschätzungsergebnisse) und 8 (Flurstücke) ergibt eine Darstellung, die in der Flurbereinigung zur Neuzuteilung von Blöcken benötigt wird.

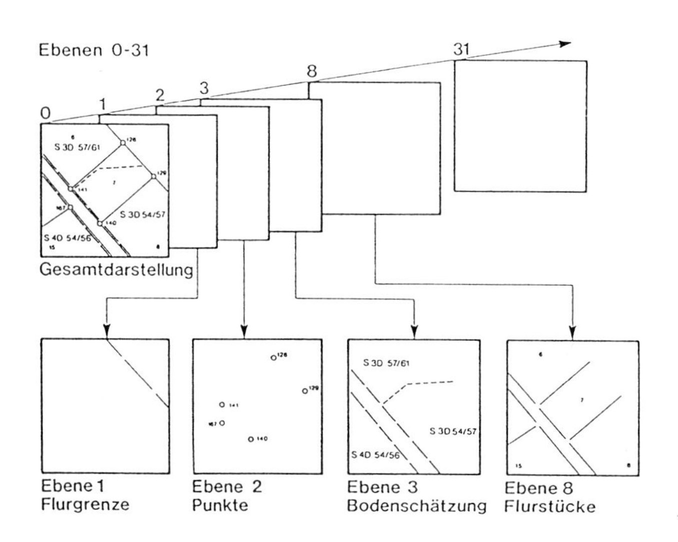

Abb. 9: Ebenenprinzip (Quelle: F. Christoffers et al., 1985)

4.2 Objektklassenprinzip

Beim Objektklassenprinzip wird von einer hierarchischen Anordnung von einundderselben Thematik ausgegegangen. Wie in R. Bill/D. Fritsch (1991) gezeigt ist, braucht jedoch diese strenge Vorgabe nicht aufrecht erhalten zu werden, so daß sich auch ein thematisches Netzwerk als objektweises Datenordnungsprinzip ergeben kann. Bei einer strengen hierarchischen Vorgehensweise des Objektklassenprinzips werden 1:m Beziehungen zwischen den einzelnen thematischen Mengen zugelassen, d.h. eine Objektklasse verzweigt sich in m Individualobjekte, wobei jedes Individualobjekt wiederum m Objektteile haben darf. Unterhalb der Objekteilebene befindet sich das topologische Subsystem, in dem im wesentlichen Kanten- und Knotenlisten vorliegen. Mit der Abbildung 10 ist das Objektklassenprinzip angedeutet, wobei eine strenge Hierarchie eingehalten wird. Diese hierarchische Vorgehensweise bildet die Grundlage des *Objektschlüsselkatalogs (OSKA)*, der von den Vermessungsverwaltungen für die *Automatisierte Liegenschaftskarte (ALK)* sowie für das *Amtliche Topographisch-Kartographische Informationssystem (ATKIS)* entwickelt wurde.

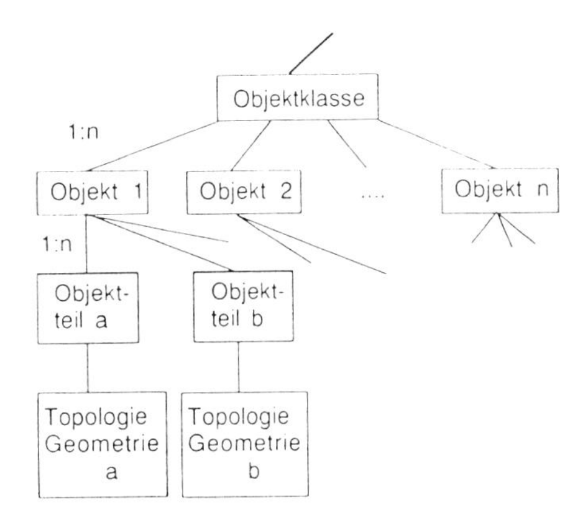

Abb. 10: Objektklassenprinzip in strenger hierarchischer Anordnung

4.3 Sachdaten

Beschreibende Daten oder auch *Sachdaten (Attribute)* stellen den Informationsträger der verschiedenenen thematischen Inhalte dar. Diese Daten fallen meistens in der Form von Tabellen an, d.h. die Strukturierung besteht hier in der richtigen thematischen Zuordnung einzelner Sachverhalte. Am Beispiel des Vermessungswesen wird mit der Abbildung 11 die Zuordnung verschiedener Sachdatensätze demonstriert. Das zugrundeliegende Datenmodell besteht aus insgesamt 7 Satztypen. Für jeden Datentyp werden diejenigen Attribute als Objektidentifikator ausgewählt, die eine logische Einheit eindeutig identifizieren.

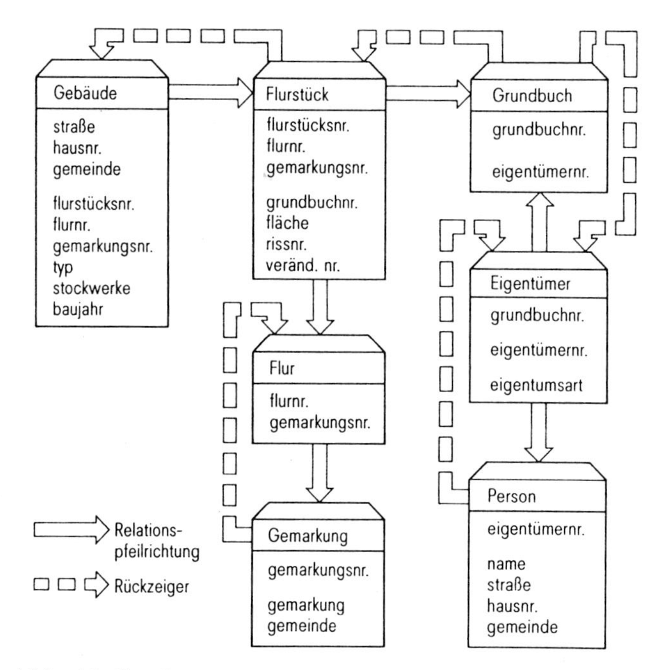

Abb. 11: Strukturierung von Sachdaten, Quelle: M. Baumann (1985)

```
GEBAEUDE    : Strasse, Hausnr., Gemeinde
FLURSTUECK  : Flurst.Nr., Flurnr., Gemarkungsnr.
FLUR        : Flurnr., Gemarkungsnr.
GEMARKUNG   : Gemarkungsnr.
GRUNDBUCH   : Grundbuchnr.
EIGENTUEMER: Eigentuemernr., Grundbuchnr.
PERSON      : Eigentuemernr.
```

Jedem Satztyp werden nun Fremdschlüssel entsprechend den Verzeigerungen zugeordnet wie z. B.

```
GEBAEUDE - FLURSTUECK : Flurstuecksnr., Flurnr., Gemark. Nr.
FLURSTUECK - GRUNDBUCH: Grundbuchnr.
```

Die vollständigen Fremdschlüssel können der Abbildung 11 entnommen werden. Somit ist gewährleistet, daß umfangreiche Fragestellungen zu den Sachdatensätzen beantwortet werden können, ganz gleich, von welchem Sachsatz aus man die Abfrage startet. Ausführliche Betrachtungen zu diesem Beispiel finden sich in M. Baumann (1985).

5 Kombination von Vektor-, Raster- und Sachdaten

Die Kombination der drei unterschiedlichen Datentypen in Geo-Informationssystemen ist derzeit Forschungsgegenstand in der raumbezogenen Datenhaltung.

Während die Kombination von Vektordaten mit Sachdaten vermittels Objektidentifikatoren gelöst ist, fehlt es noch an umfangreichen Untersuchungen über die Zuordnung von Sachdaten zu Rasterdaten.

In der Abbildung 12 ist eine objektweise Ordnung von topologisch orientierten Vektordaten nachgewiesen. Dabei ist bereits der dritten Dimension Rechnung getragen, indem Volumenobjekte zugelassen worden sind. Mit dieser Datenstruktur sind vielfältige Modellierungen in der *Vektorwelt* möglich. Sie stellt eine Erweiterung der DIME und POLYVRT-Struktur dar, und wurde in jüngster Zeit insbesondere durch M. Molenaar (1989) umfangreich untersucht.

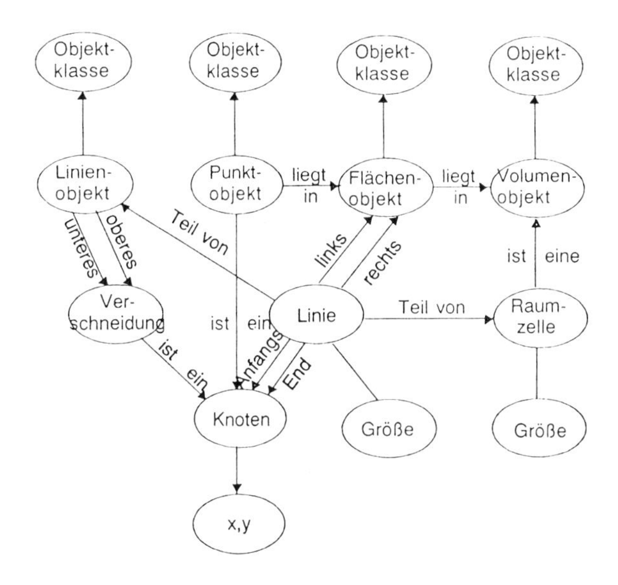

Abb. 12: Allgemeine Datenstruktur für Vektordaten

6 Schluß und Ausblick

Im vorliegenden Beitrag wurde ein Überblick zur Strukturierung von raumbezogenen Daten gegeben. Vektor- und Rasterdaten konnten dabei gleichermaßen behandelt werden – insbesondere zeichnet sich hierfür eine zusehende Integration ab, die auf beiden Seiten topologische Grundprimitiven berücksichtigt. Zugriffsmechanismen für beide Datentypen in der Form von *hierarchischen* und *dynamischen* Methoden konnten aus Gründen der Einschränkung nicht weiter behandelt werden. Hierzu sei auf die Ausführungen in R.Bill/D. Fritsch (1991) verwiesen.

Innerhalb der thematischen Modellierung hat sich das objektweise Vorgehen durchgesetzt. Wenn auch noch viele derzeit verfügbare Geo-Informationssysteme mit dem Ebenenprinzip arbeiten, so ist die objektweise Ordnung nicht nur von Thematik sonder auch entsprechender topologischer Grundprimitive sehr flexibel. Der objektweise Ansatz gilt ebenso für beide geometrische Repräsentationsformen. Erste Untersuchungen für Rasterdaten (H. Yang, 1991) sind vielversprechend – ebenso kann das Vokabular einer entsprechenden geometrischen Abfragesprache (Geo-SQL, vgl. D. Findeisen, 1990) unabhängig vom Datentyp eingesetzt werden.

7 Literatur

Baumann, M. (1985) Aufbau und Einsatzmöglichkeiten eines raumbezogenen Informationssystems mit SICAD. In: CAD-Kartographie, Hrsg. M. Schilcher, S. 279-299, Wichmann, Karlsruhe.

Bill, R., Fritsch, D. (1991) Grundlagen der Geo-Informationssysteme, Band 1. Wichmann, Karlsruhe.

Christoffers, F., Grams, P., Rossol, G., Winter, R., Zeddies, W. (1985) Interaktive graphische Datenverarbeitung in der Niedersächsischen Vermessungs- und Katasterverwaltung. In: CAD-Kartographie, Hrsg. M. Schilcher, S. 7-47, Wichmann, Karlsruhe.

Dröge, G. (1991) Datenstrukturen für räumliche Daten. Beitrag Int. Sem. Photogrammetrie und Geographische Informationssysteme, ETH Zürich, April 1991.

Findeisen, D. (1990) Datenstruktur und Abfragesprachen für raumbezogene Informationen. Kirschbaum, Bonn.

Fritsch, D. (1991) Algorithmen zur Manipulation von Raster- und Hybriden Daten. Beitrag Int. Sem. Photogrammetrie und Geographische Informationssysteme, ETH Zürich, April 1991.

Molenaar, M. (1989) Single valued vector maps – A concept in geographic information systems. Geo-Informations-Systeme (GIS), 2, pp. 18-26.

Molenaar, M., Fritsch, D. (1991) Combined data structures for vector and raster representations in geographic information systems. Geo-Informations-Systeme (GIS), 4.

Shaffer, C.A., Samet, H. (1987) Optimal quadtree construction algorithms. Comp. Vision, Graphics, Image Process., 37, pp. 402-419.

Yang, H. (1991) Zur Integration von Vektor- und Rasterdaten in Geo-Informationssystemen. Deutsche Geod. Kommision, Reihe C, München.

Datenmanipulation und Datenanalyse

Josef Strobl
Institut für Geographie, Universität Salzburg,
Hellbrunnerstraße 34, A-5020 Salzburg

Zusammenfassung

Die Untersuchung georeferenzierter Informationsbestände mittels einer breiten Palette analytischer Techniken nimmt innerhalb der geographischen Informationsverarbeitung eine zentrale Stellung ein. Im Gegensatz zu Datenbasis-orientierten Anwendungen mit allenfalls koordinativer Verortung von Objekten steht bei Geographischen Informationssystemen das Bestreben nach analytischer Auswertung häufig im Mittelpunkt und bildet einen konstituierenden Bestandteil und wesentliches Spezifikum von GIS.

Eine Übersicht über die aus Anwendersicht wichtigsten Analyseverfahren ist allein schon ob deren großer Zahl nicht mehr rein taxativ möglich und hat sich daher eines geeigneten Ordnungsschemas zu bedienen. Weitgehend unabhängig von konkret realisierten räumlichen Datenmodellen und -strukturen werden die wichtigsten Verfahrensgruppen von Transformationen über aggregative und kombinierende Auswertungen bis hin zur Simulation auf der Grundlage häufig raumzeitlicher Modellkonstrukte vorgestellt.

Transformationen haben innerhalb des Untersuchungsprozesses häufig aufbereitenden Charakter und beinhalten Übergänge zwischen räumlichen Bezugssystemen bzw. projektiven Charakteristika, Ableitungen von Datenbeständen über Grenzen von Datenmodellen hinweg und Modifikationen räumlicher Objekte in der geometrischen und/oder Attributdimension.

Auswertungen aggregieren unter expliziter Berücksichtigung der räumlichen Dimension geometrische und/oder thematische Objektcharakteristika eines oder mehrerer georeferenzierter Informationsbestände. Dies ermöglicht zusammenfassende Beschreibung und Vergleiche, dient als Grundlage der Hypothesenbildung wie auch deren Überprüfung und bildet in Form eines "Werkzeugsatzes" für multithematische Analyse variabel strukturierter räumlicher Informationsbestände den funktionalen Kern Geographischer Informationsverarbeitung.

Simulationstechniken zielen auf die prozessuale Umsetzung analytischer Einzelaussagen ab. Die Konstruktion von Modellen erfolgt durch Strukturelemente, Fakten und Regeln, wodurch der raumzeitliche Transfer von Materie, Energie und Information in komplexen Systemen auf deterministischer oder probabilistischer Basis nachvollzogen werden soll.

Zusammenfassend ist als Spezifikum Geographischer Informationsverarbeitung der Anspruch des Generierens neuer Informationen durch theoriegeleitete Kombination vorliegender Bestände festzuhalten, wobei der Erkenntnisgewinn in der Regel in konkrete Handlungsempfehlungen umgesetzt wird. Geographische Untersuchungsabläufe sind dabei auf die vorliegende Fragestellung abgestimmte individuelle Kombinationen einer Vielzahl von Analyseschritten, deren Anwendung theoretische, methodische und instrumentelle Qualifikation erfordert. Daher zählt das Anforderungsprofil des "GIS-Analytikers" heute zu den anspruchsvollsten Rollen innerhalb der Geographischen Informationsverarbeitung.

1 Einführung

Bei näherer Betrachtung ist der heute schon sehr geläufige Begriff "Geographisches Informationssystem" (GIS) eigentlich keine sehr treffende und unter Umständen sogar eine teilweise irreführende Bezeichnung!

Unwillkürlich drängt sich dabei die Parallelität zu anderen "Informationssystemen" auf, und damit eine Betonung von Aspekten der Speicherung, Organisation und Abfrage von Information. Etwas pointierter formuliert bedeutet das: man ist froh, aus einem Informationssystem bestenfalls das wieder herauszubekommen, was im Lauf der Zeit 'hineingesteckt' wurde!

Wenn dies auch zweifellos für manche GIS-Anwendungen im großmaßstäbigen Bereich eine gültige Zielsetzung ist (etwa für Landinformationssysteme und Mehrzweckkataster), liegt doch ein wesentlicher Schwerpunkt Geographischer Informationsverarbeitung bei Anwendungen mit signifikanter analytischer Komponente.

In einem derartigen Umfeld wird an GIS häufig die Erwartung gerichtet, neue Datenbestände und damit neue Information zu erzeugen. Dieser - hohe - Anspruch bleibe zunächst einmal dahingestellt.

Wenn man versucht, ein Subjekt in den Griff zu bekommen, ist es oft hilfreich, dessen Definitionen anzusehen:

> ... "Since putting spatial data into a computer at great expense for the sole purpose of getting it out again would be pointless, a GIS must allow a variety of manipulations to be carried out, such as sorting, selective retrieval, calculation and SPATIAL ANALYSIS and modelling. We also expect a full range of functions to allow input of data in map form, and cartographic output ..." *Goodchild, M. (1985)*
>
> "... computer based systems for the capture, storage, retrieval, ANALYSIS and display of spatial data." *Clarke, K. (1986)*
>
> A system for capturing, storing, checking, integrating, manipulating, ANALYSING and displaying data which are spatially referenced to the Earth.

This is normally considered to involve a spatially referenced computer database and appropriate application software. *HMSO (1987)*
Systeme zur Erfassung, Speicherung, Prüfung, Manipulation, Integration, ANALYSE und Darstellung von Daten, die sich auf räumliche Objekte beziehen. Nach gängigem Verständnis besteht ein GIS aus einer räumlich adressierbaren Datenbank und geeigneter, darauf abgestimmter Anwendungssoftware. *Strobl, J. (1988)*

Der gemeinsame Nenner von (räumlicher) *Analyse* ist unübersehbar! Dieser stellt klar ein (oder *das*) konstituierende Element Geographischer Informationsverarbeitung dar, da alle übrigen prozessualen Elemente nur allgemeine Spezifika genereller "Informationssysteme" sind.

Interessant ist auch ein Blick auf die Herkunft von GIS; nämlich die Bereiche
- Kartographie und "*map analysis*"
- Fernerkundung und deren Integration mit anderen Daten
- "*spatial analysis*" im Sinne quantitativer raumwissenschaftlicher Methodik.

Diese wesentliche analytische Komponente stellt also offenbar den essentiellen Beitrag der Geographie zu dem vielversprechenden, stark interdisziplimär angelegten Gebiet Geographischer Informationsverarbeitung dar.

"Map analysis" und "spatial analysis" waren die zentralen Ausgangspunkte für den methodischen Apparat von GIS, der als "Methodenbank", "Werkzeugsatz" bzw. "Anwendungsmodule" der räumlichen DB-Komponente gegenübergestellt ist bzw mit dieser zusammen ein GIS bilden kann.

Auch die Bezeichnungen mancher SW-Produkten weisen auf die Bedeutung der analytischen Komponente hin. Einige Beispiele:
SPANS - SPatial ANalysis System
MAP - Map Analysis Package
ERDAS - Earth Resources Data Analysis Systems

Daher hat sich - je nach Zielsetzung und inhaltlichem Schwerpunkt - für manche GIS-Implementationen die Bezeichnung '**GIAS**' (Geographisches Informations- und *Analyse*-System als treffend erwiesen.

2 Anmerkungen zu Datenstrukturen und damit auch Datenmodellen

Vordergründig besteht oftmals der Eindruck unterschiedlicher Analysetechniken zwischen vektor- bzw rasterbasierten Systemen. Demgegenüber sind Analyseverfahren diesen Ansätzen grundsätzlich nicht zuzuordnen, wenn auch Unterschiede in Eleganz und Effizienz von Lösungen bestehen. Diese Differenzen sind jedoch eher als Entwicklungsstadien hin zu vereinheitlichten - hybriden - Datenmodellen zu sehen, die mehrere komplementäre Datenstrukturen zu vereinigen in der Lage sind. (Schließlich besteht auch weitgehender Konsens beim tabellarisch - matrizenorientierten Datenmodell für die gesamte Palette statistischer Analysetechniken - wenngleich dieses von einfacheren Voraussetzungen ausgeht).

Allerdings bieten vektorielles bzw. Raster - Datenmodell zwei alternative (und zwar komplementäre) Perspektiven des räumlichen Analyseprozesses:

Raster	Vektor
top-down	bottom-up
disaggregierend	aggregierend
Bild - orientiert	Objekt - orientiert
ganzheitliche Sicht	elementare Sicht
Muster - orientiert	Struktur - orientiert
"Interpretation"	explizite Modellbildung

Diese Unterscheidung der Eigenschaften von Datenmodellen aus der Sicht von

Zielsetzung , Maßstab bzw. Untersuchungsobjekt

ist für den analytischen Bedarf des Anwenders ausschlaggebend!

In Entwicklung befindliche hybride Systeme werden die flexible Anwendung der jeweils adäquaten Strukturen in Zukunft erleichtern!

3 Geographische Analyse als Abfolge von Verfahrensschritten

Die analytische Untersuchung und Aufbereitung räumlicher Phänomene und Prozesse ist in der Regel nur durch die zielorientierte Verkettung einer Reihe elementarer Techniken und Verfahrensschritte zu erreichen. Geographische Analyse als Erkenntnisprozeß und Informationsaufbereitung ist daher nur als problemspezifisches Aggregat von Basisfunktionen realisierbar.

Heute bieten manche Systeme in der Größenordnung von 10^3 Techniken und Verfahren an, die in unterschiedlicher Abfolge zu analytischen Abläufen kombiniert werden können.

Daraus ist einsichtig, daß derzeit die Rolle des "GIS-Analytikers" v.a. in großen GIS-Installationen zu den wichtigsten zählt: welche Techniken für welche Fragestellung, Daten, in welcher Kombination einzusetzen sind ist nur mit großem theoretischem und praktischem Fachwissen zu entscheiden.

Die Menge der Verfahren und Techniken als Komponenten analytischer Abläufe wird häufig unter drei Begriffen subsummiert:

Transformation - Manipulation - Analyse i.e.S

TRANSFORMATION:
"Umsetzen von räumlichen Datenbeständen zwischen unterschiedlichen Datenmodellen, -strukturen, Objektkategorien, Projektionen und räumlichen Bezugssystemen."

MANIPULATION:
"Zweckorientierte Verarbeitung räumlicher Datenbestände, häufig mit dem Ziel der Aufbereitung für ein analytisches Verfahren."

ANALYSE (i.e.S.):
"Verfahrensschritte zur Identifikation und Untersuchung von Regelhaftigkeiten und systematischen Zusammenhängen in räumlichen Systemen bzw. Phänomenen."

Diese Differenzierung ist ohne Zweifel unscharf, allerdings ist eine exakte Kategorisierung auch nicht erforderlich. Alle drei Gruppen tragen jedenfalls Bausteine zu analytischen Arbeitsabläufen bei, auf die nachfolgend noch näher eingegangen wird. Als detailliertere Kategorien werden unterschieden:

Transformation
s.o.

Aggregation
(Kategorisierende) separate oder kombinierte Beschreibung der Attribute von Lage und Thematik

Erzeugen und Analyse von Relationen
Mehrstellige Attribute sind als generisches Modell für "Räumliche Beziehungen" unerläßlich und ein Grundelement von GIS

Multithematische Analysen
Ausgehend vom 'Schichtenprinzip' werden räumliche Informationen auf Grund ihrer Lageattribute verknüpft ('overlay')

Distanzoperatoren
Räumliche Beziehungen und Interaktionen sind häufig eine Funktion der Distanz: "Alles steht zueinander in Beziehung, Nahes jedoch stärker als Fernes" als ein Leitsatz geographischer Analyse.

Modellsimulation
Geographische Analytik als Methode zur Untersuchung von Systemen und Prozessen bedarf auch entsprechend dynamischer Verkettungsansätze der ansonsten isolierten Operatoren.

Schon an dieser Stelle soll jedoch angemerkt werden, daß viele dieser Komponenten (besonders transformierende) eigentlich für den Endbenutzer, den fachorientierten Anwender, nicht sichtbar sein sollten und es in Zukunft auch hoffentlich nicht sein werden, um dessen volle Konzentration auf den Analysezweck zu gewährleisten.

Im folgenden Abschnitt soll nun eine kurze taxonomische Zusammenstellung der wichtigsten analytischen Verfahrengruppen versucht werden. Diese Aufstellung zielt im gegebenen Rahmen zwangsläufig mehr auf die Gewinnung eines Gesamtüberblicks als auf Ausführlichkeit und Vollständigkeit im Detail ab.

4 Kategorien geographischer Datenmanipulation und -analyse

Zahlreiche, in verschiedenen GIS-Softwareprodukten enthaltene 'analytische' Operatoren wird man in diesem Versuch einer systematischen Aufstellung vergeblich suchen: diese sind dann meist 'nur' zur Datenorganisation bzw. Wartung erforderlich und stellen keine methodische Umsetzung theoretischer Konzepte dar.

4.1 Transformation

Die häufigste Anwendung von Transformationen findet sich in der geometrischen Domäne. Dabei stehen Operationen wie Geo-Codierung (Zuordnung von Attributdaten zu räumlichen Objekten), Geo-Referenzierung (Herstellen eines explizit koordinativen Lagebezugs), affine, projektive und kartographische Transformationen (Übergänge zwischen räumlichen Bezugssystemen) sowie sonstige geodätische und photogrammetrische Techniken im Mittelpunkt.

Solange mangels durchgehend hybrider Modelle räumlicher Phänomene die Notwendigkeit der Entscheidung für ein (Vektor- oder Raster-) Datenmodell als Analyse-Domäne erforderlich ist, werden auch Tranformationen benötigt zwischen (geordnet nach abnehmendem Komplexitätsniveau, s. auch D. PEUQUET 1984):

- Datenmodellen (z.B. Vektor <-> Raster)
- Datenstrukturen
- Dateistrukturen

Häufig , bei Übergängen zwischen Systemen, sind diese Umsetzungen über Import-/Export-Schnittstellen zu realisieren.

Eine der wichtigsten Gruppen von Transformationen ist die wechselseitige Umsetzung zwischen Objekt-Kategorien, also Punkten, Linien, diskreten Flächen und kontinuierlichen Oberflächen. Darin sind so wichtige Verfahrensfamilien wie die Interpolation (Punkt -> Linie bzw. Punkt -> Oberfläche) enthalten.

4.2 Aggregation

WICHTIGE KONZEPTE: (Geo-) Statistische Beschreibung, Verteilung in Raum- und Skalendimension, (Re-) Klassifikation, Regionalisierung.

Aggregationen in der Attributdimension werden häufig auch nur durch Einsatz statistischer Analysepakete auf Attribut-Datenbasen vorgenommen und ergeben:
- Globale statistische Deskriptoren
- Kategoriale statistische Deskriptoren
- Zusammenfassung in Teilgruppen bzw. Stratifizierung
- Reklassifikation

Demgegenüber wird Aggregation unter (Mit-) Berücksichtigung der Raumdimension realisiert durch:
- Globale Lagedeskriptoren, evtl. mit Attributausprägungen verknüpft: Gegenstand der Geostatistik
- Räumliche Aggregation (Regionen-Bildung oder Raumtypisierung), evtl als Generalisierung

4.3 Erzeugen und Analyse mehrstelliger Attribute (Relationen):

WICHTIGE KONZEPTE: Struktur, Kontingenz/Nachbarschaft, Distanz, Interaktion, Diffusion (Zeit), Konnektivität, räumliche Autokorrelation.

In diesen Bereich fallen zahlreiche für die Geographische Informationsverarbeitung zentrale Operationen mit unterschiedlicher Zielsetzung:
- Topologie-Aufbau (Konnektivität, Kontiguität, ...)
- Identifikation von thematischen Objektpaaren: (z.B. Quelle - Ziel)
- Attributkennzeichnung: Distanz, verallgemeinerte Widerstandsbeiwerte für Transport, Durchgängigkeit
- Globale Analyse als Aggregat von Relationen: topologische Konnektivität eines Netzes (als strukturierte Summe von Relationen. Autokorrelation im Raum.
- Binäre bzw. multivalente Analyse: eine Reihe "klassischer" Probleme: nearest neighbour, location-allocation, shortest path, traveling salesman,...
- Optimierung und Simulation: Standortfragen, Versorgungsgebiete, Netzflußberechnung und OR-Techniken

4.4 Multithematische Analysen

WICHTIGE KONZEPTE: Koinzidenz, 'overlay', Grenzgürtel, Bilanzierung (nach Dritt-Kategorien)

Das diesen auch als 'vertikale Integration' bezeichneten Techniken gemeinsame Element ist die Nutzung der geographischen Position als Referenz, wobei dies durchaus als 'Schlüssel' im Sinne von Zeigern in bzw. zwischen Datenbasen zu verstehen ist. Dazu zählen:

- Multithematische Aggregation: Kreuztabellen für Fläche und andere Attribute
- Kartographische Algebra: Verknüpfungsoperatoren zwischen (meist metrischen) Attributausprägungen mehrerer Informationsschichten.
- Räumliche Boole'sche Operatoren: Gemeinsames kombiniertes Vorkommen (.AND.), wechselseitiger Ausschluß (.XOR.), gemeinsames Ausdehnungsgebiet (.OR.) etc.
- Multivariate Klassifikation: Spezifische Ausprägungskombinationen über mehrerere Schichten hinweg nach stochastischen Kriterien zu Klassen zusammengefasst.

4.5 Distanzoperatoren:

WICHTIGE KONZEPTE: Nähe, kürzeste Entfernung, Interaktion, 'distance decay', Diffusion.

Die Gruppe der 'horizontalen', von Distanzmaßen ausgehenden Analysetechniken dient häufig zur Umsetzung einer Elementarhypothese geographischer Analytik, nämlich daß im allgemeinen zwischen näheren Objekten eine engere Beziehung (Interaktion, Ähnlichkeit,...) besteht als zwischen fernen. Die Operationalisierung geschieht je nach thematischem und theoretisch - konzeptuellem Umfeld mit einer Anzahl teilweise komplementärer Techniken:

- "Buffer": diskrete Distanzkorridore um Punkte, Linien bzw. Flächen
- "Distanzabnahmefunktionen": häufig auch operationalisiert durch konzentrische Buffer (Stufenfunktion)
- Thiessen-Polygone als Flächenzuordnung auf Basis kürzester Entfernung zu punktuellen Standorten
- Filter als Umsetzung von auf lokalen 'Umgebungen' basierenden Phänomenen.

4.6 Modellsimulation

Ausgehend von der Abfolge Systemanalyse - Modellierung - Simulation wird damit die erklärende und vorhersagende Analyse raum-zeitlich dynamischer Prozesse angestrebt. Deren modellhafter Nachvollzug bedarf ganz besonders der Verkettung einzelner analytischer Verfahrensschritte, ergänzt um selbstgesteuerte Ablaufkontrolle und weitere kybernetische Konstrukte bzw. Arbeitshilfen. Dazu zählen u.a. Optimierungstechniken, horizontale und vertikale Transfers, Zeitschleifen und Bewertungsverfahren.

Übergreifendes gemeinsames Ziel dabei ist häufig das Generieren "kybernetischen Wissens" in Ergänzung der konventionellen Kategorien von Fakten-, Regel- und normativem Wissen.

5 Resümee und Ausblick

Heute noch muß ein GIS - Analytiker nach Beurteilung von Ausgangsdaten und Zielsetzung eine Vorgangsweise der Analyse durch *Kombination von Einzelschritten* wählen. In Zukunft sollte jedoch Detail - Kenntnis der Datenmodelle und -strukturen für eine sinnvolle Bedienung durch die meisten Endbenutzer nicht mehr erforderlich sein!

Folgende Entwicklungen sind daher zur *verbesserten Objektivierbarkeit und damit verstärkten Automatisierbarkeit* von Analysen fortzusetzen und anzuwenden:

- Integrierte digitale Kennzeichnung qualitativer Charakteristika von GIS-Datenbeständen (z.B. durch "*Metadaten*").
- "*Unschärfe*" von Lage- und Attributinformation muß über alle Verfahrensschritte hinweg explizit gehandhabt werden, nicht nur als Störfaktor. Dies führt zu Konfidenz-, Qualitäts- bzw. Fehlercharakteristik von Ergebnissen.
- GIS sind heute noch weitgehend *gesteuert von Anwendung bzw. Daten.* Zur Verbesserung der analytischen Fähigkeiten sind Theorie und Methodik bzgl. räumlicher Phänomene und Prozesse verstärkt einzubringen.
- *Entscheidungskriterien und -regeln* zur Verarbeitung sind in Systeme zu integrieren. Solche Regeln stellen genauso wie Objektdaten Information dar, die zur Analyse benötigt wird. (Automatisierte) Entscheidungen für einen (aus meist vielen möglichen) Analysepfaden wird damit nachvollziehbar.
- *Explorative Methoden*, auch im Sinn von "Mustererkennung" bzw. "Cluster-Identifikation" in Datenbeständen werden verstärkt eingesetzt. Hintergrund: Vernetzung heterogener Datensammlungen. Auf diese können in Form eines "dragnet" Korrelations-Automaten und ähnliche Techniken angesetzt werden.

Letztendliche Zielsetzung ist die verstärkte Konzentration des Endbenutzers auf die fachliche Dimension des Analyse-Ablaufes und die Reduktion von manipulativer Arbeitsschritte zugunsten der eigentlichen Analyse.

Nachstehende Schlagworte sollen als 'Megatrends' die aktuelle Wandlung der Orientierung Geographischer Informationsverarbeitung charakterisieren:

Datenverarbeitung -> Informationsverarbeitung

Spatial Data Handling -> Spatial Analysis

Geographische Informations Systeme -> Geographische Informations und Analyse-Systeme

Literaturverzeichnis:

ANSELIN, L. (1989): What's Special about Spatial Data? Alternative Perspectives on Spatial Analysis. NCGIA Technical Paper 89-4. NCGIA Selbstverlag, Santa Barbara.

ABLER, R., J. ADAMS und P. GOULD (1977): Spatial Organization - The Geographer's View of the World. Prentice Hall, London.

CLARKE, K.C. (1986): Advances in Geographic Information Systems. Computers, Environment and Urban Systems. Vol. 10, 175-184.

DOBSON, J. (1991): The "G" in GIS: Geography is to GIS what Physics is to Engineering... GIS World, February 1991, pp. 80-81.

GOODCHILD, M. (1987): A spatial analytical perspective on geographical information systems. In: IJGIS Vol.1, No. 4, 327-334.

GOODCHILD, M. (1990): Spatial Information Science. In: Proceedings of the 4th International Symposium on Spatial Data Handling, Vol 1, 3-14, Zürich.

HMSO (1988): Handling Geographical Information. ('Chorley-Report').

OPENSHAW, S., M. CHARLTON, C. WYMER und A. CRAFT (1987): A Mark 1 Geographical Analysis Machine for the automated analysis of point data sets. Internation Journal of Geographical Information Systems Vol 1, No 4, 335-358.

OPENSHAW, S., A. CROSS und M.CHARLTON (1990): Building a Geographical Correlates Exploration Machine. Internation Journal of Geographical Information Systems Vol 4, No 3, 297-312.

PEUQUET, D. (1984): A conceptual framework and comparison of spatial data models. Cartographica Vol. 21, 66-113.
IJGIS Vol 4 No 3: Special Issue: Methods of Spatial Analysis in GIS

STAR, J. und J. ESTES (1990): Geographic Information Systems: An Introduction. Prentice Hall, Englewood Cliffs.

STROBL, J. (1988): Digitale Forstkarte und Forsteinrichtung. Salzburger Geographische Materialien, Heft 12.

TOMLIN, D. (1990): Geographic Information Systems and Cartographic Modelling. Prentice Hall, Englewood Cliffs.

GIS-Forschungsthemen heute

Dr. Wolfgang Kainz
Institut für Geographie der Universität Wien, Universitätsstraße 7, A-1010 Wien

1. Einleitung

Die Verarbeitung raumbezogener Daten mittels digitaler Methoden erlebte in den letzten 25 Jahren eine rasante Entwicklung. Diese ist eng verknüpft mit dem Einsatz von Geographischen Informationssystemen (GIS) bzw. Landinformationssystemen (LIS) sowie mit der Entwicklung des Hardwaremarktes.

Historisch gesehen gab es die ersten Geographischen Informationssysteme in Kanada und in den USA. Im Jahre 1964 genehmigte die kanadische Regierung die Entwicklung des Canada Geographic Information System (CGIS), dem ersten seiner Art (Tomlinson et al. 1976). Weitere Systeme folgten: SYMAP als Zeilendrukkerzeichenprogramm (Sheehan 1979) und MLMIS, das Minnesota Land Management Information System (Tomlinson et al. 1976). Alle diese Entwicklungen waren jedoch eingeschränkt durch die damaligen Hardwaremöglichkeiten. Es gab ja noch keine interaktiven graphischen Arbeitsplätze, auch die Leistung der Rechner nimmt sich im Vergleich zu heute recht bescheiden aus.

In den Siebzigerjahren waren sowohl im Hardware- als auch im Softwarebereich markante Verbesserungen festzustellen. Die ersten interaktiven Graphikgeräte kamen auf den Markt, und die Entwicklungen im GIS-Bereich machten Fortschritte. Der Großteil der Entwicklungsarbeiten geschah an Universitäten, wo dieses Thema bereits in die Studienpläne aufgenommen wurde (SUNY Buffalo, Harvard University, Universitäten von Durham, Zürich und London). Einzelne Firmen begannen auch schon mit kommerziellen Entwicklungen (ESRI, Intergraph, Synercom, Computer Vision) und es fanden bereits die ersten wissenschaftlichen Konferenzen über Geographische Informationssysteme und Digitalkartographie statt. Tomlinson (1984) bezeichnete dieses Jahrzehnt als den Zeitraum der Konsolidierung.

Die Achzigerjahre erlebten eine weltweite Kommerzialisierung Geographischer Informationssysteme, einerseits bedingt durch den wachsenden Bedarf, andererseits durch die rasante Entwicklung der Hardware zu immer leistungsfähigeren Systemen bei sinkenden Preisen. Die Beschäftigung mit und die Ausbildung an derartigen Systemen wurden fixer Bestandteil der universitären Ausbildung in den Geowissenschaften. Wurde zuerst über Forschungen und Entwicklungen im GIS-Bereich hauptsächlich in den Fachzeitschriften der verschiedenen Disziplinen und in Tagungsbänden berichtet, so erschienen gegen Ende der Dekade die ersten Bücher und

Monographien (Burrough 1986; Bartelme 1989) sowie Zeitschriften, die sich ausschließlich dem Thema GIS widmen, wie etwa das International Journal of Geographical Information Systems (Verlag Taylor & Francis) oder die Zeitschrift GIS (Wichmann Verlag).

Die gegenwärtige Entwicklung wird durch das wachsende Bewußtwerden fundamentaler Fragestellungen in bezug auf raumbezogene Datenbanken, Standardisierung und den theoretischen Grundlagen für Geographische Informationssysteme bestimmt.

Schon 1983 wurde anläßlich eines von der Amerikanischen Raumfahrtbehörde NASA und der Firma ESRI geförderten Workshops festgestellt (SP/1 1984):

> There is at present no coherent mathematical theory of spatial relations. A small group of knowledgeable persons should be selected to define the problem thus created. Then a group of mathematicians should be selected to meet and refine the problem statement and to identify what means are best adapted to its solution. Research in the area should be funded and encouraged in such a way that significant progress might be made within about a ten-year period. Development and engineering implementation of the results of this research should be promptly supported.

In den folgenden Jahren entstanden in verschiedenen Ländern Forschungsinitiativen, die sich speziellen Fragestellungen zum Thema GIS widmen. Dazu zählen die Regional Research Laboratories (RRL) in Großbritannien (Masser 1988, 1990), das National Center for Geographic Information and Analysis (NCGIA) in den USA (Abler 1987; NCGIA 1989) oder NexpRI in den Niederlanden (Zandee 1990). In anderen Ländern gibt es ähnliche Initiativen. Im Januar 1991 veranstaltete die European Science Foundation (ESF) in Davos einen Workshop, der Möglichkeiten einer europäischen GIS Forschungsinitiative untersuchte.

2. Forschungsthemen

Neben den zahlreichen Möglichkeiten der Forschung *mit* Geographischen Informationssystemen sollen hier nur jene Themen betrachtet werden, die sich mit Forschung *über* GIS (genauer gesagt, mit der Verarbeitung raumbezogener Daten) beschäftigen. Betrachtet man die Themen in den verschiedenen Forschungsprogrammen, findet man neben den unterschiedlichen Schwerpunktsetzungen auf Anwendungen oder Theorie eine Gruppe von Problemen, die heute als Schwerpunktthemen in der GIS-Forschung betrachtet werden können (NCGIA 1989; Goodchild 1991; Rhind 1988, 1991a). Dazu zählen:

- Datenmodelle, räumliche Bezüge und Datenbanken
- Räumliche Statistik und Analyse
- Künstliche Intelligenz und Expertensysteme
- Visualisierung und Multi-Media
- Soziale, ökonomische und rechtliche Aspekte

Im folgenden werden die einzelnen Themen näher erläutert. Die angeführten Punkte sind jedoch nur eine Auswahl der wichtigsten und interessantesten Themen.

2.1 Datenmodelle, räumliche Bezüge und Datenbanken

Ein zentrales Problem bei Geographischen Informationssystemen ist die Darstellung realer Phänomene mittels eines digitalen Modells. Das wohl bekannteste Modell der Realität ist die analoge Karte. Um ein digitales Modell räumlicher Phänomene zu erstellen, reicht es nicht, eine Karte zu digitalisieren (das wäre ja dann ein Modell eines Modells), sondern wir suchen Abstraktionen realer Sachverhalte und ihrer mannigfachen Beziehungen zueinander. Diese digitalen Modelle (Abstraktionen) und ihre Beziehungen sind Gegenstand der GIS-Grundlagenforschung. Das Ziel ist eine *Theorie räumlicher Bezüge*.

Mittels mathematischer Theorien versucht man, grundlegende Relationen zwischen raumbezogenen Daten zu beschreiben. Dazu werden verschiedene Methoden der Algebra, Topologie und der Theorie geordneter Mengen angewandt (vgl. Kainz 1990). Von besonderem Interesse sind dabei unscharfe Beziehungen, zeitabhängige Prozesse und dreidimensionale Sachverhalte (vgl. Raper 1989) sowie Fragen der menschlichen Raumauffassung und Kognition (Mark u. Frank 1989).

Da im Zentrum eines jedes GIS eine Datenbank steht, ist das Studium raumbezogener Datenbanken von besonderer Bedeutung. Herkömmliche Datenbanksysteme (hierarchisch, netzwerkorientiert oder relational) bieten im allgemeinen nur eine beschränkte Menge von Datentypen, die nicht für raumbezogene Daten geeignet sind. Dennoch verwenden fast alle am Markt erhältlichen Systeme relationale Datenbanken. Entweder werden die Koordinatendaten und die Attribute in getrennten Systemen verwaltet (ein eigenes System für die Koordinatendaten, ein relationales Datenbanksystem für die Attribute) oder man speichert auch die Koordinaten in Tabellen und realisiert die topologischen Beziehungen zwischen den Daten explizit durch eigene Tabellen. Um die bekannten Probleme mit herkömmlichen Datenbanksystemen besser in den Griff zu bekommen, gehen die aktuellen Forschungsbestrebungen in bezug auf raumbezogene Datenbanken in Richtung objekt-orientierte Systeme (Worboys et al. 1990).

Die Kommunikation eines Benutzers mit einer raumbezogenen Datenbank stellt besondere Ansprüche an die Benutzerschnittstelle. Es liegt in der Natur der Daten, daß es eine graphische Schnittstelle sein muß. Da die Daten in verschiedenen Maßstabsbereichen verwendet werden, stellt sich auch die Frage der Generalisierung von raumbezogenen Daten. Hierbei geht es nicht nur um die graphische Generalisierung sondern auch um die Möglichkeit einer mehrfachen Repräsentation räumlicher Objekte und ihrer Attribute. Die Genauigkeit der gespeicherten Daten spielt dabei eine entscheidende Rolle (Goodchild u. Gopal 1989).

2.2 Räumliche Statistik und Analyse

Es ist allgemein anerkannt, daß zu den wichtigsten Funktionen eines GIS die Analyse raumbezogener Daten zählt. Und dennoch findet man in den angebotenen Systemen relativ wenige Funktionen für die räumliche Analyse und die statistische Auswertung raumbezogener Daten. Es geht also um die Integration von GIS und räumlicher Analyse, wobei es von Vorteil ist, eine bestimmte Menge an grundlegenden

Funktionen und Methoden zu identifizieren und zu implementieren (Burrough 1991). Deshalb wird in den Forschungsprogrammen der verschiedenen GIS Zentren diesem Themenkreis breiter Raum gewidmet.

Zu einem der interessantesten Probleme zählt auch die Frage, wieviel Daten man benötigt, um Analysen durchführen zu können, die ein bestimmtes Maß an Zuverlässigkeit aufweisen. Durch die zahlreichen Möglichkeiten der Verschneidung von Daten auch aus unterschiedlichen Maßstabsbereichen sowie der Interpolation ortsabhängiger Daten stellt sich das Problem der Fehlerausbreitung über mehrere Analyseschritte hinweg. Da alle Daten ein gewisses Maß an Ungenauigkeit und Unschärfe beinhalten, findet die GIS-Forschung hier ein lohnendes Betätigungsfeld.

Für gewisse Fragestellungen ist es vorteilhaft, einen bestimmten Modellansatz zu wählen. Definition und Implementierung solcher Modelle zur räumlichen Analyse sowie der Bereitstellung von Entscheidungshilfen (spatial decision support systems) in Geographischen Informationssystemen wird heute besondere Beachtung geschenkt.

2.3 Künstliche Intelligenz und Expertensysteme

Die Anwendung von Methoden der Künstlichen Intelligenz und von Expertensystemen bei der Verarbeitung raumbezogener Daten schien zuerst recht vielversprechend. Man setzte große Hoffnungen in die sogenannte fünfte Computergeneration, um die es heute ziemlich ruhig geworden ist. Betrachtet man die erzielten Ergebnisse, findet man primär Anwendungen regelbasierter Systeme für bestimmte Bereiche wie etwa bei der kartographischen Generalisierung, der Mustererkennung bei Vektorisierungsverfahren nach dem Scannen oder der Schriftplazierung auf Karten (Robinson u. Frank 1987).

Der Einsatz von Expertensystemen bei der Bildinterpretation oder beim Kartenentwurf sowie bei der Plausibilitätsprüfung von Datenbankabfragen sind ebenfalls lohnende Forschungsthemen. So ist auch die Unterstützung durch ein Expertensystem bei der Auswahl einer geeigneten Kartenprojektion, einer passenden Legende oder eines entsprechenden Kartentyps denkbar. Genauso sollte ein Benutzer einer Datenbank auf unsinnige Abfragen oder Datenkombinationen hingewiesen werden und es sollte möglich sein, mit dem System in natürlicher (eventuell auch gesprochener) Sprache zu kommunizieren.

2.4 Visualisierung und Multi-Media

Die Möglichkeiten der graphischen Hardware sowie die verwendeten Methoden bei der Verarbeitung raumbezogener Daten eröffnen neue Aspekte der Visualisierung. So ist etwa die Darstellung von Blockdiagrammen mit Überlagerungen mehrerer thematischer Ebenen ohne den Rechnereinsatz kaum denkbar. Der Standard der konventionellen Kartographie kann dabei wohl nur als die Untergrenze der geforderten Möglichkeiten angesehen werden.

Forschungsthemen sind unter anderem die Darstellung dreidimensionaler Sachverhalte (wie etwa geologische Formationen oder atmosphärische Phänomene), unscharfer Daten (so ist die Grenze zwischen zwei Bodentypen nicht scharf) oder dynamischer Vorgänge (Animation). Die Methoden der Computergraphik bieten dazu völlig neue Möglichkeiten (Vasilopoulos 1991).

Die Ausstattung moderner Computerarbeitsplätze mit Tongeneratoren in Stereoqualität und die Möglichkeit der Kombination von Graphik mit Video ermöglichen völlig neue Darstellungsarten und erlauben neue (kartographische) Produkte, wie elektronische Atlanten und Informations- und Auskunftsysteme (vgl. Mayer 1990). Die in den letzten Jahren in den Mittelpunkt des Interesses gerückten Anwendungen der sogenannten virtuellen Realität sind für die Darstellung und das unmittelbare Erleben räumlicher Phänomene von wachsender Bedeutung.

2.5 Soziale, ökonomische und rechtliche Aspekte

Der weitverbreitete Einsatz von Geographischen Informationssystemen im öffentlichen Bereich, bei Ämtern und Institutionen, bereitet oft Schwierigkeiten wegen mangelnder Kenntnis und Bereitschaft zur Akzeptanz neuer Technologien. Daher kommt der Ausbildung in der digitalen Verarbeitung raumbezogener Daten eine große Bedeutung zu. Die Definition von Lehrinhalten und die Bereitstellung von geeigneten Unterrichtsbehelfen ist dazu unbedingt erforderlich. Dabei ist natürlich auch auf lokale und sprachliche Besonderheiten zu achten.

Die Einführung eines neuen (digitalen) Systems muß auch unter ökonomischen Gesichtspunkten betrachtet werden. Deshalb ist die Bewertung und Beurteilung eines GIS in Hinblick auf die Funktionalität und Effizienz seines Einsatzes (Benchmarking) so wichtig. Dabei sind geeignete Verfahren zu entwickeln.

Rechtliche Aspekte werden durch die vermehrte Nutzung digitaler und daraus abgeleiteter Daten in Zukunft an Bedeutung gewinnen. Es wird erforderlich sein, Regelungen für die Nutzung dieser Daten zu treffen, wobei Fragen nach der rechtlichen Relevanz von Aussagen und Ergebnissen aus Anwendungen eines GIS, des Copyrights und der Preisgestaltung, beantwortet werden müssen (vgl. Rhind 1991b).

3. Zusammenfassung und Ausblick

Wenn man über GIS-Forschungsthemen schreibt, muß man beachten, daß Geographische Informationssysteme entweder als Werkzeug für verschiedene Anwendungen oder selbst als Gegenstand der Untersuchung gewählt werden können. Obwohl es genauso lohnend wäre, über Forschungsthemen, die sich aus der Anwendung eines GIS ergeben, zu schreiben, wurden hier nur jene Themen betrachtet, die GIS selbst als Untersuchungsobjekt haben. Wie in jeder jungen, in Entwicklung begriffenen Disziplin hat sich gezeigt, daß nach anfänglichen Erfolgen plötzlich Probleme auftauchen, wenn es um grundlegende Fragestellungen in Hinblick auf das wissenschaftliche Fundament geht. Dies ist unter anderem darauf zurückzuführen, daß unter Anwendung herkömmlicher Methoden (Datenbanken, Algorithmen, Datenstrukturen) keine geeigneten Modelle und Strukturen für raumbezogene Daten existieren.

Während wir heute bereits auf eine Vielzahl von geeigneten Datenstrukturen für Punkte, Linien, Flächen und Volumina zurückgreifen können (siehe Samet 1990), gibt es noch keine abgeschlossene Theorie räumlicher Phänomene und ihrer Beziehungen. Es ist das Verdienst der GIS-Forschung, erkannt zu haben, daß es einer formalen Theorie räumlicher Bezüge bedarf, um darauf raumbezogene Informationssysteme begründen zu können. Unter Einbeziehung verschiedener Fachdisziplinen versucht man, diese Theorie zu entwickeln. Abbildung 1 zeigt ein mögliches konzeptionelles Schema der erwähnten GIS-Forschungsthemen.

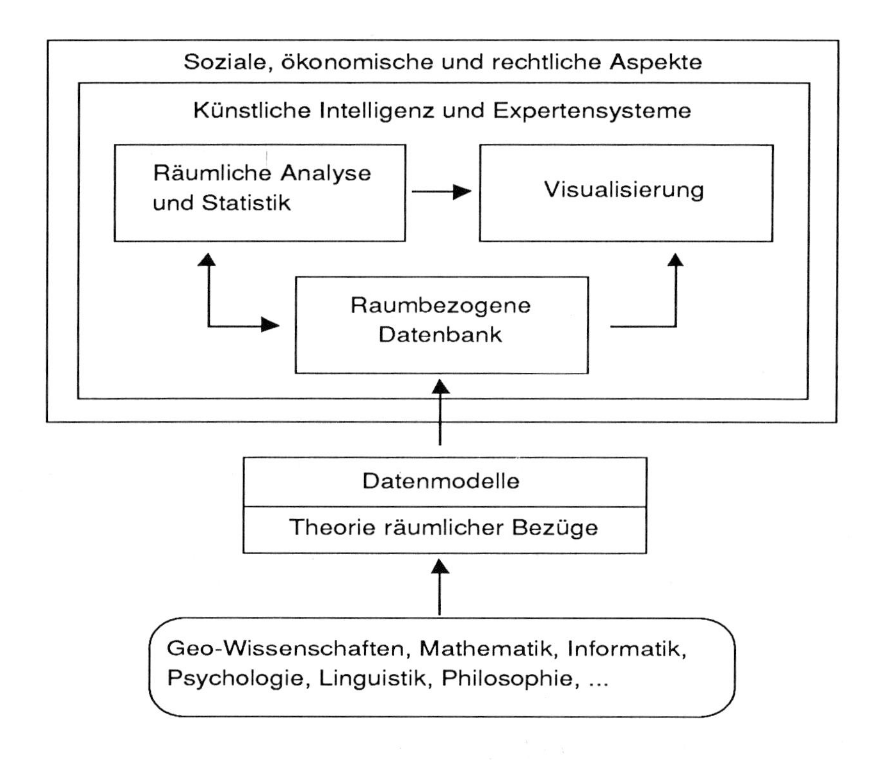

Abb. 1. Konzeptionelles Schema der GIS-Forschungsthemen und ihre Beziehungen zueinander

Aufbauend auf eine Theorie räumlicher Bezüge und entsprechender Datenmodelle, die unter Anwendung verschiedener Fachdisziplinen begründet wird, ist es möglich, raumbezogene Datenbanken zu entwerfen und zu implementieren. Die in der Datenbank gespeicherten Daten können einer räumlichen Analyse und statistischen Verfahren unterworfen und anschließend visualisiert werden. Dabei unterstützen Verfahren der Künstlichen Intelligenz oder Expertensysteme den Anwender. Beim Einsatz raumbezogener Informationssysteme sind dabei soziale, ökonomische und rechtliche Aspekte zu berücksichtigen. Zu allen diesen Themen gibt es offene Fragen und Probleme, die in diesem Beitrag vorgestellt wurden. Es ist abzusehen, daß in den nächsten Jahren zur Lösung dieser Probleme wesentliche Fortschritte erzielt werden.

4. Literaturverzeichnis

Abler RF (1987) The National Science Foundation National Center for Geographic Information and Analysis. Int. J. Geographical Information Systems 1/4:303-326

Bartelme N (1989) GIS-Technologie, Geoinformationssysteme, Landinformationssysteme und ihre Grundlagen. Springer-Verlag Berlin Heidelberg

Burrough PA (1986) Principles of Geographical Information Systems for Land Resources Assessment. Clarendon Press Oxford

Burrough PA (1991) The Development of Intelligent Geographical Information Systems. In: Harts J et al. (Eds) EGIS'91 Proceedings. EGIS Foundation Utrecht 1:165-174

Goodchild MF, Gopal S (Eds) (1989) The Accuracy of Spatial Databases. Taylor & Francis

Goodchild MF (1991) Progress on the GIS Research Agenda. In: Harts J et al. (Eds) EGIS'91 Proceedings. EGIS Foundation Utrecht 1:342-350

Kainz W (1990) Spatial Relationships - Topology versus Order. In: Brassel K u. Kishimoto H (Eds) Proceedings of the 4th International Symposium on Spatial Data Handling. Universität Zürich 2:814-819

Mark DM, Frank AU (1989) Concepts of Space and Spatial Language. In: Auto-Carto 9 Proceedings. American Society for Photogrammetry and Remote Sensing and the American Congress on Surveying and Mapping pp. 538-556

Masser I (1988) The Regional Research Laboratory Initiative, A Progress Report. Int. J. Geographical Information Systems 2/1:11-22

Masser I (1990) GIS in Britain: The Regional Resarch Laboratory Initiative. In: Harts J et al. (Eds) EGIS'90 Proceedings. EGIS Foundation Utrecht 2:721-728

Mayer F (1990) Die Atlaskartographie auf dem Weg zum elektronischen Atlas. In: Mayer F (Hrsg) Kartographenkongreß 1989, Tagungsband. Wiener Schriften zur Geographie und Kartographie 4:124-143

NCGIA (1989) The research plan of the National Center for Geographic Information and Analysis. Int. J. Geographical Information Systems 3/2:117-136

Raper J (Ed) (1989) Three Dimensional Applications in Geographic Information Systems. Taylor & Francis

Rhind D (1988) A GIS Research Agenda. Int. J. Geographical Information Systems 2/1:23-28

Rhind D (1991a) The next Generation of Geographical Information Systems and the Context in which they will operate. (Vortrag anläßlich eines ESF Workshops in Davos, 24.-26.1.)

Rhind D (1991b) Data Access, Charging and Copyright and their Implications for GIS. In: Harts J et al. (Eds) EGIS'91 Proceedings. EGIS Foundation Utrecht 2:929-945

Robinson VB, Frank AU (1987) Expert Systems applied to Problems in Geographical Information Systems: Introduction, Review and Prospects. In: Chrisman NR (Ed) Auto Carto 8 Proceedings. American Society for Photogrammetry and Remote Sensing and the American Congress on Surveying and Mapping pp. 510-519

Samet H (1990) The Design and Analysis of Spatial Data Structures. Addison-Wesley

Sheehan DE (1979) A Discussion of the SYMAP Program. Harvard Library of Computer Graphics, Mapping Collection 2:167-179

SP/1 (1984) Review and Synthesis of Problems and Directions for Large Scale Geographic Information System Development. In: Proceedings of the International Symposium on Spatial Data Handling. Universität Zürich 1:19-25

Tomlinson RF (1984) Geographic Information Systems - A New Frontier. Keynote Address, International Symposium on Spatial Data Handling, Zürich

Tomlinson RF, Calkins HW, Marble DF (1976) Computer Handling of Geographical Data. Unesco Press

Vasilopoulos A (1991) A New World View. Computer Graphics World, April 1991:63-72

Worboys MF, Hearnshaw HM, Maguire DJ (1990) Object-oriented data modelling for spatial databases. Int. J. Geographical Information Systems 4/4:369-383

Zandee AH (1990) NexpRI, the Center of Expertise for Geographic Information Processing in the Netherlands: Its Aims and Activities. In: Harts J et al. (Eds) EGIS'90 Proceedings. EGIS Foundation Utrecht 2:1200-1209

Objekt-orientierte Datenbanken

Peter Freckmann
GeoInformatikZentrum
Institut für Geographie und Geoökologie der Univ. Karlsruhe
Kaiserstr. 12, D-7500 Karlsruhe 1

1. Einführung

In den letzten Jahren ist der Einsatzbereich Geographischer Informationssysteme ständig gewachsen. Zum überwiegenden Teil kommen in diesen Systemen prozedur-orientierte relationale Datenmodelle zum Einsatz, die es ermöglichen, sogenannte thematische Schichten oder Layers des Untersuchungsraumes, dessen Attribute in Form von Relationen (Tabellen) vorliegen, zu verarbeiten. Dabei hat sich gezeigt, daß relationale Datenmodelle eine effektive Verarbeitung räumlicher Daten teilweise nicht ausreichend unterstützen, weil dieses Konzept Restriktionen in der Datenstrukturierung unterliegt. Insbesondere die fehlende Möglichkeit zur Definition und Ableitung komplexer Objekte sowie der Aufbau hierarchischer Abstraktionsebenen werden der Modellierung realer räumlicher Phänomene nicht immer gerecht. Im Gegensatz dazu scheinen objekt-orientierte Datenmodelle, wie sie ursprünglich für Problemstellungen in den Ingenieurwissenschaften (CAD/CAM) entwickelt wurden, neue Möglichkeiten für die Verarbeitung räumlicher Daten zu eröffnen.

Ziel dieses Aufsatzes soll es sein, das Prinzip objekt-orientierter Datenmodelle vor dem Hintergrund ihrer Verwendung in Geographischen Informationssystemen zu erklären. Dazu werden die Abstraktionskonzepte "Klassifikation", "Generalisierung" und "Aggregation" vorgestellt und daran zwei wesentliche Mechanismen zur Ableitung von Objekten erläutert. Daran anschließend werden kurz die wichtigsten objekt-orientierten Programmiersprachen und Datenbanksysteme vorgestellt.

Da hier nicht das Ziel verfolgt werden soll, uneingeschränkt für einen objekt-orientierten Ansatz zu plädieren, werden abschließend die Argumente der Befürworter objekt-orientierter Datenmodelle denen der Befürworter relationaler Datenmodelle gegenübergestellt, um Möglichkeiten, aber auch Grenzen der beiden Ansätze zu identifizieren.

2. Objekt-orientierter Ansatz

2.1 Definitionen

Objekt-orientiert läßt sich über die Definition des Begriffes "Objekt" bestimmen. Demnach repräsentiert ein Objekt eine räumliche Gesamtheit, in der alle Daten, die das Objekt beschreiben, gekapselt sind. Dabei ist keine künstliche Dekomposition dieses Objekts in einfachere Teile notwendig (vgl. Egenhofer/Frank, 1989, S. 589). Dies kommt unserer Wahrnehmung der Umwelt sehr nahe. Jedes Objekt hat einen Zustand und ein Verhalten. Der Zustand wird durch die Werte seiner Eigenschaften bzw. Attribute beschrieben. Sein Verhalten wird durch sogenannte räumliche Operatoren bestimmt (vgl. Mohan/Kashyap, 1988, S. 676-677; Worboys et al., 1990a, S. 680; Worboys et al., 1990b, S. 374). Objekte könnten z.B. komplexe Gebilde wie Regionen oder einfachere Objekte wie Flächen mit einer bestimmten Nutzung oder Liniensegmente, d.h. Straßen, Flüsse oder Versorgungsleitungen sein. Solche Objekte haben Eigenschaften wie Lage, Größe, Länge, Art der Nutzung, Querschnitt und räumliche Operatoren wie links oder rechts von, nächster Nachbar, Entfernung, Richtung.

2.2 Abstraktionskonzepte und Mechnismen zur Ableitung von Objekten

Die Abstraktionskonzepte "Klassifikation", "Generalisierung" und "Aggregation" bilden die wesentliche Grundlage objekt-orientierter Datenmodelle. Mit diesen Konzepten lassen sich sowohl eine Strukturierung der Objekte untereinander vornehmen, als auch Objekte mit einem höheren Komplexitätsgrad durch die Mechanismen der Vererbung und Fortschreibung herleiten.

2.2.1 Klassifikation

Die grundlegende Abstraktionseinheit in einem objekt-orientierten Ansatz bildet die sogenannte Klasse (Abb. 1). Dabei werden mehrere Objekte gleichen Typs zu einer gemeinsamen Klasse zusammengefaßt. Ein Objekt ist demnach ein Element einer Klasse. Alle Objekte, die zur selben Klasse gehören, besitzen dieselben Eigenschaften und auf sie lassen sich dieselben Operatoren anwenden (vgl. Egenhofer/Frank, 1989, S. 589). So entsprechen innerhalb eines städtischen Raumes die verschiedenen Flächennutzungen den Klassen 'Wohnen', 'Gewerbe', 'Verkehr' und 'Grünbereiche'. Die Klasse 'Wohnen' besteht aus einzelnen Wohngebieten als Objekte. Sie läßt sich dann etwa durch die Eigenschaften Größe der Fläche, Anzahl der Gebäude, durchschnittliche Geschoßzahl, Anzahl der Wohnungen oder dazugehörige Straßenabschnitte als für diese Klasse typische Eigenschaften beschreiben. Ein einzelnes Wohngebiet mit einem bestimmten Namen oder einer bestimmten Lage ist ein Fall oder ein Element der Klasse 'Wohnen'.

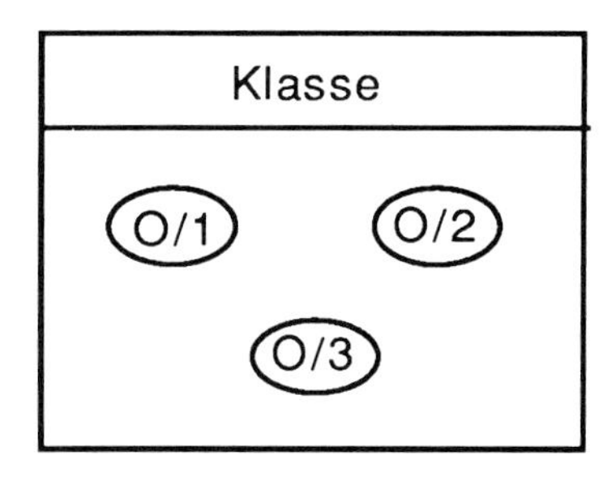

Abb. 1 Klassifikation

2.2.2 Generalisierung und Vererbung

Generalisierung setzt Klassen, die einige Eigenschaften gemeinsam haben und auf die sich einige Operatoren gemeinsam anwenden lassen, zu einer übergeordneten Klasse, der sogenannten Superklasse, zusammen. Handelt es sich bei einer bestimmten Klasse von Objekten um eine Spezialisierung einer übergeordneten Superklasse, spricht man von einer sogenannten Subklasse (Abb. 2).

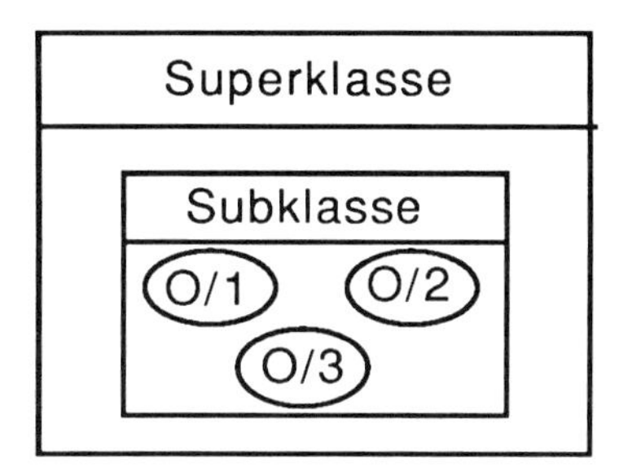

Abb. 2 Generalisierung

Das bedeutet, durch Generalisierung entsteht eine von oben nach unten gerichtete Hierarchie von Levels, innerhalb derer eine Subklasse immer eine Superklasse für eine speziellere Klasse bildet (Abb. 3). Man spricht auch von "ist_eine" Relation (vgl. Egenhofer/Frank, 1989, S. 589). Wichtig ist dabei, daß Superklasse und Subklasse Abstraktionen desselben Objektes sind. Ein Wohngebiet mit einer bestimmten Lage ist gleichzeitig ein Element der Subklasse 'Wohnen' als auch der dazugehörigen Superklasse 'bebaute Fläche'.

Vererbung ist in diesem Zusammenhang ein Werkzeug, um Klassen mit Hilfe von übergeordneten Klassen zu definieren (vgl. Webster, 1990, S. 6). Die Eigenschaften, die einer Superklasse und der dazugehörigen Subklasse gemeinsam sind, brauchen nur einmal, nämlich mit der Superklasse, vereinbart zu werden und vererben sich auf alle

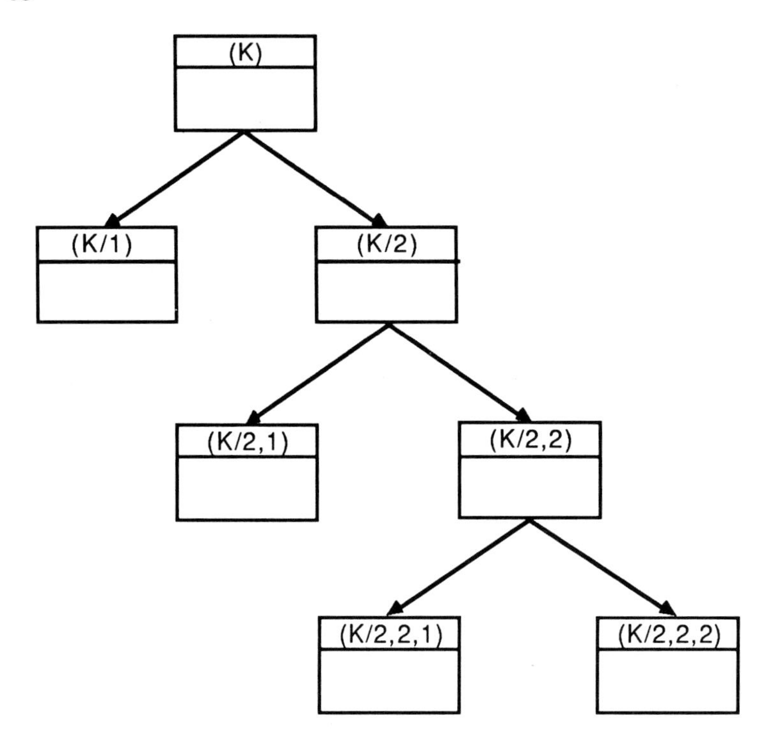

Abb. 3 Generalisierungshierarchie

Objekte der Subklasse, auch wenn diese zusätzlich noch speziellere Eigenschaften oder Operatoren besitzen kann, die sich umgekehrt nicht auf die Superklasse anwenden lassen (top-down fashion). Jede Klasse von Objekten hat damit gewissermaßen einen Vorfahren, von dem bestimmte Eigenschaften oder Operatoren abstammen, die sich aber individuell in jeder Klasse beliebig erweitern lassen. Die Nachfahren können ihrerseits wieder eine ganze Generation von Objekten beerben.

Abbildung 3 zeigt eine komplexe Hierarchie mit vier Levels von Klassen, durch die sich bestimmte Eigenschaften vererben. Die allgemeinste Klasse könnte z.B. die Klasse 'Nutzfläche' (K) sein. Sie könnte sich in die Klassen 'bebaute' (K/2) und 'unbebaute Fläche' (K/1) spalten. Die Klasse 'bebaute Fläche' ließe sich weiter aufgliedern in die Subklassen 'Wohnen' (K/2,1) und 'Gewerbe' (K/2,2). Letztere ließe sich wiederum gliedern in 'industrielle' (K/2,2,1) und 'tertiäre Flächennutzung' (K/2,2,2). Alle Eigenschaften der Superklasse 'Nutzfläche' wie z.B. Größe vererben sich dann in die dazugehörigen Subklassen. Sie sind als Attribut auch in den spezielleren Klassen vorhanden. Auf der anderen Seite können Objekte der Subklassen auch spezifische Eigenschaften besitzen, die für die Superklasse nicht gelten. So wäre die Eigenschaft Anzahl der Gleisanschlüsse nur für industriell genutzte Flächen, nicht aber für die übergeordneten Klassen von Bedeutung. Vererbung ist demnach vom

Allgemeinen auf das Speziellere gerichtet und bezieht sich auf Eigenschaften und Operatoren in semantischem Sinn.

2.2.3 Aggregation und Fortschreibung

Durch Aggregation werden Objekte gebildet, die sich aus mehreren anderen Objekten zusammensetzen. Das abgeleitete Objekt besitzt keine unabhängigen Daten, die seine Eigenschaften beschreiben, sondern definiert sich aus den Daten der Eigenschaften derjenigen Objekte, aus denen es aufgebaut wird, man spricht dabei von einer sogenannten "ist_Teil von" bzw. "besteht_aus" Relation (vgl. Egenhofer/Frank, 1989, S. 590). Durch Aggregation entsteht eine von unten nach oben gerichtete Hierarchie (Abb. 4).

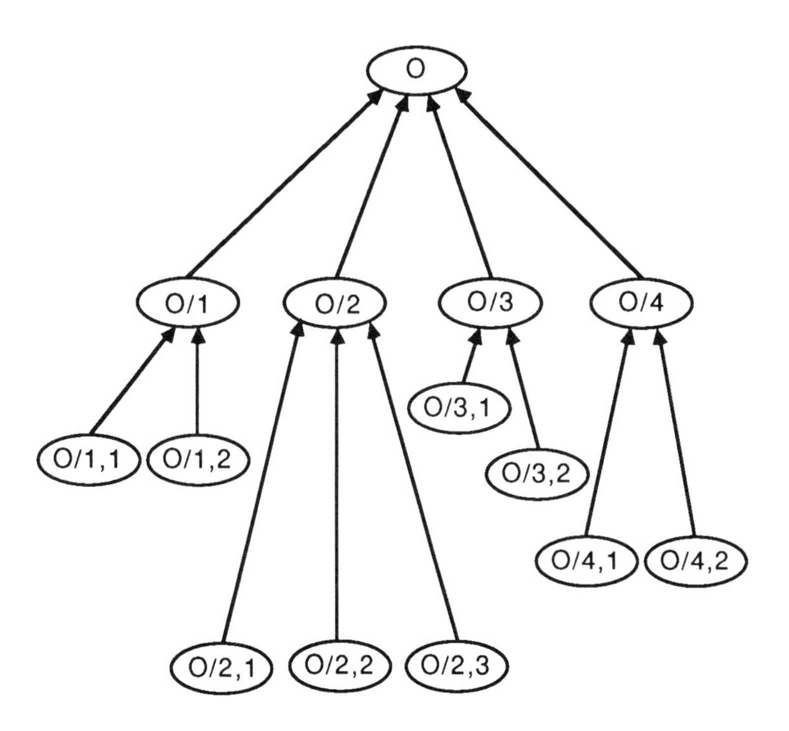

Abb. 4 Aggregationshierarchie

Der Mechanismus der Fortschreibung hängt eng mit dem Abstraktionskonzept der Aggregation zusammen (vgl. Webster, 1990, S. 6). Damit werden für ein Objekt, das aus mehreren anderen Objekten zusammengesetzt ist, Zustandswerte für dieses Objekt entlang einer Aggregationshierarchie abgeleitet (bottom-up Fashion). So könnte, wie in Abbildung 4 gezeigt, z.B. die Größe des Objektes 'Wohnfläche' (O/2) innerhalb eines städtischen Raumes die Summe der Flächenwerte der einzelnen Wohngebiete der

Stadt (O/2,1; O/2,2; O/2,3) sein. Die Zustandswerte der Eigenschaften des Objektes 'Wohnfläche' werden also aus den Werten der Komponenten abgeleitet und in einem komplexen Objekt fortgeschrieben. Mögliche Funktionen für die Ableitung von Werten sind neben der Summe z.B. Minimum, Maximum oder Mittelwert. Damit lassen sich etwa auch Aussagen treffen bezüglich des größten, kleinsten oder durchschnittlichen Wertes. Das Wohngebiet mit der größten Einwohnerzahl bildet das Maximum der Einwohnerzahlen aller Wohngebiete. Auch durch mehrstufige Hierarchien können Zustandswerte fortgeschrieben werden. Die Gesamtfläche des Objektes 'Stadt' (O) ergibt sich aus allen Flächen der aggregierten Objekte 'Gewerbe'- (O/1), 'Wohn'- (O/2), 'Verkehrs'- (O/3) und 'Grünfläche' (O/4), die wiederum aus einfacheren Objekten (O/1,1; O/1,2; O/2,1; O/2,2; O/2,3; O/3,1; O/3,2; O/4,1; O/4,2) gebildet wurden (Abb. 4).

2.4 Objekt-orientierte Programmiersprachen und Datenbanksysteme

Objekt-orientierte Datenbanksysteme sollten die folgenden Minimalanforderungen erfüllen:

- Deklaration des Objekttyps (Definition von Eigenschaften und Operatoren zur Beschreibung der Objektstruktur)
- Erzeugung von beliebig vielen Objekten, beliebiger Komplexität (Anlegung von Objektfällen bzw. -instanzen durch Speicherung der Objektvariablen)
- Hinzufügen von Eigenschaften
- Löschen von Eigenschaften
- Löschen von Objekten
- Vererbung von Objekteigenschaften und -operatoren innerhalb von Generalisierungshierarchien
- Fortschreibung von Eigenschaftswerten innerhalb von Aggregationshierarchien (SUM, MIN, MAX, AVERAGE ....)

Zu den objekt-orientierten Programmiersprachen, die die genannten Abstraktionskonzepte unterstützen, gehören:

- EIFFEL
- SIMULA
- SMALLTALK-80
- Verschiedene LISP Dialekte
- C++
- TURBO PASCAL ab Version 5.5

Objekt-orientierte Datenbanksysteme, die kommerziell verfügbar sind, gibt es zur Zeit nur wenige. Zu nennen wäre hier etwa GemStone, ein amerikanisches System, das auf Pascal basiert. Im Bereich Geographischer Informationssysteme ist Smallworld GIS verfügbar, ein System, das sowohl prozedur-orientierte als auch auf einer höheren Ebene objekt-orientierte Verarbeitung von Daten gestattet. Hinzukommt das System Tigris, das insbesondere den Vererbungsmechanismus innerhalb von Generalisierungshierarchien unterstützt.

3. Objekt-orientierte Datenmodelle versus relationale Datenmodelle

Abschließend soll keine Bewertung des objekt-orientierten Ansatzes vorgenommen werden, sondern die Argumente für diesen Ansatz, den Argumenten, die für den relationalen Ansatz sprechen, gegenübergestellt werden.

Objekt-orientierter Ansatz:

- Der objekt-orientierte Ansatz ist besser dazu geeignet, Objekte und ihre Beziehungen, wie sie in der realen Umwelt zu beobachten sind, darzustellen.
- Relationale Datenmodelle limitieren die Flexibilität in der Datenstrukturierung. Es ist nicht möglich Abstraktionen vorzunehmen, ohne daß für jede Ebene neue Relationen angelegt werden müssen. Die Einführung von Vererbungs- und Fortschreibungsmechanismen ist deshalb nicht ohne erheblichen Aufwand möglich.
- Höhere Konsistenz in der Datenspeicherung, weil keine redundanten Informationen auftreten. Innerhalb von Generalisierungshierarchien brauchen Eigenschaften nur auf der Stufe definiert zu werden, auf der sie das Erstemal auftreten, da sie sich auf die unteren Levels vererben. Das gleiche gilt für Aggregationshierarchien. Aggregierte Objekte existieren nicht unabhängig, d.h. Zustandswerte werden aus den Komponenten gebildet und werden nur dort definiert. Das wirkt sich vorteilhaft auf den zur Verfügung stehenden Speicherplatz, die Datenaktualisierung und auf Abfragezeiten aus.
- Relationale Datenmodell bieten nicht die Möglichkeit, semantische Informationen explizit zu spezifizieren.

Relationaler Ansatz:

- Realtionale Operationen erlauben eine größere Variation in den Abfragemöglichkeiten.
- Die Datenstruktur ist einfacher. Da die Beziehungen zwischen den Relationen nicht explizit mit abgelegt sind, ist eine Umstrukturierung leichter durchzuführen. Der Benutzer kann sich die Beziehungen zwischen den Relationen oder den Layers entsprechend seinen eigenen Bedürfnissen aufbauen. Hinzukommt, daß man bei der Erstellung einer Datenbank nicht von vorneherein alle Beziehungsstrukturen, die der spätere Benutzer benötigt, berücksichtigen kann.
- In großen Institutionen, wie in der öffentlichen Verwaltung, arbeiten viele verschiedene Abteilungen mit räumlichen Daten. Jede Abteilung bearbeitet i.d.R. aber

nur bestimmte Relationen bzw. Layers. Nur diese werden dabei modifiziert, was eine größere Datensicherheit zur Folge hat und den Datenzugriff erleichtert.
- Es erweist sich als ausgesprochen schwierig, bereits bestehende Daten aus einem relationalen Modell in ein objekt-orientiertes Datenbanksystem zu überführen.

4. Zusammenfassung

Der objekt-orientierte Ansatz bietet die Möglichkeit, Daten mit Hilfe der Abstraktionskonzepte "Klassifikation", "Generalisierung" und "Aggregation" zu strukturieren bzw. neue Objekte zu bilden. Um Beziehungen innerhalb von Hierarchien generalisierter und aggregierter Objekte herzustellen, lassen sich die Mechanismen der Vererbung und der Fortschreibung benutzen. Drei wesentliche Unterschiede bestehen zwischen diesen Mechanismen:

- Vererbung basiert auf Generalisierungshierarchien, Fortschreibung auf Aggregationshierarchien.
- Durch Vererbung können Eigenschaften und Operatoren für verschiedene Hierarchieebenen gewonnen werden, während bei Fortschreibung Zustandswerte aus Eigenschaften abgeleitet werden.
- Vererbung arbeitet sozusagen von oben nach unten von der allgemeineren zu den spezielleren Klassen von Objekten. Fortschreibung arbeitet dagegen von unten nach oben, d.h. von den einzelnen zu den aggregierten Objekten.

Literaturverzeichnis

Egenhofer MJ, Franf AU (1989) Object oriented modeling in GIS. In: International Conference on Computer Assisted Cartography (9, Baltimore, 1989): Proceedings, p 588

Kemp Z (1990) An Object-Oriented Model for Spatial Data. In: Proceedings of the 4th International Symposium on Spatial Data Handling July 23-27, 1990 Zurich, Switzerland, Vol. 2, p 659

Mohan L, Kashyap RL (1988) An Object-Oriented Knowledge Representation for Spatial Information. In: IEEE Transactions on Software Engineering, Vol. 14, No. 1, Washington, p 675

Webster C (1990) Object-Oriented Programming, Database and GIS. In: Technical Reports in Geo-Information Systems, Computing and Cartography, No. 23, Cardiff

Worboys MF et al. (1990a) Object-Oriented Data and Query Modelling for Geographical Information Systems. In: Proceedings of the 4th International Symposium on Spatial Data Handling July 23-27, 1990 Zurich, Switzerland, Vol. 2, p 679

Worboys MF et al. (1990b) Object-oriented data modelling for spatial databases. International Journal of Geographical Information Systems, Vol. 4, No. 4, p 369-383

Automatisierung der kartographischen Datenerfassung und Generalisierung

Andreas Illert, Bernd M. Powitz
Institut für Kartographie, Universität Hannover, Appelstraße 9A
W-3000 Hannover 1

1. Einleitung

Karten und kartographische Techniken sind auch in den automatisierten Datenflüssen Geographischer Informationssysteme (GIS) unverzichtbare Bestandteile. So werden beispielsweise häufig Daten durch Digitalisierung vorhandener Karten gewonnen. Am Ende der Verarbeitungsprozedur in GIS ist wiederum eine anschauliche graphische Darstellung der Daten und der Resultate ohne die Hilfsmittel der Generalisierung und der thematischen Kartographie kaum möglich. Um die genannten kartographischen Prozesse zu beschleunigen und auch für Massendaten geeignet zu machen, sind Verfahren sowohl zur Automatisierung der Digitalisierung als auch der Generalisierung Forschungsschwerpunkte in der rechnergestützten Kartographie.

Die *Automatische Erfassung* von Karten und Plänen mit Scannern ist — was das reine Scannen betrifft — beim heutigen Stand der Technik problemlos möglich. Die Karten liegen dann jedoch als Rasterbild vor und müssen anschließend zur Weiterverarbeitung meist in die Vektorform konvertiert und in Objektgruppen strukturiert werden. Eine Automatisierung dieses Vorgangs erfordert den Einsatz von Verfahren der Mustererkennung. Programmsysteme zur automatischen Digitalisierung umfassen unter anderem Methoden zur Raster-Vektor-Transformation, zur Texterkennung und zur Erkennung unterschiedlicher Liniensignaturen. Zumindest bezüglich der automatischen Erfassung großmaßstäbiger Karten und Pläne zeichnen sich inzwischen praxisreife Entwicklungen ab.

Die *Kartographische Generalisierung* ist ein unerläßliches Hilfsmittel, wenn raumbezogene Daten visualisiert werden sollen. Dabei erfolgt die graphische Darstellung zumeist in einem kleineren als dem Erfassungsmaßstab. Der Generalisierungs- bzw. Visualisierungsvorgang läßt sich neben einer notwendigen Datenaufbereitung in einzelne Teilschritte wie Vereinfachung, Auswahl, Verdrängung und Symbolisierung gliedern. Die Automation der Generalisierung ist derzeit noch Gegenstand intensiver Forschungstätigkeit. Untersuchungen zu rechnergestützten Lösungen bei einzelnen Teilprozessen (z.B. Vereinfachung, Auswahl, Verdrängung) bezogen auf ausgewählte Objektklassen liegen inzwischen vor. Ziel ist es nun, durch Verknüpfung solcher Bausteine ein modulares Programmsystem zu konstruieren, welches auch die Wechselwirkungen zwischen den Teilvorgängen berücksichtigt und somit in der Lage ist, die Visualisierung von raumbezogenen Daten und die graphische Bearbeitung von Karten effektiv zu unterstützen.

2. Automatische Digitalisierung von Karten

2.1 Historische Entwicklung

Die Ursprünge der computergestützten Digitalisierung von Karten reichen inzwischen über zwei Jahrzehnte zurück. Die damals formulierten Grundlagen der numerischen Zeichenerkennung und statistischen Klassifizierung bilden die Basis für die heutigen Textlesemaschinen und Systeme zur Bildanalyse. Eine Anwendung der Mustererkennung auf

Karten wurde bereits Mitte der 70er Jahre angedacht, als Wissenschaftler der GMD (Gesellschaft für Mathematik und Datenverarbeitung) die automatische Digitalisierung von Höhenlinienkarten untersuchten (Kreifelts et al.,1974).

Mit den Fortschritten in der Scantechnik und dem wachsenden Datenbedarf begannen vor etwa 10 Jahren auch Industrieunternehmen mit der Entwicklung von automationsgestützten Erfassungssystemen. Ein Vorreiter war hier die Firma SYSSCAN mit ihrem Programmsystem ADC-GEOREC. Auch INTERGRAPH kam mit Software zur automatischen Strukturierung gescannter Karten auf den Markt. Aus heutiger Sicht eher exotisch war das halbautomatische System LASERTRACK der englischen Firma LASERSCAN, bei dem der Operateur eine Linie interaktiv auf einem Sichtgerät identifiziert und diese dann automatisch mit Laserstrahl auf Mikrofilmkopie der Kartenvorlage verfolgt wird.

Der Durchbruch auf dem deutschen Markt blieb zunächst aus. Die geometrische Qualität der automatisch erfaßten Linien genügte nicht den hohen Ansprüchen des Katasters, so daß teilweise umfangreiche interaktive Nachbearbeitungen erforderlich wurden. Die Anpassung der Programmsysteme an die Anforderungen der Kunden war zudem mit erheblichem Programmieraufwand verbunden.

Vor dem Hintergrund der ungelösten Probleme beschäftigt sich auch die kartographische Forschung an Universitäten und staatlichen Institutionen mit der automatischen Digitalisierung. In Deutschland betreibt das IfAG (Institut für Angewandte Geodäsie) schon seit langer Zeit Entwicklungen zur automatischen Bearbeitung der kleinmaßstäbigen topographischen Karten, die Universität Hannover (Programmsysteme RAVEL, CAROLA) sowie die TU Berlin beschäftigen sich mit Liegenschaftskarten, und der MKD (ehem. Militärkartographischer Dienst) in Halle/Saale mit dem Kartenwerk 1:10 000 der DDR. Zahlreiche weitere Arbeiten sind aus dem Ausland bekannt.

Inzwischen zeichnet sich ein Umdenken von Seiten der Praxis ab. Jene Pilotanwender, die das SYSSCAN-System einsetzen, berichten mitunter von erheblichen Einsparungen. Bedingt durch den Zeitdruck wächst die Bereitschaft, Einschränkungen bei der geometrischen Qualität digitalisierter Daten in Kauf zu nehmen. Die Palette der Anbieter hat sich unter anderem um die Firmen M.O.S.S., Smallword (Programmsystem STRUWE) und GraS erweitert. LASERSCAN bietet mit VTRAK ein völlig überarbeitetes System an, das nicht mehr auf Laserabtastung, sondern auf Bildverarbeitung in gewöhnlichen Rasterbildern beruht.

2.2 Methodik

Die Verfahren zur Mustererkenunnung in großmaßstäbigen Karten ab etwa 1:25 000 basieren meist auf Methoden der Bildverarbeitung mit Rasterdaten, während den Verfahren zur Digitalisierung großmaßstäbiger Karten wegen der dort fast ausschließlich verwendeten Liniengraphik Vektordaten zugrunde liegen. Der Augenmerk der kommerziellen Anbieter und Nutzer richtet sich hauptsächlich auf die großmaßstäbigen Karten, da diese bei recht einfacher Kartengraphik in großen Stückzahlen vorliegen. Auf die Methodik bei der Mustererkennung in solchen Karten soll im Folgenden kurz eingegangen werden.

Der erste Schritt bei der automatischen Digitalisierung ist das Scannen der Kartenvorlage. Damit auch feine Elemente der Kartengraphik erfaßt werden, beträgt die Scanauflösung in der Regel mindestens 50 μm. Für Anwendungen in der Kartographie sind Scanner erforderlich, die auch großformatige Vorlagen verarbeiten können.

Da großmaßstäbige Karten meist einfache Liniengraphik aufweisen, empfiehlt sich zur weiteren Verarbeitung die Umwandlung der Rasterdaten in die Vektorform. Aus den

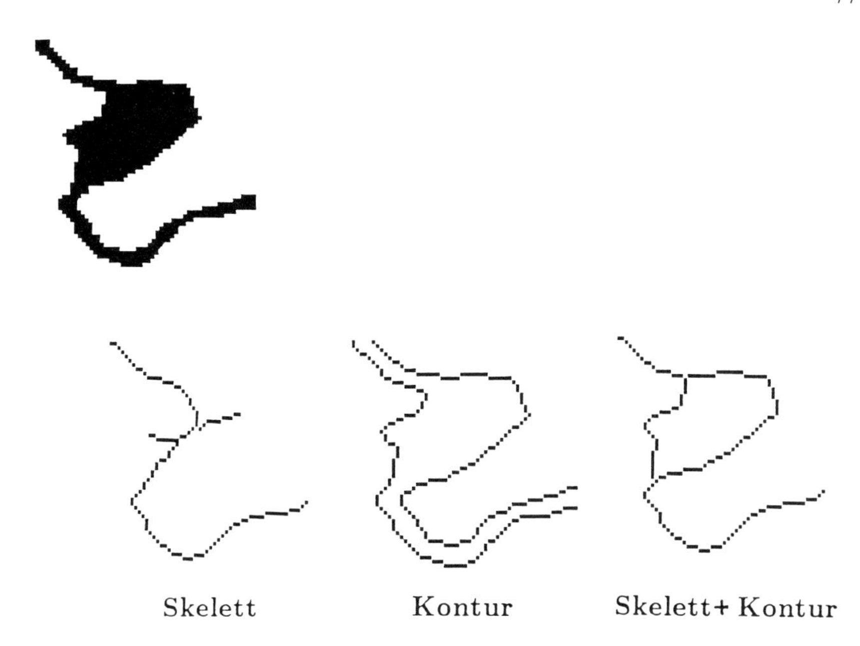

Abb. 1. Raster-Vektor-Transformation durch Skelettierung, durch Konturverfolgung sowie mittels gemeinsamer Verarbeitung von Skelett und Kontur

gescannten Rasterbildern können Vektordaten auf zwei Wegen abgeleitet werden:

a) Die Rasterobjekte werden skelettiert, d.h. auf eine Breite von einem Pixel abgemagert. Damit ergeben sich die Vektordaten als netzförmiger Graph der Mittelachsen, was insbesondere für linienhafte Objekte die geeignete Darstellungsform ist.

b) Die Kontur der Rasterobjekte wird extrahiert. Daraus ergeben sich die Vektordaten als Umringspolygone. Diese Form eignet sich zur Darstellung von Flächen.

Falls flächenförmige und linienhafte Objekte gemeinsam in der Vorlage auftreten, kommt mitunter eine gemeinsame Vektorisierung von Skelett und Kontur in Frage. Hierzu werden vor der Skelettierung die Kerne der schwarzen Flächen ab einer vordefinierten Distanz zum Rand gelöscht. (siehe Abbildung 1).

Bedingt durch die Algorithmen zur Skelettierung und die Metrik der Rasterdaten weisen die Linien aus der Raster-Vektor-Transformation typische Mängel auf. Hierzu zählen unter anderem:

— zick-zack-förmiger Linienverlauf
— Verschiebung der Knotenposition
— Ausrundung von Ecken.

Ein Teil dieser Mängel kann automatisch behoben werden. Abbildung 2 zeigt das Ergebnis von Untersuchungen an der Universität Hannover, bei denen ausgleichende Geraden in die Rohdaten eingepaßt wurden. Die Korrektur der Liniengeometrie bei kurzen Linien in komplexen Strukturen bleibt problematisch, da hier der Kontext (z.B. Geradlinigkeit über mehrere Knoten hinweg) berücksichtigt werden muß.

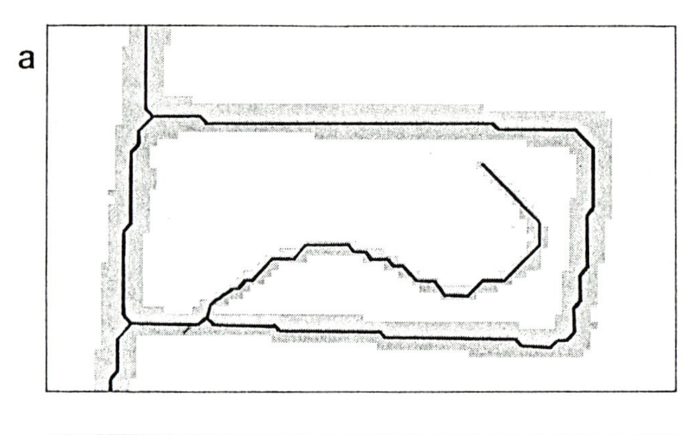

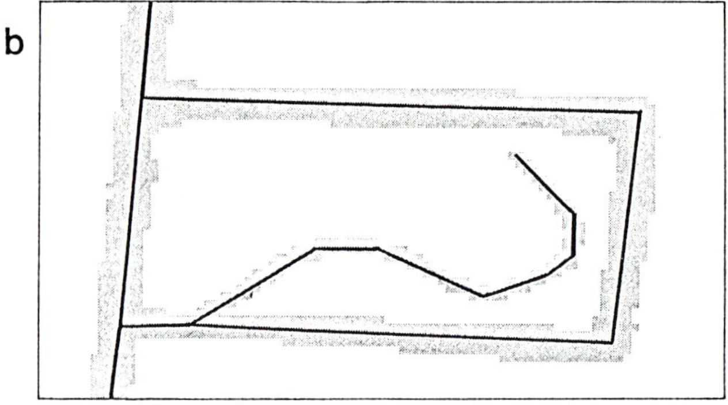

Abb. 2 a) ungeglättete Vektordaten nach der Raster-Vektor-Konvertierung
b) automatisch korrigierte Vektordaten

Die inhaltliche Strukturierung der Daten beginnt mit der Erkennung einzelner Buchstaben, Ziffern und Symbole. Hier gelangen Methoden der Zeichenerkennung zur Anwendung. Bedingt durch die vielfältigen Variationen in Winkellage, Größe und Schriftart liegen die Erkennungsraten jedoch derzeit bei lediglich 90 %.

Vielfach wird auf die Erkennung von Einzelzeichen verzichtet und die automatische Interpretation auf wesentliche Elemente der Liniengraphik wie Gebäude und Flurstücksgrenzen beschränkt. Bei den derzeit praktikablen Systemen erfolgt die Analyse solcher graphischen Strukturen durch spezifische Algorithmen, die in einer fest vorgegebenen Reihenfolge abgearbeitet werden. Bei der Strukturierung in gescannten Katasterkarten setzt sich die Prozedur zum Beispiel aus folgenden Bausteinen zusammen:

1. Erkennung paralleler Linien : Gebäudeschraffuren
2. Extraktion der Umringspolygone solcher Parallelen : Gebäudegrundrisse
3. Erkennung von Kreissignaturen : vermarkte Grenzpunkte
4. Linienverfolgung ausgehend von Kreissignaturen : Flurstücksgrenzen

Keine automatische Prozedur arbeitet fehlerfrei, so daß sich an die Mustererkennung in jedem Fall eine interaktive Kontrolle und Korrektur von Erkennungsfehlern und unbearbeiteten Objekten anschließen muß. Diese manuelle Nachbearbeitung ist besonders

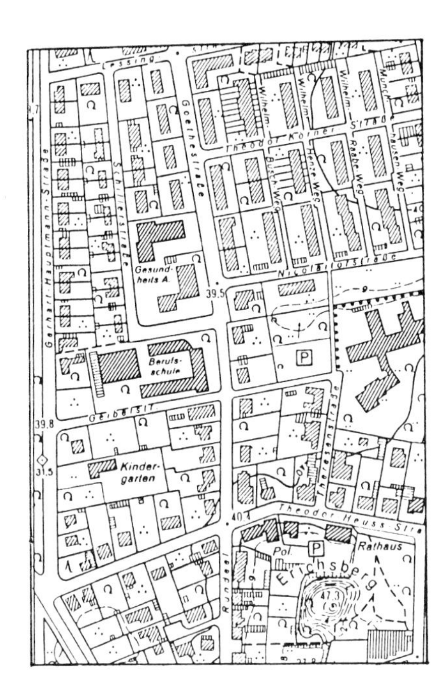

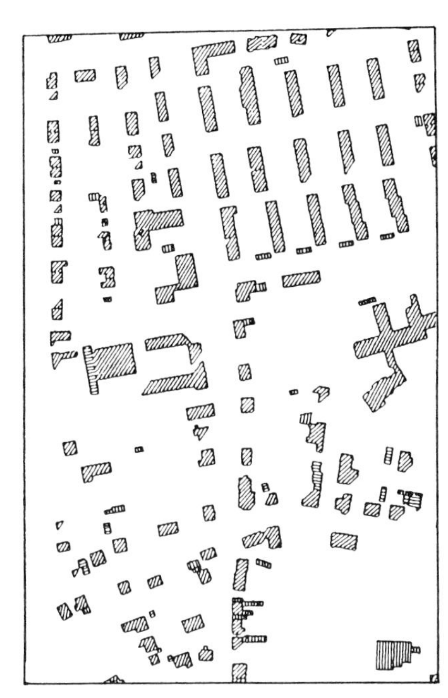

Abb. 3. Automatische Extraktion von Gebäuden durch Erkennung von schraffierten Flächen in der Deutschen Grundkarte 1 : 5000.

effektiv, wenn das Erkennungssystem bereits mögliche Fehlersituationen markiert und den Operateur gezielt an solche Bereiche heranführt. Manche Editiersysteme blenden das ursprüngliche Rasterbild ein, so daß die meisten Fehler direkt am Bildschirm bereinigt werden können.

2.3 Einsatz in der Praxis

Erfahrungen mit dem praktischen Einsatz von Programmsystemen zur automatischen Digitalisierung großmaßstäbiger Karten sind derzeit noch recht selten. Eine der ersten Installationen des GEOREC-Systems erfolgte bei der Stadt Wien. Wilmersdorf (1991) berichtet, daß die vermehrten Kosten an Geräten wie Scannern und Rechenkapazität durch eine Senkung der Personalkosten mehr als kompensiert wurden. Zudem bietet die automationsgestützte Bearbeitung Vorteile für die Operateure, da die Arbeit abwechslungsreicher als die monotone Digitalisierung am CAD-Gerät geworden ist.

Das für den Rhein-Sieg-Kreis zuständige Katasteramt Siegburg setzt seit dem Jahr 1989 das GEOREC-System als Pilotanwender bei der Datenerfassung für die Automatisierte Liegenschaftskarte (ALK) ein. Schmitz (1991) führt ein Arbeitsvolumen von etwa 4000 Katasterkarten über einen vorgesehenen Zeitraum von 10 Jahren an. Dem Bedarf an acht CAD-Arbeitsplätzen bei rein manueller Erfassung stehen zwei CAD-Arbeitsplätze, Scanner sowie zwei GEOREC-Arbeitsplätze bei automationsgestützer Digitalisierung gegenüber, was annähernd gleiche Kosten bezüglich Hard- und Software bedeutet. Der Vorteil der automationsgestützten Digitalisierung besteht in einer Zeitersparnis von 50%

gegenüber den rein manuellen Verfahren, was erheblich niedrigere Personalkosten zur Folge hat.

Bei allen Überlegungen bezüglich der Wirtschaftlichkeit ist jedoch zu bedenken, daß jede Installation eines prozeduralen Erkennungssystems einen nicht unerheblichen Entwicklungsaufwand bei der Anpassung an den jeweiligen Kartentyp und die spezifischen Anforderungen des Nutzers erfordert. Diese Aufgabe kann nur von erfahrenen Fachleuten bewältigt werden, so daß Unterstützung von Seiten der Herstellerfirma oder eines in der automatischen Digitalisierung erfahrenen Fachbüros erforderlich ist. Der wirtschaftliche Vorteil der automatischen Verfahren zeigt sich — wenn überhaupt — erst nach der Bearbeitung einer Vielzahl von Kartenblättern, also bei echten Massendigitalisierungen. Allerdings könnten die steigenden Personalkosten und der wachsende Zeitdruck in Zukunft den Anstoß zu einem breiteren Einsatz der automationsgestützten Systeme geben.

2.4 Forschungsthemen

Ein wesentlicher Nachteil der prozeduralen Erkennungssysteme ist ihre geringe Flexibilität bei der Anpassung an unterschiedliche Aufgaben. Abhilfe verspricht hier das Konzept der wissensbasierten Systeme, Expertensysteme und neuronalen Netze im Rahmen der Künstlichen Intelligenz (KI). Für die automatische Digitalisierung von Karten sind einerseits aus den Methoden der KI geeignete Werkzeuge zusammenzustellen und weiterzuentwickeln, andererseits ist das Wissen über die Zusammenhänge und Strategien bei der Interpretation von Kartengraphik in Regeln umzusetzen. Bisher sind konkrete Anwendungen in diesem Bereich auf Teilprobleme beschränkt geblieben, da die Softwareumgebung der KI die Verarbeitung von Massendaten nur eingeschränkt zuließ.

Ein weiteres Forschungsthema ist die Verbesserung der Geometrie bei den automatisch aus Rasterbildern abgeleiteten Linien. Ausgleichungsansätze, wie sie aus anderen geodätischen Anwendungen bekannt sind, lassen sich auch hier vorteilhaft einsetzen. Zudem ist — wie bei der manuellen Digitalisierung — das Problem der Realisierung geometrischer Bedingungen wie Rechtwinkligkeit und Parallelität zu lösen.

3. Automationsgestützte Generalisierung

3.1 Komponenten zur automationsgestützten Generalisierung

Der aktuelle Boom auf dem Sektor der Geo-Informationssysteme (GIS) und die rasch fortschreitende Entwicklung der Graphischen Datenverarbeitung (GDV) haben auch große Konsequenzen in bezug auf die Computerkartographie. Vor allem zur Visualisierung und zur graphischen Ausgabe von raumbezogenen Daten werden entsprechende Software-Lösungen benötigt. Diese Software-Bausteine sind unentbehrliche Komponenten in einem GIS, da neben der Erfassung, Speicherung, Verwaltung u.a. der raumbezogenen Daten vielseitige und flexible Möglichkeiten zur graphischen Datenausgabe bereitgehalten werden müssen. Daraus ergeben sich neue Chancen und hohe Herausforderungen für die Computerkartographie.

Zur konstruktiven graphischen Ausgabe von raumbezogenen Daten werden Programm-Bausteine zur Modellaufbereitung, Generalisierung und Visualisierung benötigt. Diese kartographisch anspruchsvollen Komponenten müssen als Tools in GIS integriert werden. Für eine flexible graphische Ausgabe in unterschiedlichen Maßstäben und eine effiziente Nutzung der Geo-Informationen sind vor allem Lösungen zur rechnergestützten kartographischen Generalisierung gefragt, da vorhandene raumbezogene Daten nicht nur im

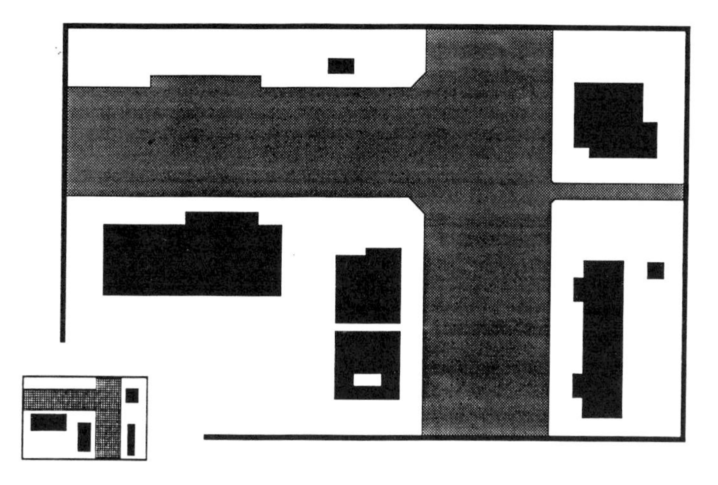

Abb. 4. Graphische Darstellung eines Kartenausschnittes im Originalmaßstab und kartographisch generalisierte 5-fache Verkleinerung.

ursprünglichen Erfassungsmaßstab, sondern natürlich auch in kleineren Folgemaßstäben präsentiert werden sollen. Die kartographische Generalisierung ist notwendig, weil zur einwandfreien Lesbarkeit und zur guten Interpretierbarkeit graphischer Darstellungen in kleineren Folgemaßstäben einerseits vorgegebene Mindestgrößen eingehalten werden müssen und außerdem die lokale Informationsdichte reduziert werden muß (siehe Abbildung 4).

Seit vielen Jahren beinhalten mehrere Forschungsprojekte des Instituts für Kartographie (IfK) der Universität Hannover Problemstellungen aus dem Themenkreis der automationsgestützten Generalisierung. So waren in den 70er Jahren vorrangig Definitionen, theoretische Grundlagen und methodische Analysen zur rechnergestützten Generalisierung Forschungsinhalte des IfK. Die 80er Jahre standen im Zeichen von Programm-Entwicklungen und Realisierungen von Generalisierungs-Teilprozessen. Die aktuellen Aufgaben und Forschungsprojekte der 90er Jahre umfassen die Bereitstellung von leistungsfähigen, robusten Software-Modulen, den Aufbau von komplexen Systemkomponenten als Tools in GIS, die praktische Erprobung der Generalisierungs-Programme und vor allem die Berücksichtigung moderner EDV-Techniken wie z.B. den Einsatz von objektorientierten bzw. regelbasierten Methoden und Verfahren.

3.2 Ausgangsdaten und Voraussetzungen

Als Ausgangs-Datenbestand, der entweder direkt im ursprünglichen Erfassungsmaßstab oder in einem kleineren Folgemaßstab graphisch dargestellt werden soll, kommt für die Generalisierungs-Programme des IfK jeder raumbezogene Datenbestand eines Digitalen Landschaftsmodells (DLM) im Vektorformat in Betracht. Dieser Datenbestand eines GIS kann unmittelbar aus digitalisierten analogen Vorlagen (mit Digitizer oder Scanner plus Raster-Vektor-Konvertierung und Strukturierung, siehe Abschnitt 2), durch Übernahme von ATKIS-Daten oder aus vielen anderen Quellen resultieren. Nach der Datenauswahl bzw. -bereitstellung ist zunächst eine Bildung und Zusammenstellung der einzelnen Objekte mit der jeweiligen Geometrie und den dazugehörigen beschreibenden Attributen notwendig.

Außerdem sind Definitionen wie Generalisierungsgrad, Ausgabemaßstab, Bearbeitungsreihenfolge u.v.a. sowie die Symbolisierung-Vorgaben vom Benutzer auszuwählen. Dabei müssen diese Vorgaben zur Symbolisierung vor allem die Frage "Was wird wie im abzuleitenden Digitalen Kartographischen Modell (DKM) dargestellt ?" beantworten. Die Vorabdefinitionen und Parameter für die Generalisierung können benutzer- und vorgangsspezifisch variiert werden und spielen bei der DKM-Ableitung in sämtlichen Phasen eine wesentliche Rolle.

In den folgenden Abschnitten werden entwickelte Softwarekomponenten des IfK zur Modellaufbereitung und zur Generalisierung vorgestellt. Die Lösungsansätze beziehen sich dabei auf großmaßstäbig erfaßte DLM-Objekte der Objektklassen "Straßen und Wege" und "Gebäude".

3.3 Generalisierung von Objekten der Objektklasse "Straßen und Wege"

Zur maßstabsspezifischen graphischen Ausgabe von Objekten der Objektklasse "Straßen und Wege" sind verschiedene Verfahrensschritte notwendig. Der Ablauf umfaßt zunächst die Modellvorbereitung bzw. -aufbereitung, die kartographisch bedingte Modell-Generalisierung und die Symbolisierung. Entsprechende Programm-Komponenten des IfK sind in der Abbildung 5 zusammengestellt.

Der erste Schritt der rechnergestützten Bearbeitung beinhaltet eine umfangreiche Plausibilitäts-Kontrolle, denn unkorrekte bzw. unlogische Daten (z.B. bedingt durch Digitalisierfehler oder die Inkonsistenz verschiedener Datenquellen) müssen konstruktiv verändert werden. Diese Prüfung der Daten-Integrität bezieht sich sowohl auf geometrische als auch auf geometrisch-begriffliche Belange. So werden z.B. unerwünschte Linienüberschneidungen oder falsche Attribute aufgespürt und (automatisch) behoben.

Anschließend ist der Aufbau eines ordentlichen topologischen Netzes der Straßen und Wege notwendig: Liegen als geometrische Information für jedes Objekt der zu bearbeitenden Objektklasse "Straßen und Wege" die beiderseits begrenzenden Konturlinien der Straßen- bzw. Wegeflächen vor, werden automatisch die Mittelachsen dieser bandförmigen Objekte berechnet. Danach werden Lücken und Linienüberschneidungen (Over-/Under-Cuts) der Mittelachsen insbesondere in Kreuzungs- und Einmündungsbereichen eliminiert. Das Ergebnis ist ein topologisches Straßen- und Wege-Netz mit Knoten und Kanten.

Die Vereinfachung der Straßen und Wege erfolgt auf der Basis des topologisches Netzes unter Berücksichtigung der vorab definierten Generalisierungs-Parameter. Dabei werden durch Variation und Zusammenfassung der Knoten sowie durch das Glätten der Kanten unwesentliche Kleinformen eliminiert und markante Kleinformen modifiziert (Schmidt,1989).

Der nächste Verfahrensschritt ist die Roh-Symbolisierung. Roh-Symbolisierung bedeutet, daß Korridore bzw. Flächen für die Straßen und Wege in der Darstellungsebene reserviert werden. Diese Korridore werden beiderseits zu den Kanten — d.h. zu den Mittelachsen — durch orthogonales Absetzen entsprechend der jeweiligen Objektbreiten gebildet. Die Objektbreiten richten sich nach dem Platzbedarf, den das jeweilige Objekt mit seiner vollständigen graphischen Ausgestaltung im DKM beansprucht.

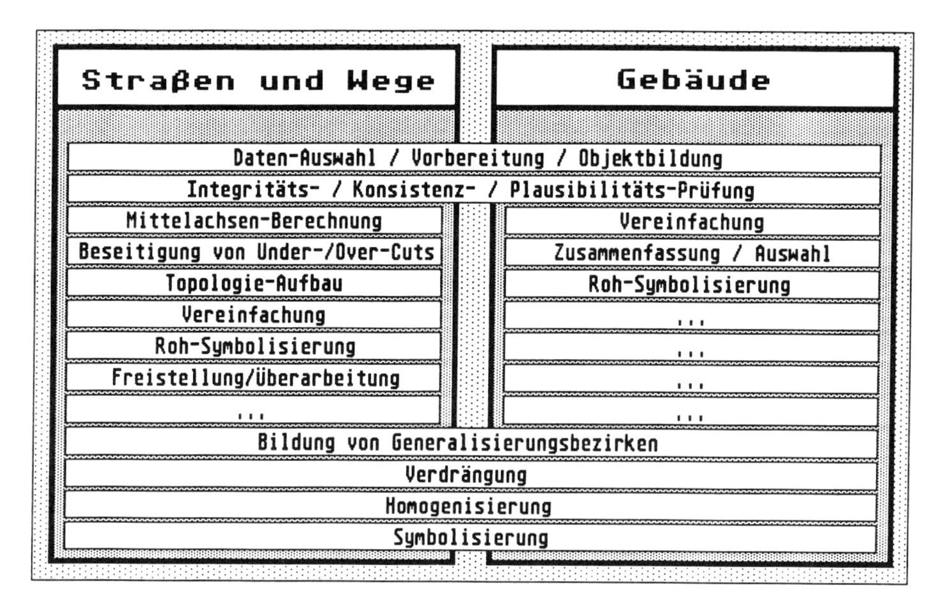

Abb. 5. Programm-Komponenten zur Generalisierung von Objekten der Objektklassen "Straßen und Wege" und "Gebäude"

Abschließend ist eine Überarbeitung der roh-symbolisierten Straßen und Wege notwendig, da es in Kreuzungs- und Einmündungsbereichen Überlagerungen der abgeleiteten Korridor-Linienabschnitte gibt. Diese Überlagerungen werden rechnergestützt durch Freistellung der betreffenden Bereiche behoben (Powitz,1988).

Als Ergebnis des vorgestellten Ablaufes liegt ein vorläufiges DKM vor, das durch die Kombination mit den graphischen Ausgestaltungselementen die erwünschte graphische Darstellung liefert. Dieses vorläufige DKM beinhaltet ausschließlich Objekte der Objektklasse "Straßen und Wege".

3.4 Generalisierung von Objekten der Objektklasse "Gebäude"

Ähnlich wie bei der zuvor beschriebenen Bearbeitung der Objektklasse "Straßen und Wege" sind auch bei der Überführung der Objekte der Objektklasse "Gebäude" in ein DKM verschiedene Verfahrensschritte notwendig. Die verfügbaren Programm-Segmente des IfK zur Modellvorbereitung, -aufbereitung und Gebäude-Generalisierung sind in Abbildung 5 dargestellt.

Als geometrische Information liegen digitale Umringspolygone der einzelnen Gebäude vor. Den erste Verfahrensschritt stellt bei der Bearbeitung der Gebäude eine umfangreiche Plausibilitäts-Kontrolle dar. Diese aufwendige Überprüfung beinhaltet einerseits das Aufspüren und andererseits das automatische Korrigieren von unplausiblen Gebäude-Umrissen. Nach dieser Optimierung des Datenbestandes folgen die eigentlichen kartographischen Modellierungsschritte.

Die Vereinfachung der Gebäudekonturen (Staufenbiel,1973) stellt einen Schwerpunkt der kartographisch bedingten Modell-Generalisierung dar. Aufgrund der maßstabsspezifisch vorgegebenen Minimaldimension (graphische Mindestgrößen für einzelne Gebäudeseiten und -flächen) werden unwesentliche Kleinformen eliminiert und markante Kleinformen betont. Die Algorithmen basieren auf der Behandlung von Kleinformen, die aus einzelnen abseits liegenden Gebäudepunkten, aus Kleinseiten und Gebäudeteilflächen bestehen können. Dabei soll trotz der Vereinfachung die ursprüngliche Charakteristik des Gebäudes möglichst erhalten bleiben.

Ein weiterer Verfahrensschritt umfaßt die Zusammenfassung von benachbarten Gebäuden unter Wahrung der Nachbarschaftsrelationen. Die Zusammenfassung wird notwendig, wenn der Abstand zwischen zwei betroffenen Gebäuden einen maßstabsspezifisch vorgegebenen Grenzwert unterschreitet und der ursprüngliche Zwischenraum im DKM nicht mehr darstellenswert ist. Zwei Varianten sind bei der Gebäude-Zusammenfassung implementiert: Das Heranschieben eines relativ kleinen Gebäudes an ein größeres und das konstruktive Verbinden zweier Objekte, wenn beide Gebäude wegen ihrer bedeutenden räumlichen Ausdehnung ihre grundrißtreue Lage beibehalten sollen.

Als weiteres Resultat liegen anschließend die Gebäude für das vorläufige DKM vor. Da eine gemeinsame, konfliktfreie Darstellung der Objekte beider Objektklassen, d.h. der Straßen und Wege sowie der Gebäude, durch den zumeist größeren Platzbedarf der jeweiligen Signaturen im DKM nicht möglich ist, werden weiterhin Generalisierungs-Verfahren zur Verdrängung und Homogenisierung benötigt (siehe Abschnitt 3.5).

3.5 Forschungsarbeiten zur komplexen Generalisierung

Die vorangehenden Beschreibungen umfaßten die separate Bearbeitung jeweils einer Objektklasse ("Straßen und Wege" und "Gebäude"). Darüberhinaus ist die Beseitigung von Darstellungskonflikten der aufbereiteten, generalisierten und symbolisierten Objekte notwendig. Die Wechselwirkungen der einzelnen Objektklassen untereinander sind zu berücksichtigen, indem nach einer bestimmten Hierarchie die Objekte geringerer Priorität den hierarchisch höher stehenden Objekten angepaßt werden. So kommen die bedeutenden elementaren Generalisierungsschritte Verdrängung und Homogenisierung zum Tragen.

Basierend auf dem Knoten- und Kantennetz der Straßen und Wege ist die automatische Bildung von Generalisierungsbezirken möglich. Dabei entstehen die Generalisierungsbezirke aus den konstruierbaren Maschen dieses topologischen Netzes.

Durch die Symbolisierung der Straßen und Wege kommt es im DKM zu verbreiterten Darstellungen, und eine Verdrängung bzw. Verschiebung der Gebäude ist unbedingt notwendig. Die von ihrer Priorität niederwertigeren Objekte der Objektklasse "Gebäude" können innerhalb der Generalisierungsbezirke entsprechend ihrer Lage und den einflußnehmenden verdrängenden Straßen und Wegen verschoben und/oder ausgerichtet werden. Lösungsansätze des IfK zur Verdrängung existieren in verschiedenen Prototyp-Programmen und sind so ein wichtiger Bestandteil der aktuellen Forschung im Themenkreis der rechnergestützten Generalisierung des IfK. Das abschließend entstandene vorläufige DKM kann nach der endgültigen graphischen Ausgestaltung als Soft- oder Hardcopy präsentiert werden.

3.6 Ausblick

Das Ziel der Entwicklungen des Instituts für Kartographie besteht darin, die Teilkomponenten zur rechnergestützten Modell-Generalisierung robust verfügbar zu machen und den Ausbau zu einem einsatzfähigen komplexen Programm-System zu forcieren. Die Nachfrage nach entsprechenden Tools in Geo-Informationssystemen zur Visualisierung wird in den nächsten Jahren extrem ansteigen, da eine vielseitige, flexible Nutzung von raumbezogenen Daten erstrebenswert ist.

4. Literatur

Grünreich, D. (1985) Untersuchungen zu den Datenquellen und zur rechnergestützten Herstellung des Grundrisses großmaßstäbiger topographischer Karten. Dissertation, Uni Hannover.

Hake, G. (1982) Kartographie I. Sammlung Göschen, Band 2165, Walter de Gruyter-Verlag, Berlin-New York.

Illert, Andreas (1991) Datenerfassung durch Mustererkennung — Stand der Entwicklung aus Sicht einer Universität. In: Schilcher (Hrsg.) Geo-Informatik, Siemens Berlin München, Seiten 187-195

Klauer, Rolf (1986) Automatisierte Digitalisierung von Strichvorlagen. ZfV, Heft 4 1986, Seiten 148-157

Kreifelts, Pick, Wißkirchen, Woetzel (1974) Erfahrungen mit der Digitalisierung von rastermäßig erfaßten Linienstrukturen. Mitteilungen der GMD Nr. 30, Bonn

Lichtner, W. (1976) Ein Ansatz zur Durchführung der Verdrängung bei der EDV-unterstützten Generalisierung topographischer Karten. Dissertation, Uni Hannover.

Powitz, B.M. (1988) Automationsgestützte Generalisierung von Verkehrswegedarstellungen. Nachrichten aus dem Karten und Vermessungswesen, Reihe I, Nr. 101, Frankfurt a.M.

Powitz, B.M. (1990) Automationsgestützte kartographische Generalisierung - Voraussetzungen, Strategien, Lösungen. Kartographische Nachrichten, Juni 1990, Heft 3, Bonn.

Schmidt, C. (1989) Untersuchungen zur rechnergestützten Manipulation von linienhaften Objekten. Unveröffentlichte Diplomarbeit, IfK, Hannover.

Schmitz, W. (1991) Automation der Katasterkarten mittels Scanner und Mustererkennung. In: Schilcher (Hrsg.) Geo-Informatik, Siemens Berlin München, Seiten 181-186

Staufenbiel, W. (1973) Zur Automation der Generalisierung topographischer Karten mit besonderer Berücksichtigung von großmaßstäbigen Gebäudedarstellungen. Dissertation, Uni Hannover.

Wilmersdorf, E. (1991) Scannen und computergestütztes Erkennen von Objekten. In: Proceedings Intern. Seminar Photogrammetrie und Geographische Informationssysteme, ETH Zürich 8.-12.April 1991

Yang,J. (1989) Automatische Digitalisierung von Deckfolien der Deutschen Grundkarte 1:5000-Bo. Wissenschaftliche Arbeiten der Fachrichtung Vermessungswesen an der Universität Hannover, Nr. 161

EXIN - Ein GIS-Werkzeug zur räumlichen Interpolation punktbezogener Meßdaten

Martin Rufeger, Ulrich Streit

Westfälische Wilhelms Universität
Institut für Geographie
Abt. Geo-Informationssysteme
Robert-Koch-Str. 26-28
4400 Münster

1. Einführung

Für viele Belange der ökologischen Planung ist die Betrachtung der räumlichen Feinverteilung von Klimaparametern notwendig. Dabei ergibt sich das Problem, derartig detaillierte Informationen aus zumeist wenigen, punktuell vorhandenen Meßwerten in unregelmäßiger räumlicher Verteilung gewinnen zu müssen. Die Anwendung einfacher räumlicher Interpolationsverfahren stellt eine Möglichkeit zur pragmatischen Problemlösung dar.

2. Das GIS-Werkzeug EXIN

Zur Unterstützung der in vielen Bereichen von Forschung und öffentlicher Planung eingesetzten raumbezogenen Informationssysteme gewinnt der benutzerfreundliche Einsatz von arbeitsplatzorientierten und fachspezifischen Software-Werkzeugen immer mehr an Bedeutung.
Mit **EXIN** (**Ex**pertensystemgestützte **In**terpolation von Klimadaten) wird ein rasterbasiertes GIS-Werkzeug vorgestellt, welches die wichtigsten Funktionen zur Erfassung und Verwaltung von Klimameßdaten, zu Auswahl und Einsatz einfacher numerischer Interpolationsverfahren sowie zur Darstellung einer berechneten

Werteoberfläche in einem System integriert und auf jedem graphikfähigen PC lauffähig ist.
EXIN wurde in Zusammenarbeit mit der Landesanstalt für Ökologie, Landschaftsentwicklung und Forstplanung des Landes NRW (LÖLF) von der Arbeitsgruppe Umweltinformationssysteme am Institut für Geographie der WWU Münster entwickelt. Das PC-Programmpaket wird bei der LÖLF zur computerunterstützten Erstellung von rasterbasierten Klima-Manuskriptkarten, welche einen Vorschlag zur regionalen, räumlichen Verteilung eines Klimaparameters liefern, eingesetzt.

2.1 Konzeption

Das **EXIN**-Programmsystem ist modular aufgebaut. Die einzelnen Komponenten stellen abgeschlossene Programmeinheiten dar, die miteinander über einfache Dateistrukturen kommunizieren. Alle Module sind in eine wissensbasierte Benutzeroberfläche integriert, die den logischen Ablauf einer Konsultation überwacht und einem Anwender programm- und fachspezifische Hilfestellungen bietet.
Der modulare Aufbau von **EXIN** besitzt den Vorteil, daß sich das System ohne großen Aufwand erweitern und verändern läßt und damit unterschiedlichen Fragestellungen angepaßt werden kann.

2.2 Hardware-Konfiguration

In der Version 2.3 kann **EXIN** unter DOS ab Version 3.1 auf jedem IBM-kompatiblen PC XT/AT/386 mit 640 KB RAM und einer Festplatte installiert werden. Für den Einsatz der Grafikmodule sind Grafikkarten im EGA/VGA-Standard notwendig.

3 Programmodule

Das Programm umfaßt in der laufenden Version folgende Funktionsbereiche:

- *Datenerfassung und -verwaltung* (Definition einer räumlichen Bezugsbasis, Einbindung eines digitalen Höhenmodells, Verwaltung punktbezogener Klimadaten)

- *Transformation der Eingangsdaten* (Interpolation der punktbezogenen Meßwerte und Auswahl der Interpolationsverfahren in einem wissensbasierten Beratungssystem, Klassifikation der interpolierten Werte)

- *Ausgabe* der berechneten Werteoberfläche auf unterschiedlichen Ausgabeeinheiten.

- *Wissensbasierte Benutzeroberfläche* zur Anwenderunterstützung

Einen Überblick über die in das **EXIN**-Programmsystem eingebundenen Module liefert die Abbildung 1.

3.1 Datenerfassung und -verwaltung

3.1.1 Räumliche Bezugsbasis

Als räumliche Bezugsbasis fungiert ein rechteckiges *Untersuchungsgebiet*, welches entweder direkt über die Angabe seiner Südwest- und Nordostecke fixiert (Gauß-Krüger-Koordinaten bzw. geographischen Koordinaten) oder durch Nummern Topographischer Karten (TK 25/50) festgelegt wird. Die interne Darstellung der Koordinaten bezieht sich auf das Gauß-Krüger-Netz. Damit ist das Problem verbunden, daß das Untersuchungsgebiet in unterschiedlichen Meridianstreifen liegen kann. Die Eckkoordinaten werden dann auf den Meridianstreifen mit dem größeren Anteil am Untersuchungsgebiet intern umgerechnet.
In einem zweiten Schritt wird über das definierte Untersuchungsgebiet ein quadratisches Gitternetz gelegt, dessen Ursprung entweder frei wählbar ist oder mittels Südwestecke des Untersuchungsgebietes bzw. des nächsten vollen km-Punkt von der Südwestecke aus bestimmt werden kann. Die Rasterweite, d.h. der Abstand zweier Gitterpunkte, ist wählbar für die Distanzen 100, 200, 500, und 1000m. Je nach Datenbasis und Zielsetzung muß die Rasterweite durch den Anwender selbst festgelegt werden. Das durch dieses Gitternetz definierte *Interpolationsgebiet* kann dementsprechend in Abhängigkeit von Gitternetzursprung und Rasterweite von der Lage und Größe des Untersuchungsgebietes abweichen, umfaßt das Untersuchungsgebiet aber in jedem Fall vollständig.
Letztendlich wird intern eine *Gesamtgebietsfläche* mit der doppelten Kantenlänge des Untersuchungsgebietes definiert, in der alle bei der späteren Interpolation zu berücksichtigenden Stützstellen liegen müssen.

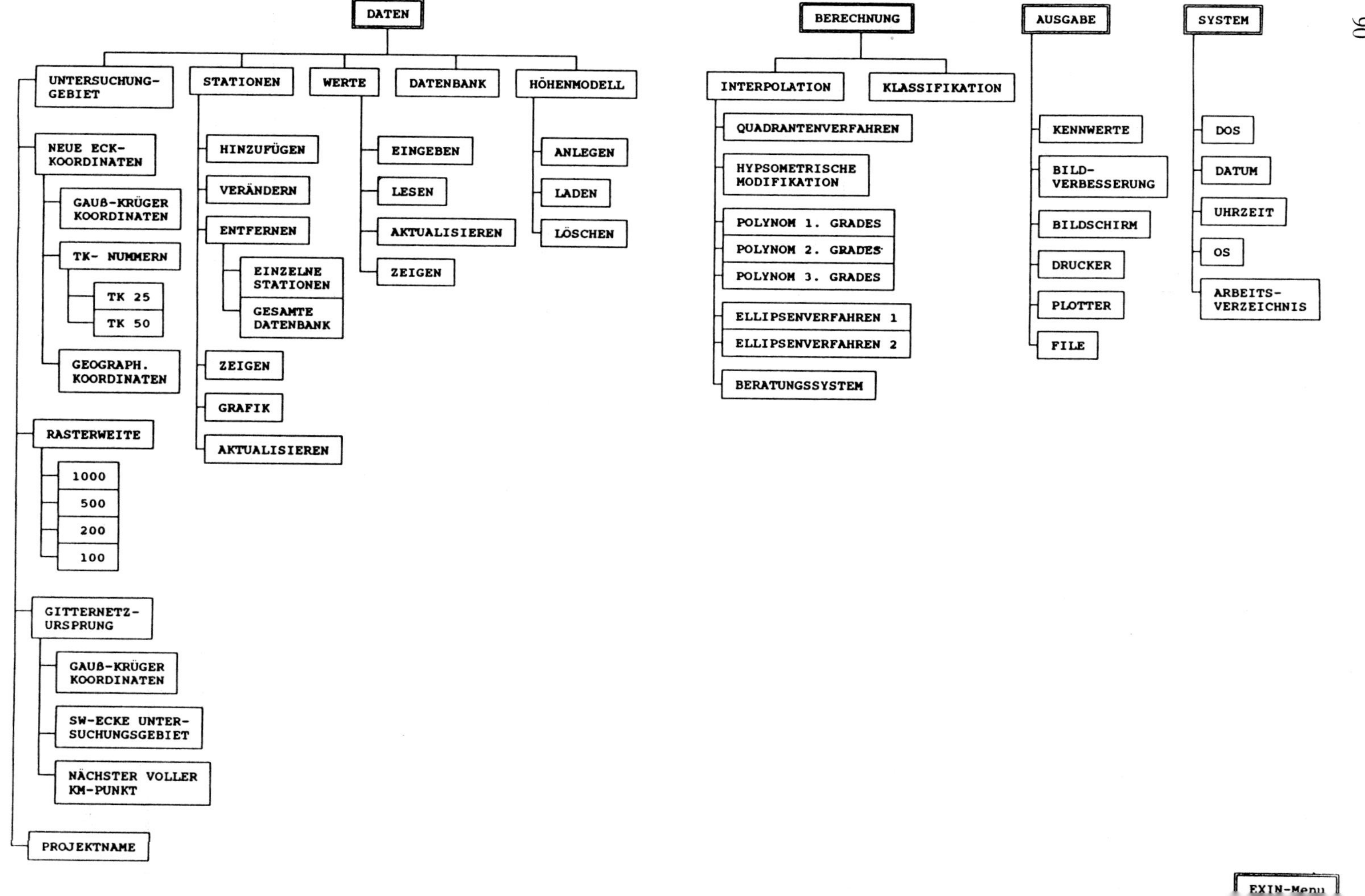

Abb. 1. EXIN-Funktionsumfang

3.1.2 Digitales Höhenmodell

Um reliefbedingte Abhängigkeiten eines betrachteten Klimaparamers im Untersuchungsgebiet bei der Interpolation zu berücksichtigen, besteht die Möglichkeit, ein digitales Höhenmodell einzubinden.
Ein Vorverarbeitungsmodul wandelt extern gespeicherte Höhendaten, die z.B. bei Dateien der Landesvermessungsämter in der Form <*Rechtswert, Hochwert, Höhe ü.NN*> vorliegen, unter Berücksichtigung der gegebenen Meridianstreifen in ein EXIN-lesbares Format um.
In einem zweiten Schritt wird für das aktuelle Interpolationsgebiet entsprechend Gitternetzursprung und Rasterweite eine Werte-Matrix erstellt, wobei die Werte an den Gitterpunkten über die Nearest Neighbour-Methode ermittelt werden.

3.1.3 Verwaltung der Meßdaten

Die Meßdaten sind innerhalb des Programmsystems in einer internen Datenbank mit den Parametern <*Kennummer, Rechtswert, Hochwert, Stationsname, Höhe ü. NN, Meßwert*> abgelegt. Die Bearbeitung der Daten findet dabei für Meßstationskennwerte und Meßwerte getrennt statt.

Die Meßdatenverwaltung umfaßt folgende Funktionen:

- Anzeige der internen Datenbank
- Hinzufügen, Ändern und Löschen von Stationskennwerten
- Aktualisieren der Meßstationen (Lageüberprüfung)
- Einbindung extern gespeicherter Stationskennwerte
- manuelles Einlesen von Meßwerten
- Aufnahme extern gespeicherter Meßwerte (ASCII-Format)
- Aktualisieren der Meßwerte (Überprüfung auf default-Werte)

Zusätzlich besteht noch die Möglichkeit, sich die horizontale räumliche Verteilung der Meßstationen graphisch darstellen zu lassen.

3.2 Datentransformation

3.2.1 Interpolationsverfahren

Die Interpolation der zumeist unregelmäßig verteilten Meßwerte zielt in Anlehnung an die räumliche Bezugsbasis auf die Berechnung von Klimameßwerten für die Punkte des definierten Gitternetzes. In der EXIN-Version 2.3 werden zur Zeit vier relativ einfache räumliche Interpolationsverfahren eingesetzt. Auf die Einbindung komplexerer geostatistischer Verfahren (z.B. Kriging) wurde bewußt verzichtet, weil dabei theoretischer Anspruch und praktischer Nutzen häufig in einem Mißverhältnis stehen (Streit 1981a; Streit 1981b; Streit u. Schwentker 1982). Prinzipiell ist eine Erweiterung von **EXIN** durch derartige Methoden in Form spezieller Module jedoch möglich.

Quadrantenverfahren:
Beim Quadrantenverfahren (Giesecke et al. 1982) wird für jeden Gitterpunkt aus den vier Quadranten, die durch die Nord-Süd und Ost-West verlaufenden Linien des Gitternetzes definiert werden, je die nächstgelegene Station gesucht. Der Wert am Gitterpunkt ergibt sich aus den Meßwerten dieser Stationen durch gewichtete Mittelbildung. Als individuelles Gewicht pro Station wird die inverse quadrierte Distanz zwischen Meßstation und Gitterpunkt eingesetzt.

Hypsometrisch Modifiziertes Quadrantenverfahren:
Die hypsometrische Modifikation des Quadrantenverfahrens (Streit 1986) ist darauf ausgerichtet, eine eventuell mögliche Höhenabhängigkeit des betrachteten Klimaparameters in die Interpolation einzubeziehen. Zur einfachen Charakterisierung einer statistisch nachweisbaren Höhenabhängigkeit in den betrachteten Meßwerten eignet sich der Rangkorrelationskoeffizient nach Spearman.
Die Berechnung eines Gitterpunktwertes erfolgt in drei Arbeitsschritten: Zu Beginn wird unter der Annahme einer Höhenabhängigkeit des Klimaparameters, eine lineare Regression zwischen Meßwert und Stationshöhe durchgeführt. Der Annahme einer rein horizontalen Lageabhängigkeit der Klimawerte wird mittels des oben aufgeführten Quadrantenverfahrens Rechnung getragen. Letztendlich werden die beiden ermittelten Werte über den Spearmanschen Rangkorrelationskoeffizienten, der über gewichtete Mittelbildung die Stärke der Beziehung Meßwert-Höhe ü.NN einkalkuliert, miteinander gekoppelt (Streit 1986).

Ellipsenverfahren:
Beim Ellipsenverfahren wird um jeden Gitterpunkt eine elliptische Umgebung gelegt. Die Orientierung der Ellipse im Raum erfolgt durch Angabe eines Streichwinkels der Hauptachse, während die Form der Ellipse über das Verhältnis Haupt- zu Nebenachse empirisch festgelegt wird. Dadurch werden entlang der Ellipsenhauptachse maximale Ähnlichkeiten im Verhalten des Klimaparameters und senkrecht dazu der maximale Gradient im Sinne einer räumlichen Anisotropie angenommen. Den Wert am Gitterpunkt erhält man durch arithmetische Mittelbildung der 4 Meßstationen mit den vier kürzesten Hauptachsen.

Trendoberflächenanalyse:
Bei der Trendoberflächenanalyse (Unwin 1975) wird den Stützstellenwerten (Lagekoordinaten) eine interpolierende Funktion, in diesem Fall ein algebraisches Polynom p-ten Grades, angepaßt, um aus ihr den Wert des Klimaparameters am Gitterpunkt zu schätzen. Die Anpassung des Polynoms geschieht global für das betrachtete Gebiet. Damit wird ein räumlicher Trend im Verhalten des Klimaparameters im untersuchten Gebiet bei der Interpolation berücksichtigt. Zur Zeit werden lineare, quadratische und kubische Trendoberflächen (Polynome 1. bis 3. Grades) eingesetzt.

3.2.2 Beratungssystem

Je nach Datenlage (Größe, Lage u. Reliefierung des Untersuchungsgebietes, Stationsanzahl, Anordnung, Dichte, Kontinuität des Meßnetzes, Zeitbezug der Daten) liefern die einzelnen Interpolationsverfahren mehr oder weniger plausible Ergebnisse.
EXIN stellt zur Auswahl eines fallspezifischen Interpolationsverfahrens ein Beratungssystem zur Verfügung (Streit u. Remke 1990). Dabei werden zu Beginn die im Programmsystem erfaßten Daten analysiert und die Parameter herausgefiltert bzw. erzeugt, die bei der Definition von Auswahl- und Bewertungskriterien benötigt werden.
Der folgende wissensbasierte Teil baut auf einem in Regeln und Fakten formulierten Entscheidungsbaum auf, der die Zusammenhänge zwischen den einzelnen Verfahren und ihren Bewertungskriterien abbildet. Mit Hilfe der zuvor erzeugten Parameter und darauf zurückgreifender Kriterien sowie vom Benutzer stammenden Falldaten wird versucht, ein geeignetes Interpolationsverfahren aus der verfügbaren Methodenpalette auszuwählen. Die Falldatenerfassung erfolgt dabei über einen

Frage/Antwort Dialog mit dem Benutzer (vgl. Abb. 2).

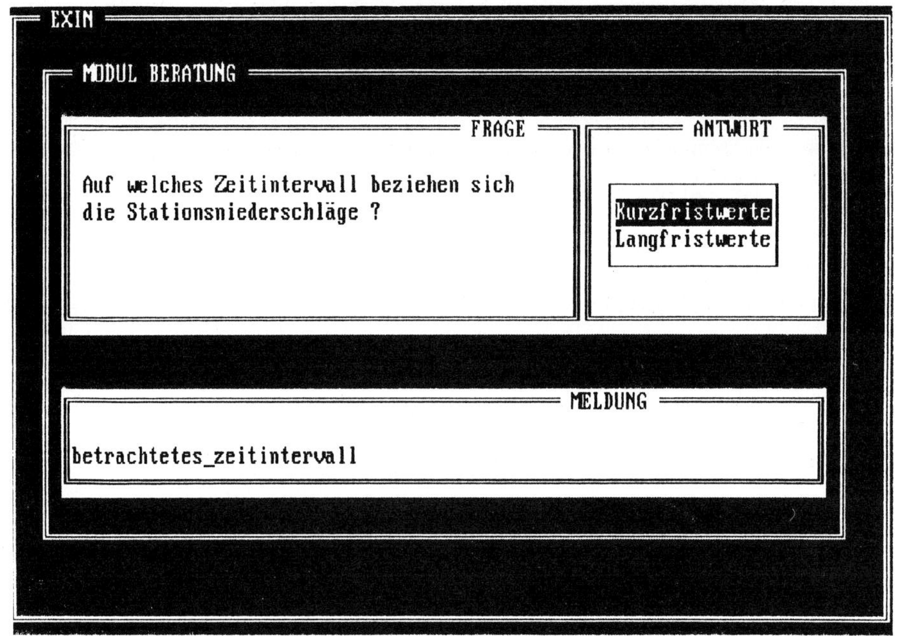

Abb. 2. EXIN-Beratungsystem - Falldatenerfassung

3.2.3 Klassifikation

Nach der Interpolation werden die berechneteten Gitterpunktwerte zur Vorbereitung der graphischen Ausgabe klassifiziert, wobei das System einen Vorschlag mit 6 festen Klassen in Abhängigkeit vom arithmetischen Mittel und der Standardabweichung der interpolierten Werte anzeigt. Die systemseitige Vorgabe kann vom Benutzer aber durch Angabe von Klassenanzahl und -breite überschrieben werden.

3.3 Ausgabe

Die EXIN-Ausgabe übernimmt die tabellarische Beschreibung von Stations- und Untersuchungsgebietskennwerten, die Speicherung der klassifizierten Rasterwerte in einer ASCII-Datei und die graphische Darstellung des betrachteten Klimaparameters bezüglich seiner räumlichen Verteilung auf Bildschirm, Drucker oder Plotter. Zur graphischen Darstellung ist die Wahl eines Bildverbesserungfaktors nötig, der mittels linearer Interpolation eine Verfeinerung des Rasters vornimmt.

4 Anwendungsbeispiel

Als Anwendugsbeispiel soll die räumliche Feinverteilung von aktuellen Jahressummen des Niederschlages vorgestellt werden.

Das Untersuchungsgebiet mit einer Fläche von 77 km^2 (Gauß-Krüger-Koordinaten: SW-Ecke: 2585/5617, NE-Ecke 2596/5624) liegt in einem Übergangsbereich zwischen der Niederrheinischen Bucht und dem Rechtsrheinischen Schiefergebirge.

Zur Interpolation wurden 14 Meßstationen im Gesamtgebiet herangezogen. Die jeweiligen Jahressummen des Niederschlages (Minimum: 750 mm, Maximum: 1153 mm) wurden für das Jahr 1980 ermittelt. Unter der Annahme einer Reliefabhängigkeit der Niederschläge im Untersuchungsgebiet wurde nach Konsultation des Beratungssystems das Hypsometrisch Modifizierte Quadrantenverfahren ausgewählt.
Abb.3 zeigt die mit dem Hypsometrisch Modifizierten Quadrantenverfahren ermittelte räumliche Verteilung der Jahressummen des Niederschlages 1980 im Untersuchungsgebiet. Dabei ist generell eine Zunahme der Niederschlagshöhe von den Gebieten der Niederrheinischen Tieflandbucht im Westen und Südwesten des Untersuchungsgebietes hin zu den höher gelegenen Gebieten des Südbergischen Berglandes im Osten und Nordosten zu erkennen. In der Karte schlägt durch die direkte Einbindung des digitalen Höhenmodells und einer relativ hohen Korrelation zwischen Höhenlage und Niederschlagshöhe an den Meßstationen ($r_S > 0.7$) das Relief stark durch. Einmal orientiert sich die Niederschlagsverteilung am Siegtal und seinen Nebentälern, andererseits hebt sich das Siebengebirge mit seinen höheren Niederschlägen von der Umgebung ab.

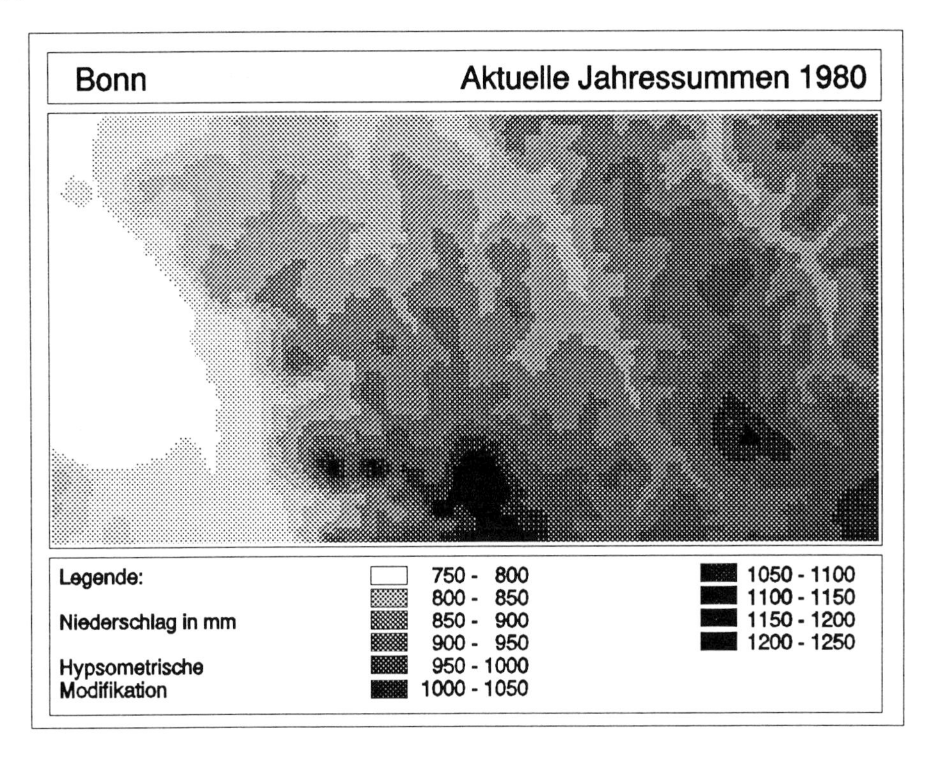

Abb. 3. Verteilung der Jahressummen des Niederschlages 1980 im Untersuchungsgebiet Bonn berechnet mittels des Hypsometrisch Modifizierten Quadrantenverfahrens

5 Ausblick

Der Einsatz des EXIN-Programmsystems bei der LÖLF NW hat gezeigt, daß die Erstellung von rasterbasierten Klima-Manuskriptkarten zur Abschätzung der räumlichen Verteilung eines betrachteten Klimaphänomens mittels geeigneter Interpolationsverfahren eine schnelle Hilfestellung bei vielen Fragen der ökologischen Planung ermöglicht.

Da die Güte einer erstellten Karte maßgeblich von den zur Verfügung stehenden Daten und erst sekundär vom verwendeten Interpolationsverfahren abhängt, ist für die nächste **EXIN**-Version die Einbindung von Meßdaten eines Klimameßfahrzeugs zur räumlichen Verdichtung der Eingangsdaten geplant.

Desweiteren umfaßt das Konzept für die nächste Ausbaustufe Module zur blattschnittfreien Integration vektorisierter Geometriedaten zwecks Überlagerung des berechneten Werterasters mit Vektordaten sowie die Einbindung eines 2-Schichtenmodells zur Berücksichtigung von Temperaturinversionslagen.

Hinweis: Die hier beschriebene Version des **EXIN**-Programmsystems kann von den Verfassern als Begleitmaterial zum Textbeitrag auf Anfrage als Demodiskette zur Verfügung gestellt werden.

6 Literatur

Giesecke, J.; Schmitt, P.; Meyer, H. (1982):
Ermittlung von Gebietsniederschlägen DVWK, 14. Fortbildungslehrgang für Hydrologie - Hydrometrie, Andernach.

Remke, A.; Streit, U. (1990):
GN_EXPERT - Prototyp eines wissensbasierten Beratungssystems zur Methodenauswahl bei der Berechnung von Gebietsniederschlägen. METAR (Manuskripte des Geographischen Institutes der FU Berlin), H.14; 123-132.

Streit, U. (1981a):
Applying the theory of spatial stochastic processes in physical geography. In: Bennett,R.J.(Ed.): European Progress in Spatial Analysis; Pion, London; 177-190.

Streit, U. (1981b):
Zur Methodik der Interpolation und Mittelbildung punktbezogener Daten bei räumlichen Informationssystemen. Klagenfurter Geogr. Schriften, H.2; 309-333.

Streit U. (1986):
Ein Vorschlag zur hypsometrisch modifizierten Berechnung von Gebietsniederschlägen, Landschaftsökologisches Messen und Auswerten; Braunschweig; 34-40.

Streit U.; Schwentker, F. (1982):
Some problems of estimating areal rainfall means by kriging. Proceed. Sympos. "Hydrological Research Basins", Bern Bundesamt für Umweltschutz; 369-378.

Unwin D.(1975): An Introduction to Trend Surface Analysis, CATMOG 5.

GIS – Entwicklungen im Bereich der Datenverarbeitung

Joachim Wiesel

Institut für Photogrammetrie und Fernerkundung, Universität Karlsruhe, Englerstraße 7, D-7500 Karlsruhe

1 Einleitung

Betrachtet man die Komponenten eines Geographischen Informationssystems (GIS), so erkennt man, daß GIS-Einsatz und Entwicklung sehr eng mit dem technischen Fortschritt in der EDV-Industrie verbunden sind. Von den eingesetzten Komponenten:

- graphische Software
- Datenbanksoftware graphisch/nichtgraphisch
- Statistik
- graphische Peripherie
- Rechner
- Betriebssystem
- Netzwerke

werden praktisch alle als Standardpakete angeboten. Für den Betreiber eines GIS kommt es darauf an, neben den anwendungsfachlich zu bewertenden Leistungen, solche Komponenten und Konzepte auszuwählen, die eine „Zukunft" in der schnellebigen EDV-Industrie haben. Die mittlere Produktlebensdauer im Rechnermarkt ist mittlerweile auf ca. 18 Monate zurückgegangen und das Preis-/Leistungsverhältnis verbessert sich um ca. 20 – 30% pro Jahr.

„Joy's Law" (William Joy ist einer der Mitbegründer der Firma SUN Microsystems) besagt, daß die MIPS[1]-Rate moderner Mikroprozessoren so berechnet werden kann:

$$MIPS = (aktuellesJahr - 1984) \times 2$$

Wesentlich und entscheidend für den Erfolg jedes EDV-Einsatzes ist die Anwendungssoftware. Über ihren Funktionsumfang soll hier nicht berichtet werden, sondern, welche Kriterien aufzustellen sind, daß

- Investitionen in Software und Arbeit langfristig geschützt sind

[1] 1 MIPS = 1 Million Instruktionen pro Sekunde

- Das System an wachsende Anforderungen angepaßt werden kann
- Neue Technologie zur Kostensenkung und Funktionsverbesserung eingesetzt werden kann

Aus den o.g. Punkten sollen deshalb die Themenbereiche „graphische Software“, „Rechner“, „Betriebssysteme“ und „Netzwerke“ ausführlich betrachtet werden.

2 Normung in der graphischen Datenverarbeitung

Mit der Verabschiedung der Norm DIN 66252 [DIN 86] bzw. ISO 7942-1985 — Graphisches Kernsystem (GKS) — hat in der graphischen Datenverarbeitung ein wesentlicher neuer Abschnitt begonnen. Zum ersten Mal wurde die Funktion einer idealisierten interaktiven graphischen Systemumgebung sowohl methodisch als auch praktisch festgelegt. GKS hat zu einer einheitlichen Sprache und Begriffswelt geführt. Es liefert eine funktionale Schnittstelle zwischen Anwendungsprogrammen und einer Menge von idealisierten graphischen Einausgabegeräten. Die GKS-Schnittstelle hält Hardwareeigenschaften vom Anwendungsprogramm fern (siehe dazu Tabelle 1).

Application program
Application oriented level
Language dependent level
Graphical Kernel System
Operating System
Hardware

Tabelle 1. Schichtenmodell des GKS nach DIN

Die so entstandene übersichtliche Schnittstelle bietet klare **Darstellungselemente**:

Linienzug: (Polyline) GKS erzeugt einen Linienzug, der durch eine Punktfolge definiert ist.

Polymarke: (Polymarker) GKS erzeugt an gegebenen Positionen zentrierte Marken.

Text: (Text) GKS erzeugt an gegebener Position eine Zeichenfolge

Füllgebiet: (Fill Area) GKS erzeugt eine polygonumrandete Fläche, die leer oder mit einer einheitlichen Farbe, einem Muster oder einer Schraffur gefüllt sein kann.

Zellmatrix: (Cell Array) GKS erzeugt eine Matrix von Pixel mit individueller Farbe.

VDEL: (GDP, General Drawing Primitive) GKS-Funktion zum Ansprechen besonderer graphischer Fähigkeiten eines graphischen Arbeitsplatzes, z.B. Splinekurven, Kreisbögen usw.

und einheitliche **Eingabeklassen**:

Lokalisierer: (Locator) Liefert eine Position in Weltkoordinaten (WK).
Liniengeber: (Stroke) Liefert eine Folge von Punkten in Weltkoordinaten (WK).
Wertgeber: (Valuator) Liefert eine reele Zahl in einem vorgegebenen Intervall — z.B. den Wert eines Potentiometers.
Auswähler: (Choice) Liefert eine ganze Zahl oder KEINE AUSWAHL zurück — z.B. Nummer einer Funktionstaste.
Picker: (Pick) Liefert Namen und Pickerkennzeichen eines angepickten Segments oder NICHT GEPICKT zurück.
Textgeber: (Text) Liefert eine Zeichenfolge vom Arbeitsplatz an das Anwendungsprogramm.

Mit Hilfe eines Segmentmechanismus werden Fähigkeiten zur Bildmanipulation und -änderung eingeführt, unterstützt von dynamischen Attributen und Transformationen.

Das Konzept mehrfacher graphischer Arbeitsplätze ermöglicht die gleichzeitige Einausgabe von und zu verschiedenen graphischen Geräten. Arbeitsplatzabhängige und -unabhängige Segmentspeicher erlauben es, graphische Elemente zwischen Arbeitsplätzen zu übertragen.

Ausgabeleistungs-stufe	Eingabeleistungsstufe		
	a	b	c
0	keine Eingabe, einfache Steuerungsfunktionen, Metafile wahlweise, nur vordefinierte Bündel,alle Darstellungselemente nur eine Normierungstransf. setzbar	Anforderungseingabe, kein PICKER, keine Eingabeprior.	Abfrage- und Ereigniseingabe, kein PICKER
1	Vollständige Ausgabefähigkeit vollständiges Bündelkonzept, mehrere Arbeitsplätze, einfache Segmentierung, Metafile erforderlich	Anforderungseingabe, Setzen der Modi und Initialisieren des PICKER	Abfrage- und Ereigniseingabe für PICKER
2	arbeitsplatzunabhängiger Segmentspeicher		

Tabelle 2. Konzeption der GKS-Leistungsstufen nach DIN

Um verschiedene Anforderungen graphischer Systeme zu berücksichtigen, ist GKS in neun **Leistungsstufen** aufgegliedert (siehe Tabelle 2). Nicht jede Implementierung muß **alle** Stufen erfüllen, aber jede muß genau die Funktionen **einer** Stufe anbieten.

GKS benutzt drei verschiedene kartesische **Koordinatensysteme**:

WK Weltkoordinaten, in denen der Anwendungsprogrammierer arbeitet.

NK normierte Koordinaten, ein einheitliches System für alle graphischen Arbeitsplätze im Intervall $[0,1] \times [0,1]$.

GK Gerätekoordinaten, ein Koordinatensystem je graphischem Arbeitsplatz, implementierungsabhängig.

Im **Betriebsmodus** eines logischen Eingabegerätes wird angegeben, wer (Bediener oder Anwenderprogramm) die Initiative hat:

Anforderungseingabe: (Request Input) das Anwendungsprogramm wartet, bis der Bediener eine Eingabeaktion abgeschlossen hat — z.B. Return-Taste betätigt.

Abfrageeingabe: (Sample Input) Das Anwendungsprogramm fragt — ohne Bedienereingriff — alle aktivierten Eingabegeräte ab.

Ereigniseingabe: (Event Input) Eingaben werden vom Bediener asynchron erzeugt — ohne daß das Anwendungsprogramm aktiv wird — und in einer Ereigniswarteschlange zur Auswertung für das Anwendungsprogramm gesammelt.

Für die Bilddatenlangzeitspeicherung und den Datenaustausch stellt GKS eine sequentielle Bilddatei bereit (GKSM, GKS Metafile). Auf das Metafile können zusätzlich nichtgraphische Datensätze (User Items) geschrieben werden, wie z.B. Operatinghinweise, Abrechnungsdaten usw.. GKSM erfüllt die Funktion einer Protokolldatei, es ist deshalb für die Langzeitspeicherung von Bildern nicht gut geeignet, zumal das Format nur als Empfehlung in der [DIN 86] im Anhang E definiert ist.

Besser geeignet und speziell zu diesem Zweck entwickelt ist das Computer Graphics Metafile (CGM) [ISO 87a] und [ISO 87b]. Graphische Information, die nach den Regeln des CGM aufgebaut ist, ist in geräteunabhängiger Weise beschrieben. Sie kann gespeichert und zwischen Rechner unterschiedlichster Art ausgetauscht werden.

Neben der **funktionalen** Beschreibung ist für den Anwendungsprogrammierer die **Sprachbindung** der einzelnen GKS-Funktionen wichtig. Dort werden Namen und Parameter von Unterprogrammen/Funktionen/Prozeduren festgelegt, die in einer gegebenen Programmiersprache GKS-Funktionen ausführen.

Leider hat sich der Normungsprozeß für die Sprachbindungen stark verzögert. In Tabelle 3 ist zusammengestellt, wann mit welchen Normen zur Sprachbindung zu rechnen ist. Dabei bedeuten in absteigender Reihenfolge im Normungsprozeß:

IS Text International Standard Text. Der fertige Text der Norm ist vom Normungsausschuß an die Normungseinrichtung (ISO/DIN) druckreif abgeliefert, bis zur Veröffentlichung vergehen in der Regel noch 4-8 Monate.

DIS Draft International Standard, Normvorläufer

WD Working Draft

ID Initial Draft

DP Draft Proposal

GKS-Language bindings		
Language	Status	Time Frame
Fortran	IS Text	11/87
Pascal	IS Text	8/87
Ada	IS Text	7/88
C	DP	5/91

Tabelle 3. Zeitplanung für GKS-Sprachbindungen in der ISO SC24/WG 4

Neben GKS wird in verschiedenen Bereichen an erweiterten graphischen Systemen gearbeitet. PHIGS — Programmer's Hierarchical Interactive Graphics System — ist z.B. ein 3-D System, das hauptsächlich für CAD-Anwendungen im Maschinenbau, Bauingenieurwesen usw. gedacht ist. GKS-3D, GKS+, GKS-Review und PHIGS+ sind weitere Namen in diesem Zusammenhang [Rix 87] [Enderle 89].

- Das statische GKS/GKS-3D System [ISO 87c] läßt nur eine Manipulation auf Segmentebene zu. Attributzuordnungen statisch zur Generierungszeit. GKS-3D erweitert GKS um die dritte Dimension.
- Das dynamische System PHIGS [ISO 87d] erlaubt ein Editieren der aufgebauten hierarchischen Datenstruktur bis zur Elementebene hin. Attribute können zur Darstellungszeit geändert werden und vererben sich in logisch verkettete Substrukturen.
- PHIGS+ erweitert PHIGS um Funktionen zur Darstellung realistischer 3-D Bilder mit Schattierungen, Beleuchtung und um komplexere Objektprimitive. PHIGS+ ist dazu gedacht neue hochleistungsfähige 3-D Graphikarbeitsstationen zu unterstützen.
- GKS-Review ist eine Überarbeitung der existierenden GKS-Norm, um z.B. Fehler und Unklarheiten zu beseitigen, Funktionen klarer zu definieren. Wesentlicht ist, daß alle auf GKS basierenden Anwendungsprogramme lauffähig bleiben.
- GKS+ ist eine mögliche funktionale Erweiterung des GKS.

Für GKS-3D ist die internationale Normung abgeschlossen (Funktionale Beschreibung), für PHIGS wird eine ANSI/ISO-Norm voraussichtlich 1988 erscheinen. Die Festschreibung der Sprachschalen wird allerdings noch einige Zeit in Anspruch nehmen!

Welche Bedeutung haben diese graphischen Standards für den Betreiber eines GIS?

Im täglichen Betrieb sind die Auswirkungen gering. Mittel- und langfristig jedoch ist es für den Hersteller/Lieferanten der GIS-Graphik Software mit relativ wenig Aufwand verbunden, neue Geräte anzuschließen. Ein entsprechender Gerätetreiber muß dazu in das z.B. GKS eingebunden werden. Die Anwendungsprogramme brauchen im Regelfall nicht geändert zu werden. Da die Anwendungssoftware von der Rechner- bzw. Gerätehardware entkoppelt ist, ist es

	GKS-3D		PHIGS	
Sprache	Status	Zeit	Status	Zeit
Fortran	DIS	12/87	2. DP	7/87
	IS Text	7/88	DIS	11/87
Pascal	ID	1/88	DP	5/88
	WD	7/88		
Ada	ID	2/88	DP	9/87
	WD	7/88	DIS	5/88
C	ID	2/88	WD	12/87
	WD	4/88	DP	5/88

Tabelle 4. Zeitplanung für GKS-3D/PHIGS Sprachbindungen in der ISO SC24/WG

leichter, sie auf neue Rechner zu portieren und so das jährlich um 20 – 30% verbesserte Preis/Leistungsverhältnis in der EDV-Industrie auch nutzen zu können.

Da die Anwendungssoftware vom Leistungsvermögen der graphischen Kernsoftware direkt abhängt, ist es sehr wichtig, daß deren Qualität geprüft wird! Im Falle des GKS kann das mittels einer Validierung durch die Gesellschaft für Mathematik und Datenverarbeitung (GMD) im Auftrage des DIN geschehen. Die GMD stellt nach erfolgreicher Prüfung ein Zertifikat aus, das die Normverträglichkeit bescheinigt. Weiter ist zu beachten, daß graphische Grundsoftware, die auf verschiedenen Rechnerarchitekturen und Betriebssystemen lauffähig ist, wegen der o.g. besseren Portierbarkeit herstellerspezifischen Paketen vorzuziehen ist.

Es soll nicht verschwiegen werden, daß GKS, selbst in der höchsten Leistungsstufe (2c), nicht in allen Bereichen die Anforderungen graphischer GIS Software erfüllt. Offen ist z.B. die interne numerische Präzision für Speicherung und Verarbeitung von Koordinaten (implementierungsabhängig). Das Segmentkonzept ist nicht gut für graphische Editierfunktionen geeignet, da es dem Implementierer überlassen ist, wieviele Segmente maximal erzeugt und verwaltet werden können. Das Format der Bilddatei (GKSB) ist in der Norm nur als Empfehlung — unverbindlich — beschrieben, sodaß der Austausch von Bilddaten zwischen verschiedenen Implementierungen erschwert ist. Ein Teil der genannten Punkte (Editierfunktionen) wird von PHIGS, das auch für 2-D Anwendungen geeignet ist, abgedeckt. Andere Punkte (Bilddatei) werden durch die ISO Norm 8632-1 bis 8632-4 Computer Graphics Metafile (CGM) erfüllt.

3 Entwickung der Rechnertechnik

Herkömmliche GDV-Systeme sind traditionell so aufgebaut, daß *ein* Großrechner/Minirechner (typisch DEC VAX, Prime, IBM) zentral von zahlreichen „dummen“ Datenstationen genutzt wird. Einfache graphische Terminals ohne jede lokale Intelligenz müssen jede graphische Eingabe (z.B. Lokalisierer) zum Zentralrechner übertragen, in dem entsprechende Aktionen ausgelöst und Daten zum

Terminal zurück übertragen werden. Zentralrechner und Peripherie kommunizieren über relativ langsame, in der Regel serielle Datenleitungen mit maximal ca. 40000 Bit/s. Begründet waren diese Architekturen durch die sehr hohen Kosten der Zentraleinheiten und -speicher.

LINPACK-Benchmark, full precision, n=100		
Computer	Operating System/Compiler	LINPACK MFLOPS
CRAY Y-MP/832	CF77 4.0m	275.0
Fujitsu VP2600/10	F77 EX/VP V11L10	249.0
IBM ES/9000 M900	VAST2/VS Fortran V2R2	30.0
IBM RS6000/550	Fortran 2.1 xlf -O	27.0
CONVEX C240	6.1 Fortran	26.0
STARDENT 3020	F77 3.0	11.0
IBM RS6000/530	xlf -O	11.0
SUN Sparcstation 2	f77 1.3.1	3.8
DEC DECStation 5000/200	MIPS f77 2.0	3.7
DEC VAXvector 6000/410	Fortran HPO V1.0	3.6
SUN Sparcstation 1+	f77 1.3.1	1.6
IBM ES/9000-120	VS Fortran V2R4	1.2
DEC VAX 8550/8700/8800	VMS 4.5	1.0
INTEL 80486 33Mhz	ISC Unix 2.2.1, LPI F77 3.1	1.0
Prime 9955-II	Primos 21.0	0.7
DEC MikroVAX 3200/3500/3600	VMS 4.6	0.4
INTEL 80386/387 25Mhz	ISC Unix 2.2.1, LPI F77 3.1	0.2
DEC MikroVAX II	VMS 4.5	0.13

Tabelle 5. Ergebnisse des LINPACK Benchmarks, nach Dongarra 19.3.91 und eigenen Messungen

Nachdem die Halbleitertechnik seit etwa 1984 eine rasante Entwicklung besonders bei Mikroprozessoren, Speicher- und Peripheriebausteinen erlebt hat, änderte sich die Rechnerlandschaft drastisch.

Mikroprozessoren, wie z.B. eine Intel 80386/387-Kombination erreichen etwa die 2-5 fache Rechenleistung einer DEC-VAX11/780 bzw. MicroVax-II — einst Standardrechner für technisch-wissenschaftliche Anwendungen — für etwa 1500,– DM! Wie bewertet man die Leistung von DV-Anlagen? Leistungsdaten von Rechnern werden in verschiedenen Maßen angegeben: Z.B.: MIPS[2], MFLOPS[3], VUPS[4]. Zwar wird der Begriff „MIPS“ von vielen Herstellern gerne verwendet, um die Leistung ihrer Produkte zu beziffern, jedoch sind „IBM-MIPS“, „SUN-MIPS“ oder „VAX-MIPS“ nicht miteinander direkt vergleichbar, da sie

[2] MIPS = Million Instructions Per Second
[3] MFLOPS = Millions of Floating Point Operations Per Second
[4] VUPS = Vax Units of Performance

auf verschiedenen Definitionen des Begriffes „MIPS" beruhen. In der Praxis verwendet man deshalb sogenannte „Benchmarks" (Prüfprogramme). Benchmarks sind sowohl rein synthetischer Natur, wie z.B. die Programme Whetstone, Dhrystone, oder aus Anwendungen abgeleitet, wie z.B. LINPACK oder die Livermore Loops. Die genannten Tests prüfen **nur** die CPU-Leistung von Rechnern im Einzelbenutzerbetrieb, nicht die Mehrbenutzerleistung, die Einausgabeleistung von Dateisystem oder Netzwerk oder gar die Geschwindigkeit von Graphiksubsystemen. In Tabelle 5 sind beispielhaft Leistungsdaten in LINPACK-MFLOPS (Höhere Werte bedeuten auch höhere Leistung) einiger Rechnersysteme zusammengestellt. Die Zahlen sind aus [Dongarra 91] entnommen. Sie sind ein Maß für die Geschwindigkeit, mit der mittels eines Fortran-Programmpaketes (LINPACK) lineare Gleichungssysteme aufgelöst werden. Wie alle Benchmarks ist auch dieser mit Vorsicht zu bewerten — aber Schlüsse auf die Fortran-Leistungsfähigkeit der genannten Rechner im Einzelbenutzerbetrieb lassen sich durchaus ziehen.

Aus der Tabelle erkennt man, daß z.B. eine DEC VAX 8700 und eine SUN Sparcstation-1 etwa gleich schnell sind — eine Sparcstation-1 kostet jedoch nur etwa 10% einer VAX 8700!! Ähnlich sind die Verhältnisse bei IBM, MIPS, Pyramid und Hewlett-Packard. Alle genannten Rechner leisten zwischen 10–30 VAX-MIPS und kosten (Basispreis) ab ca. 40.000,– DM. Sie haben aber noch weitere Gemeinsamkeiten: es sind sogenannte RISC[5]-Maschinen und sie verwenden *alle* Unix als Betriebssystem. In Tabelle 6 sind Hersteller und Vertreiber von Rechnern in RISC-Technologie zusammengestellt.

Hersteller	Prozessortyp	Hauptanwender
Acorn	ARM	Acorn, Apple
Hewlett-Packard	Precision	HP
IBM	POWER	IBM
Inmos	Transputer	Atari, FPS, Inmos, Parsytec ...
Intel	i860	Intel, PCS, Stardent, DEC, Alliant IBM, Okidata, Olivetti, Samsung, Next
Intergraph	Clipper	Intergraph, Specs
MIPS	R2/3/6000	DEC, MIPS, Sony, PCS, Stardent, SNI, CDC, Concurrent, Silicon Graphics, Prime, Tandem, Pyramid
Motorola	88000	Motorola, Data General, Opus
SUN	Sparc	AT&T, ICL, Xerox, Solbourne, SUN, Goldstar Fujitsu, Toshiba, Philips, TI, Samsung Panasonic, Matsushita, Mars Microsystems Chicony, Compuadd, DCM, Hyundai, Intelecsis Northgate, Opus, Trigem/RDI, Tatung, Twinhead

Tabelle 6. Hersteller und Anbieter von RISC-Maschinen

[5] RISC = Reduced Instruction Set Computers

RISC-Architekturen unterscheiden sich von CISC[6]-Maschinen dadurch, daß nur relativ wenige einfache Maschinenbefehle vorhanden sind. Diese werden aber in viel kürzerer Zeit als die komplexen CISC-Befehle ausgeführt. Wegen der einfacheren Befehlstruktur sind auch die Prozessorchips einfacher und billiger. Die erzielbare Endgeschwindigkeit hängt stark von der Optimierungsfähigkeit der Sprachübersetzer ab; RISC-Maschinen sind wegen einiger Eigenheiten nur sehr unbequem in Assembler programmierbar. In der Leistungsklasse von 2 – 14 MIPS haben sich Rechner etabliert, die auf den 32-Bit Mikroprozessoren der Firmen Intel (80386/486) basieren. Dies ist darin begründet, daß sie hauptsächlich in Personal Computern (PC) eingesetzt werden. Die für die 80X86-Familie verfügbaren Unix-Versionen unterstützen deshalb auch alle die Möglichkeit, DOS (MS-DOS) unter Unix ablaufen zu lassen. Auch auf diesen Rechnern wird für viele Anwendungen verstärkt Unix als Betriebssystem eingesetzt.

IBM, Intel, MIPS und SUN haben angekündigt, daß bis Ende 1991 RISC-Prozessoren mit ca. 80 Mips Leistung entwickelt sein werden. Ende 1990 liegt die Spitzenleistung (z.B. MIPS R6000, IBM RS6000/530) bei ca. 40-60 MIPS, gemessen mit dem Dhrystone-Benchmark. Kein Allzweck-CISC-Mikroprozessor erreicht auch nur annähernd diese Geschwindigkeit. Intel 80486/33MHz und Motorola 68040/25MHz erzielen etwa 12–20 MIPS (Dhrystone).

4 Betriebssysteme

Wie schon im vorhergehenden Abschnitt dargestellt, spielt Unix eine immer größere Rolle. Praktisch alle Computerhersteller bieten neben ihren eigenen oder exklusiv die eine oder andere Variante des Unix-Betriebssystems an. Unix in seinen verschiedenen Ausprägungen ist heute vom Personal Computer bis zum Supercomputer (z.B. CRAY-2/X-MP/Y-MP) lauffähig und verfügbar.

In Tabelle 7 ist die Entwicklungsgeschichte zusammenfassend dargestellt. Unix entstand 1969 bei Bell Laboratories, einem gemeinsamen Forschungslabor von AT&T und Western Electric. Erst in späteren Jahren, nämlich 1983 beginnt AT&T das Unix System V kommerziell zu vertreiben und auch durch Schulung, Dokumentation usw. zu unterstützen. Parallel zu den Entwicklungen innerhalb von AT&T begann die Universität von Südkalifornien in Berkeley, finanziell stark unterstützt vom Verteidigungsministerium (DARPA), ein eigenes System fortzuschreiben. Diese System, bekannt als Berkeley Unix oder BSD (von Berkeley Software Distribution) basierte auf der Version 7 des AT&T-Unix. BSD-Unix — mittlerweile in der Ausgabe BSD 4.3 — diente hauptsächlich Forschungszwecken, wie z.B. virtuelle Speicherverwaltung, Netzwerke, schnelles Filesystem, Benutzerinterface. Es ist deshalb auch, da es nahezu kostenlos an Forschungsinstitutionen abgegeben wurde, im Universitätsbereich verbreitet und beliebt.

Die BSD-Variante diente den Firmen SUN Microsystems und Digital Equipment Corporation (DEC) als Basis für ihre Systeme (SUNOS, Ultrix). Beide Hersteller haben jedoch wesentliche Komponenten des System V.3 integriert.

---

[6] CISC = Complex Instruction Set Computers

USC-Berkeley	AT&T	OSF	Jahr
	V5	–	1975
	V6	–	
	V7	–	1979
BSD 3.0	System III	–	1981
BSD 4.1	System V.1	–	1983
BSD 4.2	System V.2	–	1984
BSD 4.3	System V.3	–	1986
	System V.3.2	–	1988
	System V.4	–	1990
BSD 4.4	System V.4.1	OSF/1	1991

Tabelle 7. Entwicklung der Unix-Betriebssystemfamilie

Mit der seit Ende 1990 von AT&T freigegebenen Version System V.4 (SVR4) soll die gespaltene Welt wieder zusammengeführt werden. SVR4 integriert SVR3.2, BSD 4.3, SUNOS und XENIX zu einem einheitlichen Betriebssystem.

Zusätzlich animierte AT&T interessierte Prozessorhersteller, ein sogenanntes ABI (Application Binary Interface) festzuschreiben. Ein ABI für eine Prozessorfamilie gestattet es einem Softwareproduzenten, auf allen Unix-Varianten einer Prozessorfamilie, die ABI-konform ist, Programme nur noch in binärer Form ausliefern zu müssen. Neues Übersetzen oder Binden ist nicht mehr nötig. ABI-Unix schafft somit die gleichen Betriebsbedingungen wie z.B. MS/PC-DOS, wo Anwendungsprogramme schon immer nur in lauffähiger Binärform ausgeliefert wurden. ABI sind bereits definiert für die Intel 80386/486-Familie, Motorola 88000, MIPS R3000/6000, SPARC und Intel 80860. Das ABI-Konzept wird zu erheblich niedrigeren Preisen für Standardsoftware (z.B. Datenbanksysteme, Textverarbeitung) führen, da die Hersteller wesentlich weniger Varianten pflegen müssen und der Installationsaufwand sich verringert.

Da das Unix-System sich im Eigentum der Firma AT&T befindet (jetzt ausgelagert an die Tochterfirma USL – Unix Software Laboratories) fanden sich einige mit der Situation unzufriedene Firmen zusammen, um ein „neues“ Unix-ähnliches System ohne Abhängigkeit von AT&T zu schaffen: Die OSF (Open Software Foundation) war geboren. Zu den Gründungsmitgliedern gehörten u.a. DEC, HP, IBM und Siemens. Ziel der OSF ist, ihre Mitglieder mit Basissoftware zu versorgen, um lizenzrechtlich unabhängig zu sein. Das neu konstruierte Betriebssystem trägt den Namen „OSF/1“. OSF/1 erfüllt alle gängigen Normen (SVID2, POSIX, ANSI-C, XPG3) und erhält wesentliche Eigenschaften des BSD 4.3 und basiert im Kern auf dem MACH-Betriebssystem der Carnegie-Mellon University.

Als Antwort auf diese neue Situation gründete AT&T ebenfalls eine Interessengemeinschaft (UI – Unix International) in die Firmen wie z.B. SUN, Unisys, ICL eintraten. In der Zwischenzeit sind nahezu alle Computerfirmen Mitglied in beiden Vereinigungen. Der Konkurrenzkampf zwischen UI und OSF hat jedoch dazu geführt, daß die Lizenzgebühren sowohl für OSF/1 (ab Ende 1991 verfügbar) und SVR4 wesentlich niedriger sind als die der Vorgängerprodukte — ein Gewinn für den Anwender.

An dieser Stelle sei noch ein Zitat zur Kostenentwicklung der EDV eingefügt[Vollmer 90]: Dr. Hans-Dieter Wiedig, der Vorstandsvorsitzende der neugegründeten SNI (Siemens-Nixdorf-Informationssysteme) nennt als eine der Ursachen für die Schieflage der ehemaligen Nixdorf AG während einer Pressekonferenz „weil das Bekenntnis zu offenen Systemen (sprich: Unix[7]) die Gefahr (![8]) in sich berge, am Markt vergleichbar zu sein“ deshalb setze man den „Schwerpunkt zuerst auf (das nicht offene, proprietäre[9]) BS2000 und erst dann auf Unix/Sinix“.

Den Umkehrschluß aus dieser Ansicht möge jeder EDV-Anwender selbst ziehen...

Ob jedoch OSF/1 die bereits existierenden Systeme der OSF-Mitglieder ablösen wird (AIX, Ultrix, HP-UX) oder nur technologisch interessante Teile integriert werden, ist bisher aus den Mitteilungen dieser Hersteller nicht klar geworden[Kienle 90].

Auf verschiedenen anderen Ebenen wird zur Zeit versucht, einen bestimmten Leistungsumfang von Unix als Norm festzuschreiben. Die schärfsten Vorschriften werden von der X/Open-Gruppe, das sind die Firmen:

- Bull
- ICL
- SNI
- Olivetti
- Philips
- Ericsson
- DEC
- Unisys
- Hewlett-Packard
- AT&T

festgeschrieben. Im X-OPEN Portability Guide [XOPEN 87] werden höhere Applikationsschnittstellen definiert. Wesentliche Anstrengungen der X/OPEN-Gruppe konzentrieren sich auf die „Internationalisierung“ — d.h. das Anpassen von Meldungen und Interaktionen auf die verschiedenen nationalen Sprachen. Da X/OPEN auf kommerzielle Anwender zielt, hat man eine ISAM-Datei-Zugriff und eine Datenbankschnittstelle festgeschrieben, die auf dem relationalen SQL-Standard (ANSI X3.135-1986 Level 2) basiert.

In der nächst niedrigen Stufe, der System V Interface Definition der Firma AT&T [ATT 86b] sind Dienstprogramme und C-Funktionsaufrufe festgelegt, während der vom IEEE P1003-Kommitee herausgegebene POSIX.1-Normentwurf [POSIX 86] sich auf die Funktionsaufrufe des Betriebssystems beschränkt. In Tabelle 8 sind die Zusammenhänge dargestellt [Gulbins 88b] [Dunlop 89]. Alle genannten Dokumente werden die neue ANSI-Norm für die Programmiersprache C übernehmen bzw. darauf verweisen, wenn es um die Sprachbindung von Funktionsaufrufen geht.

[7] Anm. des Autors
[8] Anm. des Autors
[9] Anm. des Autors

Standards proposal	Interface level	Source
X/OPEN	Applications	X/Open Group (Vendors)
SVID	Application interface Unix utilities	AT&T
ANSI-C	C-Language and OS independent libraries	NIST, ISO
POSIX	Portable Operating System	IEEE, ISO
POSIX.1	Operating System Interface (ISO 9945-1) C-Language Interface and Binding	IEEE, ISO
POSIX.2	Shell and Tools Standard (ISO 9945-2)	IEEE, ISO
POSIX.3	Conformance Testing (ISO ???)	IEEE, ISO
POSIX.4	Realtime Extensions (ISO 9945-1)	IEEE, ISO
POSIX.5	ADA-Binding (ISO 1xxxx-2)	IEEE, ISO
POSIX.6	Security (ISO 9945-1)	IEEE, ISO
POSIX.7	System Administration (ISO 9945-3)	IEEE, ISO
POSIX.8	Transparent file access - RPC (ISO ???)	IEEE, ISO
POSIX.9	Fortran Binding (ISO 1xxxx-3)	IEEE, ISO
POSIX.10	Supercomputing (ISO ???)	IEEE, ISO
POSIX.11	Transaction Processing (ISO ???)	IEEE, ISO
POSIX.12	Protocol independent interfaces	IEEE
POSIX.13	Real time	IEEE
POSIX.14	Multiprocessing study group	IEEE
POSIX.15	Supercomputing batch element	IEEE

Tabelle 8. Zusammenhang zwischen verschiedenen Software-Normen

Einige Firmen lösen das Dilemma der zwei Unix-Familien (BSD/System V), indem sie beide Versionen gleichzeitig bereitstellen (Dual Universe-Konzept). Pyramid, Sequent und Stardent sind Vertreter dieser Lösung. Andere Firmen, wie z.B. Digital Equipment (Ultrix-32), SUN Microsystems (SUNOS) oder IBM (AIX-3) haben ihren ursprünglich auf BSD 4.2/4.3 basierenden Versionen zusätzliche System V.3-Eigenschaften verliehen.

Grundsätzlich läßt sich feststellen, daß Unix-Systeme, die auf der SVID beruhen die beste Gewähr dafür bieten, Anwendungsprogramme relativ einfach portieren zu können, da es bis heute nur wenige X/OPEN-konforme Betriebssysteme gibt.

Sowohl System V.4 als auch OSF/1 erfüllen die SVID.

Neben Unix ist im PC-Bereich das PC/MS-DOS Betriebssystem mittlerweile millionenfach in Gebrauch. Mitte 1987 kündigten IBM und Microsoft ein neues System zuerst für die neue IBM PC-Generation PS/2 mit dem Namen OS/2 an. Mittlerweile weiß man, das OS/2 nicht nur auf PS/2-Maschinen läuft, sondern auf praktisch allen PC/AT-Kopien, dem IBM-PC/AT und dem PC/XT-286. OS/2 ist ein Einbenutzer/Multitasking-Betriebssystem, das nur auf Rechnern mit dem Intel 80286/386/468-Prozessor lauffähig ist. Bestimmte, sogenannte „well behaved“ MS-DOS-Programme können in der „Compatibility Box“ ablaufen. Wegen technischer Mängel des 80286 werden diese Programme aber erheblich langsamer sein als unter DOS. Der große Nachteil von OS/2 ist, daß die Fähigkeiten der 32-Bit-Prozessoren Intel 80386/486 *nicht* genutzt werden! Ein Anwendungsprogrammierer hat weiterhin mit dem segmentierten Adreßraum zu kämpfen, der virtuelle 8086-Modus des 80386/486-Chip wird nicht verwendet, die 32-Bit-Arithmetik nicht angesprochen. Ein Großteil der Fähigkeiten des 80386/486-Chip liegt einfach brach.

Ein weiterer Mangel von OS/2 darf nicht verschwiegen werden: Es läuft **nur** auf Intel 80286/386/486-Chips — auf keinem anderen Prozessor!

In Tabelle 9 sind wesentliche Eigenschaften zusammengestellt.

	PC/MS-DOS 4.x	OS/2 1.x	Unix System V.3/V.4
Max. user memory	600 KB, segment. 64KB Segments	16 MB, segment. 64KB Segments	2 GB linear, virtual
Multitasking	1	256	32000
User	1	1	1-100
Network	Netbios	OS/2-Lanmanager	TCP/IP, NFS, RFS, Lanmanager/X
max. file size	512 MB	2 GB	2 GB
Windowsystem	GEM/MS-Windows	Presentation Manager (1.1)	X-Windows, Motif, Open Look
DOS programs	yes	yes, 98%	yes, multiple, 98%

Tabelle 9. Gegenüberstellung von Betriebssystemen für Intel 80xxx-Familie

Im Gegensatz dazu nutzen die Unix-System V.3/4 Implementierungen für den 803(4)86, die z.Zt. erhältlich sind (AT&T Unix, ESIX, Intel Unix, Interactive Unix, Microport, SCO-Unix, UHC-Unix V.4), alle Aspekte des leistungsfähigen Chip aus. Sie bieten zudem die Möglichkeit, DOS-Programme im virtuellen 8086-Modus als Unix-Prozeß ablaufen zu lassen — dies nicht nur an der PC-Konsole, sondern von jedem angeschlossenen Terminal aus.

5 Lokale Netzwerke

Lokale Netzwerke (LAN), die so charakterisiert sind, daß die überbrückten Entfernungen nur wenige Kilometer betragen, erlauben es, Rechner auch verschiedener Hersteller mit hoher Geschwindigkeit miteinander zu vernetzen. In Tabelle 10 ist das sogenannte ISO-7-Ebenen Modell dargestellt, das praktisch allen heutigen LAN als Referenz dient. Weit verbreitet und von fast allen Rechnerherstellern angeboten, wird ein LAN-System das die ARPA-Protokolle TCP/IP[10] mit überlagerten Anwendungsschichten FTP (File Transfer Protocol) und Telnet (virtual Terminal) benutzt. Mit `Telnet` kann ein Benutzer an einem Rechner

[10] Transmission Control Protocol/Internet Protocol

sich an einen anderen vernetzten Rechner anmelden und dort wie mit einem lokal angeschlossenen Terminal arbeiten. **FTP** erlaubt Dateien zwischen vernetzten Rechnern zu transferieren (Binär- und Textdateien). Das **SMTP**[11]-System dient dem Versand elektronischer Post zwischen Benutzern vernetzter Rechner. In der Unix-Welt gibt es zusätzlich weitere Anwendungsprogramme in den höheren Ebenen (5-7), wie z.B. **rcp** (Remote Copy — kopiert Dateien zwischen Rechnern), **rsh** (Remote Shell — führt ein Kommando auf einem entfernten Rechner aus), **rmt** (Remote Magtape utility — Steueren eines am entfernten Rechner angeschlossenen Magnetbandgerätes), **lpr** (Druckerspooling auf einem entfernten Rechner). Die genannten Programme gehören zu den oben erwähnten „Berkeley Enhancements".

ISO-Level	TCP/IP	Standards	ISO Standards
7:Application 6:Presentation 5:Session	Telnet,FTP SMTP	MIL Standards 1782, 1780	VTS, FTAM, X.400
4:Transport	TCP	MIL Standard 1778	ISO 8073 class 4
3:Network	Internet Protocol (IP)	MIL Standard 1777	ISO 8473
2:Datalink	Ethernet, CSMA/CD	IEEE-802.3, ISO 8802/3	ISO 8802/3
1:Physical	Ethernet 50 Ohm Basisband	IEEE-802.3, ISO-8803/3	ISO 8802/3

Tabelle 10. ISO/OSI Netzwerkmodell

Mit Hilfe der TCP/IP Netzwerksoftware kann sich ein Rechnerbenutzer in jeden anderen Mini- oder Großrechner (auch IBM VM bzw. MVS) einloggen, Dateien übertragen, elektronische Post versenden und empfangen. Mit der entsprechenden Hard- und Software (Ethernetadapter, Transceiverkabel, Transceiver, PC/TCP-Software) bleibt diese Funktion auch einem PC-Benutzer mit DOS nicht verschlossen.

Einen Schritt weiter in der Vernetzung heterogener Rechner ist die Firma SUN Microsystems gegangen, indem sie ein „Network File System" (NFS) geschaffen hat und — ein geschickter Marketingschachzug — jedem Interessenten sowohl die Software als auch die Protokollspezifikationen fast kostenlos zur Verfügung gestellt hat. NFS erweitert das lokale Dateisystem eines *beliebigen* Rechners um Dateien, die an entfernten Rechnern gespeichert sind. NFS ist für Benutzer und Programmierer fast völlig transparent; auf entfernte Dateien wird mit den gleichen Funktionsaufrufen und Dienstprogrammen zugegriffen wie auf lokale. Zusätzlich beinhaltet das NFS-System die REX[12]-Funktion und ein Netzwerkdateiverwaltungssystem NIS[13], früher YP[14] genannt. NIS ist dafür verant-

[11] Simple Mail Transfer Protocol
[12] REX = Remote EXecution
[13] Network Information Services
[14] YP = Yellow Pages

wortlich, daß Verwaltungsdateien in einem Rechnernetz zentral gepflegt werden. REX erlaubt, Programme auf entfernten Rechnern zu starten. Zum Transformieren der verschiedenen rechnerinternen Darstellung binärer Zahlen in einem heterogenen Netz kann XDR[15] verwendet werden.

NFS hat sich als Quasi-Standard in der Rechnerindustrie durchgesetzt und ist auch als PC-NFS (von SUN Microsystems) oder PC/TCP Interdrive (von FTP Inc.) für IBM-PC und Kompatible erhältlich.

In der Unix-Version System V.3R1 von AT&T taucht zum ersten Mal ein weiteres Netzwerkdateisystem mit dem Namen „Remote File System" (RFS) auf. RFS hat gegenüber NFS einige Vorteile beim Vernetzen von Unix-Rechnern, aber auch den Nachteil, daß es *nur* für Unix-Systeme geeignet ist.

Zusammenfassend läßt sich festhalten, daß es für die LAN-Vernetzung heterogener Rechner zu Ethernet/IEEE 802.3, TCP/IP und NFS keine Alternative gibt. TCP/IP Implementierungen gibt es für Apple MacIntosh, MS/PC-DOS, Unix, VAX/VMS, Data General AOS, Primos, IBM/VM, IBM/MVS um nur die wichtigsten Betriebssysteme zu nennen. Typische Transfergeschwindigkeiten für Dateiübertragung mit FTP auf einem Ethernet liegen zwischen 30 KB[16]/s bis ca. 450 KB/s. NFS erzielt je nach Rechnertyp noch höhere Geschwindigkeiten.

6 Graphik

Wegen der in den vorhergegangenen Kapiteln dargestellten fast revolutionär zu nennenden Rechnerentwicklung, erfüllen zentral angeschlossenen „dumme" Graphikterminals heute nicht mehr alle Anforderungen der GDV. Für GIS-Systeme sollte ein graphisches Terminal eine Punktauflösung von mindestens 1024 × 768 Punkten haben, 16 – 256 Farben simultan darstellen, lokale Segmentverwaltung vorweisen, Flächenfüllfunktionen ausführen und zusätzlich Rasterdaten darstellen können. Die Benutzerschnittstelle wird umso eher akzepiert, je komfortabler sie ist. Deshalb: Blinken, spezielle Dialogbereiche, Menüs und Fenstereinblendungen gehören heute zum Standard — wie man bei preiswerten PCs beobachten kann. Addiert man alle diese Fähigkeiten zusammen, so ist leicht ersichtlich, daß zur ihrer Realisierung ein leistungsfähiger Rechner mit großem Speicher und recht komplexen Programmen nötig ist.

Heutige Graphikworkstations, mit der richtigen Grundsoftware ausgestattet, erfüllen praktisch alle o.g. Forderungen. Anbieter solcher Geräte sind z. Zt. beispielsweise Apple, Data General, DEC, Hewlett-Packard, IBM, Intergraph, Next, OKI, OPUS, Silicon Graphics, SNI, Stardent, Solbourne, Sony, SUN. In [Croll 88] und [Robinson 88] sind detaillierte Übersichten von Geräten zusammengestellt.

Zentrale Komponente jeder Workstation ist ein Window-System. Ein Window-System verwaltet die reale Displayoberfläche des Grafikbildschirms. Es teilt sie — gesteuert vom Benutzer mittels Maus und Tastatur — in viele (oder auch nur eines) Fenster auf, in denen je genau ein Anwendungsprogramm laufen kann. Das

[15] eXternal Data Representation
[16] KB = Kilo Byte

wichtigste zur Zeit benutzte Window-System ist das „X-Windows“ System. X wurde am MIT[17] im Rahmen eines Kooperationsprojektes mit DEC und IBM entwickelt und steht jedem Interessenten praktisch kostenlos zur Verfügung. X besteht aus einem Server und einem Client. Das Clientprogramm sendet Kommandos zum Serverprogramm, das die eigentlichen Bildschirmausgaben macht und Tastatur/Maus/Tablett verwaltet. Das eigentlich wichtige ist, daß Client und Server auf zwei verschiedenen Rechnern, verbunden über ein Netzwerk laufen dürfen. Das bedeutet, daß eine Workstation des Herstellers A mit einem Rechner des Herstellers B graphisch kommunizieren kann! In 11 sind die wesentlichen Komponenten von X zusammengestellt.

Komponente	Funktion	Lieferant
X-Library	Low-Level Funktionsbibliothek	MIT
Xt-Library	Medium Level Funktionsbibliothek	MIT
Motif	Toolkit, Window Manager, Style Guide	OSF
Open Look	Toolkit, Window Manager, Style Guide	SUN, AT&T
Looking Glass	Desktop Manager	Visix
x.desktop	Desktop Manager	IXI

Tabelle 11. Komponenten der X-Windows Umgebung

X beinhaltet neben dem eigentlichen Kern einige Anwendungsprogramme (xterm — vt102 und Tek4014 Emulation, xshell — eine „point and click executive“, xgedit — ein einfacher Graphikeditor, xclock — eine Uhr, RB — ein Rastereditor u.a.) und Bibliotheken für Anwendungsprogrammierer (z.B. Xlib und Xtlib zum Erstellen von Menüs, Message Boxes und Panels). Wichtig ist, daß ein Anwendungsprogramm, das auf X-Windows aufsetzt ohne Änderung auf unterschiedlichster Hardware ablaufen kann. Wegen der Vorteile des X-Window Systems haben sich die Firmen Apple, Data General, DEC, Hewlett-Packard, Concurrent, IBM, SNI, Sony und Stardent zusammengeschlossen, um X als Window-Standard auch formal festzulegen. Außerdem haben die genannten Firmen einen gemeinsamen Vorschlag für einen Satz von Benutzerwerkzeugen gemacht.

Die Definition von X — so wie sie vom X-Konsortium am MIT gegeben wird — besteht aus der Spezifikation des X-Protokolls und den Funktionen der Xlib. Alles darüberhinausgehende (z.B. die vom MIT kostenlos erhältlichen Client-Anwendungen, Window-Manager usw.) ist als „Beispielimplementierung“ zur Verdeutlichung der o.g. Definitionen zu verstehen. X-Windows selbst beinhaltet **nicht** eine MS-Windows/MacIntosh/Atari-ähnliche Bedieneroberfläche — die muß extra erworben werden. Auf den Windowmanager aufgesetzt sind Produkte wie z.B. X.Desktop (von IXI), Looking Glass (von Visix), WiSH (von NSL) oder Open Look Desktop Manager (von SUN) zu nennen. Auch bei den Windowmanagern ist eine reiche Vielfalt zu beobachten: Kostenlos gibt es **`uwm`**, **`awm`**, und

[17] Massachussets Institute of Technology

`twm` vom MIT. Die OSF hat Motif mit `mwm` entwickelt, während AT&T/SUN/UI `Open Look` anbieten.

Window-Manager und Bedieneroberflächen spalten die Nutzerwelt beinahe in „Religionskriege“, da Ästhetik und Funktion nur an rein subjektiven Kriterien gemessen werden können. Für den Softwareentwickler gilt es jedoch (z.Zt. noch) zu entscheiden, für welche Welt er entwickeln will, wenn er den Komfort der angebotenen „Widgets“ und „Toolkits“ nutzen möchte. Als Lösung dieses derzeitigen Dilemmas ist jedoch schon ein „Supertoolkit“ in Sicht; Solbourne und GSS haben solche Produkte zum Teil schon lauffähig. XVT (von GSS) erlaubt schon jetzt Anwendungen für MS-Windows, Apple MacIntosh und Motif ohne Änderung des Quellcodes zu schreiben. Ähnliche Funktionen bietet Solbourne's Bibliothek für die Sprache C++ bezüglich Motif und Open Look.

7 Schluß

Faßt man die dargestellten Entwicklungen zusammen, so besteht ein für GIS-Anwendungen besonders gut geeignetes Computersystem aus folgenden Komponenten:

- Farbgraphische Workstation
- Unix als Betriebssystem
- X-Window als Benutzeroberfläche
- TCP/IP mit NFS für die Kommunikation
- GKS oder PHIGS als graphische Grundsoftware
- CGM für die Bilddateispeicherung
- X/OPEN - ISAM für indexsequentiellen Dateizugriff
- SQL als Interface für die nichtgraphische Datenbank

Mit dieser Konfiguration lassen sich die in der Einleitung aufgestellten Kriterien erfüllen.

Literatur

[Allison 86] A. Allison: RISCs challenge Mini, Micro Suppliers. Mini-Micro Systems 11/1986, S. 127–136

[ATT 86a] AT&T: The Unix System User's Manual. Prentice Hall, Inc., Englewood Cliffs, 1986, 637 S.

[ATT 86b] AT&T: System V Interface Definition Issue 2, Vol. 1–3, ISBN 0-932764-10-x, AT&T CIC, Indianapolis.

[Boldyreff 87a] C. Boldyreff: Progress of ANSI/ISO-C Standardisation. EUUG-Newsletter Vol. 7, No. 2, S. 53–57

[Boldyreff 87b] C. Boldyreff: POSIX Progress at ISO Level and at BSI Level. EUUG-Newsletter Vol. 7, No. 3, S. 77–79

[Croll 88] B. Croll: The Benchmark Dilemma — An Expert's Guide. Computer Graphics World 1/1988, S. 59–75

[Dangermond 87] J. Dangermond, S. Morehouse: Trends in Hardware for Geographic Information Systems. Proceedings Autocarto 8, S. 380–385, Baltimore, 1987

[DIN 80] DIN: Programmiersprache FORTRAN. DIN 66027. Beuth-Verlag, Berlin, 1980

[DIN 86] DIN: Graphisches Kernsystem (GKS), Funktionale Beschreibung.DIN 66252, Teil 1. Beuth-Verlag, Berlin, 1986

[Dongarra 91] J. Dongarra: Performance of Various Computers Using Standard Linear Equations Software. Computer Science Department, University of Tennessee and Mathematical Sciences Section, Oak Ridge National Laboratory, Oak Ridge, TN. CS-89-85. 19. März 1991

[Dunlop 89] D. Dunlop: ISO/IEC JTC1/SC22/WG15 (POSIX) Meeting October, 1989. EUUG Newsletter Vol. 9 No. 4 Winter 89, Seite 55-60

[Enderle 89] G. Enderle, A. Scheller(Hrsg.): Normen der graphischen Datenverarbeitung, Handbuch der Informatik Band 9.1, Oldenbourg Verlag München, Wien 1989, 183 S.

[Fibronics 87] Fibronics: Ring frei für LWL. DECKBLATT 10/1987, S. 110–114, Markt&Technik-Verlag

[Gulbins 88a] J. Gülbins: Die Entwicklung von Unix. DECKBLATT 1/1988, S. 59–64, Markt&Technik-Verlag

[Gulbins 88b] J. Gulbins: Der Bison grast woanders. DECKBLATT 2/1988, S. 63–67, Markt&Technik-Verlag

[Huckaby 87] S. Huckaby: Programmable Chip clears Graphics Jam. Mini-Micro Systems 10/1987, S. 89–98

[ISO 87a] International Standards Organisation: Information Processing Systems - Computer Graphics - Metafile for the Storage and Transfer of Picture Description Information (CGM), Part 1: Functional Specification, Part 2: Character Encoding, Part 3: Binary Encoding, Part 4: Clear Text Encoding, ISO 8632 (1987)

[ISO 87b] International Standards Organisation: Information Processing Systems - Computer Graphics - Addendum 1 of the Metafile for Storage and Transfer of Picture Description Information (CGM), ISO 8632-1/PDAD1 (1987)

[ISO 87c] International Standards Organisation: Information Processing Systems — Computer Graphics — Graphical Kernel System for Three

Dimensions (GKS-3D), Functional Description. ISO-TC97/SC21 N1414, ISO DIS 8805, 1987

[ISO 87d] International Standards Organisation: Information Processing Systems — Computer Graphics — Programmer's Hierarchical Interactive Graphics System (PHIGS), Part 1–3, ISO-TC97/SC21 N1945-47, ISO DP 9592/1-3, 1987

[Kienle 90] M. Kienle, M. Kuschke: ComPromise of Freedom. OSF/1—Unix-Betriebssystem unter anderen? IX Multiuser-Multitasking-Magazin 7/1990, S. 18–23

[MMS 87] MMS: Other Contenders in the Graphics Race. Mini-Micro Systems 10/1987, S. 101–104

[Pfaff 87] G. Pfaff: Standardisierung in der Computer-Graphik. CAD-CAM 6 , Juni 1987, S. 104–111

[Plaehn 87] M. Plaehn: PHIGS: Programmer's Hierarchical Interactive Graphics Standard. Byte Vol. 12 No. 13, Nov. 1987, S. 275–286

[POSIX 86] IEEE: IEEE Trial-Use Standard Portable Operating System for Computer Environment, ISBN 0471-85027-6, IEEE New York.

[Rix 87] J. Rix: Auf dem Weg zur Koexistenz der grafischen Standards. CAD-CAM-Report Nr. 10/1987, S. 82–83

[Robinson 88] P. Robinson: Worlds Collide in Low-End Market. Computer Graphics World 2/1988, S. 60–72

[Sanders 87] R. Sanders: The Myth of Graphics Standards. Systems International 10/1987, S. 92–94

[Scannel 87] G. Scannel: TCP/IP popularity to skid .... Mini-Micro Systems 9/1987, S. 21–22

[Secula 87] L. Secula: OSI Standards bolster Data Communications. Mini-Micro Systems 11/1987, S. 69–78

[Southard 87] R. Southard: LANs: State of th Unions. Mini-Micro Systems 9/1987, S. 55–78

[Stehle 87] W. Stehle: Glasfaserkabel auf dem Campus der Universität Karlsruhe. CAK/3, S. 5–12, 1987

[Stern 87] H. Stern: Comparison of Window Systems. Byte Vol. 12 Nr. 13, Nov. 1987, S. 265–272

[Teja 87] E. Teja: Light Work for high-speed Links. Mini-Micro Systems 9/1987, S. 81–89

[Torres 87] R. Torres, R. Shankman: Coprocessor revs up Graphics Performance. Mini-Micro Systems 10/1987, S. 70–86

[Vollmer 90] M. Vollmer, hw: Nixdorf 8870: Spiel auf Zeit. TOPIX – Abteilungsrechner und Workstations 11/1990, S. 7

[Willem 88] M. Willem: Pionierarbeit in Unix. DECKBLATT 1/1988, S. 78–79, Markt&Technik-Verlag

[XOPEN 87] X/OPEN: X/OPEN Portability Guide, Volumes 1–5. Elsevier Publishing, Amsterdam 1987

This article was processed using the LaTeX macro package with ICMG style

ADALIN - GEOGRAFISCHES INFORMATIONSSYSTEM MIT VERSTAND

Peter Bänninger, Ing.HTL, ADASYS AG, Zürich

1. EINLEITUNG

1.1 Firmenprofil ADASYS AG

ADASYS ist ein unabhängiges Software-Entwicklungshaus. Gegründet wurde ADASYS AG 1979. Die Firma ist vollständig im Besitze der Mitarbeiter und Mitarbeiterinnen. ADASYS zählt heute 13 Mitarbeiterinnen und Mitarbeiter. ADASYS ist es gelungen, die Leute in der Schweiz zusammenzubringen, die sich in den letzten 20 Jahren mit grosser Kontinuität um die Belange von Rauminformationssystemen bemüht haben. Wesentliche Meilensteine in dieser Entwicklung sind von diesen Mitarbeitern gesetzt worden.

1.1.1 Firmenphilosophie

Ein Hauptanliegen unserer Tätigkeit als Systementwickler ist bereits im Firmennamen *ADA*-ptive *SYS*-teme verankert. Diesem Namen entsprechend legen wir grossen Wert auf die Anpassungsfähgkeit unserer Lösungen nach verschiedenen Richtungen:

- Anpassungsfähig an eine Vielzahl von Anwendungen *und* Anwender. Der Anwender soll seine natürliche, vom Sachgebiet bestimmte Sicht- und Arbeitsweise beibehalten können. Er muss nicht zum EDV-Fachmann ausgebildet werden.
- Anpassungsfähig an andere Computer und Betriebssysteme.
- Anpassungsfähig an weitere Peripheriegeräte (Terminals, Tabletts usw.).

Um diese Anpassbarkeit und zugleich eine hohe Qualität der Programme zu erreichen, bedienen wir uns folgender Mittel:

- Strukturierte Programmierung in höheren Programmiersprachen (z. Bsp. MODULA2, entwickelt von der ETHZ).
- Klare Modulstruktur. Darunter verstehen wir die Entwicklung eines *Modells* des Problems, bei dem die verschiedenen thematischen Aspekte abstrahiert und die Gemeinsamkeiten in zentralen Dienstleistungsmodulen gelöst werden.

Auf der Basis der gesammelten Erfahrungen wurde das firmeneigene Produkt ADALIN entwickelt.

1.2 Was ist ADALIN?

ADALIN ist das zukunftsweisende System für die Erfassung, Bearbeitung, Verwaltung und Auswertung von geografischen Informationen.

ADALIN ist trotz seiner Komplexität ein leicht zu erlernendes und einfach zu bedienendes, anwenderorientiertes System, das in seinem modularen Aufbau entscheidende Vorteile bietet. Diese Konzeption macht ADALIN zu einem leistungsfähigen, vielseitigen und erweiterbaren geografischen Informationssystem für die unterschiedlichsten Anwendungen.

Die Software ist nach modernen Grundsätzen aufgebaut. Spezielle Beachtung fand dabei die Anpassbarkeit an neue Gegebenheiten im Bereiche von Peripheriegeräten und Datenbanken. Ähnliche Prinzipien gelten für die Realisierung neuer Anwendungsgebiete. Die Kombination von einfachen, parameterisierbaren Grundmechanismen (statt einem Wildwuchs von Anwendungsprozessen) erschliesst die gewohnten Bearbeitungsweisen für verschiedenste Anwendungen.

ADALIN ist damit die zukunftsreiche Entwicklung im Bereich Landinformationssysteme!

1.3 Marktstellung

ADALIN hat sich im schweizerischen Grundbuchvermessungs-Markt innert gut zweier Jahre als das führende System durchgesetzt. Heute sind über 95 Arbeitsplätze installiert. Es haben sich verschiedene Benutzer- und Anwendergruppen gebildet. Bereits konnten wichtige Pilotkunden im Bereich industrielle Betriebe gewonnen werden.

In den letzten zwei Jahren konnten mit ADALIN unter anderem folgende wichtige Landinformationsprojekte vorangetrieben werden:

- Gas, Wasser- und Fernwärmeversorgung der Stadt Bern. Das *Projekt GWB* ist seit Ende 1989 in Produktion. Konfiguration und Schulung sind abgeschlossen. Die Stadt Bern hat ADALIN in ihrem EDV-Konzept für Landinformationsaufgaben zum Standard erklärt.
- *Mehrzweckkataster Gemeinde Birmensdorf* (Ingenieurbüro Sennhauser, Werner + Rauch AG in Schlieren). Grosse Teile der Datenerfassung sind abgeschlossen.
- *Wasserleitungskataster Maienfeld* (Uli Lippuner AG, Grabs). Der Leitungskataster Maienfeld ist erfasst. Gebrauchspläne werden bei Bedarf vom Informationssystem abgefragt.
- *Strassenunterhaltskataster* Kt. Graubünden (J. Grünenfelder AG,Domat/Ems). Ein erstes Pilotprojekt wurde durchgeführt. Auf Grund der gemachten Erfahrungen wird mit Unterstützung des Bundes ein weiteres Pilotprojekt durchgeführt. Dabei soll überprüft werden, ob auf der Basis eines LIS eine Strassendatenbank aufgebaut werden kann.
- *Landinformationssystem Davos*. Die Installation und Schulung ist abgeschlossen. Die Datenerfassung ist im Gange.
- *RAV-Pilotprojekt "Subito"* Kt. Nidwalden (Ingenieurbüro Odermatt, Stans). Installation und Schulung sind abgeschlossen. Mit den Werkzeugen von ADALIN wurden gute Erfahrungen bei der Kombination von photogrammetrisch ausgewerteten und durch Konstruktion und Digitalisierung erfassten Daten gemacht.
- *Projekt "Subito 2"* [Grundlagenbeschaffung für Projekt NEAT (Neue Alpentransversale)] Kanton Uri. Bei diesem Projekt sind die Kombinationsmöglichkeiten von photogrammetrisch ausgewerteten und durch Konstruktion und Digitalisierung erfassten Daten wichtig.
- *Kommunikationsgemeinde Disentis*. Der Umfang der Konfiguration ist definiert und teilweise bereits installiert.

2. LÖSUNGSKONZEPT ADALIN

2.1 Systemübersicht

2.1.1 Thematisch unabhängige Ebenen, Formulare

ADALIN gliedert die Daten in unabhängige, thematisch gegliederte Ebenen im Sinne der RAV. Eine Ebene besteht aus einem oder mehreren Formularen. Aktuell unterscheidet ADALIN drei Formulartypen, nämlich "Punkte", "Flächen" und "freie Grafik". Dabei sind die geometrischen Eigenschaften (Koordinate, Flächendefinition, Liniendefinition) der Objekte für den Benutzer nichts anderes als eine etwas spezielle Kolonne im Rahmen der Formulare. Es gibt also keine Trennung von Geometrie und zugehörigen Sachdaten.Auf Grund der strikten thematisch Unabhängigkeit der Daten können die verschiedenen Themen in Zukunft physikalisch getrennt gespeichert werden.

Aus Sicht ADALIN kann allerdings zu einem bestimmten Zeitpunkt nur eine Datenbank für Modifikationen offen sein. Es ist allerdings zu erwarten, dass in Zukunft Datenbanksysteme die Möglichkeit von verteilten Datenbanken direkt unterstützen werden.

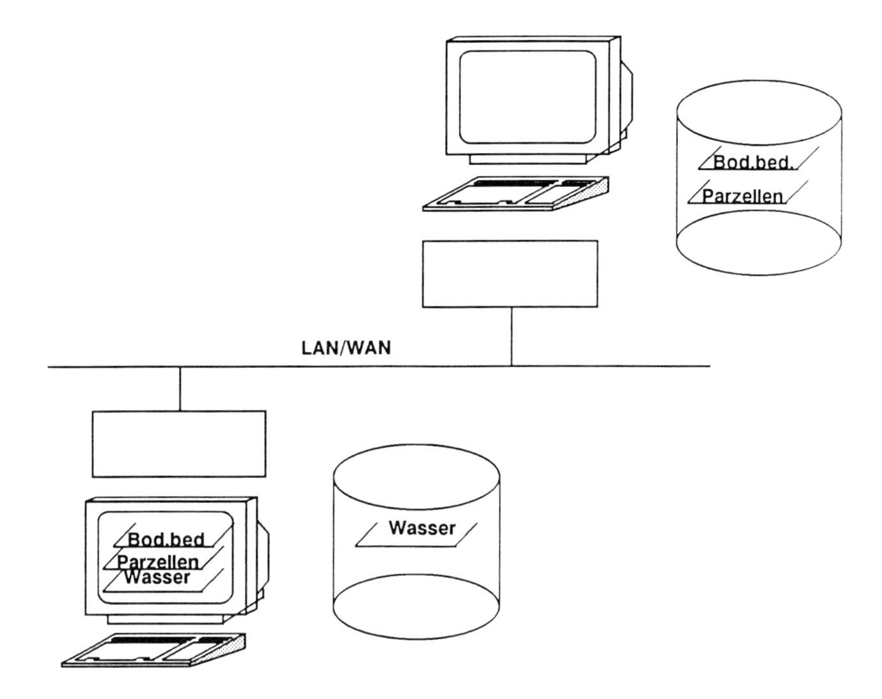

In einer Mutation kann hier entweder Wasserleitungen oder Parzellen/Bodenbedeckung zur Modifikation offen sein.

2.1.2 Datenverwaltung

ADALIN unterscheidet drei Stufen in der Datenverwaltung. Dies hat unter anderem den Vorteil, dass eine dem Problem entsprechende Datenverwaltungslösung getroffen werden kann. So will man z. Bsp. für ein Baulandumlegungsprojekt kaum den gleichen Verwaltungsaufwand betreiben, wie für ein langfristiges Katasterwerk.

ADALIN-Projektverwaltung
Die thematischen Blätter werden in einem ADALIN-internen Format in getrennten Files unter einem Projektnamen abgelegt. Es werden zwei Generationen gespeichert. Ein ganzes Operat besteht aus mehreren Projekten. Für die Bearbeitung wird das ganze Projekt geladen und nach Abschluss wieder zurückgespeichert. Bei einem Systemunterbruch während der Bearbeitung kann das System die Sitzung automatisch rekonstruieren.

ADALIN-Multiprojekt-Datenbank
Die thematischen Blätter sind ebenfalls im ADALIN-internen Format in getrennten Files abgelegt. Für die Bearbeitung wählt der Benutzer die benötigten thematischen Blätter (logische und nicht unbedingt geografische Einheiten) aus. ADALIN bildet daraus ein Bearbeitungsprojekt.Die Multiprojekt-Datenbank verhindert, dass gleichzeitig mehrere Benutzer am gleichen thematischen Blatt Veränderungen vornehmen können. Nach der Bearbeitung werden die Blätter wieder in die Multiprojekt-Datenbank integriert. Selbstverständlich steht auch

hier der Rekonstruktionsmechanismus zur Verfügung.

Integration von Standard-Datenbanken
Die Realisierung der Integration von Standard-Datenbanken ist weitgehend unabhängig von einem konkreten Produkt. Als erste käufliche Datenbank ist die Integration des Datenbank-Systemes Oracle realisiert.

Konzept der Integration:

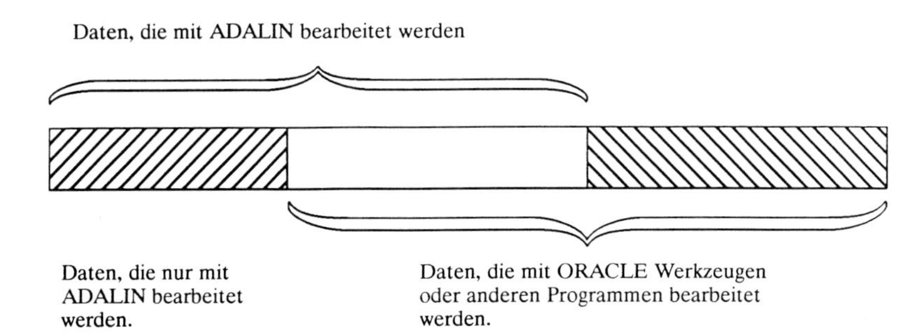

Sämtliche Daten -sowohl die geometrischen wie die administrativen- werden in die Datenbank abgelegt. Damit das Datenbank-System auch bei grossen Datenmengen akzeptable Antwortzeilen bietet, besteht die Möglichkeit, geometrische Daten räumlich benachbart und in "gepackter" Form abzulegen. Die Art und Weise der Speicherung im Datenbank-System kann im Schema definiert werden (siehe "Konzept Flexibilität").

Leistung:
Mit diesem Konzept werden Antwortzeiten für die Selektion eines geografischen Ausschnittes von ca. 2km mal 2km mittlerer Dichte von ca. 30 Sekunden erreicht. Dabei ist die Antwortzeit nicht abhängig von der Grösse der Datenbank, aus der selektiert wird.

Datenschutz:
Aufgrund des Konzeptes der thematisch unabhängigen Ebenen, sind thematisch gegebene Zugriffsrechte und -beschränkungen aus ADALIN-Sicht ohne weiteres möglich. Mit Version 2.2 können Zugriffsbeschränkungen auf Tabellen- und Objektstufe definiert werden.

Sicherheit und Integrität:
Sämtliche Daten sind imDatenbank-System (DB) Oracle abgespeichert. Es gibt also keine Trennung von geometrischen und administrativen Daten. Bei einer Modifikation wird im Ausschnitt nur ein Mutationtsprojekt geladen. Auf der DB ist eine "lange Transaktion" angemeldet.
Bei einem Systemunterbruch während des Zurückschreibens auf die DB kann mit den Oracle-Werkzeugen ein konsistenter DB-Zustand erstellt und das Zurückschreiben wiederholt werden.
Für die automatische Wiederherstellung eines korrekten Zustandes nach einem Systemabsturz steht ein zweistufiges Verfahren zur Verfügung.

- Bei einem Absturz während der Projektbearbeitung;
- Bei einem Absturz während einer Datenbanktransaktion kann mit den Werkzeugen des Datenbanksystems rekonstruiert werden.

2.1.3 Datenverarbeitung

Für die Bearbeitung der Formulartypen stellt ADALIN Funktionen zur Verfügung, die sich stark an die grafische Bearbeitung von Plänen anlehnt. Dies garantiert einen benutzerfreundlichen, rasch erlernbaren Dialog. (Demo!). Für eine Bearbeitung werden die Daten von einer permanenten Speicherung (Festplatte) in eine temporäre Speicherung (Hauptspeicher) geladen. Dies ist für eine effiziente und unmittelbar kontrollierte Bearbeitung nötig. Die Möglichkeiten beim Laden der Daten sind von der verwendeten Datenverwaltung abhängig (siehe Datenverwaltung).

2.1.4 Datenaustausch

Sämtliche Daten eines ADALIN-Projektes können thematisch geordnet, in tabellarischer Form auf einen ASCII-File ausgegeben oder von einem ASCII-File eingelesen werden. Das Konzept der Schnittstelle ADASS (*A*DALIN *D*atenaustausch-*S*chnittstelle) entspricht den Vorstellungen der amtlichen Vermessungsschnittstelle AVS. ADALIN ist mit seiner Schnittstelle heute bereits mit über zehn verschiedenen Systemen (z.B. Gradis, Clumis, Geos, BC2, Gemini2 usw.) verbunden.

2.2 Konfigurationswerkzeuge

Für die Anwendungs- und Benutzerspezifische Konfiguration stellt ADALIN Werkzeuge die objektorientierte Beschreibungssprache "AMBOSS" (ADASYS Modula Based Object-oriented System Structure) zur Verfügung.

Mit AMBOSS können allgemeine Informationssysteme, darin eingeschlossen die geografischen Aspekte, konfiguriert werden. Für eine bestimmte Anwendung werden das Datenmodell, das gewünschte Bearbeitungsmodell und "Datensichten" konfiguriert.

Das Absolutprogramm ADALIN definiert nicht mehr im traditionellen Sinn einen festen Programmablauf, sondern stellt eine Sammlung von Mechanismen dar. Wie aus dieser Mechanismussammlung der konkrete Ablauf entsteht, ergibt sich aus dem Schema.

3. AMBOSS-SYSTEM

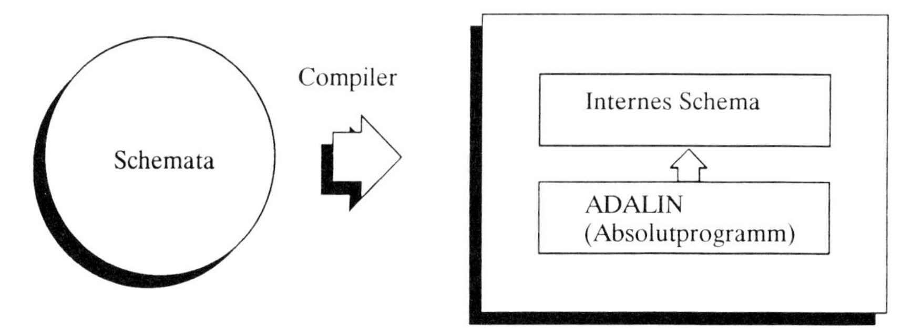

Die Schemata können in Subschemata strukturiert werden, die einzeln kompilierbar sind. So können zum Beispiel in einem grösserem Verbund spezifische Arbeitsplätze konfiguriert werden.

Mit diesem Konzept und der Mächtigkeit der Beschreibungssprache, die den Schemata zu Grunde liegt, ist ADALIN das flexible Werkzeug für aktuelle und zukünftige Anwendungen im technischen Informationssystembereich unter spezieller Berücksichtigung der geografischen Aspekte.

Atlas GIS - das Geographische Informationssystem für den Personal Computer

Thomas F. Faber,
Geospace Satellitenbilddaten GmbH, Siemensstraße 8,
D-W-5300 Bonn 1

1 Die erfolgreiche Markteinführung des Atlas GIS

Mit dem Atlas GIS ist seit Spätherbst 1990 ein ausgesprochen leistungsfähiges und benutzerfreundliches GIS der unteren Preiskategorie auf dem deutschen Markt (6 950,- DM + MWSt., Stand Herbst 1991). Die Software dient als Werkzeug zum Aufbau eines raumbezogenen Informationssystems, mit einer Vektorgraphik und einer integrierten, dBase-kompatiblen Datenbank. Zudem bietet sie umfangreiche GIS-Analysefunktionen und eine thematische Kartographie.

Das Atlas GIS stellt damit die konsequente Weiterentwicklung auf der Basis von Funktionen aus älteren, ausgereiften Atlas-Programmen dar. Die Digitalisier- und Kartographie-Funktionen des GIS sind mit denen aus dem Atlas Draw bzw. dem Atlas Pro verwandt. Diese bewährten Komponenten wurden um zahlreiche Details und vor allem um den leistungsfähigen GIS-Analyseteil erweitert.

Strategic Mapping, eine in Kalifornien ansässige Firma, zeichnet für die Entwicklung der Atlas-Produktlinie verantwortlich. In den USA wurden bereits mehr als 10 000 Atlas-Lizenzen plaziert.

Auch in der Bundesrepublik Deutschland und besonders in den neuen Bundesländern ist Atlas GIS erfolgreich gestartet. Die Geospace GmbH, der deutsche Anbieter der Atlas-Produkte, konnte allein in den ersten vier Monaten nach Verfügbarkeit des vollausgestatteten Atlas GIS etwa 50 Lizenzen plazieren oder feste Optionen einholen. Viele Anzeichen sprechen für die Fortsetzung dieses schnellen Erfolges, so daß Atlas GIS in Kürze wohl der Marktführer der PC-GIS-Software in Deutschland sein wird.

Überraschend kommt dieser Erfolg nicht. Die Amerikaner beispielsweise bewerten Softwareprodukte äußerst pragmatisch, nach ihrem konkreten Anwendungsbedarf. So prämierte die Association of American Geographers Microcomputer Specialty Group das Atlas GIS als GIS des Jahres 1990. Es ist ausgezeichnet in der Preiswürdigkeit, in der Verfügbarkeit aller wichtigen GIS-Funktionen sowie in der Benutzungsfreundlichkeit. Dies sind Argumente, die auch in der Bundesrepublik Deutschland vielfach aufgegriffen wurden.

2 Zur Konzeption des Atlas GIS

2.1 Die Benutzerfreundlichkeit

Der Begriff der Benutzerfreundlichkeit einer Software wird oft arg strapaziert - aber Atlas GIS ist es wirklich. Das Programm läßt sich durch eine Maus bedienen, bietet "Popup"-Menüs und Menüs im LOTUS 1-2-3-Stil, einer weit verbreiteten Benutzeroberfläche. Eine Hilfestellung kann an jeder beliebigen Stelle des Programms aufgerufen werden.

Da es zum Atlas GIS viele Datenaustauschmöglichkeiten gibt, können Daten aus komplexen und schwierig zu bedienenden Programmen im Atlas GIS komfortabel weiterverarbeitet werden. Der wohl wichtigste Konverter im praktischen Einsatz verspricht das ARC/Atlas-Modul zu werden.

In der Lernphase im Umgang mit dem Atlas GIS werden dem Anwender verschiedene Hilfestellungen geboten. Ein ausführliches Installationsheft erläutert die Grundeinstellungen im Programm und für jeden unterstützten Printer, Plotter, Digitalisiertisch und jede Graphikkarte. Eine Kurzreferenz beschreibt die Menübefehle und die Funktionen, die mit diesen Befehlen gesteuert werden. Das Handbuch bietet neben einem ausführlichen Kapitel über den Umgang mit den GIS-Funktionen ein Tutorial, das in einzelne Lernabschnitte aufgeteilt ist. Anhand mitgelieferter Beispieldateien lassen sich die wesentlichen Funktionen in der Software üben. Zumeist schon nach einer Woche intensiven Trainings kann der Anwender mit eigenen projektbezogenen Arbeiten beginnen.

Das Tutorial gibt es mit Beispieldateien neuerdings auch als fast voll funktionsfähige, preisgünstige Demooder Trainingsversion (98,- DM + MWSt.)

2.2 Die wichtigsten Funktionen im Atlas GIS

Die Software ist in zehn Hauptbestandteile gegliedert. Alle Befehle werden in der Hauptmenüleiste angesteuert:

FILE	Laden und Sichern der verschiedenen Dateiarten
VIEW	Änderung der Karten- und Blattdarstellung
SELECT	Auswahl und Verknüpfung von Merkmalen
EDIT	Bearbeitung von räumlichen Daten und Attributdaten
OPERATE	Analytische GIS-Funktionen
THEMATIC	Thematische Kartographie
DISPLAY	Kartengestaltung
CONFIGURE	Grundeinstellungen im Programm, für Digitalisiertabletts und Drucker
PRINT	Druckkommandos
HELP	"On line"-Hilfestellung

2.2.1 Der Menüpunkt FILE - die Datenverwaltung

Im Atlas GIS werden die räumlichen Kartenstrukturen als graphische Merkmale in sogenannten "Layern" abgelegt. Jede Datei verwaltet bis zu 250 solcher Themenebenen mit beliebig vielen Merkmalen in Form von Punkten, Linien und Flächen (Polygonzügen). Dies können die Gemeindeflächen der Bundesrepublik Deutschland sein, die Autobahnen und Bundesstraßen, das Eisenbahnnetz, die Natur- und Landschaftsschutzgebiete, die Siedlungs- und Gewerbefläche, Kraftwerkstandorte usw.

Die klare Trennung von Punkten, Linien und Flächen bei der Digitalisierung, Verwaltung und Editierung graphischer Merkmale dient der Übersichtlichkeit der Themenebenen. Das Digitalisieren gestaltet sich durch diese Konzeption und durch Hilfsfunktionen, wie die Zugriffsmöglichkeit auf bestehende Scheitelpunkte einer Struktur oder die Bildung gemeinsamer Grenzlinien, sehr komfortabel. Eine aufwendige Nacharbeit, wie in anderer GIS-Software teilweise unvermeidlich, bleibt im Atlas GIS die Ausnahme.

Die Kartenthemen sind in folgenden Projektionen darstellbar: Albers, Miller, Lambert, UTM, Mercator, Robinson und in Längen- und Breitenangaben. Koordinatensysteme, wie z. B. Gauß-Krüger, lassen sich auf Basis dieser Projektionen definieren.

Die beschreibenden Attributinformationen werden in einer internen, dBase-kompatiblen relationalen Datenbank verwaltet. Bis zu 128 Sachthemen (= Zahl der Spalten in der Datenbank) mit beliebig vielen Einträgen können dies in jeder Datei sein. Diese Sachinformationen werden den räumlichen Informationen über eine Identitätsnummer zugeordnet. Das hat den Vorteil, daß sich beispielsweise den Siedlungsflächen Attributdateien unterschiedlichen thematischen Bezugs zuordnen lassen. Die erste Datenbank enthält Informationen zur Bevölkerung, die nächste zur Siedlungsstuktur, die dritte zu Umweltbelastungen usw.

Abb. 1 zeigt eine thematische Karte mit der kartographischen Darstellung von Sachinformationen aus der Datenbank.

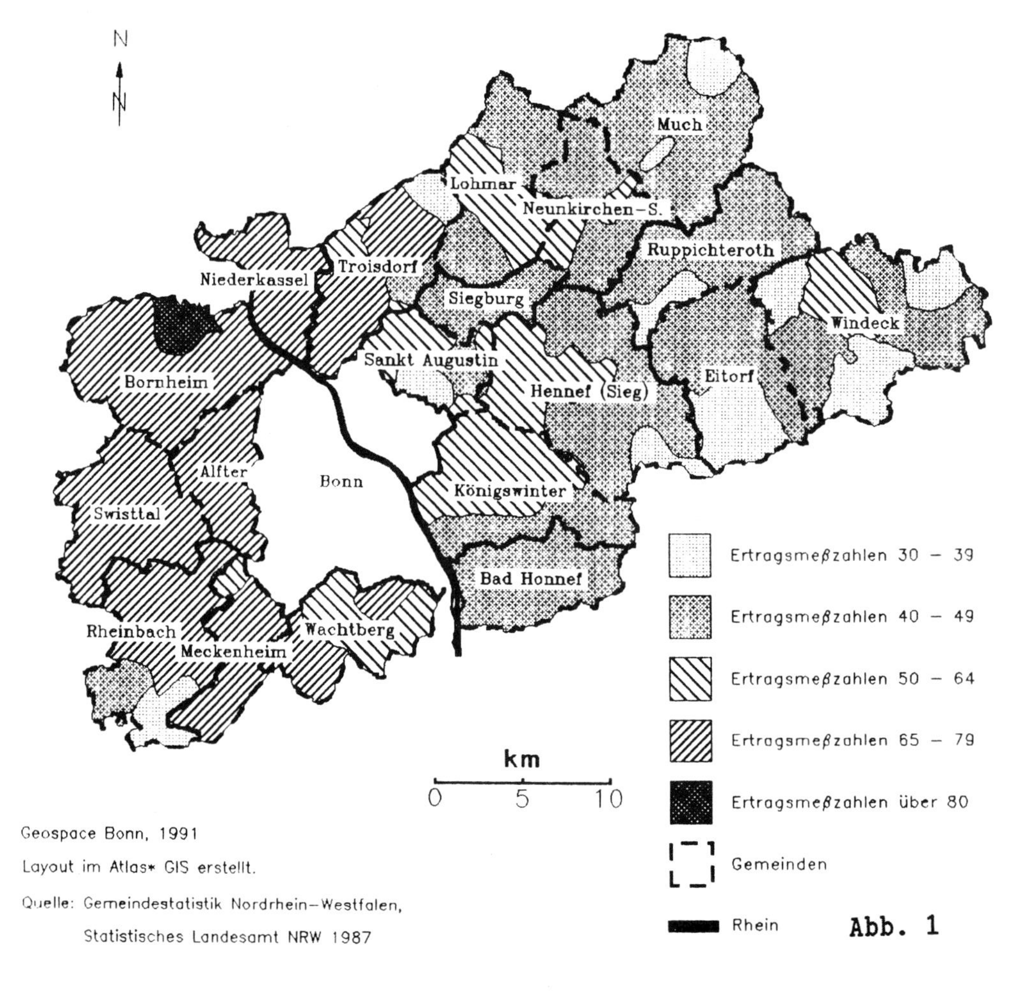

Abb. 1

Punktbezogene Daten, wie z. B. Meßpunkte oder Einzelhandelsstandorte, können mit Lagekoordinaten in die Datenbank integriert werden.

Die Ergebnisse der GIS-Analyse und der thematisch-kartographischen Bearbeitung werden in ASCII-Kartendateien abgelegt.

2.2.2 Der Menüpunkt VIEW - die Ausschnittsbestimmung in Karten

Dieses Hauptmenü erlaubt die interaktive Vergrößerung, Verkleinerung und Verschiebung des Kartenblattes, der Karte bzw. von Nebenkarten am Bildschirm. Ein neuer Kartenausschnitt wird z. B. über das Zoomen oder Verschieben des Bildausschnitts, Vorwahl einer Maßstabszahl, eines Bildmittelpunktes (z. B. eine Adresse) mit Radius oder über vorselektierte Merkmale festgelegt.

Weitere Befehle in diesem Menüpunkt dienen dem Neuaufbau der Bildschirmdarstellung, der Digitalisierung von Kontrollpunkten und der interaktiven Entfernungsmessung zwischen verschiedenen Punkten, z. B. Autobahnanschlußstellen.

2.2.3 Der Menüpunkt SELECT - Auswahl und Verknüpfung von Merkmalen

Beliebig viele Merkmale können in der Karte oder der Datenbank für die weitere Bearbeitung ausgewählt werden. Dazu gibt es verschiedene Hilfsfunktionen.

Schon zur GIS-Analyse gehört die Auswahl von Merkmalen anhand bestimmter topologischer Beziehungen und/oder Wertigkeiten von Datenbankeinträgen. Boolesche Verknüpfungen und Nachbarschaftsbeziehungen lassen sich ermitteln. Man möchte z. B. Bankgebäude innerhalb von Stadtteilen, Einkaufszentren an Autobahnen oder verfügbare Gewerbeflächen in weniger als 2 km Entfernung von einem Autobahnanschluß suchen, oder alle Städte mit weniger als 100 000 Einwohnern und 10 % Arbeitslosigkeit.

Solche Suchkonditionen können beliebig mit topologischen Abfragen verknüpft werden. Ein Beispiel: Gesucht werden in der Karte alle Supermärkte einer Handelskette mit mehr als 100 000 DM Tagesumsatz, mit einem Käufereinzugsgebiet von mehr als 20 km² und weniger als 20 Angestellten. Die Standorte sollen zudem mit öffentlichen Verkehrsmitteln in weniger als 100 m Entfernung erreichbar sein.

Die Ergebnisse lassen sich in einer neuen Datei absichern und mit ihrer Summenstatistik berechnen.

2.2.4 Der Menüpunkt EDIT - Bearbeitung von Dateieinträgen

In diesem Menüpunkt wird zunächst einmal zwischen der Bearbeitung von räumlichen Strukturen in der Karte und der Editierung von Datenbankeinträgen unterschieden.

Punkte, Linien und Polygone werden als graphische Strukturen digitalisiert und den Themenebenen zugeordnet. Die Flächengröße und der Umfang von Polygonzügen sowie die Länge von Linien werden automatisch berechnet und in der Datenbank erfaßt. Ein blattschnittfreies Digitalisieren wird unterstützt.

Nachträglich können die graphischen Merkmale in vielfältiger Weise editiert werden, z. B. durch Addieren, Löschen oder Verändern von Scheitelpunkten in Linien und Polygonzügen, Löschen, Verändern, Kopieren, Drehen, Vergrößern, Verkleinern, Zusammenfassen und Teilen von Strukturen.

Die geometrische Lageanpassung von räumlichen Strukturen auch unterschiedlicher Ausgangsmaßstäbe erfolgt automatisch. Gegebenenfalls sind individuelle Anpassungen möglich, z. B. über Transformationsrechnungen.

Auch in der Datenbank gibt es umfangreiche Editierfunktionen: Suchen und Filtern von bestimmten Einträgen, Sortieren nach Rängen und Gewichtung von Eintragungen, Ergänzen und Löschen von Eintragungen, Verrechnung von Spalteneinträgen. Zudem gibt es eine "Popup"-Übersicht über die Attributdaten von räumlichen Strukturen, indem diese einfach in der Karte am Bildschirm angetippt werden.

2.2.5 Der Menüpunkt OPERATE - analytische GIS-Operationen

Unter diesem Menüpunkt sind weitere wichtige GIS-Analysefunktionen aktivierbar. Dazu gehört z. B. die Geokodierung von punktbezogenen Sachdaten über das sogenannte "Adress matching", die Bildung von Distanzringen und -korridoren an Punkt-, Linien- und Flächenstrukturen sowie die Zusammenfassung und Verschneidung räumlicher Strukturen unter Umrechnung ihrer zugehörigen Sachinformationen.

Abb. 2 zeigt das kartographische Ergebnis einer typischen GIS-Analyse. Zuerst wurde ein Distanzkorridor entlang einer Autobahn berechnet und dann mit einer Flächenverschneidung die durch Lärm besonders beeinträchtigten Landschaftsschutzgebietsflächen ermittelt.

2.2.6 Der Menüpunkt THEMATIC - Thematische Kartographie

Nach Vorauswahl der Datenbankinformationen für eine thematisch-kartographische Darstellung lassen sich die Statistik für die Variablen berechnen sowie die Legendenklassen und deren Signaturen editieren.

2.2.7 Der Menüpunkt DISPLAY - kartographische Ausgestaltung der Thematik

Unter diesem Menübefehl werden alle weiteren Funktionen zu Kartengestaltung angesteuert. Für die Darstellung der räumlichen Strukturen und Sachdaten stehen Hunderte von Signaturen und Farben zur Verfügung. Strukturen können generalisiert werden, z. B. wenn Nebenstraßen in einer Straßenkarte nur im Maßstabsbereich 1:1 000 bis 1:25 000 sichtbar sein sollen. Die Namen von räumlichen Strukturen, wie z. B. Gemeindenamen, können in der Karte beliebig positioniert werden. Es bestehen vielfältige Wahlmöglichkeiten für Schriftart, Schriftgröße, Fett- und Kursivschrift usw.

Kartenblattelemente, wie Titel, Legenden, Nebenkarten und Maßstab in der Karte, können ebenfalls beliebig positioniert und gestaltet werden.

Freihandzeichnungen als Symbole, Linien, Kreise, Rechtecke, Polygone sowie Zusatztexte lassen sich beliebig anordnen und editieren, absichern und wieder aufrufen. Ein graphischer Editor ermöglicht den Entwurf eigener Symbole, wie z. B. diejenigen der Planzeichenverordnung, und deren Aufnahme in die Symbolbibliothek.

Die Abb. 1 bis 3 zeigen exemplarisch Ergebnisse von GIS-Analyse und thematisch-kartographischer Bearbeitung. Die vom Herausgeber und Verlag dieses Tagungsbandes gewünschte Schwarzweißdarstellung von Abbildungen kann allerdings nur ein Bruchteil der kartographischen Möglichkeiten im Atlas GIS ausschöpfen.

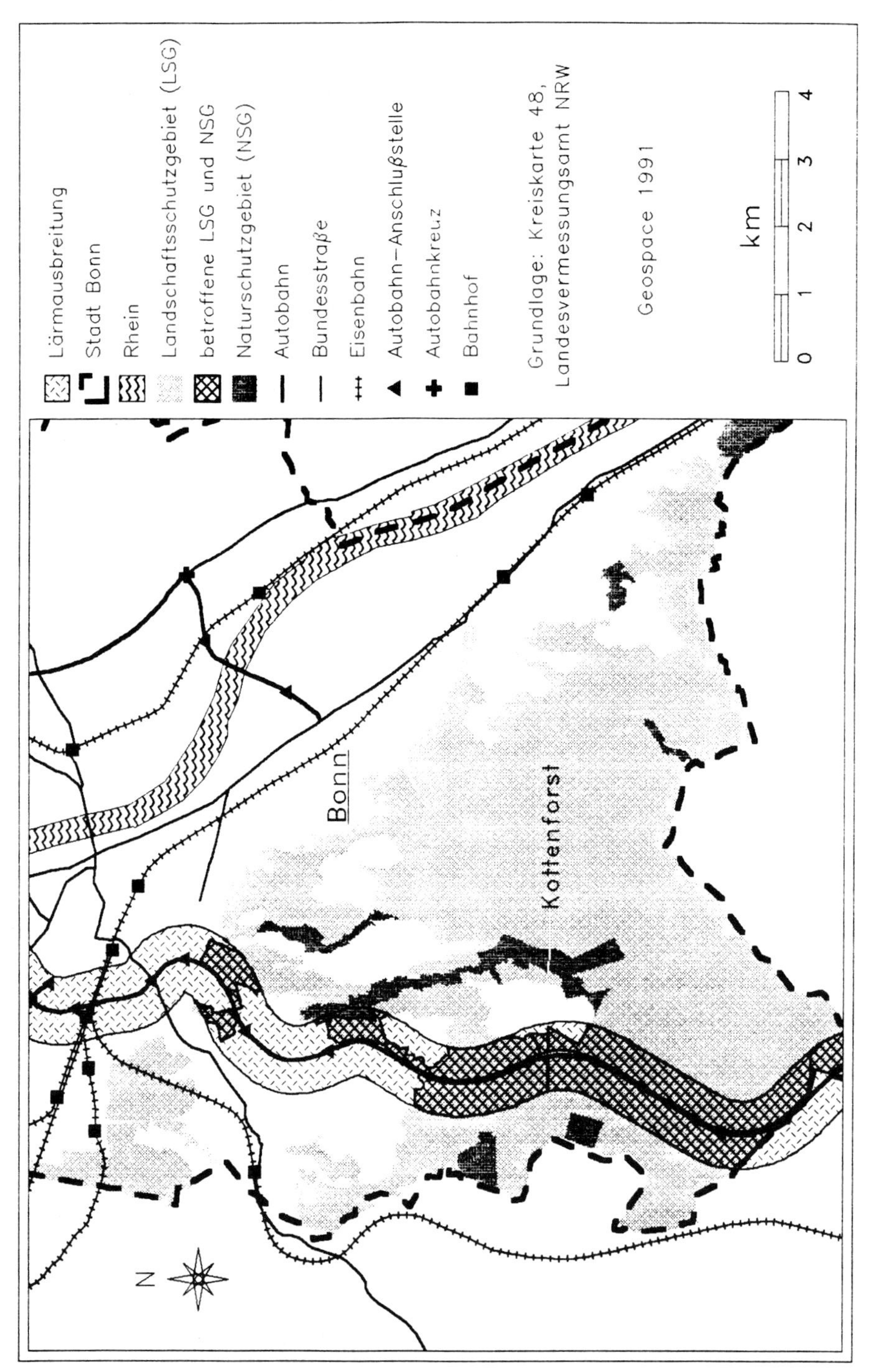

Abb. 2: Landschaftsschutzgebietsflächen im Kottenforst bei Bonn, die innerhalb einer 500 m-Distanz von der Autobahn A 565 durch Lärm betroffen sind.

2.2.8 Der Menüpunkt CONFIGURE - Grundeinstellungen

Über diesen Befehl werden Grundeinstellungen im Programm, im Bildschirmaufbau, der Farbauswahlpalette, für die Maus, für das Digitalisiertablett und für die Druckausgabegeräte vorgenommen.

2.2.9 Der Menüpunkt PRINT - die Druckausgabe

Karten lassen sich je nach angeschlossenem Printer oder Plotter bis zum DIA A0-Format ausgeben. Die Datenausgabe kann auch in Postscript, Computer Graphics Metafile (CGM) oder im HPGL-Format erfolgen. Ein Ausdruck von Datenbankauszügen ist ebenfalls möglich.

2.2.10 Der Menüpunkt HELP ...

bietet eine "On-Line"-Hilfe an jeder beliebigen Programmstelle.

3 Gemeinsame Vektor-Raster-Verarbeitung mit der Bildverarbeitungssoftware MicroImage von Terra-Mar

Das Atlas GIS als derzeit reine Vektor-Software genügt den meisten GIS-Anwendungen vollauf. Für bestimmte thematische Bearbeitungen kann es jedoch notwendig sein, die Vektorinformationen auf einem bildhaften Rasteruntergrund darzustellen und gegebenenfalls weiterzuverarbeiten. Solche Rasterbilder sind z. B. gescannte Karten und Pläne, Luftbilder oder Satellitendaten.

Zu diesem Zweck ist das Atlas GIS zusammen mit der Rasterbildsoftware MicroImage von Terra-Mar in einem hybriden PC-System nutzbar, das ebenfalls von Geospace angeboten wird. Hybrid bedeutet die gemeinsame Vektor-Raster-Verarbeitung auf einem graphischen Bildschirm.

In der Anwenderpraxis kann dies z. B. bedeuten, daß der mit dem Atlas GIS digitalisierte Flächennutzungsplan einer Stadt auf eine gescannte Flurkarte gelegt wird. Die parzellengenaue räumliche Verortung des Flächennutzungsplans wird so erst ermöglicht. Die so erzeugte Bildkarte ist eine wichtige Hilfe für die politischen Entscheidungsträger und zugleich ein spannendes Planungsmedium.

Ein anderes Beispiel: Eine digitalisierte Bodenkarte wird auf ein Luft- oder Satellitenbild gelegt. Bestimmte Bodenarten bzw. -typen können nun mit der realen Landnutzung verglichen werden. Da die Bildverarbeitungssoftware MicroImage auch Landnutzungsklassifikationen berechnet, ermittelt der Rechner eine statistische Übersicht zur Realnutzung auf verschiedenen Bodentypen.

Diese gemeinsame Vektor-Raster-Verarbeitung, an zwei Beispielen veranschaulicht, ist jedoch keine "Einbahnstraße". Der rechentechnisch aufwendigere Weg von Raster zu Vektor funktioniert im Zusammenspiel von MicroImage und Atlas GIS ebenfalls problemlos. So können in MicroImage Landnutzungsstrukturen klassifiziert oder am Bildschirm digitalisiert und ins Atlas GIS überführt werden.

Potentielle Altlastenflächen beispielsweise sind über thermale Daten im Satellitenbild erkennbar. Sie werden als Polygonzüge markiert und lagegetreu im Atlas GIS den Siedlungsstrukturen der betroffenen Gemeinde angepaßt. So lassen sich im GIS z. B. Wohngebiete, Spielplätze auf oder in der Nähe von Altlasten ermitteln.

4 Einsatzmöglichkeiten des Atlas GIS

4.1 Einsatzmöglichkeiten im fachlichen Zusammenhang

In der Bundesrepublik Deutschland setzte sich das Atlas GIS zuerst unter geographischen und verwandten Anwendungen, wie Raumplanung, durch. Mittlerweile fächert sich das Anwendungsspektrum weit auf:

Raumplanung auf allen Planungsebenen, Marketing-Organisation, Landschaftsrahmenplanung, Flächennutzungsplanung (siehe Abb. 3), Natur- und Umweltschutz, Biotopmanagement, Umweltverträglichkeitsprüfungen, Verkehrsplanung, Forstinventur, Altlastenkataster, Wirtschaftsförderung, Liniennetzplanung für Verkehrsbetriebe, Standortanalysen, Grundstücksverwaltung, Logistikplanung, Hotelunterkunftsverzeichnis, faunistisch-ökologische Kartierungen mit dem Laptop im Gelände.

Damit ist die Bandbreite der Anwendungen keineswegs erschöpft. Der Phantasie des Anwenders, dem Werkzeug GIS mit seinen Funktionen eine inhaltliche Ausgestaltung zu geben, sind nur wenige Grenzen gesetzt.

Unter den Anwendern und Interessenten sind u. a. namhafte Ingenieurfirmen, Ministerien und nachgeordnete

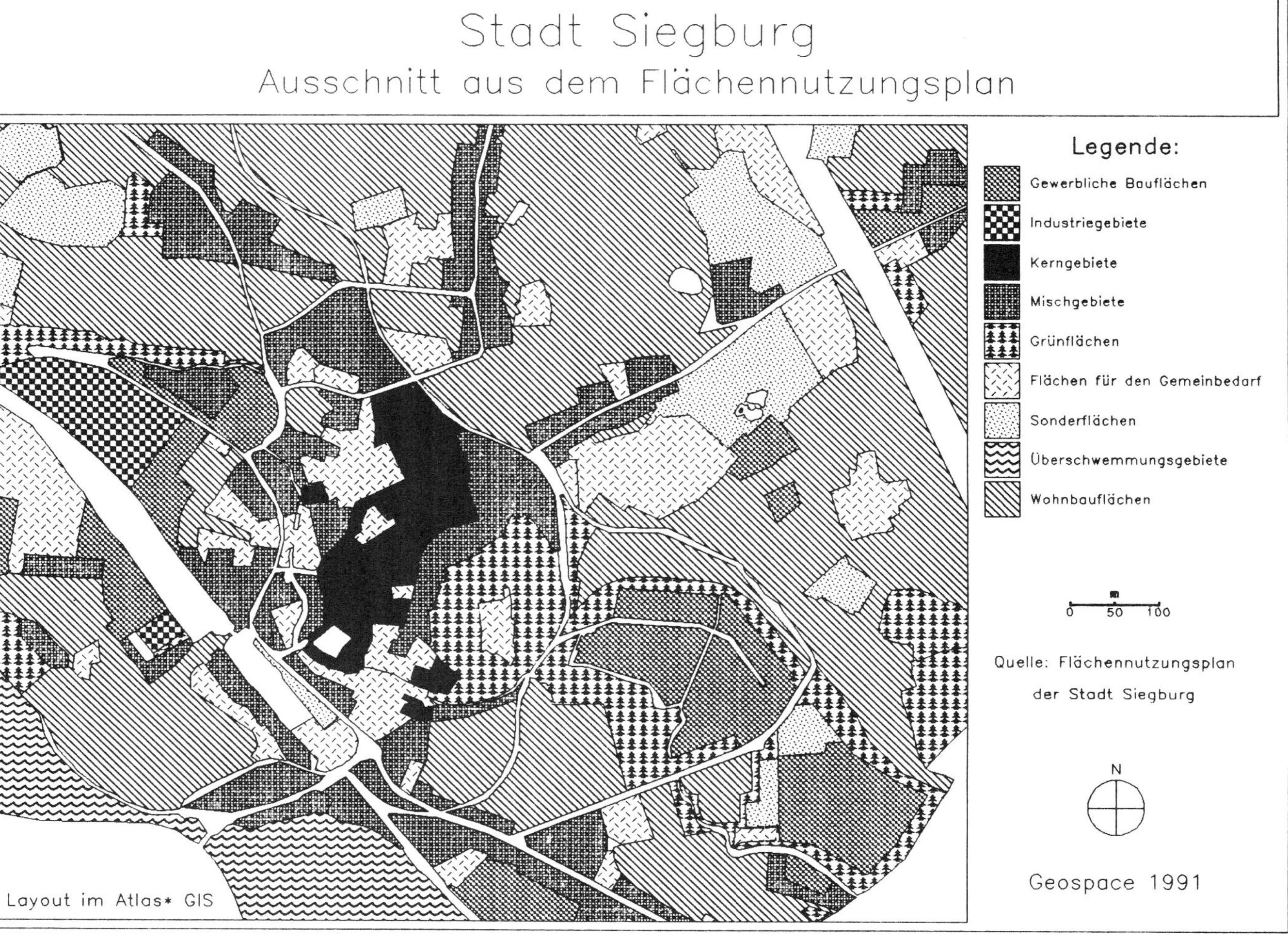
Stadt Siegburg
Ausschnitt aus dem Flächennutzungsplan
Legende:
Gewerbliche Bauflächen
Industriegebiete
Kerngebiete
Mischgebiete
Grünflächen
Flächen für den Gemeinbedarf
Sonderflächen
Überschwemmungsgebiete
Wohnbauflächen
m
0 50 100
Quelle: Flächennutzungsplan der Stadt Siegburg
N
Geospace 1991
Layout im Atlas* GIS

Abb. 3

Dienststellen, private Planungsbüros, Marketinganwender und Universitäten.

4.2 Einsatzmöglichkeiten in einem arbeitsorganisatorischen Konzept

Eine PC-GIS-Software wie das Atlas GIS hat auch heute noch und auf absehbare Zeit ihren berechtigten Platz in der Anwenderlandschaft. Die Formulierung theoretischer Empfehlungsstandards zur Hard- und Softwareausstattung, zu denen sich immer wieder auch einige Vertreter von universitärer Seite berufen fühlen, bedeutet für viele praktische Anwendungen unter Kosten-Nutzen-Bewertung auf absehbare Zeit Zukunftsmusik. Solche Empfehlungen dürfen nicht darüber hinwegtäuschen, daß gerade PC's eine weite Verbreitung gefunden haben und nach wie vor in bestimmten Marktsegmenten, wie bei Laptops, enorme Wachstumsraten zu verzeichnen haben. Für das seit Jahren totgesagte Betriebssystem DOS gibt es durchaus eine Zukunft.

Für viele GIS-Anwendungen, z. B. in Planung und Marketing, reicht ein leistungsfähiges Programm für den PC völlig. Der amerikanische Markt mit seinen immensen Stückzahlen verkaufter GIS-Software verhält sich da ausgesprochen pragmatisch. Es besteht auch bei vielen deutschen Anwendern, z. B. im kommunalen Bereich, vielfach keine fachlich und technisch zu begründende Notwendigkeit, Jahre auf die Anschaffung eines Hunderttausende DM teuren Informationssystems zu warten. Wenn es dann soweit ist, muß die Beherrschung einer System-"Monostruktur" gelernt werden. Dazu sind häufig ausgesprochene Systemspezialisten einzuplanen, für die dann wiederum Stellen in den Haushaltsplan eingebracht werden müssen. Bis es soweit ist, wird jahrelang mit konventionellen Methoden, die einer Rationalisierung und Effektivität des Arbeitsablaufs entgegenstehen, gearbeitet.

Eine vernünftige, fachbezogene Arbeit z. B. in den einzelnen Ämtern einer Kommunalverwaltung läßt sich auch anders konzipieren, mit einer wesentlich höheren Effizienz. Das Atlas GIS kann als kostensparende Alternative oder Additiv zu bestehenden oder geplanten Großlösungen eingesetzt werden. Das kann z. B. bedeuten, daß in den verschiedenen Ämtern einer Stadt- oder Gemeindeverwaltung auf den vielfach bereits ohnehin vorhandenen PC's gearbeitet wird. Der Sachbearbeiter bearbeitet seine konkreten Fragestellungen selbst am Bildschirm, ohne diese Arbeiten an einen Systemspezialisten abgegeben zu müssen. Gegebenenfalls kann er dazu die Daten aus einem übergeordneten System entnehmen und die Ergebnisse wieder dorthin überführen. Die offene Kommunikation des Atlas GIS mit anderen Softwareprodukten und seine Netzwerkfähigkeit unterstützt eine solche Organisationsstruktur. Mit der zunehmenden Leistungsfähigkeit der PC's, schneller werdenden Rechenzeiten und größer werdenden Speicherkapazitäten besteht zudem vielfach keine technische Notwendigkeit mehr für größere Systemlösungen, wie noch vor einigen Jahren.

5 Zur Kommunikationsfähigkeit des Atlas GIS

Die Verfügbarkeit aller wichtigen GIS-Funktionen und deren Funktionalität sind zur Bewertung einer Software wichtig. Kaum weniger wichtig ist die Offenheit eines GIS für die Übernahme externer Datensätze, deren Bearbeitung und den eventuell anschließenden Export. Amerikanische GIS-Softwareprodukte weisen einen wesentlich höheren Industriestandard, eine offenere Kommunikationsfähigkeit als viele deutsche Produkte auf. Der Anwender arbeitet also nicht mit einer Software-Insellösung, sondern kann Daten anderer Anwender nutzen.

Das Atlas GIS importiert und exportiert räumliche Daten oder Attributdaten unmittelbar oder über zusätzlich verfügbare Konvertierungsmodule.

Für die graphischen Informationen bedeutet dies u. a., Datensätze aus zum Teil schwerfälligeren Systemen im Atlas GIS komfortabel weiterzuverarbeiten. Das ARC/Atlas-Konvertierungsmodul kommuniziert mit ARC/Info. Das DLG/Atlas-Modul erzeugt das Digital Line Graph-Format, das u. a. von SPANS und der Terra-Mar-Rasterbildsoftware MicroImage verstanden wird. Das Atlas GIS Import/Export-Modul unterstützt im Import ASCII, TIGER, GBF/DIME, ETAK MapBase und DXF, im Export ASCII und TIGER.

Datenbankdateien aus Atlas Pro (DAT-Format), dBase (DBF), Lotus 1-2-3 (WKS und WK1), Symphony (WRK), Data Interchange Format (DIF), SDF- und ASCII-Dateien werden importiert, dBase- oder ASCII-Format auch exportiert.

6 Hardwareanforderungen

Atlas GIS läuft auf jedem IBM-kompatiblen PC, XT, AT,

PS/2 unter DOS mit 540 K freiem Arbeitsspeicher. Die Software ist netzwerkfähig. Als Graphikkarte reicht im Prinzip eine Herkuleskarte. Für ein komfortables Arbeiten wird ein 80386er-Rechner, der über einen mathematischen Koprozessor und Expanded Memory verfügen sollte, und eine VGA-Graphik empfohlen. Die Größe der Festplatte richtet sich nach der Konzeption des Informationssystems, sollte jedoch mindestens 80 MB betragen. Das Programm benötigt ca. 3,5 MB Speicherplatz. Treiber für die meisten gängigen Digitalisiertabletts, Printer und Plotter werden mitgeliefert.

7 Service rund ums Atlas GIS

Geospace vertreibt nicht nur die Atlas- und Terra-Mar-Software, sondern bietet den Anwendern einen umfassenden Service und Dienstleistungen an. Dazu zählen ein einjähriger kostenloser "Hotline"-Service, der besonders in der Lernphase im Umgang mit der Software nützlich ist, und individuelle Schulungen. Komplette graphische Datensätze wie Kreis- und Gemeindegrenzen, Straßen- und Eisenbahnnetze sind verfügbar. Der individuelle, projektbezogene Digitalisierdienst wird vor allem von Ingenieurfirmen, Planungsbüros und kommunalen Anwendern in Anspruch genommen.

Geospace liefert zur Software auch Hardware und Peripherie, vom Einzelgerät bis zum komplettem graphischen Arbeitsplatz. Als ALTEK- und KODAK-Vertriebspartner ist Geospace auf großformatige Digitalisiertische sowie KODAK-Thermotransferdrucker für die hochwertige Ausgabe von Bilddaten spezialisiert.

8 Zukunftsperspektiven des Atlas GIS

Geospace als deutscher Anbieter des Atlas GIS forciert die Erweiterung der Software für die speziellen Belange des deutschen Marktes in enger Abstimmung mit den Wünschen der Anwender. So kann beispielsweise das Gauß-Krüger-Koordinatensystem editiert werden - eine Seltenheit bei amerikanischen Produkten! Die nächsten wichtigen Entwicklungsziele sind:
- die Verfügbarkeit einer deutschen Programmversion,
- die Verfügbarkeit einer UNIX-Version,
- die kartographische Darstellung von Sachdaten in Säu-

len- und Kreisdiagrammen. Dies ist jetzt schon im Atlas MapMaker für Windows 3.0 möglich. Daten aus dem Atlas GIS können im Atlas MapMaker weiterverarbeitet werden.
Atlas GIS wird vom Hersteller sorgfältig gepflegt und dem jeweiligen Stand der Technik angepaßt. Mit dem Atlas GIS ist ein preisgünstiges, leicht zu bedienendes und damit im projektbezogenen Einsatz zeitsparendes und wirtschaftlich nutzbares PC-GIS gelungen. Die schnelle Verbreitung nur kurze Zeit nach der Markteinführung spricht für sich.

Das Softwaresystem ARC/INFO™

Dr. Jörg Schaller, Claus-Dietrich Werner
ESRI Gesellschaft für Systemforschung und Umweltplanung mbH
Ringstraße 7, D - 8051 Kranzberg

1. Einführung

Das Softwaresystem ARC/INFO wurde von ESRI (Environmental Systems Research Institute) vor 10 Jahren als erstes datenbasisorientiertes GIS am Markt eingeführt und hat sich mittlerweile als führendes GIS-Softwaresystem etabliert.

ARC/INFO wird von über 6000 Organisationen weltweit auf einer breiten Hardwarepalette von PC über Workstations, Minicomputern und Mainframes eingesetzt. Typische Anwendungsgebiete sind der angewandte Umweltschutz und Umweltplanung, die Stadt-, Regional- und Landesplanung, Fachplanungen wie Verkehrsplanung und Resourcenbewirtschaftung (Wasser, Boden etc) sowie in der Verwaltung (Katasterwesen) und im Dienstleistungswesen (Telefon, Ver- und Entsorgung etc.).

ARC/INFO wird in der Verwaltung in Bund, Ländern und Gemeinden, in Forschungseinrichtungen und Universitäten, in der Industrie, im Bergbau, der Forst- und Energiewirtschaft, in Planungs- und Ingenieurbüros und in allen Anwendungsbereichen der thematischen Kartographie eingesetzt.

Durch die offene und flexible Softwarearchitektur als allgemein verwendbarer GIS-Methodenbaukasten kann ARC/INFO flexibel und an die jeweiligen Anwenderanforderungen angepaßt eingesetzt werden. Diese flexible Anpassung erlaubt die rationelle Nutzung vorhandener Daten für die verschiedensten Anwendungen. Dies wird durch eine intelligente Anwenderoberfläche, eine Makrosprache und durch einfachen Zugriff auf Daten unterschiedlichster Herkunft erreicht.

Mit der Version 6.0 stellt ESRI dem ARC/INFO-Anwender erhebliche Erweiterungen des Datenmodells, der Funktionalität und deren Einsatzmöglichkeiten zur Verfügung.

2. Die Softwarephilosophie

Erfolgreiche Softwaresysteme müssen vom Anwender programmierbar sein, d.h. der Nutzer muß in der Lage sein, "seine eigene Sicht" auf die Daten zu realisieren. Bei der GIS-Anwendung sind dies grundsätzlich zwei kombinierte Abfragebereiche:

a) die geographische Abfrage
b) die zugehörigen Sachdaten.

Wenn man GIS Systeme hinsichtlich der Gestehungskosten betrachtet, liegen etwa 10-20% der Kosten bei der Software, 10-20% bei der Hardware und etwa 60-70% sind für die

Erstellung der GIS-Datenbasis anzusetzen. Die Daten müssen also als wertvolles Gut behandelt und fortgeschrieben werden. Daraus ergeben sich wesentliche Anforderungen an die Qualität des Datenmodells, d.h. die Daten müssen einfach strukturiert sein und dürfen nicht redundant gespeichert werden.

Die Datenbasis soll für viele Anwender mit unterschiedlichen Nutzersichten, Anforderungen und Auswertungsmethoden verfügbar sein.

2.1 Das ARC/INFO Datenmodell

ARC/INFO baut auf einem topologisch-relationalen Datenmodell auf. Raumbezogene Elemente (Punkte, Linien, Flächen, codierte Netzwerke und Annotationen) können mit Sachdaten (Attributen) verknüpft und in relationaler Beziehung zueinander dargestellt, analysiert und ausgewertet werden. Die Speicherung der Sachdaten erfolgt unter einem relationalen Datenbanksystem (INFO).

Das Datenmodell wird vor dem Hintergrund der Datenpflege und den Kundenanforderungen laufend weiterentwickelt. Die Version 6.0 integriert nunmehr die vier historisch getrennten GIS-Datenhaltungskonzepte:

- georelationale Vektordaten
- Rasterdaten
- Bilddaten
- relational gespeicherte Sachdaten.

Die geographische Sicht auf die Daten wird durch die Analyse der Vektor- oder Rasterdaten ermöglicht und die Merkmalsabfrage durch die relationale Datenbank. Durch die allgemeine Schnittstelle zu anderen relationalen Datenbanken (RDBI = relationales Datenbankinterface) können externe Datenbanken wie z.B. ORACLE, INGRES, RDB, INFORMIX, SYBASE u.a. für das ARC/INFO GIS genutzt werden (vgl. Abb. 1).

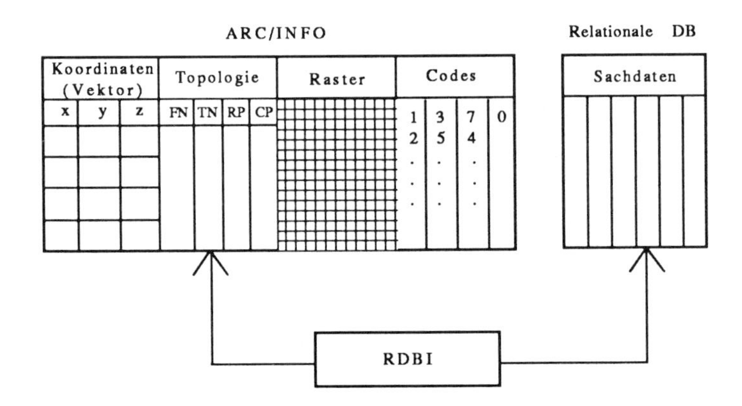

Abb. 1. Das ARC/INFO Datenmodell

ARC/INFO besitzt ein hochintegriertes Datemodell, das über die hybride Verarbeitung von Raster- und Vektordaten hinaus die Einbeziehung unterschiedlicher Informationsquellen

und Datenbanken unter einer universiellen Nutzeroberflächen erlaubt (vgl. Abb. 2). Gegenüber dem ARC/INFO-spezifischen topologisch-relationalen Ansatz sind objektorientierte Datenstrukturen in der Regel hierarchisch aufgebaut und definiert.
Die Vorteile, die solche Datenstrukturen für ein definiertes Anwendungsgebiet haben mögen, werden aber durch hohe Inflexibilität bei der Abfrage oder der Verwendung externer Datenbasen aus anderen Anwendungsbereichen erkauft.

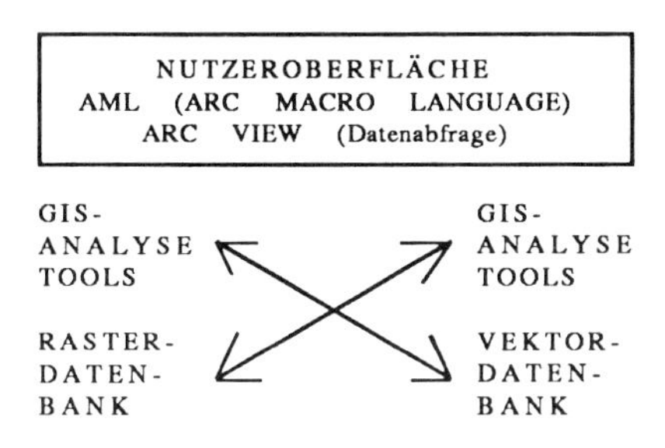

Abb. 2. Benutzerführung und Datenzugriff

Die Benutzerführung erfolgt wahlweise über Kommandoeingabe oder menügesteuert mit Sidebar-, Pulldown-, Matrix-, Eingabe- und Displaymenüs; on-line Hilfen stehen jederzeit zur Verfügung. Die ARC/INFO-Standardsprache ist englisch, es kann jedoch auch eine deutschsprachige Anwenderoberfläche integriert werden. Auf Workstations wird unter X-Windows die gleichzeitige Arbeit in mehreren Bildschirmfenstern unterstützt.

2.2 Die ARC/INFO Umgebung

ARC/INFO ist als hardwareunabhängiges GIS System entwickelt, das unter verschiedenen Hardware- und Betriebssystemsoftwarekomponenten des Industriestandards ablauffähig ist. Abb. 3 zeigt diese wesentlichen Komponenten der ARC/INFO Umgebung.

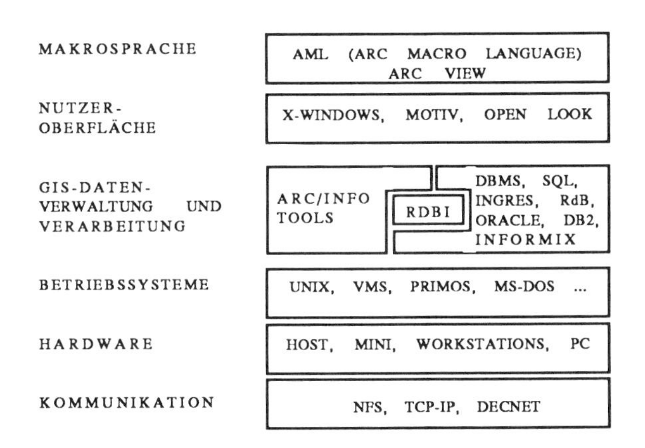

Abb. 3. Komponenten der ARC/INFO Umgebung

3. ARC/INFO Grundfunktionen

Den Kern des ARC/INFO-Systems bilden Module zur Datenerfassung, Datenfortführung und Datenverwaltung, zur geographischen Analyse und Manipulation, sowie zur graphischen Ausgabe und Auswertung. Das Softwaresystem ist modular aufgebaut. Das Basispaket kann optional durch eine Anzahl von Ergänzungsmodulen mit speziellen Funktionen wie z.B. das digitale Geländemodell ARC/INFO TIN erweitert werden. Diese sind jedoch ohne das Basisprodukt nicht einsetzbar.

3.1 Datenerfassung und Datenbankmanagement

Für die Automatisierung und Fortführung raumbezogener Daten steht in ARC/INFO ein leistungsstarker graphischer Editor (ARCEDIT) zur Verfügug, der unter anderem als Hauptfunktion die Digitalisierung, die Bildschirmeditierung, die Manipulierung von Geometrien, die automatische Transformation von Koordinaten und die kombinierte Verarbeitung oder auch Hintergrunddarstellung von Vektor-, Raster- oder Pixelformationen umfaßt.

Die topologisch-relationale Datenstruktur mit Polygonbildung, Längen- und Flächenberechnung, Definition der Nachbarschaftsbeziehungen, sowie vollständiger Integration von Geometrie- und Sachdaten wird in ARC/INFO für die Vektordaten automatisch aufgebaut.

ARC/INFO-Daten sind stets maßstabsunabhängig gespeichert und können über Generalisierung, Koordinatentransformation und geographische Projektion in praktisch jedes Bezugssystem überführt werden. Einzelblätter lassen sich mit automatischem oder interaktivem Randabgleich und Blattschnittbeseitigung zu umfangreichen blattschnittfreien geographischen Datenbanken zusammenführen.

Zur Verwaltung umfangreicher räumlicher und thematischer Datenbestände enthält ARC/INFO eine Kartenbibliothek (LIBRARIAN). In diesem Managementsystem können über Indexfelder beliebig begrenzte Teilbereiche (auch mit definiertem Umgriff) und thematische Ebenen der Gesamtdatenbasis extrahiert, verändert und zurückgeschrieben werden. Funktionen zur Zugriffsregelung und automatischen Protokollierung von Bearbeitungsschritten (Log-Files) ermöglichen eine durchgängige Überwachung der Datenkonsistenz.

3.2 Schnittstellen

ARC/INFO verfügt über zahlreiche Standardschnittstellen zur Übernahme und Übergabe von Geometrie- und Sachdaten in Vektor- und Rasterformaten, als Rasterbilder (Images) oder auch als ASCII-Datenbankdateien. Eine Übernahme von Fremddaten ist u.a. möglich aus AUTOCAD, IGDS und ERDAS. Von ESRI Deutschland wurde des Zusatzmodul ARCSICAD entwickelt, das als Schnittstelle den bidirektionalen Datenaustausch von Geometrien und Attributen mit SICAD-GDB ermöglicht. ARCEDBS, die Schnittstelle zu EDBS, ist in Vorbereitung.

An das ARC/INFO-System können über eine relationale Datenbankschnittstelle (RDBI) andere relationale Datenbanksysteme angebunden werden. RDBI-Link-Programme sind verfügbar für ORACLE, INGRES, VAX/RdB, SYBASE und INFORMIX. Hierbei erfolgt eine temporäre Verknüpfung und Integration der in ARC/INFO abgelegten Geometrien mit externen Sachdaten.

Völlig analog zu den in ARC/INFO direkt gespeicherten Attributen sind damit externe Sachdaten zu selektieren und auszuwerten und in Form von thematischen Karten darzustellen.

Grundlage der Schnittstelle sind dynamische SQL-Routinen im ANSI-Standard. ARC/INFO kann gleichzeitig auf neun verschiedene Datenbanken zugreifen, die auch im Netzwerk verteilt sein können.

3.3 Geographische Analyse

ARC/INFO bietet eine Vielzahl von analytischen Funktionen für raumbezogene Auswertungen. Als wichtigste Funktionen sind insbesondere die automatische Verschneidung für Flächen in Flächen, Linien in Flächen und Punkte in Flächen zu nennen. Sie erfolgen unter vollständiger Kombination der Eingangsdaten (Geometrie- und Sachinformation) und selbständigem Aufbau der topologisch-relationalen Struktur der Ergebniskarte. Die Verschneidungen sind in der Elementzahl nicht begrenzt, Inselflächen werden automatisch berücksichtigt.

Thematische Ebenen können vollständig, in Teil- oder in Überlappungsbereichen verschnitten werden. Geographische oder logische Teilbereiche lassen sich herausschneiden, nach einer Bearbeitung zurückschreiben oder ganz löschen. Zwischen Raumelementen sind Nachbarschafts- und Distanzanalysen (z.B. oben/unten, rechts/links, innen/außen, von/nach, ungeteilt/geteilt, vernetzt/isoliert) durchführbar.

Geometrien können unter Verwendung geometrischer und bool'scher Operatoren oder statistischen Auswertungen analytisch aggregiert und selektiert werden. Flächen-, Linien- und Punktelemente können mit Pufferbereichen versehen werden. Die jeweilige Pufferbreite ist über Attributwerte selektiv definierbar. Alle analytischen Auswertefunktionen sind interaktiv ausführbar.

3.4 Graphische Ausgabe und Auswertung

Mit dem Modul ARCPLOT stellt ARC/INFO umfangreiche Funktionen zur graphischen Darstellung von thematischen Karten und von Auswertungsergebnissen zur Verfügung. Alle Darstellungen erfolgen in freier Maßstabswahl. Das Kartenlayout kann wahlweise interaktiv am Bildschirm ("Map-Composer") oder über die Definition von Standardroutinen erstellt werden. Kartenbegrenzungen und -erläuterungen, begleitende Texte und sonstige kartographische Elemente lassen sich frei definieren.

Vektorielle Daten können auch in ARCPLOT mit Raster- oder Pixelbildern hinterlegt werden ("Image Integrator"). Für die thematische Darstellung von Punkt-, Linien-, Flächen- und Textelementen stehen Standardsymbole zur Verfügung. Es lassen sich aber auch über interaktive Generatoren eigene Symbolbibliotheken erstellen.

Thematische Ebenen können unbegrenzt graphisch überlagert und mit entsprechenden Legenden versehen werden. Teilelemente sind beliebig bis zur Verschneidung thematischer Ebenen "on the fly" selektierbar. Geographische und Attributformationen können automatisch oder manuell gesteuert klassifiziert werden. Statistische Grundfunktionen (Häufigkeit, Summe, Mittelwert, Minimum, Maximum; auch gewichtet) ermöglichen eine Auswertung von Attributwerten, die auch in Form von Kreis- und Balkendiagrammen dargestellt oder über Tabellen ausgegeben werden können. Thematische Karten und Auswertungen lassen sich in verschiedenen Plotterformaten (Stift-, Thermotransfer- oder Rasterplotter, Drucker), als Postscript-File oder auf Hardcopygeräten ausgeben.

3.5 Benutzerschnittstelle und Makrosprache

Neben der Eingabe von Kommandos und ihrer Argumente bietet ARC/INFO mit der integrierten Nutzeroberfläche die Möglichkeit, vollständig menügesteuert zu arbeiten. Die Nutzeroberfläche umschließt die gesamte Funktionalität der Grundbausteine und Zusatzmodule des ARC/INFO Systems.

Die einzelnen ARC/INFO-Funktionen und -Module sind über Sidebar- und Pulldown-Menüs anwählbar; Eingabemenüs unterstützen den Benutzer bei der Definition von Verarbeitungsschritten und der Prüfung der Angaben auf Plausibilität. Ausgabelisten und Hilfetexte werden in seperaten Fenstern mit Blätter- und Rollfunktionen angezeigt. Die Nutzeroberfläche ist vollständig in der Makrosprache AML erstellt und bietet somit auch die Grundlage zur Entwicklung eigener spezieller Anwendungsoberflächen.

Die ARC Macro Language ist eine ARC/INFO-spezifische Programmier- und Datenabfragesprache mit vielfältigen und weitreichenden Einsatzmöglichkeiten. Sie dient zur Definition von Standardroutinen (Verarbeitungsprozesse, Auswertungsroutinen, Standarddarstellungen usw.), zur Integration von externen Programmen (z.B. Simulationsmodelle) und zur Entwicklung menügesteuerter Anwendungen. In Tabelle 1 sind die Basisfuntkionen von ARC/INFO in Kurzfassung zusammengestellt.

Tabelle 1. ARC/INFO Basisfunktionen

	ARC/INFO Basisfunktionen
-	Interaktive Erfassung und Fortführung von Geometrie- und Attributdaten
-	Automtische Erzeugung der topologisch-relationalen Datenstruktur
-	Integration von Geometrie- und Attributdaten
-	Dynamische Segmentierung
-	Datenumwandlung: Vektor/Raster, Raster/Vektor (Image integrator)
-	Datenschnittstellen: Übernahme/Übergabe von Fremddaten
-	Geometrische Manipulation; Intelligente Transformations- und Projektionsalgorithmen, Generalisierung, Randabgleich, Berechnungen
-	Geographische/kartographische Analysen: Kartenverschneidung, Puffererzeugung, Dynamische Segmentierung thematische Auswertung
-	Kartenbibliothek (Librarian)
-	Interaktive Datenbankabfrage, Datenbankmanipulation
-	Relationale Datenbank-Schnittstelle (RDBI)

Tabelle 1. ARC/INFO Basisfunktionen (Forsetzung)

- Symbol- und Schriftzeichenbibliothek (erweiterbar)
- Interaktive graphische Darstellung auf Bildschirm
- Interaktive Erzeugung von Kartenkompositionen und Plotter-Ausgaben
- Benutzerführung durch Menütechnik (ARCshell), bei Workstation auch multiple Fenstertechnik (X-Windows; OSF-Motif)
- Multiple Menüs (Leittext in Eingabefeldern, Menüpositionierung, Graphische Icons, Slidebars, Scrolling lists)
- Standard-Ausgabeformate
- Makrosprache "ARC Macro Language" (AML)
- Peripherie-Unterstützung

4. Ergänzungsmodule

ESRI bietet in Ergänzung zu ARC/INFO eine Reihe von Zusatzmodulen mit erweiterter Funktionalität an, die auf ARC/INFO aufbauen und vollständig in ARC/INFO integriert sind. Dazu gehören ARC/INFO GRID, TIN, NETWORK und COGO (vgl. Tab. 2).

4.1 ARC/INFO GRID

ARC/INFO GRID stellt ein völlig neuentwickeltes Modul zur Rasterdatenverwaltung dar, das vollständig unter der Oberfläche des Vektorsystems ARC/INFO integriert ist. Das Paket erweitert die Basisfunktionen von ARC/INFO um die entsprechenden Funktionen in einer Rasterumgebung. ARC/INFO GRID dient der Verwaltung, Analyse, Auswertung und Darstellung von rasterbezogenen Informationen und zeichnet sich durch sehr schnelle Verarbeitung unbegrenzt großer und randloser Rasterdatenbasen aus.

Das Rastermodell von ARC/INFO GRID baut auf dem "Cell Layer" als grundlegendem Datenelement für die Verarbeitung im Raster-GIS auf. Der "Cell Layer" ermöglicht die Abbildung von einer Reihe von Rasterdatentypen einschließlich raumbezogener Variablen wie DGM und Rasterbildern ("Images"). Die Datenstruktur ist hoch komprimiert und kann variable Rastergrößen und mehrfache Attribute pro Rasterzelle verarbeiten.

In ARC/INFO GRID wird ebenso wie in ARC/INFO automatisch eine Element-Attributtabelle erzeugt, die hier als VAT ("Value Attribute Table") angelegt ist. Der Benutzer kann nicht nur weitere Attribute zu den Standardattributen hinzufügen, sondern auch weitere Attributtabellen erzeugen. Statistische Informationen wie Minimum, Maximum, Mittelwert und Standardabweichung werden für jede Rasterebene in einer Statistiktabelle gespeichert.

ARC/INFO GRID wird Menü- oder Kommando-gesteuert bedient und unterstützt die ARC Macro Language (AML), alle RELATE-Funktionen sowie die Definition und Verwaltung der Rasterumgebung. Der Befehlssatz von ARC/INFO GRID erlaubt die Definition von Operatoren, die auf einzelne wie auch auf mehrere Rasterdatenebenen wirken. "Multi-Layer"-Operatoren werden als ausführbare Befehle umgesetzt. Auswertungsebenen ("Layer") können direkt als Eingabe für Raster-GIS-Befehle verwendet werden. Solche Auswertungsmasken erhöhen die Flexibilität der Raster-GIS-Befehlssprache beträchtlich: sie ermöglichen die dynamische Ausführung von zum Beispiel Neu-Zuordnungen von Zellenwerten, Tabellenverweisen und anderen Operationen, ohne daß der Anwender temporäre "Cell-Layer" als Eingabemasken erzeugen muß.

4.2 ARC/INFO TIN

Das Modul ARC/INFO TIN (Triangulierte Irreguläre Netzwerke) umfaßt Funktionen zur Erstellung digitaler Gelände- und Oberflächenmodelle und damit verbundener Analysen und Auswertungen. Die vernetzten TIN-Strukturen können aus Punkten und Linien mit Z-Attributwerden sowie aus Matrixdateien erstellt werden. Verarbeitet werden hierbei sowohl geographische Höhendaten als auch beliebige logische Werte (z.B. aus statistischen Analysen oder Modellberechnungen).

Die Ergebnisse der TIN-Berechnungen stehen automatisch als ARC/INFO-Karten mit vollständiger topologisch-relationaler Datenstruktur für die weitere Verarbeitung zur Verfügung.

4.3 ARC/INFO NETWORK

Das Modul ARC/INFO NETWORK unterstützt die Verarbeitung codierter Netzwerke (z.B. Straßen-, Leitungs-, Kanalnetze). Es lassen sich geographische Netzelemente adressieren, optimale Wege berechnen und Ressourcenanalysen durchführen. Netzwerkspezifische Attribute (z.B. gerichtete Widerstandsbeiwerte, Durchflußkapazitäten, Nachfrage, Ressourcenmengen) können differenziert zu Punkten, Knoten, Linien und Flächen bezogen werden. Nachbarschaftsbeziehungen werden automatisch berechnet.

4.4 ARC/INFO COGO

Das Modul ARC/INFO COGO bildet einen Ergänzungsbaustein zum graphischen Editor ARCEDIT für Aufgaben der Konstuktion und Vermessung. Es ermöglicht insbesondere die Konstruktion und konstruktive Veränderung von Punkten, Linien, Kreissegmenten, Kreisbögen, Tangenten, Parallelen und Traversen. Daneben können typische Vermessungsanwendungen wie die geometrische Teilung von Elementen (Proportionalteilung, Distanzteilung, die Berechnung von Flächengrößen aus Konstruktionsanweisungen sowie Ausgleichsrechnungen nach verschiedenen Algorithmen durchgeführt werden.

Tabelle 2. Grundfunktionen der Ergänzungsmodule

ARC/INFO GRID
- Bool'sche und algebraische Überlagerung und Verschneidung mehrerer Datenebenen - Nachbarschaftsanalysen - Geographische Abstands-Dichte- und Entfernungsanalyse - topographische Analyse - Objekt- und Elementauswertung - Pfad- und Korridoranalyse - Rasterdatenverwaltungstools wie geometrische Entzerrung und Positionierung - Rasterdatenimport und -export, Datenaustausch - sequentieller oder wahlfreier Zugriff auf große Datensätze - Raster-Vektor und Vektor-Rasterwandlung - Statistische Auswertungen - Plotausgaben auf Schirm und Hardcopy

ARC/INFO TIN
- Erzeugung von dreidimensionalen Gelände-/Oberflächenmodellen - Darstellung von dreidimensionalen Oberflächen - Triangulation zwischen Linien und Punkten (z.B. Höhenlinien, Höhenpunkte) unter Einbeziehung von Bruchkanten und Aussparungsflächen - Automatische Berechnung von Hangneigung, Exposition und Oberfläche - Interpolation von Werten, Kontourierung, Isolinien - Volumenberechnung - Profildarstellung - Einsehbarkeitsberechnung

ARC/INFO NETWORK
- Erzeugung von codierten Netzwerken - Darstellung von Leitungs- und Wegenetzen, Ausbreitungs- und Verteilungsstrukturen - Zuweisung von Netzwerkattributen - Netzwerkanalysen; Berechnung optimaler Pfade, Verteilungsberechnung, Einzugsberechnung, Nachbarschaftsanalyse, Nachfrageberechnung

Tabelle 2. Grundfunktionen der Ergänzungsmodule (Fortsetzung)

ARC/INFO COGO
- Ingenieur-/Vermessungsanwendungen - Einlesen von Felddaten (Theodolit) - Konstruktion von geometrischen Elementen - Linien und Kurvenkontrollpunkt-Erzeugung - Ausgleichsrechnung - geometrische Teilung

5. Die ARC/INFO PC-Software

Neben den Workstation -Mini- und Host-Versionen von ARC/INFO wird auch ein PC-System angeboten. Das Basispaket PC ARC/INFO ist ebenfalls modular aufgebaut. Das Basispaket PC ARC/INFO kann ebenfalls optional durch eine Anzahl von Ergänzungsmodulen erweitert werden. Diese sind jedoch ohne das Basispaket nicht einsetzbar. In Tabelle 3 sind die Grundfunktionen des PC-Systems dargestellt.

Tabelle 3. Grundfunktionen des ARC/INFO PC-Systems

PC ARC/INFO
- Interaktive Erfassung und Fortführung von Geometrie- und Attributdaten - Automatische Erzeugung der topologisch-relationalen Datenstruktur - Integration von Geometrie- und Attributdaten - Geometrische Manipulation; Transformation, Randabgleich, Berechnungen - Interaktive Datenbankabfrage, Datenbankmanipulation - Unterstützung für dBase III+/IV als Datenbankkomponente - Symbol- und Schriftzeichenbibliothek (erweiterbar) - Interaktive graphische Darstellung auf Bildschirm - Interaktive Kartenerstellung und Plotterausgabe - Standard-Ausgabeformate - Makrosprache "Simple Macro Language" (SML) - Peripherieunterstützung

PC OVERLAY
- Geographische/kartographische Analysen; Kartenverschneidung, Puffererzeugung, - thematische Auswertung

Tebelle 3. Grundfunktionen des ARC/INFO PC-Systems (Fortsetzung)

PC DATACONVERSION
- Datenumwandlung; Vektor/Raster, Raster/Vektor - Datenschnittstellen: Übernahme/Übergabe von Fremddaten

PC NETWORK
- Erzeugung von codierten Netzwerken - Darstellung von Leitungs- und Wegenetzen, Ausbreitungs- und Verteilungsstrukturen - Zuweisung von Netzwerkattributen - Netzwerkanalysen; Berechnung optimaler Pfade, Verteilungsberechnung, Einzugsgebietsberechnung, Nachbarschaftsanalyse, Nachfrageberechnung

PC SEM
- Erzeugung von dreidimensionalen Gelände-/Oberflächenmodellen - Darstellung von dreidimensionalen Oberflächen - Triangulation zwischen Linien und Punkten unter Einbeziehung von Bruchkanten und Aussparungsflächen - Interpolation von Werten, Kontourierung, Isolinien - Profildarstellung

6. Verknüpfung von ARC/INFO mit fachbezogenen Modellen

ARC/INFO selbst bietet bereits vielfältige Möglichkeiten, Berechnungs- und Simulationsmeodelle mit raumbezogenen Daten zu verknüpfen. Neben dem Datenaustausch über verschiede Formate und der Kommunikation über AML-Makros können externe Programme auch mit der ARC/INFO-Software selbst gelinkt werden um so einen direkten und schnellen Datenfluß zwischen Modell und geographischen Daten zu erreichen.

Von ESRI-Deutschland wurden in verschiendenen Projekten Modellimplementationen durchgeführt, aber auch Modelle selbst entwickelt, die nun als Modulbausteine zur Verfügung stehen. Hierzu gehören z.B. die Module SLAERM, TIN-Kaskadierung und TIN-Erosion.

6.1 Schallausbreitung

Das Lärmmodell SLAERM ist ein dreidimensionales Ausbreitungsmodell für Verkehrslärm. Die aktuelle Fassung basiert auf den Richtlinien für den Lärmshcutz an Straßen (RLS-90). Die geometrischen Datenelemente des Modells umfassen Straßensegmente und Schienenwege als Lärmquellen, reflektierende Wände, Ausbreitungshindernislinien und Immissionspunkte, die als digitale Karten verwaltet werden.

Zur Verarbeitung stehen mehrere, modular aufgebaute Prozedurbausteine zur Verfügung. Insbesondere können die Geländehöhen automatisch aus dem digitalen Geländemodell übernommen werden, und aus Gebäudegrundrissen können generalisierte Lärmausbreitungshindernisse und reflektierende Wände abgeleitet werden.

Der Anwender kann außerdem zwischen mehreren Methoden wählen, mit denen der Rechenaufwand an die erforderliche Auflösung bzw. die geometrische Komplexität der Daten angepaßt werden kann. Optional ist auch die Berücksichtigung von Fluglärm möglich.

6.2 TIN-Kaskadierung, TIN-Erosion

Für die Modellierung des Oberflächenabflußgeschehens ist es notwendig, spezielle Modelle mit der Struktur einer vernetzten Abflußkaskade zu verknüpfen. Das Programm TIN-Kaskadierung stellt eine Beziehung zwischen Oberflächenelementen (Dreiecken und Kanten) zu einer Entwässerungskaskade her. Die errechnete Kaskade ist von besonderer Bedeutung, da zusätzlich Informationen verknüpft werden können (z.B. im Modul TIN-Erosion zur Berechnung von Bodenabtrag und Sedimenteintrag).

Spezielle lokale Daten, wie Hangneigung und Exposition werden mit Richtung-, Höhen- und Benachbarungshinweisen gespeichert. Nachbarschaftsbeziehungen in Hinsicht auf das Abflußgeschehen werden ebenfalls berücksichtigt.

Statische Modelle wie SLAERM und TIN-Kaskadierung, aber auch Risikokarten aus Verschneidungs- und Berechnungsvorschriften, lassen sich in ARC/INFO mit dynamischen Modellen koppeln, sodaß Entwicklungen über Zeitreihenkarten simuliert werden können.

Eingetragene Warenzeichen

ARC/INFO ™ und PC ARC/INFO™ sind eingetragene Warenzeichen des Environmental Systems Research Institute, Inc.. ESRI ist der Firmenname und ebenfalls ein eingetragenes Warenzeichen. Das ESRI logo, ARC Macro Language (AML, SML, RDBI-INGRES, RDBI-O, RDBI-DB2, RDBI-Viaduct/ARC/INFO, RDBI-Rdb, ARCSHELL, ARCVIEW, IMAGE INTEGRATOR, ARCMAIL, WorkStation ARC/INFO, ARC/INFO COGO, ARC/INFO GRID, ARC/INFO NETWORK, ARC/INFO TIN, PC ARC/INFO, PC STARTER KIT, PC ARCPLOT, PC ARCEDIT, PC OVERLAY, PC NETWORK, PC DATA CONVERSION und SML sind eingetragene ESRI Warenzeichen. PC SEM ist ein eingetragenes Warenzeichen von ESRI Deutschland. AutoCAD ist ein eingetragenes Warenzeichen von Autodesk, Inc.. dBASE und dBASEIII Plus sind eingetragene Warenzeichen von Ashton-Tate Corporation. DEC, DEC Windows, DECnet, DECstation, MicroVAXII, Rdb, ULTRIX, VAX und VMS sind eingetragene Warenzeichen von Digital Equipment Corporation. ERDAS und Live Link sind eingetragene Warenzeichen von ERDAS, Inc.. Ethernet ist ein eingetragenes Warenzeichen von Xerox Corporation. INFO ist ein eingetragenes Warenzeichen von Henco Software, Inc.. INFORMIX ist ein eingetragenes Warenzeichen von Informix Software, Inc.. INGRES ist ein eingetragenes Warenzeichen von Ingres Corporation. AIX und DB2 sind eingetragene Warenzeichen von International Buisness Machines Corporation. X Window System ist ein eingetragenes Warenzeichen von Massachusetts Institute of Technology. MS-DOS und Microsoft Windows ist ein eingetragenes Warenzeichen von Microsoft, Inc.. Motif ist ein eingetragenes Warenzeichen von Neotech Systems. Open Look ist ein eingetragenes Warenzeichen von AT&T Data Systems Group. ORACLE ist ein eingetragenes Warenzeichen von Oracle Corporation. Prime und PRIMOS sind eingetragene Warenzeichen von Prime Computers. NFS und SunView sind eingetragene Warenzeichen von Sun Microsystems, Inc.. SYBASE ist ein eingetragenes Warenzeichen von Sybase. UNIX ist ein eingetragenes Warenzeichen von AT&T Information Systems, Inc..

SPANS - Integration, Analyse und Modellierung in einem innovativen geographischen Informationssystem

Dr.-Ing. Franz-Josef Behr, Dipl.-Ing. Lothar Tschapke

TYDAC Vertriebsgesellschaft für graphische Datenverarbeitung mbH, Goethestr. 6,
D-7500 Karlsruhe

Zusammenfassung

Der integrative Charakter, die Analysemöglichkeiten und die Modellierungsfähigkeit sind die Kennzeichen eines innovativen geographischen Informationssystems. Im folgenden wird "Integration" im Hinblick auf verschiedene Gesichtspunkte beim Einstieg in die geographische Datenverarbeitung näher erläutert. Neben der reinen Datenerfassung und Fortführung ist die Analyse und Verknüpfung der Daten ein wesentliches Einsatzgebiet des geographischen Informationssystems. Auswertemöglichkeiten für Vektor- und Rasterdaten werden aufgezeigt, die modellhafte Verknüpfung durch eine Modellierungssprache wird erläutert.

1 Integration

1.1 Integration bei der Interaktion zwischen Nutzer und System

Wenn wir von einem integrativen Charakter eines geographischen Informationssystems sprechen, so denken wir zunächst an den Nutzer des Systems. Der Gestaltung der *Benutzerschnittstelle* kommt wesentliche Bedeutung zu, um dem Einsteiger wie dem fortgeschrittenen Nutzer gleichermaßen Komfort und Mächtigkeit bieten zu können. Menüsteuerung, Eingabemasken, Mausunterstützung und Online-Hilfetexte erleichtern dem noch ungeübten Benutzer den Zugang zum System. Moderne Standards für die

Gestaltung der Benutzeroberfläche, wie z.B. OS/2 Presentation Manager[1] und X-Windows, werden unterstützt. Selbstverständlich können auch alle Funktionen über Tastaturkürzel ausgelöst werden. Eine wahlweise Kommandoschnittstelle gestattet die direkte Eingabe von Kommandosequenzen, die zu parametrisierbaren Makros zusammengefaßt werden können. Arbeitsabläufe können ebenfalls durch den Makrorecorder aufgezeichnet und protokolliert werden. Die so erstellten Makroanwendungen können ihrerseits wiederum in die Benutzeroberfläche integriert werden; sie stehen dann dem Benutzer - wie jede andere SPANS-Funktion auch - über "Mausklick" zur Verfügung.

Komplexere Funktionen und Verknüpfungen werden durch die *Modellierungssprache* von SPANS ausgeführt. Modellgleichungen können Bestandteil von Makros sein, so daß sich - ausgehend von der Menuoberfläche - hierarchisch abgestufte Interaktionsmöglichkeiten zwischen Benutzer und System mit wachsender Mächtigkeit und Komplexität ergeben.

Die Gestaltung der Benutzeroberfläche sichert eine leichte und effiziente Einarbeitung in das System. Durch ihre Variabilität ist sie in der Lage, sich an den Lernfortschritt und an die steigenden Benutzerwünsche anzupassen.

Eng verbunden mit der Benutzeroberfläche ist ein weiterer Gesichtspunkt der Integration, nämlich die *Integration eigener Anwendungen.* Wir sehen dies in der Makrofähigkeit des Systems mit wahlweiser Parametersteuerung, in der integrierten Modellierungssprache und in der Schnittstelle zu eigenen C-Routinen. Wiederkehrende Arbeitsabläufe können so automatisiert werden, spezifische Auswertungen werden in Form von Makros in die Benutzeroberfläche integriert, so daß man eine erhöhte Sicherheit bei der Benutzerführung erreichen kann. Integrierte Modellierungssprache, Einbindung eigener Unterprogramme und Aufruf externer Programme schaffen Flexibilität und erhöhen die Leistungsfähigkeit des Gesamtsystems.

1.2 Integration von Datenmodellen und Datenformaten

Einstieg in die geographische Datenverarbeitung bedeutet zunächst auch, Daten in mehr oder minder großem Umfange zu erfassen. Nach Möglichkeit wird man dabei oft auf bereits existierende geographische Datenbanken zurückgreifen. SPANS ist in der Lage, Daten unterschiedlicher geographischer Informationssysteme auf *Vektorbasis* und auf *Rasterbasis* integriert zu verarbeiten. Vektordaten werden mit vollständiger Topologie (Burrough 1987) erfaßt, als Rasterdaten können gescannte Karten, digitale

---

[1]Alle verwendeten Warenzeichen sind Eigentum der jeweiligen Firmen.

Orthophotos und sogar mehrkanalige Fernerkundungsdatensätze vom System verwaltet werden. *Schnittstellen* zu wesentlichen GIS-Systemen der Vektor- und Rasterwelt sind vorhanden. Die systemeigenen Schnittstellen sind offengelegt und ausführlich dokumentiert.

Die so erfaßten Objekte können über Schlüssel mit beliebigen *Attributtabellen* in Beziehung gesetzt werden, deren Zuordnung selbst über Verschneidungsoperationen hin im System erhalten bleibt.

Durch die Vielfalt der Datenmodelle und Datenformate kann die Datenerfassung *flexibel* und *kostengünstig* gestaltet werden. Durch die Integration von Vektor- und Rasterdaten wird eine Gesamtschau der zur Verfügung stehenden Informationen ermöglicht. Punktdaten, Vektordaten, Flächendaten und Rasterdaten werden innerhalb einer *Quadtree-Datenstruktur* in Beziehung gesetzt. Ausgangsdaten können dabei in unterschiedlichen Kartenprojektionen und in unterschiedlicher räumlicher Auflösung vorliegen.

Der Weg der Datenspeicherung in Form von Quadtrees (Samet 1986, Kollarits 1990) weist einen klaren Vorteil gegenüber der Vektor- oder Rastermethode auf: Durch die Optimierung der Datenspeicherung benötigt eine Quadtreestruktur etwa ein Drittel bis ein Zehntel des Speicherplatzes einer vergleichbaren Raster- oder Vektorrepräsentation, so daß auch umfangreiche Auswertungen auf PC-Ebene möglich werden.

Aufgrund ihres Aufbaus ist die Quadtreestruktur ein guter Kompromiß zwischen Vektor- und Raster-Modell, auch hat sie viele Vorteile dieser Methoden in sich vereinigt:

- Die Quadtreestruktur nähert durch die Anpassung der Zellgröße an die räumliche Variation der Attributschlüssel die Genauigkeit der Vektordatenstruktur an.

- Wird die Auflösung eines Quadtree-Datensatzes verdoppelt, hat dies nur eine lineare Vergrößerung des benötigten Speicherplatzes zur Folge.

- Algorithmen für Flächenberechnung und komplexe Verschneidungen reduzieren sich in der Quadtreestruktur auf einen Vergleich der Klassennummern in den verschiedenen Auflösungsstufen der beteiligten Quadtrees (Peuquet 1986). Die explizite Lageinformation kann unberücksichtigt bleiben, die logische Anordnung der Zellen innerhalb der Datenstruktur genügt.

- Wie bei Vektoren üblich können auch im Quadtree Daten unterschiedlicher Auflösung überlagert werden; die Verknüpfung geschieht auf verschiedenen Ebenen der "Quadtree-Pyramide". Das Resultat bewahrt alle topologischen Grenzen der eingebrachten Karten.

1.3 Integration in die DV-Umgebung

In Zusammenhang mit der Integration unterschiedlicher Datenmodelle ist auch die *Einbindung* des Systems in die *DV-Infrastruktur* der Behörde bzw. des Unternehmens zu sehen. Auf PC-Ebene können Daten des OS/2-Database-Managers in SPANS integriert, Abfragen an den Database-Manager übergeben und die Ergebnismenge in SPANS graphisch präsentiert werden. Informationen aus AS/400-Anwendungen können PC-seitig über AS/400 PC Support bzw. unter AIX über AIX Viadukt übernommen werden. Über AIX Viadukt wird auch die Anbindung an DB2-Datenbestände auf IBM/370-Systemen realisiert.

Durch die Anbindung bereits existierender Datenbestände können diese Informationen um die graphische und geographische Komponente erweitert und in räumliche Beziehung zueinander und zu weiteren raumbezogenen Daten gesetzt werden.

2 Analysefunktionen

Die Fähigkeit, Analysen raumbezogener Daten durchzuführen, stellt eine weitere Komponente eines geographischen Informationssystems dar. Wesentlich für die Mächtigkeit und Effizienz, mit der Analysen durchgeführt werden können, ist die Wahl der entsprechenden Datenstruktur.

So sollten z.B. Straßennetze in einer Netzwerkdatenstruktur innerhalb des Vektordatenmodells abgebildet werden, um so Verkehrsflüsse und ihre möglichen Änderungen bei einer Modifikation der Netzstruktur abbilden zu können. Die Datenstruktur - topologisch verbundene Kanten und Knoten - ist die Grundlage dieser Funktionalität. Diese in einer Rasterdatenstruktur abzubilden, stellt ein wesentlich schwierigeres Unterfangen dar; dort sind die Fließbewegungen von einer Zelle in die andere - was Verkehrsströme betrifft - ungleich schwieriger zu modellieren. Sollen im Gegensatz dazu eher flächenhafte Prozesse, wie z.B. Erosionsvorgänge oder Ausbreitungsvorgänge, im System abgebildet werden, ist die Raster- oder Quadtreestruktur eine geeignete Basis.

Es lassen sich folgende Arten von Analysefunktionen unterscheiden:

- Analyse von Karteninformation[2],
- Analyse von Rasterdaten,
- Analyse von Vektordaten (topologische Analyse),
- tabellenbezogene Analyse.

2.1 Analyse von Karteninformation

Kartenbezogen können folgende *statistische Auswertungen* durchgeführt werden:

- Flächenberechnung, bezogen auf die einzelnen, in der Karte vorhandenen Klassen,

- Verschneidung zweier Karten mit Bestimmung der Flächenanteile der jeweiligen Schnittmengen,

- Verschneidung zweier Karten mit flächengewichteter Bestimmung der Klassenanteile, die in die Einzelflächen der Ausgangskarte fallen ,

- Verschneidung zweier Karten mit Bestimmung des flächengewichteten Mittelwertes eines Attributes der Klassen, die in die Einzelflächen der Ausgangskarte fallen,

- Verschneidung zweier Karten mit flächengewichteter Summierung eines Attributes der Einzelflächen, die in die Einzelflächen der Ausgangskarte fallen,

- Zusammenfassung (Aggregierung) von Karten: Verschiedene Karten können modellhaft miteinander in Beziehung gesetzt und Ergebnisse in Tabellen abgelegt werden. Dabei werden statistische Parameter für die Klassen einer Karte bestimmt.

Im weiteren Sinne sind auch Funktionen wie z.B. Bestimmung der lokalen Varianz, von lokalen Wertebereichen, z.B. für Texturauswertungen, von Entropie und Diversitätsindex dem Bereich "Analyse" zuzuordnen.

---

[2]Mit Karteninformation wird im folgenden die in einer Quadtreestruktur gespeicherte Information bezeichnet.

2.2 Analyse von Rasterdaten

Bei Rasterdaten können folgende Auswertungen durchgeführt werden:

- Häufigkeitsverteilung
- Mittelwert und Standardabweichung
- Kovarianz- und Korrelationsmatrix für mehrkanalige Datensätze
- Histogrammerzeugung.

Die so gewonnen Informationen sind Grundlage für die Festlegung von Klassifikationsschemata, für Kontrastverstärkung und Kanalauswahl. Rasterbasiert laufen ebenfalls die Erzeugung von 3-D-Darstellungen, Sichtbarkeitsprüfungen und die Bestimmung der Höhe des Sehstrahls über Grund ab.

2.3 Analyse von Vektordaten

Bei der Analyse von Vektordaten werden geometrische und topologische Attribute dem Vektordatensatz zugefügt. Die Ergebnisinformation kann direkt mit den Vektordaten gespeichert oder in einer Tabelle abgelegt werden.

Die *topologische Auswertung* greift auf vektorielle, topologisch strukturierte Daten zu und gestattet die Beantwortung folgender fragen:

- Welche Fläche ist benachbart zu einer Untersuchungsfläche?
- Welches Polygon liegt innerhalb einer Untersuchungsfläche?
- Welche zu untersuchenden Flächen liegen innerhalb anderer Flächen?

Ergebnis dieser Auswertung sind Tabellen, die weiter untersucht werden können oder Grundlage für eine thematische Karte sein können. Eine typische vektororientierte Analyse stellt auch die Suche nach kürzesten Wegen (shortest path) innerhalb eines *Netzwerks* dar. Darauf aufbauend ist es möglich, ausgehend von einem Startpunkt, Linien gleicher Reisezeit (Reisekosten) zu bestimmen.

2.4 Tabellenbezogene Analyse

Das System stellt über die Menüoberfläche für die einzelnen Tabellen spaltenbezogen Minimum und Maximum zur Verfügung. Als weitere Auswerteverfahren sind folgende Analysemöglichkeiten vorhanden:

- Im Rahmen der Tabellenaggregierung werden statistische Ergebniswerte einer Tabelle bestimmt. Dabei werden die Datensätze entsprechend den

Einträgen in der Spalte einer Primärtabelle zusammengefaßt (aggregiert).

• Histogrammerzeugung

Weitere tabellenbezogene Auswertungen sind dem Bereich der Modellierung zuzuordnen.

3 Modellierung raumbezogener Daten

3.1 Grundlagen

Modelle werden durch die Komplexität unserer Wirklichkeit erforderlich. Sie sind Anschauungshilfe für unser Denken und bilden als solche ein vereinfachtes und verständlicheres Bild, eine Grundlage für die Bildung von Arbeitshypothesen, die an der Wirklichkeit verifiziert werden sollen. Modelle vermitteln nicht die ganze Wahrheit, aber einen nützlichen und faßbaren Teil der Wirklichkeit.

Es lassen sich verschiedene *Typen von Modellen* unterscheiden (Haggett 1973). Eine einfache Detailgliederung unterscheidet zwischen

- bildhaften (ikonischen) Modellen,
- Analogmodellen und
- Symbolmodellen

mit jeweils steigendem Abstraktionsgrad.

Bildhafte Modelle zeigen Eigenschaften der Wirklichkeit in einem anderen Maßstab. Als einfaches Beispiel sei das Straßensystem einer Region herangezogen. Luftbilder stellen hier eine erste bildhafte Abstraktionsstufe dar.

Analogmodelle gehen über den Sinngehalt der bildhaften Modelle hinaus und stellen eine Eigenschaft stellvertretend für eine andere dar. So stellen Karten, auf welchen Straßen verschiedener Hierarchistufen durch Linien verschiedener Strichstärke oder Farbe eingetragen sind, als Analogmodel eine zweite Abstraktionsstufe dar.

Ein mathematischer Ausdruck, wie z.B. die Straßendichte pro Quadratkilometer, stellt die dritte, die *symbolhafte Abstraktionsstufe* dar. Auf jeder dieser Abstraktionsstufen geht Information verloren und das Modell nimmt an Abstraktion und Generalisierung zu.

Wenden wir diese Klassifizierung der Modelltypen auf *geographische Informationssysteme* an, so stellt schon die reine Erfassung der Grundrißinformation ein ikonisches Modell der Wirklichkeit dar. Wird den Punkten, Linien und Flächen noch weitere Information zugefügt und graphisch dargestellt, finden wir uns im Bereich der Analogmodelle wieder.

Analysenmethoden, die neue Informationen innerhalb des Informationssystems generiert, führen uns in den Bereich der symbolhaften Modelle.

SPANS stellt über seine Benutzerschnittstelle direkt bereits eine Reihe von *Modellierungsfunktionen* dem Anwender zur Verfügung, z.B.

- Interpolation von Isolinien,
- Generierung von Voronoi-Diagrammen (Thiessenpolygonen)
- Erzeugung von Trend- und Wahrscheinlichkeitsflächen,
- Gravitationsmodell,
- topologische Modellierung.

Neben diesen vorgegebenen Modellierungsprozeduren steht dem Anwender eine mächtige *Modellierungssprache* zur Verfügung, um Modelle seiner speziellen Anwendung in Form von *logischen Gleichungen* entsprechend gestalten und in SPANS integrieren zu können.

3.2 Modelltypen und Gleichungsstrukturen

Bezüglich der Modellierungssprache unterschieden wir zwischen

- Tabellenmodellierung,
- Tabellenaggregierung,
- Punktmodellierung,
- Kartenmodellierung,
- Kartenaggregierung,

die im folgenden bezüglich ihrer Bedeutung und Gleichungstruktur vorgestellt werden.

3.2.1 Tabellenmodellierung

Bei der *Tabellenmodellierung* werden Operationen auf Tabellen ausgeführt, wie wir sie typischerweise von relationalen Datenbanksystemen her kennen. Die *Tabellen-Aggregierung* erlaubt es, Tabellen zu neuen Tabellen zusammenzufassen, die Summen, Extremwerte oder andere Charakteristika der Datensätze aus den Originaltabellen enthalten. Tabellen-Aggregierung wird auch genutzt, um bestimmte statistische Werte aus Karten zu extrahieren, wie z.B. Flächengröße oder Zentroide. Logische Gleichungen für Tabellenmodellierung haben die Form

```
E name Beispiel für Tabellenmodellierung
a = 5;
b = field('var1);
c = table('tname1', b, 4) ;
d = table('tname2', b, 5) ;
result (a*b, c, a*b+c, d)
```

Diese Gleichung bestimmt aus der *Primärtabelle*, deren Einträge über `field()` angesprochen werden, einen Schlüssel (Variable `b`), referenziert damit Einträge in *Sekundärtabellen* `tname1` und `tname2`. Dort gespeicherte Werte werden untereinander sowie mit der Variablen `a` arithmetisch verknüpft.

Logische Gleichungen für *Tabellenaggregierung* haben die Form:

```
E name Beispiel für Tabellenaggregierung
a = 5;
b = field('var1);
c = table('tname1', b, 4) ;
result (count, sum(a*b), vmin(b,c)) by field('class')
```

Diese Gleichung bestimmt einen Schlüssel (Variable `b`) und referenziert damit Einträge in der *Sekundärtabelle* `tname1`. Die Ergebniswerte werden hierbei jedoch nicht für jeden Tabelleneintrag der Primärtabelle bestimmt, sondern die Datensätze werden entsprechend den Einträgen in der über `by field('class')` spezifizierten Spalte der Primärtabelle zusammengefaßt (aggregiert).

3.2.2 Punktmodellierung und Stichprobenraster

Punktmodellierung kombiniert Kartenattribute mit geokodierten Punktdaten, die in einer Punkttabelle abgespeichert sind. Modellgleichungen, die auf mehrere Karten und Look-up-Tabellen zugreifen können, werden dazu herangezogen, um weitere Attribute für jeden Punkt zu generieren und Selektionen durchzuführen:

```
E name Beispiel für Punktmodellierung
a = class('map1');
{select if a==2};
result (class('map2'))
```

Eine Möglichkeit, auf der Grundlage einer Karte ein regelmäßiges Stichprobennetz zu erzeugen, steht ebenfalls zur Verfügung. Die logische Gleichung hat dann die Form:

```
E name Beispiel für Punktraster
a = 0.1;
result ({a if class('map1')==2, 0.01},
       class('map1'), class('map2'))
```

Das Beispiel zeigt, wie die Rasterweite aufgrund der Kartenklassen gesteuert werden kann.

3.2.3 Kartenmodellierung

Kartenmodelle kombinieren mehrere Karten über logische Gleichungen miteinander und generieren eine neue Karte. Sie können auch herangezogen werden, um interaktiv neue Informationen zu berechnen, wobei die aktuelle Cursorposition die Eingaben für die logische Gleichungen festlegt. Die Ergebnisse der Berechnung werden dem Anwender on-line in einem Bildschirmfenster angezeigt.

Logische Gleichungen für Kartenmodellierung haben die Form:

```
E name Beispiel für Kartenmodellierung
a = 5;
b = class('map1');
c = class('map2');
(b+c) / 2 + a
```

Diese logische Gleichung bildet den Mittelwert aus den Karten `map1` und `map2` und addiert dazu den Wert 5. Das Ergebnis ist wieder eine Karte. Innerhalb der Gleichung können ebenfalls Tabellen, die der Karte zugeordnet sind, angesprochen oder über Fremdtabellen referenziert werden.

Über *Karten-Aggregierung* können verschiedene Karten modellhaft miteinander in Beziehung gesetzt werden und Ergebnisse in Tabellen abgelegt werden:

```
E name Beispiel für Kartenaggregierung
map$ = 'map1';
result (class('map2')*sum(area),
  vmin(level,centerx,centery) ) by class(map$)
```

Ähnlich der Tabellenaggregierung werden hier statistische Parameter für die Klassen einer Karte (spezifiziert über `by class()`) gebildet. Das Ergebnis ist eine Tabelle, die - vorausgesetzt, jede Fläche ist eindeutig durch eine Klasse gekennzeichnet - für jedes Polygon die Klassennummer, die Fläche und die Koordinaten eines Zentroids (Inpunktes) enthält.

4 Literaturhinweise

Burrough, P.A. (1987): *Principles of Geographical Information Systems for Land Resources Assessment*. Monographs on Soil and Resources Survey, No. 12, Oxford Science Publications, Oxford

Samet, H., C.A. Shaffer, R.E. Webber (1986): Using linear quadtrees to store vector data. in: Kessener, L.R.A. (ed.): *Data Structures for Raster Graphics*. Springer Verlag, Berlin

Hagget, P. (1973): *Einführung in die kultur- und sozialgeographische Regionalanalyse*. Walter de Gruyter Verlag, Berlin, 414 S.

Peuquet, D. J. (1986): The use of spatail relationsships to aid spatial database retrieval. in: *Proc. Second Int. Symp. on Spatial Data Handling*, Seattle, S. 459 - 471

Kollarits, S. (1990): SPANS - Konzeption und Funktionalität eines innovativen GIS. in: *Salzburger Geographische Materialien*, Heft 15, Salzburg

Vom Landschaftsplan zum Umweltkataster mit Hilfe eines geographischen Informationssystems

Dr. Christian Küpfer, *ÖKOplan* GmbH, Sindelfingen-Berlin

1. VORBEMERKUNGEN

Im Landschaftsplanungsbüro *ÖKOplan* beschäftigen wir uns mit der Analyse und der Diagnose von Landschaftsfunktionen, d.h. wir erfassen und bewerten Landschaft bezüglich ihrer Funktionen Gewässerdargebot, klimatische Regeneration, land- und forstwirtschaftliche Nutzung, Arten- und Biotopschutz sowie Landschaftsbild und Erholung. Sind die Landschaftsfunktionen in dieser Form aufgearbeitet, wird durch Überlagerung mit Lärm- und Schadstoffbelastungen sowie Zerschneidungseffekten durch Straßen usw. der Grad der Beeinträchtigung dieser Funktionen durch den Menschen festgelegt. Die Komplexität dieser Zusammenhänge ist natürlich nur von einem Team von Fachleuten erfaßbar und in eine sinnvolle Maßnahmenplanung umsetzbar. Diese Vorgehensweise, die Ihnen nachfolgend erläutert werden, ist für die verschiedenen Ebenen der Planung von Bedeutung.

Nach unserem Verständnis hat der Landschaftsplan die Aufgabe, die landschaftsökologischen Gegebenheiten aufzuzeigen und sollte vor Beginn einer Flächennutzungsplanung die Bedeutung der Landschaftsfunktionen

- Gewässer
- Klimatische Regeneration
- Land- und forstwirtschaftliche Nutzung
- Arten- und Biotopschutz, sowie
- Erlebnis- und Erholungswert und gegebenenfalls
- Rohstoffreservoir

aufzeigen.

Diese Aufgaben können nur dann zufriedenstellend erfüllt werden, wenn die Einzelthemen interdisziplinär, d.h. von einer Gruppe von Fachleuten erarbeitet werden. So kann z.B. die Qualität eines Biotops zwar von einem Vegetationskundler hinreichend beschrieben werden. Doch nur durch die Zusammenarbeit mit einem Tierökologen und u.U. mit einem Bodenkundler oder Hydrogeologen kann seine eigentliche Bedeutung für den Naturhaushalt im vollen Umfang erfaßt und dargestellt werden.

Zu einer erfolgreichen Zusammenarbeit kann dabei besonders der Einsatz von EDV beitragen: Erstens sind große Datenmengen aufzunehmen und zu analysieren und zweitens erleichtert die EDV die Verknüpfung der verschiedenen Themenbereiche. Zudem können die erfaßten Daten verknüpft und in Karten verschiedenartig dargestellt werden.

Die Berücksichtigung von Fakten aus dem Landschaftsplan im Flächennutzungsplan ist eine von vielen Anwendungsmöglichkeiten. Die Daten können aber auch für Folgeplanungen, wie z.B. UVP (Industrie- und Wohngebiete sowie Straßenbau) oder Biotopverbundmaßnahmen weiterverwendet werden; zusätzliche Erhebungen werden dadurch stark minimiert oder sogar überflüssig, sodaß sich die Kosten entsprechend verringern und Zeit gespart wird.

Wird der Landschaftsplan unter diesen Voraussetzungen erstellt, liegt nach seiner Erstellung ein umfassendes Landschaftsinformationssystem vor. Aus dieser "Datenbank" kann für Folgeplanungen Datenmaterial für bestimmte Landschaftsteile abgerufen und Detailkarten neu ausgegeben werden. Weitere wichtige Zusatzinformationen (Lärmausbreitungsberechnungen, Schadstoffemissionen, etc.) können für Folgeplanungen problemlos in das System integriert werden.

2. METHODIK DES LANDSCHAFTSPLANES

Inhalt des Landschaftsplans ist im Sinne des Vorsorgeprinzips die Entwicklung eines ökologisch-gestalterischen Konzepts zur nachhaltigen Sicherung der Leistungsfähigkeit des Naturhaushalts und Nutzungsfähigkeit der Naturgüter im Hinblick auf die Ansprüche des Menschen. Die Methodik baut auf den "Richtlinien zur Landschaftsplanung" des MELUF Baden-Württemberg (1984) auf.

Danach ergeben sich folgende Arbeitsschritte:

a) Analyse
- Erfassung der Funktionen der Flächen und ihrer anthropogenen Nutzungen einschließlich möglicher Wirkungen dieser Nutzungen. Dies geschieht anhand der Auswertung von Daten Dritter sowie von eigenen Erhebungen (Bestandsaufnahme).

b) Diagnose
- Bewertung der Flächenfunktionen im Hinblick auf die nachhaltige Leistungsfähigkeit des Naturhaushaltes;
- Bewertung der Intensität von Beeinträchtigungen;
- Gegenüberstellung der Empfindlichkeit von Flächen und der auf die Flächen einwirkenden Beeinträchtigungsintensität (durch eine oder mehrere Nutzungen);
- Risikoeinschätzung für die betroffenen Flächen als Grundlage zur Formulierung von Maßnahmen (Zielvorgaben);
- Szenarien und Prognosen durch verschiedene mögliche Nutzungen.

c) Maßnahmen
Entwicklung eines ökologischen und gestalterischen Maßnahmenkonzepts mit Vorschlägen
- zur Sicherung, Pflege und Sanierung bestehender ökologisch wertvoller Flächen;
- zur Minderung von bestehenden Nutzungskonflikten und Vermeidung künftiger;
- zur Entwicklung des Landschaftsbildes;
- zum Biotopverbund und zur Entwicklung von Flächen in Mangelbereichen;
- zur Ausweisung von Tabu- bzw. Vorrangflächen
- zur künftigen Flächennutzung.

Im einzelnen gliedern sich die Arbeitsschritte folgendermaßen:

Landschaftsanalyse (1. Phase)

Innerhalb der werden für den Planungsraum Daten zu Naturfaktoren aufgenommen. Die Einschätzung erfolgt mit dem Ziel der nachhaltigen Sicherung und einer gesteuerten Entwicklung.

Die methodische Vorgehensweise muß daher eine spätere Einschätzung des Werts von Flächen im Sinne von § 1 BNatSchG ermöglichen.

Diese Nutzungseignung oder Schutzwürdigkeit von Flächen wird nach BACHFISCHER bestimmt durch die

- bereits vorliegende Nutzung
- besondere natürliche Standorteignung
- Ausprägung der Standortfaktoren (Boden, Wasser, Luft), die eine Verstärkung oder Verminderung von Einwirkungen auf andere Nutzungen bedingen (Wechselwirkungen)

In Anlehnung an BIERHALS wird zur Darstellung der Leistungsfähigkeit der Naturgüter der Potentialbegriff verwendet.

Für die Landschaftsplanung müssen folgende Potentiale schwerpunktmäßig betrachtet werden:

- das **Arten- und Biotoppotential**, d.h. das Vermögen eines Raumes, eine standortspezifische Pflanzen- und Tiergesellschaft zu beherbergen

  das **Gewässerpotential**, das Vermögen eines Raumes, Grund- und Oberflächenwasser einer bestimmten (definierten) Qualität bereitzustellen

- das **klimatische Regenerationspotential**, d.h. die Fähigkeit eines Raumes, aufgrund seiner Vegetationsstruktur, seiner Topographie und Lage das Lokalklima durch Staubfilterung, Luftbefeuchtung, Temperaturminderung und Luftvermischung zu bestimmen

- das **biotische Ertragspotential**, d.h. die natürliche Ertragsfähigkeit für die land- und forstwirtschaftliche Produktion

- das **Erlebnis- und Erholungspotential**, d.h. als Ausdruck der Vielfalt, Eigenart und Schönheit einer Landschaft sowie deren Erholungseignung

- das **mineralische Rohstoffpotential**, d.h. als die zum Abbau geeigneten oberflächennahen Rohstoffe.

Originäre Aufgabe der Landschaftsplanung ist hierbei vor allem die Ermittlung des Arten- und Biotoppotentials und des Erlebnis- und Erholungspotentials. Für die übrigen Potentiale müssen die Daten anderer Fachplanungsträger zusammengestellt und für die Landschaftsanalyse entsprechend aufgearbeitet werden.

Für die einzelnen Nutzungen werden prinzipiell mögliche Beeinträchtigungen erhoben und, soweit vorhanden, nach rechtlich oder wissenschaftlich vorgegebenen Kriterien flächenmäßig abgegrenzt. Diese Zuordnung beinhaltet die Ermittlung der Empfindlichkeit von Potentialen und ihrer Nutzungen gegenüber Beeinträchtigungen.

Landschaftsdiagnose (2. Phase)

Die Nutzungseignung der Landschaft wird unter den jeweiligen Gesichtspunkten der Potentiale sowie die Intensität der Beeinträchtigung bewertet. Grundlage hierfür bilden die Ergebnisse der Landschaftsanalyse.

Durch die Bewertung der Nutzungseignung soll dargestellt werden, welche Flächen für die verschiedenen Leistungen (Potentiale) besonders schützenswert sind und von welchen Flächen welche Belastungen auf die einzelnen Potentiale ausgehen. Aus den Faktoren Wertigkeit des Potentials und den darauf wirkenden Belastungen läßt sich für eine Fläche die Dringlichkeit von Maßnahmen ableiten.

Das Ergebnis der Diagnose ist die potentialbezogene Bewertung der Nutzungseignung einer Fläche. Hieraus kann erstens die Verträglichkeit desjenigen Landschaftsteils abgeleitet werden, der selbst von einer bestimmten Nutzungsänderung betroffen ist.

Maßnahmenkonzept (3. Phase)

Mit den Phasen 1 und 2 ist die Grundlagenuntersuchung zum Landschaftsplan abgeschlossen. In der Landschaftsdiagnose werden der Handlungsbedarf herausgestellt und Zielvorgaben erarbeitet, die zu der anschließenden 3. Phase, der Erstellung eines ökologischen und gestalterischen Gesamtkonzepts, in konkrete Handlungsanweisungen umgesetzt werden sollen.

Hierbei stehen der Landschaftsplanung drei Instrumente zur Verfügung.:

- Festsetzung von Vorrangflächen
- Sanierungs- und Entwicklungsmaßnahmen
  a) sektoral (Naturschutz, Erholungsvorsorge) und
  b) interdisziplinäre Behandlung beeinflußbarer Risiken (z.B. Grundwasserschutz)

Die Ausweisung von Vorrangflächen im Landschaftsplan mit entsprechenden Regelungsfestsetzungen soll besondere Freiraumfunktionen schützen. Dieses Instrument hat überwiegend ordnenden Charakter, die Flächennutzung wird bezüglich ihrer Verteilung gelenkt. Diese Maßnahmen haben nur Hinweischarakter.

In der sektoralen Fachplanung - Naturschutz und Erholungsvorsorge - besitzt die Landschaftsplanung die originäre Zuständigkeit. Hier werden Maßnahmen entwickelt, die zu einer Sicherung, Sanierung und, wo dies notwendig ist, auch zu einer Wiederherstellung dieser Freiraumfunktion führen.

Drittes Instrument ist die interdisziplinäre Einflußnahme auf andere Fachplanungen. Hierbei werden konkrete Hinweise gegeben, wie öffentliche Fachplanungsträger bei ihren Vorhaben naturhaushaltliche Belange berücksichtigen müssen, bzw. im weiteren Verfahren zu sichern sind.

Diesem Maßnahmenansatz muß in Zukunft eine besondere Stellung zukommen, da "Natur" in ihrer Gesamtheit nur fachübergreifend definiert werden kann. Ein Landschaftsplan, der Aussagen über Klima, Gewässer, Artenschutz, Landnutzung und Erholung treffen soll, kann seine Aufgabe nur dann hinreichend erfüllen, wenn er im Verbund von Fachdisziplinen erarbeitet wird. Hierbei ist es hilfreich, daß durch den Einsatz der EDV große Datenmengen auch entsprechend thematisch ausgewertet und in Kartenform dargestellt werden können. Die EDV gewährleistet mit ihrer Gliederung des Landschaftsgefüges nach Potentialen sowie den eindeutigen Kriterien bei der Risikoermittlung auch für Nichtfachleute Transparenz und Kontrollierbarkeit der aufgenommenen Daten und ihrer Bewertungen. Gleichzeitig ist somit eine leicht anwendbare und flexible Grundlage für die Abwägung einzelner Nutzungsansprüche bei Planungen wie auch bei den im Landschaftsplan vorgeschlagenen Maßnahmen vorgegeben.

Die Bearbeitung dieser Sachverhalte soll nachfolgend anhand der Landschaftsfunktionen **Arten- und Biotopschutz** sowie **Gewässerdargebot** erläutert werden.

Das Untersuchungsgebiet ist Teil des Südwestdeutschen Schichtstufenlandes (Oberes Heckengäu, Korngäu und Schönbuch) und liegt ca. 20 km südwestlich des Ballungsraums Böblingen-Sindelfingen. Folgende geologische Formationen sind vorhanden (vgl. Abb.1):

Oberer Muschelkalk (mo)
Lettenkeuper (Ku)
Gipskeuper (km1)
Schilfsandstein (km2)
Bunte Mergel (km3)
Stubensandstein (km4)

Die chemischen und physikalischen Eigenschaften dieser Gesteine haben Auswirkungen auf die land- und forstwirtschaftliche Nutzung, die Biotopqualitäten (Abb. 3) und die Grund- und Oberflächenverhältnisse (Abb. 5).

Abb. 1. Geologie

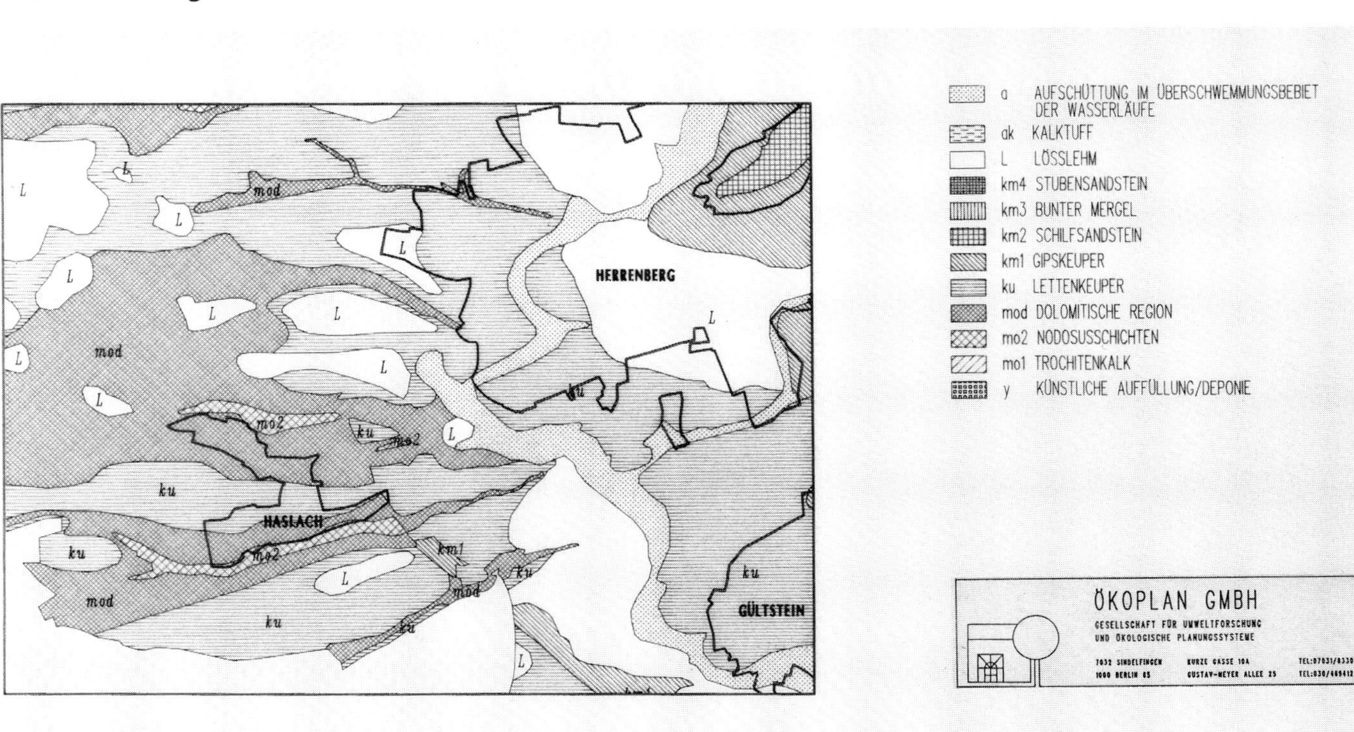

3. INHALT LANDSCHAFTSPLAN HERRENBERG

3.1 ARTEN- UND BIOTOPSCHUTZ

REALNUTZUNG / STRUKTURENBILANZ

Im Gebiet des Landschaftsplans Herrenberg kommt die starke Abhängigkeit der anthropogenen Nutzung vom geologischen Untergrund und Relief deutlich zum Tragen. Dementsprechend haben sich charakteristische Landschaftsstrukturen herausgebildet, die für die Landschaftsanalyse, gestaffelt nach Natürlichkeitsgrad bzw. Nutzungsintensität, differenziert und bilanziert werden (vgl. Abb. 2 und 3).

Dabei ergeben sich für das Planungsgebiet folgende Gruppierungen:

WÄLDER UND GEHÖLZE (ca. 2.500 ha = 29 %)

* Wälder und Feldgehölze als Repräsentanten für relativ naturgemäße bzw. naturnahe Strukturen entsprechen der Potentiellen Natürlichen Vegetation

* vom Menschen - relativ zu den nachfolgend beschriebenen Strukturen - am wenigsten beeinflußte Flächen

  - Charakteristikum: Laubmischwald (Klimaxstadium; höchste ökologische Wertigkeit)

EXTREMSTANDORTE (ca. 75 ha = knapp 1 %)

* Flächen mit besonderen, d.h. in der Regel extremen standörtlichen Bedingungen (aufgrund spezieller topographischer Verhältnisse - Relief, Exposition - Ausprägung von Feucht- bzw. Trockenstandorten)
  und stark zurückgenommener anthropogener Nutzung
  (Halbkulturformationen) oder keine Nutzung, d.h.
  Flächen mit Eigenentwicklung (Sukzession)

* in der Regel landesweit stark im Rückgang begriffene
  Flächen mit gefährdeten Tier- und Pflanzenarten

  Charakteristikum: Trocken-/Feuchtbiotope; höchste ökologische Wertigkeit

EXTENSIVE LANDWIRTSCHAFTLICHE NUTZUNG (ca. 730 h = 8,5 %)

* Kulturformationen, die meist aufgrund ungünstiger Bearbeitungsverhältnisse (Hanglagen, schlechte Böden etc.) extensiv bewirtschaftet werden

  Charakteristikum: Streuobstwiesen; hohe ökologische Wertigkeit

INTENSIVE LANDWIRTSCHAFTLICHE NUTZUNG (ca. 3650 h = 42 %)

* Kulturformationen, die aufgrund günstiger Bearbeitungsverhältnisse (ebene bzw. flach geneigte Flächen, gute Bodenqualitäten etc.) relativ intensiv bewirtschaftet werden

  Charakteristikum: Ackerbau, Sonderkulturen; mittlere bis geringe ökologische Wertigkeit

Abb. 2. Realnutzung und Biotopstrukturen

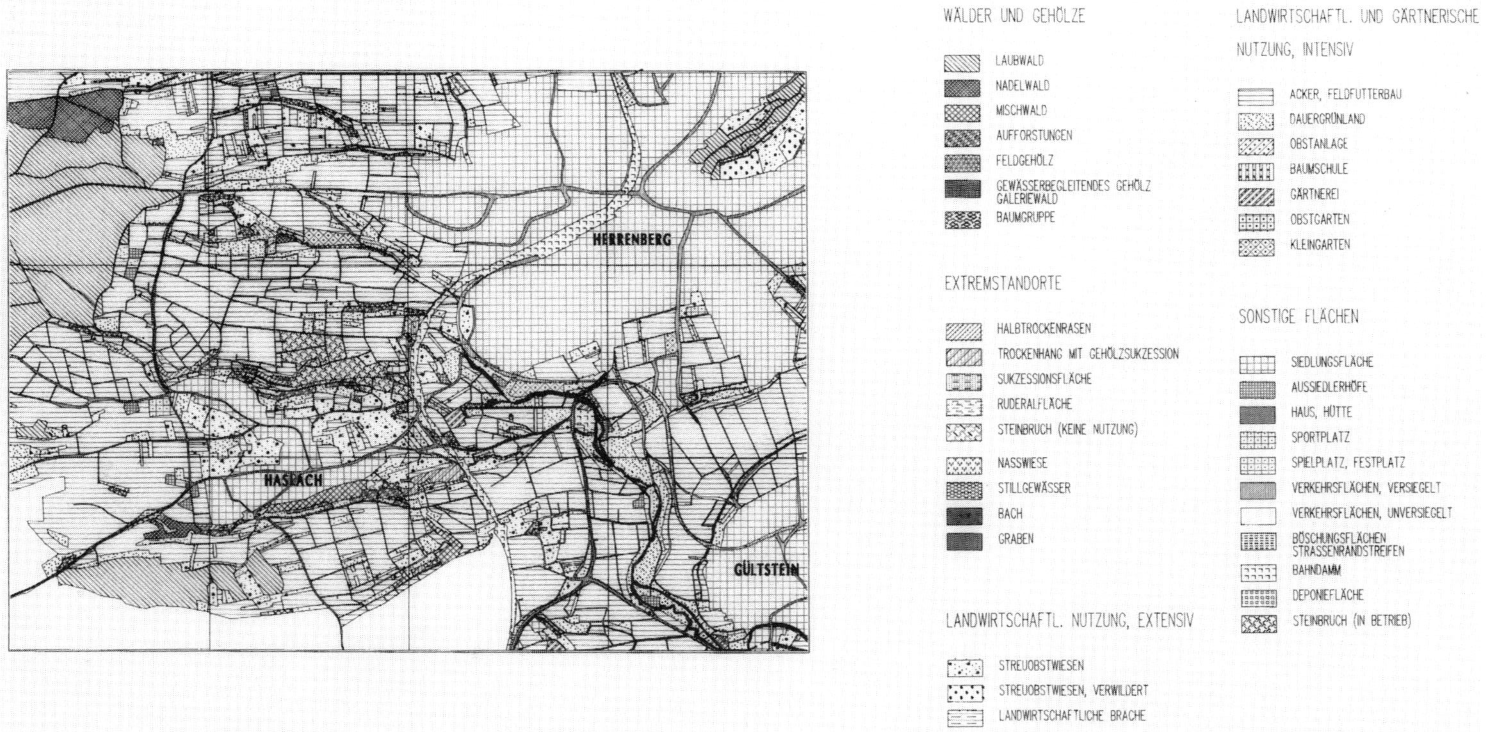

Abb. 3. Bewertung der Biotopstrukturen

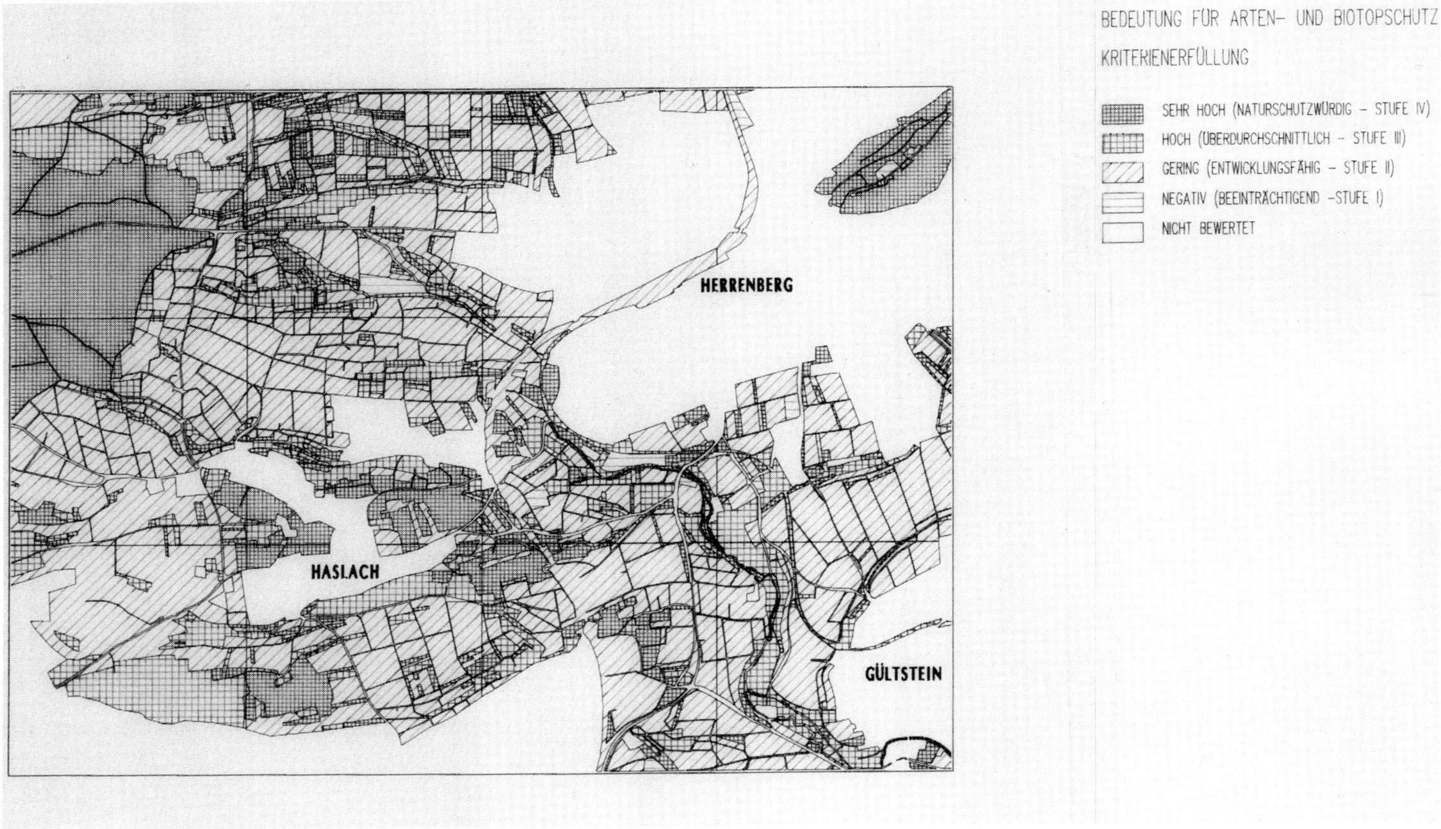

SONSTIGE FLÄCHEN (ca. 1750 ha = 20 %)

* sehr stark anthropogen beeinflußte - in der Regel naturentfernte - Flächen (wie z.B. versiegelte Flächen)

  Charakteristikum: Siedlungs- und Verkehrsflächen, ökologisch undbedeutende bzw. negativ wirkende oder auf Nachbarflächen wertmindernd wirkende Flächen

Diese Strukturen können über das GIS problemlos flächig abgegrent und bilanziert werden, was eine Einstufung der Relevanz entscheidend erleichtert.

3.2 GEWÄSSER

Oberflächengewässer
haben nur untergeordnete Bedeutung (da hohe Versickerung im Oberen Muschelkalk)
* Ammer mit Zuflüssen
* temporär wasserführende Gräben im Oberen Muschelkalk

Grundwasser
* das gesamte Untersuchungsgebiet ist Wasserschutzgebiet Zone II und III (Abb. 4)
* viele Quellen im Ammertal (Muschelkalkwasser)
* Versickerungsleistung/Grundwassergefährdungsgrad
  - Oberer Muschelkalk - offener Karst: rasche Versickerung und damit auch hohe Grundwassergefährdung
  - Lettenkeuper (teilweise überdeckter Karst): mittlere Gefährdung
  - Schichten des Mittleren Keupers (überdeckter oberer Muschelkalk) Oberflächenabfluß, wenig Versickerung (kaum Gefährdung)
* Belastungen: Nitrat (Landwirtschaft) , Phosphat (Haushalte), Schadstoffe (Verkehr)
* Industriegebiete im Oberen Muschelkalk und Lettenkeuper (z.B. Deckenpfronn und Oberjesingen)

Die Bedeutung der Flächen hinsichtlich ihrer Empfindlichkeit und ihres Grundwasserdargebots nimmt ab von den Oberen Muschelkalkflächen über die Lettenkeuperflächen zu den wenig Grundwasser liefernden und gegen Verschmutzungen relativ gut abgesicherten Sandsteinflächen (Abb. 1 und 5).

3.3 SONSTIGE LANDSCHAFTSFUNKTION

In derselben Weise, d.h. durch die Aufarbeitung von Daten- und Kartenmaterial sowie ggfs. Begehungen des Geländes, werden die Funktionen **Klima, Landnutzung** sowie **Erholung und Landschaftsbild** erfaßt, dargestellt und bewertet. Nach entsprechender Überlagerung (Verschneidung) der jeweiligen höchstwertigen bzw. höchstempfindlichen Flächen resultiert aus dieser thematischen Aufarbeitung die Karte "Vorrangfunktionen" (Abb. 6). Hieraus können wichtige Anhaltspunkte für eine landschaftsökologisch optimierte Gebietsentwicklung abgelesen werden:

1. Wo bestehen ökologische Defizite im Raum?
2. Welche wertsteigernden Maßnahmen müssen getroffen werden?
3. Welche Flächen sind aufgrund ihres hohen ökologischen Wertes für Überbauung weniger gut geeignet?

Abb. 4. Grund- und Oberflächenwasser

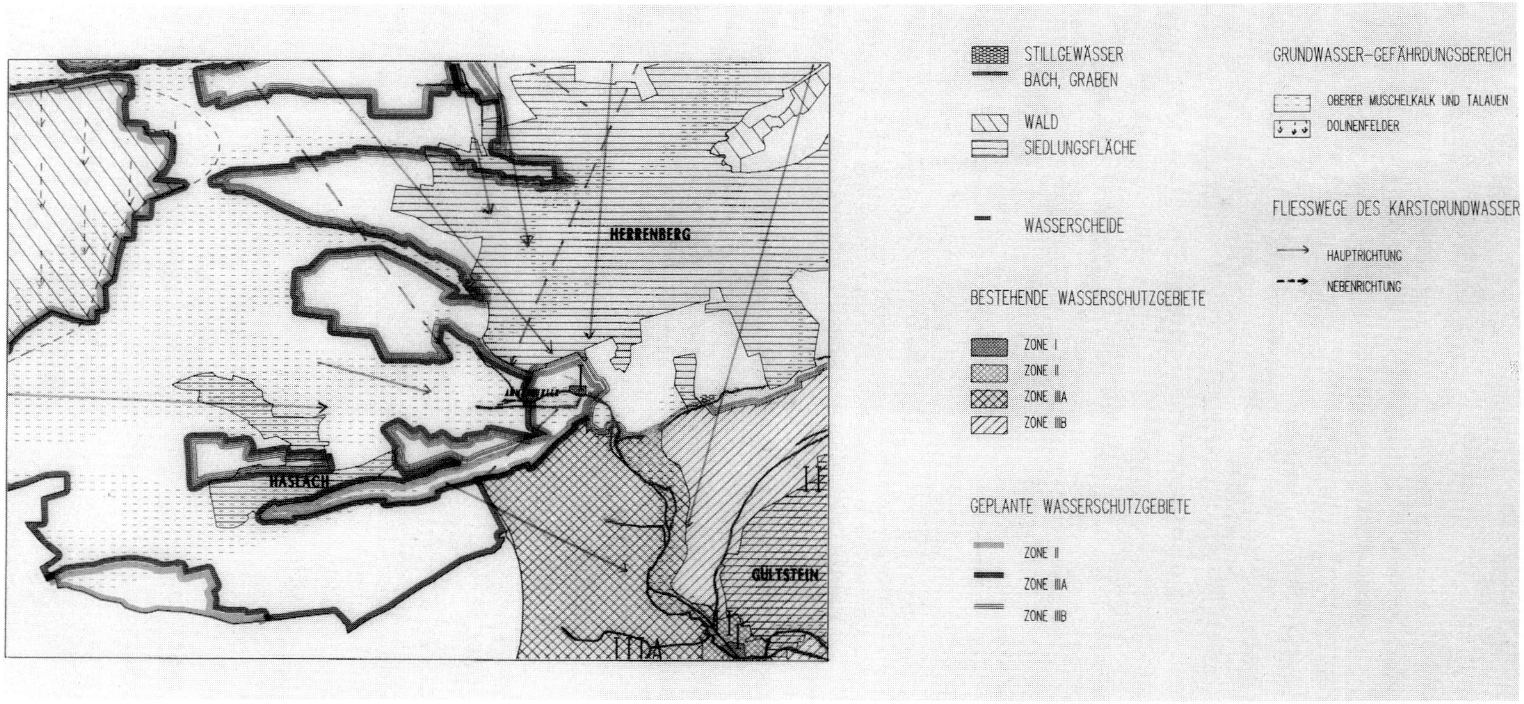

Abb. 5. Bewertung von Grund- und Oberflächenwasser

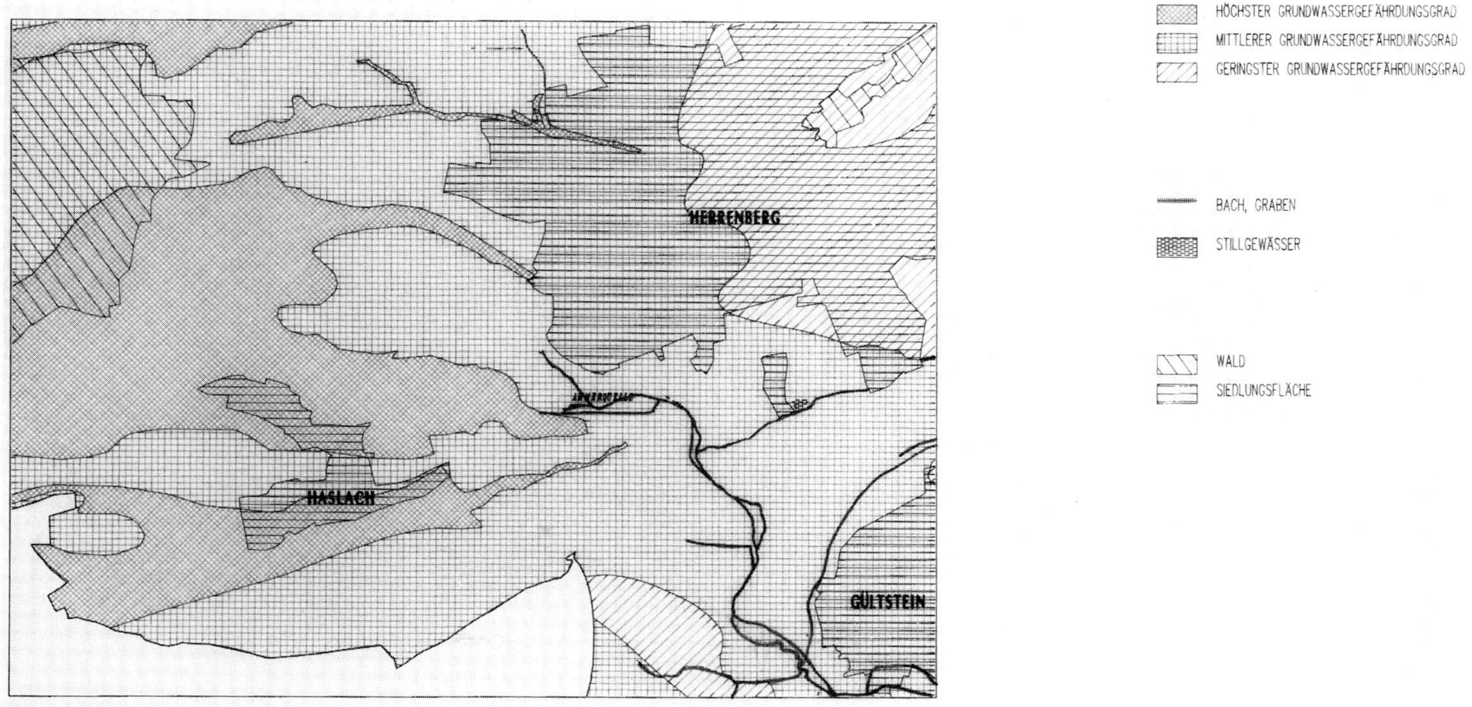

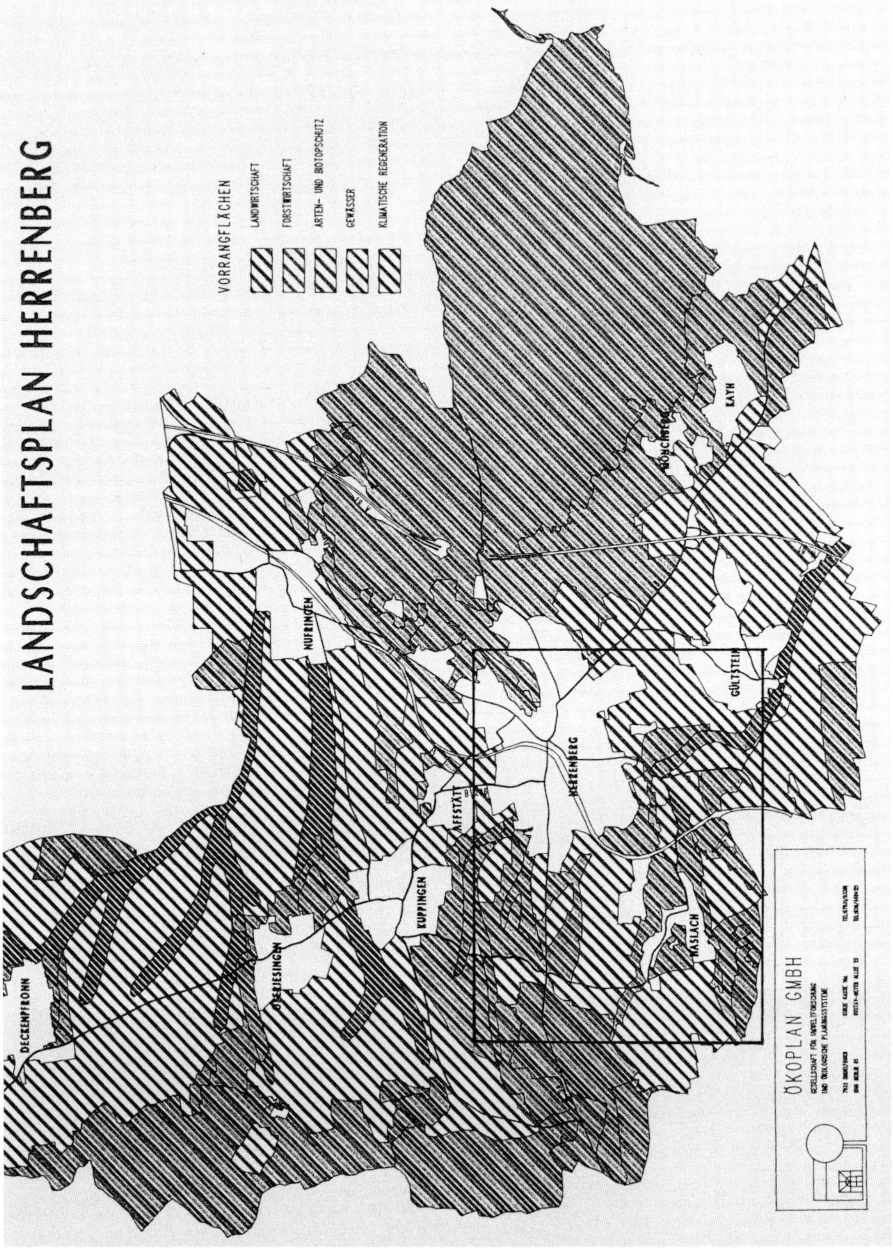

Abb. 6. Zuweisung von Vorrangfunktionen

Der Vorteil der Erarbeitung eines Landschaftsplanes besteht insbesondere darin, daß

1. für Nichtfachleute - und mit solchen hat man es in aller Regel zu tun - die Transparenz und die Kontrollierbarkeit der aufgenommenen Daten und ihrer Bewertungen erhalten bleibt, ohne daß inhaltliche Abstriche an der Aussagefähigkeit des Planwerkes gemacht werden müssen;

2. die flächengetreue Datenhaltung und die Möglichkeit, die Datenmenge und -qualität zu erhöhen sowie die Verschneidung verschiedener thematischer Daten zu einer neuen Dateninformationsebne wesentlich zu konkretisieren und zu flächengetreueren Aussagen zu kommen als bei einer Bearbeitung ohne GIS;

3. die geschaffenen Datenbanken jederzeit erweitert, ergänzt und erneuert werden können, so daß rasch und kostengünstig auf ein strukturiertes Umweltinformationssystem zurückgegriffen werden kann, welches die Grundlage bildet für jegliche Planung im Raum.

In dieser Form durchgeführt ist die Landschaftsplanung nicht Hemmschuh der Stadt- und Gemeindeentwicklung, sondern die notwendige Voraussetzung für eine verantwortungsvolle Planung.

4. AUSBLICK

Der Vorteil der Erarbeitung eines Landschaftsplanes über ein Geographisches Informationssystem besteht insbesondere darin, daß

1. für Nichtfachleute - und mit solchen hat man es in aller Regel zu tun - die Transparenz und die Kontrollierbarkeit der aufgenommenen Daten und ihrer Bewertungen erhalten bleibt, ohne daß inhaltlich Abstriche an der Aussagefähigkeit des Planwerkes gemacht werden müssen;

2. die flächengetreue Datenhaltung und die Möglichkeit, die Datenmenge und -qualität zu erhöhen sowie die Verschneidung verschiedener thematischer Daten zu einer neuen Dateninformationsebene wesentlich konkretisiert wird und man zu flächenschärferen Aussagen kommt, als bei einer Bearbeitung ohne GIS;

3. die geschaffenen Datenbanken jederzeit erweitert, ergänzt und erneuert werden können, so daß rasch und kostengünstig auf ein strukturiertes Umweltinformationssystem zurückgegriffen werden kann, welches die Grundlage bildet für eine verantwortungsbewußte Planung im Raum.

In dieser Form durchgeführt ist die Landschaftsplanung nicht Hemmschuh der Stadt- und Gemeindeentwicklung, sondern die notwendige Voraussetzung für eine verantwortungsvolle Planung.

LITERATUR

AULIG, P., R. BACHFISCHER, J. DAVID, H. KIEMSTEDT, (1977): Wissenschaftliches Gutachten zu ökologischen Planungsgrundlagen im Verdichtungsraum Nürnberg-Fürth-Erlangen-Schwabach. Lehrst. f.Raumf., Raumordnung und Landespl., TU München.

BIERHALS, E. (1980): Ökologische Raumgliederungen für die Landschaftsplanung.
In: BUCHWALD/ENGELHARD (Hrsg.): Handbuch für Planung, Gestaltung und Schutz der Umwelt. 3.: Die Bewertung und Planung der Umwelt.

MINISTERIUM FÜR ERNÄHRUNG, LANDWIRTSCHAFT UND FORSTEN (Hrsg., 1984):
Materialien zur Landschaftsplanung

DAS SYSTEM ERDAS

Ludwig Abele
Geosystems GmbH, Riesstr. 10, 8034 Germering

1. Übersicht

ERDAS ist ein integriertes, rasterbasiertes Bildverarbeitungs- und geographisches Informationssystem. Bei der Entwicklung wurde besonderen Wert auf die Implementierung und Berücksichtigung bestehender, bzw. sich künftig abzeichnender Standards und auf eine möglichst weitgehende Unabhängigkeit von Spezialhardware gelegt.

Der Hersteller ERDAS Inc. in Atlanta, U.S.A. beschäftigt sich seit 1978 mit der Entwicklung und dem Vertrieb derartiger Systeme und ist heute (mit mehr als 2000 installierten Systemen in 73 Ländern) einer der führenden Anbieter von rasterbasierten geographischen Informationssystemen. In der Bundesrepublik wird ERDAS seit 1984 angeboten und ist mit mehr als 100 installierten Systemen inzwischen sehr verbreitet. Der Kundenkreis ist breit gestreut und beinhaltet Institutionen in den Bereichen Geographie, Geologie, Geophysik, Wasserwirtschaft, Forstwirtschaft, Umweltschutz, Kartographie, Regional- und Landesplanung, Landwirtschaft u.v.m.

Der vorliegende Artikel beschreibt im folgenden Abschnitt die neue, Ende 1991 verfügbare Version 8.0, die im Vergleich mit den bisherigen Versionen 7.x eine neue Architektur und damit verbunden, eine Vielzahl völlig neuer Funktionen bietet. Im dritten Abschnitt wird dann auf die unterstützten Hardwareplattformen und Peripheriegeräte eingegangen.

2. ERDAS Software Version 8.0

2.1 Graphische Benutzerschnittstelle

Im Unterschied zu bisherigen Softwareversionen baut die neue Benutzerschnittstelle auf dem X-Windows Standard (Open Look bzw. OSF/Motif) unter UNIX auf und nutzt die damit verbundenen Möglichkeiten. So wird die bisherige dialogorientierte Benutzerführung durch eine graphische Benutzeroberfläche ersetzt ('point and click'). Die parallele Darstellung von Histogrammen, Farbtafeln, Diagrammen usw. erleichtert die Analyse komplexer Datenstrukturen.

Häufig benötigte Funktionen können mit Hilfe von 'pull-down' Menüs jederzeit aktiviert werden. On line Hilfe Funktionen ermöglichen den Abruf zusätzlicher Informationen über die einzelnen Softwaremodule. Alle im System verwendeten Texte sind separat als ASCII-Daten gespeichert und damit leicht in andere Sprachen zu übersetzen.

Die interaktive Erstellung komplexer Prozeduren erfolgt über (editierbare) 'Batch-Files'. Auf Wunsch geführte Sitzungsprotokolle erlauben das einfache Überprüfen und Nachvollziehen von Arbeitsabläufen.

Weitere wichtige Funktionen beinhalten:

* Gleichzeitige Darstellung mehrerer Bildfenster mit virtuellen Farbtabellen
* Gleichzeitige Darstellung von Rasterdaten, Vektordaten, Texten, Legenden usw. in einem Bildfenster
* Überlagerung aller Datentypen
* Kontrolle der Transparenz von Rasterebenen
* Virtuelle Bildfenster, frei verschiebbar in beliebig großen Bilddateien (in Echtzeit)
* Beliebig einstellbare Größe von Bildfenstern
* Umfangreiche Hilfsmittel zur Farbzuordung
* Interaktive Kontrastverbesserung durch Histogrammanipulationen, Editierung von Farbtabellen und andere Verfahren
* Unabhängige Veränderung des Darstellungsmaßstabs in unterschiedlichen Bildfenstern (auch ungeradzahlige Darstellungsmaßstäbe)
* Editierfunktionen:

  - Interaktives Editieren von Rasterdaten
  - Airbrushfunktion
  - Editierung von FFT-Filterfunktionen
  - Zeichnen von Rechtecken, Ellipsen, Polygonen, Polylinien, Texten und Symbolen
  - Verschieben, Auswählen, Drehen, Vergrößern, Verkleinern und Gruppieren von graphischen Symbolen
  - Benutzerdefinierbare Textfonts und Linienarten (auch mehrfarbig); Standardbibliothek von Textfonts
  - Auswahl von Farben und Füllmustern
  - Editierung von Attributdaten, Import von ASCII-Daten aus externen Datenbanken

* Abfragefunktionen (nach Dateikoordinaten, geographischen Koordinaten, Pixelwerten oder Attributen)

2.2 Räumliche und statistische Modellierung / Bildverarbeitung

Diese Gruppe von Funktionen schließt die Bearbeitung und Verknüpfung von Multispektraldaten (z.B. Satellitenbilder und Flugzeugscanneraufnahmen), thematischen Karten und digitalen Höhenmodellen ein.

2.2.1 Raster GIS

Dieser ERDAS-Modul beinhaltet das bereits aus der Softwareversion 7.4 bekannte GIS-Modellierungsprogramm GISMO, welches allerdings im Funktionsumfang erweitert wurde und eine, auch sehr komplexe Verschneidung mehrerer (bis zu 40) thematischer Karten mit Hilfe einer mächtigen, aber einfach zu erlernenden Modellierungssprache erlaubt.

Elemente dieser Modellierungssprache sind z.B. arithmetische und logische Operationen, Vergleichsoperationen und statistische Funktionen. Alle Modelle sind innerhalb einer durch Polygone oder Rastermasken definierten 'Region-of-Interest' ausführbar. Eine Verschneidung thematischer Karten mit unterschiedlichem Maßstab ist ohne weiteres möglich.

Weitere Raster-GIS Funktionen sind:

* Ermittlung zusammenhängender Gebiete unter Vorgabe des sogenannten 'connectivity radius'
* Generierung von Pufferzonen
* Nachbarschaftsanalysen, GIS-Filter, Rangordnungsoperatoren
* Topographische Modellierung: Ableitung von Hangneigung, Exposition, Reliefbildern und Höhenlinien aus digitalen Höhenmodellen

Rasterbasierte geographische Informationssysteme bieten insbesondere dann Vorteile, wenn in einer Anwendung folgende Funktionen von Bedeutung sind:

* Einfache Verknüpfung mit anderen Rasterdaten z.B. aus der Fernerkundung
* Hohe Verarbeitungsgeschwindigkeit und einfache Verschneidung thematischer Karten
* Ableitung statistischer Informationen
* Einfache Modellbildung, iteratives Optimieren von Modellen
* Leichte Erlernbarkeit
* Abfrage von raumbezogenen Sachdaten in 'Echtzeit'

2.2.2 Bildverarbeitung

Bildverarbeitung als Teil geographischer Informationssysteme nimmt immer mehr an Bedeutung zu als preiswerte und vor allem schnelle Möglichkeit, aktuelle Informationen aus Fernerkundungsdaten zu gewinnen. Die Vielzahl der heute zur Verfügung stehenden Fernerkundungsplattformen und -sensoren trägt maßgeblich zur Verbreitung von Bildverarbeitungsverfahren bei GIS-Anwendungen bei. Neben den beiden bekanntesten Fernerkundungssensoren SPOT und Landsat TM sind noch der europäische ERS-1, der japanische MOS, der sowjetische KFA-1000 und der amerikanische NOAA/AVHRR Sensor erwähnenswert, deren Daten für unterschiedliche Anwendungen zunehmend Verbreitung finden. Für großmaßstäbliche Anwendungen werden auch recht häufig Flugzeugscannerdaten (CASI und Daedalus) bzw. konventionelle Luftbilder (infrarot oder Echtfarben) eingesetzt.

Die große Bandbreite an Sensoren und Anwendungen erfordert auf der Verarbeitungsseite eine reichhaltige Auswahl an Werkzeugen zur Verbesserung, Entzerrung und Klassifikation von Bilddaten, die ERDAS im Rahmen des 'Image Processing Moduls' zur Verfügung stellt. Die folgende Aufstellung gibt einen Überblick der vorhandenen Programme:

Bildverarbeitung:

* Kontrastverbesserungsverfahren, Histogrammequalisierung
* Faltungsfilter, benutzerdefinierbare Filteroperatoren
* Fast Fourier Transformation und inverse FFT, graphische Editierung der Filterfunktionen
* Hauptkomponententransfromation (auch invers)
* Bildarithmetik mit benutzerdefinierbaren Funktionen
* Farbtransformationen (RGB/IHS)

Geometrische Entzerrung:

* Entzerrungen: Bild auf Bild, Bild auf Karte, Karte auf Karte
* Halbautomatische Bestimmung von Passpunkten in Subpixelgenauigkeit
* Polynomtransformationen erster Ordnung - explizite Eingabe von Skalierungsfaktor, Verschiebung, Rotation und Spiegelung
* Transformationen n-ter Ordnung basierend auf Paßpunktpaaren
* Editierung der Transformationsmatrizen
* Interpolationsverfahren: Nearest Neighbour, Bilinear, Cubic Convolution

Bildklassifikation:

* Selektion von Trainingsgebieten für überwachte Klassifikationsverfahren:

  - Verwendung von Polygonen aus digitalisierten Karten
  - Nach räumlichen und/oder statistischen Kriterien manuell oder halbautomatisch generierte Trainingsgebiete

- Iterative Bestimmung und Evaluation von Trainingsgebieten

* Überwachte Klassifikationsverfahren:

  - Interaktiver Parallelepipedklassifikator
  - Maximum Likelihood Klassifikator
  - Mahalanobis Klassifikator
  - Minimum Distance Klassifikator

* Unüberwachte Klassifikationsverfahren:

  - 'Isodata' Clusterverfahren
  - Statistisches Clusterverfahren
  - Minimum Distance Clusterverfahren

* Verfahren zur a priori Beurteilung der Klassentrennbarkeit und der a posteriori Ermittlung der Klassifikationsgenauigkeit

2.3 Generierung von Rasterkarten

Die Verwendung von rasterbasierten Systemen zur rein digitalen Erzeugung hochwertiger Karten nimmt immer mehr zu. Zwei Faktoren sind mit ursächlich für diese Entwicklung: Zum einen erlaubt der drastische Preisverfall bei Rechnerhardware die Verarbeitung, Verwaltung und Speicherung der bei der Kartenproduktion anfallenden Datenmengen zu erschwinglichen Kosten, zum zweiten spielt der Wunsch, Satellitenbilder oder sonstige Bilddaten als Hintergrund und Referenz für die thematische Information darzustellen, eine immer größere Rolle. Heute verfügbare Filmrekorder oder Laserplotter liefern eine hervorragende Qualität als Ausgabemedium für die Erstellung von Diapositiven oder Druckvorlagen.

Software für die 'Komposition' von Rasterkarten ist die logische Ergänzung eines Systems, welches sich mit der Verarbeitung und Verknüpfung von Fernerkundungsdaten und thematischen Karten befasst, da das Endprodukt vieler Projekte eine Karte darstellt.

Die ERDAS 'Map Composer Software' trägt dieser Entwicklung Rechnung und bietet eine Reihe von Funktionen zur Bewältigung dieser Aufgabe:

* Vielfältige Funktionen zur Erzeugung von Bildmosaiken
* Umfangreiche Graphikfunktionen und Grundelemente zur Gestaltung von Karten, z.B. benutzerdefinierbare Kartensymbole, Legenden, Überschriften, Liniengitter, Farbbalken usw.
* Ausgabe dieser Karten auf unterschiedliche Hardcopysysteme z.B. elektrostatische Farbdrucker, Linotronic Fotosatzsysteme u.a.

2.4 Digitale Geländemodelle und Orthophotos

Bei vielen Anwendungen ist die Erzeugung, Darstellung und Verarbeitung dreidimensionaler Daten erforderlich. Innerhalb von ERDAS existieren mehrere Möglichkeiten der Erzeugung oder Einspielung von digitalen Höhenmodellen:

* Interpolation nichtäquidistanter Punktmessungen; diese Vorgehensweise erfordert entweder eine manuelle Digitalisierung beispielsweise einer topographischen Karte oder die digitale Einspielung von Meßwerten etwa aus Datenbanken oder GPS-Systemen.
* Stereokorrelation von SPOT-Stereodaten oder Stereoluftbildern
* Import von Höhenmodellen aus existierenden Datenbanken z.B. von Landesvermessungsämtern

Die Weiterverarbeitung dieser Höhenmodelle erfolgt entweder mit Hilfe des 'Terrain Analysis' Moduls oder des 'Digital Ortho' Moduls.

Mögliche Verarbeitungsschritte sind dabei

* die Erzeugung dreidimensionaler perspektivischer Ansichten und die Überlagerung von digitalen Höhenmodellen mit realen Bilddaten,
* die Ermittlung von sichtbaren bzw. nicht sichtbaren Bereichen unter Berücksichtigung einer interaktiv festgelegten Beobachtungsgeometrie,
* die Erzeugung von Bildsequenzen zur Simulation von Flugrouten,
* die Erzeugung von Orthophotos (insbesondere für kartographische Anwendungen).

2.5 Schnittstellen und Datenformate

Im Unterschied zu den ERDAS Softwareversionen 7.x werden in der Version 8.0 weitere Datenformate unterstützt, nämlich bis zu 32 bit pro Bildpunkt im Integer- und Gleitkommaformat (einfache und doppelte Genauigkeit), komplexe Werte, mit und ohne Vorzeichen.

Eine neue Organisation der Daten (Blockstruktur) erlaubt das 'Scannen' von beliebig großen Bilddateien, da die entsprechenden Blöcke von Bilddaten in 'Echtzeit' von der Platte nachgeladen werden.

Der Austausch von Daten mit anderen Systemen ist in folgenden Formaten möglich:

Vektordaten: AUTOCAD DXF, ARC/INFO, SIF, DLG, DFAD
Rasterdaten: BIL, BSQ, BIP, AVHRR, DTED, DEM, TIFF, SUN RASTER, X RASTER, GRASS, SPANS, ERDAS 7.x Formate

3. Hardwarekonfigurationen

3.1 Workstation

Die ERDAS Version 8.0 ist auf einer Reihe von UNIX-Workstations mit Rechenleistungen zwischen ca. 15 und 75 MIPS lauffähig. Dazu gehören folgende Workstationmodelle:

* SUN 3 und SUN 4
* HP9000 Serie 300, 400, 700 und 800
* DECstation 3100 und 5000 Serie
* IBM RS6000
* Data General AVIION

Je nach Rechnermodell bestehen unterschiedliche Anforderungen an die Ausstattung mit Arbeits- und Plattenspeicher, bzw. die Displayhardware.

3.2 Peripheriegeräte

Für die Ein- und Ausgabe von Daten werden folgende Geräte unterstützt:

Dateneingabe:

* Digitalisiertabletts (Calcomp, GTCO, Altek)
* Scanner (Eikonix Kamera, DTP Scanner)

Datenausgabe:

* Calcomp/Versatec elektrostatische Farbplotter
* Kodak XL7700 Thermosublimationsdrucker
* Tektronix Ink Jet und Thermotransfer Drucker
* Linotronic Laser Plotter (über Postscript Format)

Ein- und Ausgabe:

* 9-Spur Magnetbandsystem
* Wiederbeschreibbare optische Platten

Displaysysteme:

ERDAS ist auf allen Workstation-Plattformen mit 8-bit Farbdisplay lauffähig. Auf einigen Systemen (z.B. SUN) werden auch Echtfarbversionen unterstützt.

Für Anwendungen, in denen hoher Datendurchsatz gefordert wird, unterstützt ERDAS die Bildverarbeitungssysteme von VITEC und nutzt deren Hardwarearchitektur zur Erhöhung der Verarbeitungsgeschwindigkeit (300 MIPS) bei einer Reihe von rechenzeitintensiven Programmen aus. Diese Lösung existiert zum Zeitpunkt der Manuskriptabgabe nur für SUN-Systeme.

Netzwerkfähigkeit:

ERDAS kann auf Fileservern installiert und auf mehreren damit vernetzten (auch plattenlosen) Workstations betrieben werden. Über eine 'Remote Tape Access' Funktion lassen sich Daten von irgendeinem im Netzwerk vorhandenen 9-Spur Magnetbandsystem direkt auf jede mit ERDAS betriebene Workstation lesen, bzw. von dort aus schreiben.

4. Zusammenfassung

Zum Abschluß sollen nochmals die wichtigsten Merkmale zur Charakterisierung des ERDAS-Systems stichpunktartig zusammengefaßt werden.

Einer der wichtigsten Punkte ist die bereits seit Jahren als Firmenphilosophie gepflegte Hardwareunabhängigkeit, d.h. die Fähigkeit, auf einer breiten Palette von Systemen unterschiedlicher Rechnerhersteller lauffähig zu sein. Dies gewährleistet, daß Anwender jederzeit auf neue, leistungsfähigere Hardwarekomponenten umsteigen können, ohne jeweils neu in Software, die Ausbildung von Mitarbeitern oder den Aufbau neuer Datenbestände investieren zu müssen.

Die Anwendung moderner Graphikwerkzeuge und die Möglichkeit, die komplette Benutzerführung in verschiedene Sprachen zu übersetzen, trägt sehr zur leichten Erlernbarkeit und Benutzerfreundlichkeit von ERDAS bei.

Die Funktionalität des Systems ist bestimmt durch den über viele Jahre gewachsenen Bestand an verschiedenen Modulen, wobei die Integration von Bildverarbeitung, Raster GIS, kartographischen Modulen, photogrammetrischen Verfahren und Programmen zur Verwaltung von Vektordaten die Leistungsfähigkeit von ERDAS ausmacht.

ILWIS - Integrated Land and Water Information System

N. Riether

EUROSENSE-GmbH, Triererstr.648, D-5100 Aachen, Deutschland

1 Einleitung

Das Geographische Informationssystem ILWIS ist eine Entwicklung des "International Institute for Aerospace Survey and Earth Sciences (ITC)" in Enschede, dessen Arbeitsfeld -kurzgefaßt- der Einsatz der Fernerkundung für die Erforschung des natürlichen und sozioökonomischen Entwicklungspotentials hauptsächlich in Entwicklungsländern ist. Dies umfaßt einerseits die Durchführung konkreter Erschließungsprojekte, andererseits die Ausbildung von Studenten für den Einsatz in ihren Heimatländern. Die traditionellen, seit der Gründung 1951 bestehenden geowissenschaftlichen Abteilungen sind 1985 um eine interdisziplinäre Arbeitsgruppe "Geoinformationssysteme" erweitert worden, aus der ILWIS hervorgegangen ist. Zweierlei hat zu dieser Entwicklung geführt. Erstens hat die Komplexität der zu analysierenden räumlichen Gegebenheiten die rechnergestützte Verarbeitung raumbezogener Daten erforderlich gemacht. Zweitens ist aus verständlichen Gründen (mangelhafte Infrastruktur, fehlende Planungsdokumente) der Zugriff auf Satellitenaufnahmen für den Einsatz in Entwicklungsländern ideal.

2 Hardware-Voraussetzungen

Die folgende Konfiguration wird benötigt, um ILWIS zu betreiben:

Rechner:
IBM-AT 80286, 80386SX, 80386, 80486 (oder kompatible) unter MS-DOS 3.2 oder später mit geeignetem Koprozessor, Festplatte mit mindestens 20 MB

Monochrome display:
MDA oder Hercules mit geeignetem monochromen Monitor

Graphics display: Folgende Graphik-Karten werden unterstützt:
Matrox: PG-640A, PG-1280A, PG-641, PG-1281
ATI: VGA-Wonder (512 kB)
Genoa: SuperVGA 6000 Serie (512 kB)
Video7 VRAM VGA (512 kB)
Graphik-Karten mit VGA Tseng Labs chip mit BIOS QVA 1024 (512kB)

Die folgenden Peripheriegeräte sind optional:

Digitalisiertablett:
Alle Digitalisiertabletts mit four-button-cursor, die die Daten über die serielle Schnittstelle im ASCII-Format senden können, werden unterstützt.

Text-Printer:
Jede Art Textprinter, verbunden über die parallele Schnittstelle

Color-Printer: Die folgenden Farbdrucker werden unterstützt:
HP-Paintjet
IBM-inkjet
Tektronix 4696
Epson 24-Nadel- oder 8/9-Nadel-Drucker
HP-Laserjet+ (1.5 MB-Speicher

Pen plotter:
Alle Plotter, die auf HP-GL basieren und Daten über die serielle Schnittstelle empfangen können, werden unterstützt.

3 Programmstruktur

Als Mitte der 80-er Jahre die Entwicklung von ILWIS begann, bestand noch eine Angebotslücke bei Software, die wesentliche Module der digitalen Bildverarbeitung mit den analytischen Funktio nen Geographischer Informationssystem verband. Die Anforderungen des ITC an ein solches Programm waren:

* Verwendbarkeit für Remote-Sensing-Daten
* Vorhandensein einer Vektordatenbank, um die Übernahme der Inhalte thematischer Karten zu ermöglichen
* Nutzbarkeit einer Attributdatenbank
* Anwendung vielfältiger Rechenoperationen
* Lauffähigkeit auf PC
* Leichte Erlernbarkeit bei flexibler Programmierung

Man entschied sich für eine Programmstruktur, die einerseits eine Vektordatenbank mit allen zu ihrer Fortführung notwendigen Standardoperationen betreibt, andererseits die analytische Auswertung in Attribut- und Rasterdatenbank vollzieht. Die Attibutdatenbank bedient sich einer internen Datenbanksprache, wenn sie auch im Ansatz dem Verwaltungsprinzip von Oracle folgt. Die eigene Datenbanksprache wurde notwendig, um nicht Speicherkapazizät an ein externes Programm abgeben zu müssen. Die zugrundeliegende Syntax ist einfach strukturiert, die Daten werden in tabellarischer Form gespeichert. Programmiert wurde ILWIS in Pascal.

3.1 Datenstruktur

3.1.1 Vektor-Daten

3.1.1.1 Koordinaten

Koordinaten (x,y) erfüllen innerhalb von ILWIS die folgenden Funktionen:

* sie identifizieren Punkte
* eine Liste von Koordinaten baut ein "Segment" (s.u.) auf
* Raster-Karten können mittels der Koordinaten von Paßpunkten entzerrt sowie in einem räumlichen Bezugssystem verankert werden.

Alle eingegebenen Werte werden von ILWIS als "Metrische Koordinaten" betrachtet. Für Raster-Karten und die tabellarischen Daten können auch Längen- und Breitenangaben verwendet werden.

3.1.1.2 Punkte

Wo Punkte beispielsweise Meßstationen, Probebohrungen, Städte o.ä. repräsentieren, ist es erforderlich, verbunden mit den Punktkoordinaten andere Informationen speichern zu können. Häufige Prozeduren, bei denen Punkte zwar nicht konkrete, räumliche Objekte, sondern abstrakte Inhalte repräsentieren, wie zum Beispiel die Paßpunktentzerrung von Satellitenbildern oder die Etikettierung von Polygonkarten, werden durch "control tie points tables" (Extension .ctp) und "label point tables" (Extension .lbl), die mittels der internen Datenbanksprache bearbeitbar sind, sehr erleichtert.

3.1.1.3 Segmente

Jede Linien-Information kann durch Segmente, worunter man hier eine Auflistung von (x,y)-Koordinaten mit zusätzlichem Identifikations-Code versteht, ausgedrückt werden. Segmente sind abschnittsweise geradlinige Konstruktionen, die untereinander an Knotenstellen ("nodes") verbunden sind. Der zu jedem Segment gehörende Identifikations-Code dient der Klassifizierung der Segmente während der Eingabe. Segment-Karten bestehen in ILWIS aus zwei binären Dateien (Extension .seg und .crd). Die CRD-Datei enthält die Koordinaten aller Punkte, die keine Knoten sind, zwischen erstem und letztem Punkt des Segmentes, die SEG-Datei beinhaltet den Code, Anfangs- und Endpunkt des Segmentes sowie eine Verbindungszuweisung für alle dazwischenliegenden Punkte. Ein Segment kann aus einer maximal 1000-teiligen Punktabfolge bestehen. Für eine vollständige Segment-Karte können maximal 32767 Koordinaten gespeichert werden.

3.1.1.4 Polygone

Als Polygone werden in diesem Zusammenhang topologische Elemente bezeichnet, die Flächen repräsentieren und von Segmenten begrenzt werden. Zu jedem Polygon gehört deshalb eine Liste von verketteten Segmenten, die eine Fläche vollständig umschließen. Ausgehend vom Vektor-Bestand einer Segment-Karte werden Polygone von ILWIS selbständig gebildet. Dabei werden zwei weitere binäre Dateien geschaffen, die Informationen zu den Polygonen aufnehmen (Extension .pol für Name, Farbe, Startsegment, Anzahl der Segmente, Flächeninhalt, Umfang sowie das kleinste umfassende Rechteck und Extension .top für die Topologie, d.h. für jedes Segment vor- und rückwärtige Verbindung, für jedes Polygon rechts- und linksseitiger Nachbar) und die an die dazugehörige Segment-Karte gekoppelt sind.

3.1.2 Raster-Daten

Eine Raster-Karte besteht aus den zwei binären Dateien mit der Erweiterung .mpi und .mpd. Die MPD-Datei enthält die Pixeldaten Linie für Linie, die MPI-Datei die Zusatzinformationen Pixelgröße, Kartenmaßstab, Koordinatensystem, Anzahl der Zeilen und Spalten, Kartentyp (Bit, Byte oder Integer), Minimum und Maximum der Pixelwerte. Je nach der Größe des Wertebereichs, aus dem die Pixelwerte stammen, stehen Bit Maps (Werte 0 oder 1), Byte Maps (Werte zwischen 0 und 255, ein Pixel entspricht einem Byte) und Integer Maps (Werte zwischen -32767 und +32767, ein Pixel entspricht zwei Byte) zur Verfügung. Sobald eine Raster-Karte mit Koordinaten ausgestattet worden ist, wird ein (metrisches) Gitternetz berechnet. Die Größe einer Raster-Karte findet bei den Ausmaßen von 32767 Zeilen und 32767 Spalten ihre Obergrenze. Die Länge eines Bildelementes ist frei wählbar.

3.1.3 Attribut-Daten

Tabellen (Extension .tbl) sind ASCII-Dateien mit einem "header", der den Spalten einen Titel und jedem Datensatz der Tabelle eine Zeile zuweist. Ein eigener Tabellen-Editor ist vorhanden, jedoch können beliebige Editoren benutzt werden. Eine Tabelle kann maximal 100 Spalten und 2900 Datensätze umfassen.

3.2 Das Digitalisier-Programm DIG

Alle innerhalb der Vektordomäne anfallenden Arbeitsschritte werden durch ein Programm ausgeführt, das Digitalisier-Programm DIG. Punkte, Segmente und Polygone werden innerhalb des Programmes separat bearbeitet.

3.2.1 Punkt-Modus

Der Punkt-Modus sieht vor, Punkte entweder manuell zu digitalisieren oder Punkt-Dateien (Extension .pnt) einzulesen.

3.2.2 Segment-Modus

Die Koordinaten der Gelenkpunkte eines Segmentes können entweder einzeln Punkt für Punkt (breakpoint mode) oder "fließend" (stream mode) digitalisiert werden. Im letzteren Fall werden zur Reduktion der Datenmenge automatisch alle Punkte entfernt, die den Linienverlauf innerhalb einer gegebenen Tolerenzbreite nicht beeinflussen. Die Breite dieses Sicherheitsstreifens ist in ganzzahligen Meterabständen wählbar.

Um das Setzen von Knoten so leicht wie möglich zu machen, werden "snap"- und "split"-Befehle ("split" zum Einfügen eines Knotens in ein bestehendes Segment, "snap" zur Verknüpfung zum nächsten innerhalb einer Toleranzzone liegenden Knoten) auf einer Bearbeitungsebene angeboten, können also ständig parallel ausgeführt werden.

Die Ausführung notwendiger Korrekturen wird durch die Befehle "delete", "recover" sowie "retouch" und "move point" ermöglicht und erreicht in Zusammenhang mit der Möglichkeit, jeden Ausschnitt der Karte beliebig vergrößert darzustellen, eine ausgezeichnete Genauigkeit.

3.2.3 Polygon-Modus

Das Digitalisieren der Segmente kann völlig unabhängig vom Muster der angestrebten Polygonkarte erfolgen, denn nach seinem Abschluß bildet ILWIS die Polygone automatisch aus der bestehenden Segmentkarte. Die Möglichkeit, Segmentklassen dabei zu "maskieren" und damit aus der Polygonisierung auszublenden (die Ansprache erfolgt über den Segment-Code), macht dies zu einer sehr flexiblen Prozedur. Der Polygonisierung ist eine automatische Fehlersuche und -korrektur vorgeschaltet. Dabei werden unverknüpfte Knoten ("deadends"), Schnittpunkte ohne Knoten und sich überlagernde Segmente aufgespürt und auf dem Bildschirm angezeigt. Der Bearbeiter hat dann die Wahl zwischen automatischer und interaktiver Korrektur.

Während des eigentlichen Polygonisierungsprozesses errichtet ILWIS auf den Segmenten aufbauend eine vollständige topologische Ordnung. Jedem zu definierenden Polygon wird -im Gegenuhrzeigersinn- die Sequenz der begrenzenden Segmente zugeordnet. Jedem Segment wird andererseits einmal das jeweils links- und rechtsseitig liegende Polygon sowie ferner das in der Sequenz vorwärts und rückwärts anschließende Segment zugeordnet. Diese Informationen werden in den schon erwähnten .top-Dateien gespeichert. In der .pol-Datei wird, neben anderer Information (s.o.), zu jedem Polygon eine Zuweisung gespeichert, die es einer "terrain mapping unit" zuordnet. Im Unterschied zu den Polygonen versteht man hierunter die Gesamtheit der Flächen, die durch jeweils ein gleiches Attribut charakterisiert werden. Zu einer "terrain mapping unit" (im Folgenden als TMU abgekürzt) können also mehrere Polygone gehören.

Nach durchgeführter Polygonisierung können die Polygone benannt und farbkodiert werden, über ihren Namen oder per Cursor einzeln angesprochen werden, zu jedem Polygon können Name, Farbe, Flächeninhalt und Umfang abgefragt werden.

3.3 Konvertierungen

3.3.1 Vektor/Raster-Konvertierung

Punkte, Segmente und Polygone können separat rasterisiert werden. Dazu stehen die Befehle "PointsToRaster", "SegmentToRaster" und "PolygonToRaster" zur Verfügung. Für die räumliche Analyse ist sicherlich die Rasterisierung der Polygone am bedeutendsten, für die nachfolgend kurz der logische Aufbau wiedergegeben werden soll.

Zunächst werden die Segment-, Koordinaten-, Topologie-, Polygon- und Punkt-Dateien eingelesen und aus der Polygon-Datei eine alphabetische Liste aller "terrain mapping unit"-Namen aufgestellt. Zur räumlichen Verankerung erfolgt die Abfrage, ob eine Transformation auf ein bestehendes Koordinatensystem einer anderen Karte erwünscht ist oder ob die Rasterkarte neue Eckkordinaten erhalten soll. Danach wird die geometrisch transformierte Polygonkarte erneut auf dem Farbmonitor dargestellt, wobei jedes Polygon aus Bildelementen gleichen Wertes aufgebaut wird. Aus dem

Bildspeicher wird diese Karte nun als Rasterdatei festgeschrieben. Treten bis zu 256 verschiedene TMU in einer Polygonkarte auf, wird das Resultat als Byte-Map gespeichert, anderenfalls als Integer-Map.

Bei der Rasterisierung entsteht eine eineindeutige Zuweisung zwischen TMU und Pixelwerten. Es bietet sich an, diese Pixelwerte als Indizes in den zugeordneten Attributdateien zu benutzen. Am einfachsten erreicht man die Anlage von Attributdateien neu erstellter Rasterkarten über einen Umweg über das Bildverarbeitungsmodul, was -vorausgreifend- hier schon dargestellt werden soll. Läßt man für eine Rasterkarte die Häufigkeitsverteilung der Pixelwerte berechnen, speichert ILWIS für jeden Wert die folgenden Größen: Anzahl der Pixel, Anzahl der Pixel in Prozent, kumulierte Pixelanzahl, kumulierter Prozentanteil. Daraus erwächst eine Tabelle mit vier Spalten und n Datensätzen, wobei n = Anzahl der TMU. Die Indizes der Datensätze (= Satznummern) sind identisch mit den Pixelwerten. Diese Tabelle entspricht in ihrer Anlage den ILWIS-spezifischen Attributtabellen und ist mit dem internen Tabelleneditor sofort bearbeitbar, sobald man die Erweiterung .hsb (Extension für alle Histogramm-Dateien) in .tbl umbenannt hat.

3.3.2 Raster/Vektor-Konvertierung

Die Konvertierung von Rasterkarten zu Polygonkarten erfolgt in zwei Schritten. Bei der zuerst ablaufenden Segmentierung führt ILWIS zunächst eine Numerierung durch. In der Ausgangs-Rasterkarte wird jedem homogenen Gebiet eines bestimmten Pixelwertes fortlaufend ein neuer Zählwert zugeordnet. Gleiche Pixelwerte erhalten gleiche Zählwerte, das Ergebnis wird als Wertetabelle gespeichert. So entsteht eine neue Raster-Datei, aus der durch ein Linie für Linie erfolgendes Abtasten zuerst das Muster der begrenzenden Segmente, danach die topologische Ordnung und die Polygone entwickelt werden. Die Polygonnummer ergibt sich aus der fortlaufenden Neuzählung. Letztlich entstehen so .seg- .crd-, .top- und .pol-Dateien, die ohne Einschränkung innerhalb des Vektor-Modus weiterbearbeitet werden können.

3.4 Digitale Bildverarbeitung

3.4.1 Bilddarstellung

Einkanalige Bilder können in Grauwerten und "pseudo-colour" dargestellt werden. Bei mehrkanaligen Bildern besteht die Möglichkeit, je drei Bänder zu einer Farbkomposite zusammenzusetzen. Dabei erfolgt pro Band eine individuelle Abfrage, welches Intervall der Komposite zugrundegelegt werden soll.

3.4.2 Histogramme

Von jeder Rasterkarte kann eine Häufigkeitsverteilung der Pixelwerte berechnet werden. Das Histogramm und die dazugehörenden deskriptiven Parameter Mittelwert, Standardabweichung, Median, häufigster Wert, Minimum, Maximum werden in der .hsb-Datei gespeichert, können aber auch graphisch oder tabellarisch am Bildschirm angezeigt werden bzw. ausgedruckt werden.

3.4.3 Transfer-Funktionen und Farbbeeinflussung

Transfer-Funktionen, die das Spektrum der Pixelwerte einer Rasterkarte stetig abbilden (Definitions- und Wertebereich: 0-255), werden zur Histogramm-Angleichung und zum Stretching gebraucht. Dafür existieren Voreinstellungen. Darüberhinaus bietet ILWIS die Möglichkeit zum interaktiven Entwurf eigener Transfer-Funktionen. Auf dem Farbmonitor wird der Graph der Abbildung dargestellt, wobei in der x-Achse die Ausgangs-Pixelwerte der Rasterdatei aufgetragen sind, in der y-Achse die Ergebniswerte, die an die Farbtafeln weitergegeben werden. Der Graph der Funktion kann nun als Streckenzug gezeichnet werden. Transfer-Funktionen und Farbtafeln sind so eng gekoppelt, daß mit jeder Veränderung der Transfervorschrift sofort die Farbanpassung mitvollzogen wird.

3.4.4 Filterungen

Es können insgesamt 29 Standardfilter (Extension .flt) aufgerufen werden. Darüberhinaus besteht die Möglichkeit, eigene Filter zu entwerfen.

Rank order-Filter: Ordnet die Werte einer 3x3-Matrix in aufsteigender Reihenfolge und übernimmt den Wert eines spezifizierten

Ranges. Falls erforderlich, kann ein Schwellenwert definiert werden.

Lineare Filter: Sie können für 3x3- oder 5x5-Matrizen aufgestellt werden. Die Werte der jeweiligen Filter-Matrix sind frei wählbar. Für die Rechenformel sieht außerdem ILWIS einen Kompensationsfaktor und einen konstanten Summanden vor.

3.4.5 Klassifikation

Mit maximal vier Spektralkanälen kann eine multispektrale Klassifikation durchgeführt werden. Die Testgebiete werden am Bildschirm ausgewählt, die selektierten Bildelemente und ihre deskriptiven statistischen Parameter (Gesamtzahl der Pixel eines Testgebietes, häufigster Pixelwert, Pixelanzahl des häufigsten Wertes, Mittelwert, Standardabweichung, Histogramm) werden in Dateien mit der Erweiterung .smp gespeichert ("sample set files"). Die Anzeige der statistischen Parameter auf dem Monitor dient der Illustration. In dieser Phase ermöglicht ILWIS ein flexibles interaktives Arbeiten. Für jedes Testgebiet können die ausgewählten Bildelemente als Punktwolke in einem zweidimensionalen Diagramm (auf x- und y-Achse jeweils die Pixelwerte zweier Spektralkanäle) dargestellt werden. (Für Aufnahmen mit vier Kanälen ergeben sich also sechs Punktdiagramme.) Das ermöglicht eine Bewertung, ob sich die ausgewählten Bildelemente zur Charakterisierung einer Klasse eignen. Auf gleicher Bearbeitungsebene kann nun über Farbe und Name der betreffenden Klasse entschieden werden.

Auf die .smp-Dateien wird bei der Ausführung der Klassifikation zurückgegriffen. Es stehen k-Nearest-Neighbour-, Maximum-Likelihood- und Box-Klassifikation zur Auswahl.

3.4.6 Geometrische Entzerrung

Eine geometrische Entzerrung von Rasterkarten wird überall dort notwendig, wo mehrere Karten layerorientiert bearbeitet werden sollen. Folgende Programmschritte sieht ILWIS vor.

Feststellung des Kartentyps: Es können nur Byte-Maps geometrisch entzerrt werden.

Festlegung der Paßpunkte: Zunächst müssen die Eckkoordinaten der Bezugskarte bestimmt werden, danach besteht die Möglichkeit, Paßpunkte in metrischer Form oder als geographische Koordinaten einzugeben. Paßpunkte können in "control tie points"-Dateien (Extension .clt) gespeichert werden. Als weitere Variante besteht die Möglichkeit, die zu entzerrenden Rasterkarten dem Koordinatensysten einer geometrisch korrekten Karte unterzuordnen. Diese "Master Map" und die zur Entzerrung anstehende Karte werden parallel auf dem Bildschirm angezeigt, die Paßpunkte sind dann pixelgenau in beiden Karten anzusprechen.

Auswahl der Transformationsfunktion: Es erfolgt die Abfrage, ob die Relation zwischen dem "real world"-Koordinatensystem und Zeilen-und-Spalten-Koordinatensystem als Funktion erster, zweiter oder dritter Ordnung verstanden werden soll. Davon ist abhängig, ob mindestens drei, sechs oder zehn Paßpunkte bestimmt werden müssen.

Berechnung der Transformationskoordinaten: Die Berechnung erfolgt nach der Methode der kleinsten Quadrate.

Resampling: Hier muß zwischen einer Interpolation nullter Ordnung, einer bilinearen Interpolation und einer bikubischen Spline-Interpolation entschieden werden.

3.5 Analytische Funktionen

Die räumlich-analytische Auswertung greift auf die Raster- und die Attributdaten zu. Wie beschrieben, kann zu jeder Rasterkarte eine Tabelle aufgestellt werden, in der unter dem Index der auftretenden Pixelwerte Attribute gespeichert werden. Damit liegt die Primärinformation einerseits im Gestalt von Rasterkarten, andererseits in Form von Tabellen vor. Daher verfügt ILWIS sowohl in der Attribut- als auch in der Rasterdomäne über sehr flexible Analysemöglichkeiten.

3.5.1 Das "Table Calculation"-Programm

Der Tabelleneditor ermöglicht es, neue Tabellen aufzustellen, Datensätze hinzuzufügen oder zu löschen, Datensätze nach den Werten einer ausgewählten Spalte zu sortieren, Tabellen mit unterschiedlicher Anzahl von Datensätzen unter Definition einer einheitlichen Schlüssel-Spalte zu vereinigen, Zeilen zu Spalten und Spalten zu Zeilen zu transponieren.

Attribute von Punktdaten können in der Rasterkarte durch Symbole dargestellt werden.

Im zweidimensionalen Raum sind folgende statistische Berechnungen möglich: Für x- und y-Achse werden zwei Spalten einer Tabelle ausgewählt und alle (x,y)-Wertepaare als Punktwolke in das so gebildete Koordinatensystem eingetragen. ILWIS berechnet für diese Verteilung den Korrelationskoeffizienten und eine Regressionsfunktion (wahlweise als Polynom maximal sechster Ordnung, als trigonometrische Funktion, als Potenzfunktion, als exponentielle oder als logarithmische Funktion).

Um Daten spaltenweise zu bearbeiten, bedient sich ILWIS einer einfachen Syntax. Eine Rechenanweisung besteht aus dem Namen der Spalte, die die Ergebnisse aufnehmen soll, dem Zuweisungssymbol := und der Rechenformel. Beispiel: SPALTE_A := SPALTE_B/SPALTE_C. Die Rechenformel setzt sich aus Operanden (bestimmen, welche Spalten/Werte verrechnet werden sollen) sowie Operatoren und Funktionen (bestimmen, welche mathematische Operation durchgeführt werden soll) zusammen. Folgende Operatoren sind abrufbar: +, -, *, /, ^, modulo, logisches "und", logisches "oder", logisches "vel", logisches "nicht", "größer als", "größer gleich", "kleiner als", "kleiner gleich", "gleich", "ungleich". Für Zeichenketten stehen folgende Operatoren zur Verfügung: Verkettungsoperator "+", Gleichheitsoperator "=", Inklusionsoperator "in", "Ungleichheitsoperator "<>". Folgende Funktionen sind abrufbar: Quadratwurzel, Exponentialfunktion, natürlicher Logarithmus, Sinus-, Cosinus- und Arctangensfunktion, Kumulationsfunktion. Zusätzlich stehen die deskriptiven statistischen Funktionen Mittelwert, Standardabweichung, Minimum, Maximum, Median, Häufigster Wert und Summe zur Verfügung. Eine konditionale Abfrage benutzt eine Formulierung mit drei Parametern: if(A, B, C). Ist der erste (A) wahr, wird der zweite (B) eingesetzt, sonst der dritte (C).

Neue Funktionen können mit derselben Syntax ausgedrückt werden. Sie werden separat gespeichert und können beliebig aufgerufen werden.

3.5.2 Das "Map Calculation"-Programm

Nach den gleichen Prinzipien arbeitet auch das "Map Calculation"-Programm. Hier können die Pixelwerte einzelner oder zweier Rasterkarten (was dann eine exakte geometrische Paßgenauigkeit voraussetzt) zu einem neuen Pixelwert verrechnet werden, der dieselben Koordinaten wie der (die) Ausgangswert(e) besitzt. Es wird dieselbe Syntax wie im "Table Calculation"-Programm verwendet. Operatoren können hier sein: Konstanten, Rasterkarten, Tabellenspalten, Funktionen.

Beispiel:
OUTPUTMAP := (INPUTMAP2-INPUTMAP1)/(INPUTMAP1+INPUTMAP2)*100.

Das Ergebnis wird sofort als neue Rasterkarte dargestellt bzw. festgeschrieben. Auf diese Karte können anschließend alle Rechenoperationen, Tabellenzuweisungen oder Bildverarbeitungsmodule angewendet werden. Folgende Operatoren sind abrufbar: +, -, *, /, modulo, bit-weises "und", bit-weises "oder", bit-weises "nicht", logisches "und", logisches "oder", logisches "vel", logisches "nicht", "größer als", "größer gleich", "kleiner als", "kleiner gleich", "gleich", "ungleich". Folgende Funktionen sind abrufbar: Quadratwurzel, Exponentialfunktion, natürlicher Logarithmus, Sinus-, Cosinus- und Arctangensfunktion. Die konditionale if-Abfrage wird ebenfalls in derselben Weise formuliert. Natürlich können auch neue Funktionen definiert und gespeichert werden.

Zwei besondere Anwendungen des "Map Calculation"-Programms dienen der ein- und zweidimensionalen Klassifizierung. In diesen Fällen können die Klassifizierungskriterien bequem in tabellarischer Form editiert und gespeichert werden. In eindimensionalen Fall baut man auf einer Wertetabelle mit einer aufsteigenden Folge von Schwellenwerten an Stelle der x-Werte und den neuen Pixelwerten an der y-Stelle auf. Jeder Pixelwert der Ausgangskarte wird aufgrund seiner Position in der Wertetabelle durch den neuen Pixelwert ersetzt.

Im zweidimensionalen Fall tritt an die Stelle der Wertetabelle eine n,m-Matrix mit n = Anzahl der Pixelwerte in der ersten Ausgangskarte und m = Anzahl der Pixelwerte in der zweiten Ausgangskarte. Voraussetzung ist, daß die beiden Karten identische Zeilen- und Spaltenanzahl haben. Für je zwei Pixel, die in beiden Ausgangskarten die gleiche Zeilen- und Spaltenposition haben, findet sich in der Zuweisungsmatrix genau ein neuer Wert, der in der Ergebniskarte nun dieselbe Position einnimmt.

Diese Methode stellt ein sehr leicht zu handhabendes und flexibles Arbeitsmittel dar. Es erlaubt die Einarbeitung empirisch gefundener Sachverhalte genauso wie die induktive Anwendung bekannter Gesetze. Die Klassifikationsmatrix muß interaktiv eingegeben werden.

Insgesamt ermöglicht die pixelweise Attributabfrage eine sehr schnelle räumliche Analyse, die sofort die Erstellung neuer Rasterkarten und Tabellen erlaubt.

Literatur:

ANDRADE, A., VALENZUELA, C.R. und J.H. de VOS (1988) An ILWIS application for land use planning in Llanos Orientales, Colombia. ITC Journal 1988-1:109-115

BOCCO, G. und C.R. VALENZUELA (1988) Integration of GIS and image processing in soil erosion studies using ILWIS. ITC Journal 1988-4:309--319

GORTE, B., LIEM, R. und J. WIND (1988) The ILWIS software kernel. ITC Journal 1988-1:15-22

MEIJERINK, A.M.J. (1990) Summary report on ILWIS development. ITC Journal 1990-3:205-214

GIS für Planung und Optimierung in der Logistik

Dipl.-Wi-Ing. Dieter Vollmar
PTV Planungsbüro Transport und Verkehr GmbH, Gerwigstr. 53
W-7500 Karlsruhe 1

1. Einführung

Typische GIS-Systeme sind in der Regel eher analytisch orientiert. Die Verknüpfung dieser GIS-Systeme mit Fragestellungen, deren Schwerpunkt in Modellbildung und Optimierung liegt, soll anhand von graphisch orientierten Planungssystemen, wie sie die Firma PTV Planungsbüro Transport und Verkehr GmbH entwickelt, aufgezeigt werden.

2. Struktur von Logistik-Planungssystemen

Die Struktur von Logistik-Planungssystemen kann unter logischen sowie unter funktionalen Gesichtspunkten betrachtet werden.

Die *logische* Sichtweise zeigt, daß geographische Informationen und Anwendungsdaten die Datenbasis bilden. Aufbauend auf dieser Datenbasis werden Modelle und Optimierungsverfahren definiert.

Die Betrachtung der *Funktionalität* zeigt die Bereiche Planung und Darstellung.
Das Planungsmodul dient der Durchführung von Simulationen und Optimierungsverfahren.
Die Darstellung ermöglicht die Visualisierung der Planungssituation einerseits sowie der Simulations- und Optimierungsergebnisse andererseits. Die Darstellung kann tabellarisch oder, in Bezug zu den geographischen Informationen, in Form von Karten erfolgen.

Die geographischen Informationen werden also für die Definition der Modelle und Verfahren und die Darstellung von Sachverhalten genutzt.

3. Datenbasis von Logistik-Planungssystemen

Innerhalb der Datenbasis sind zunächst die geographischen Datenbestände von Interesse. Als Schnittstelle zu GIS werden folgende Datenbestände von Logistik-Planungssystemen einbezogen:

- Straßennetze
- Ortsdaten
- Verwaltungsbezirke

Auf den Straßennetzen werden aus der Verknüpfung, den Straßentypen und der Netzhierarchie Etnfernungen, Fahrzeiten und Routen berechnet.

In den Ortsdaten sind Größen wie Postleitzahl, Ortsname, Einwohner oder statistische Kennziffern abgelegt.

Bezüglich der Verwaltungsbezirke sind z.B. Landesgrenzen, Postbezirke oder Landkreise von Bedeutung.

Wesentlich ist die Verfügbarkeit solcher Datenbestände. Bei PTV wurden in den letzten Jahren sehr umfangreiche Basisdatenbestände für logistische Anwendungen erstellt.
Dies sind insbesondere hierarchisch gegliederte Straßennetze, die vom Europäischen Fernstraßennetz bis zum detaillierten Innenstadtnetz reichen und über ein einheitliches Koordinatensystem integriert werden. Straßennetze sind derzeit für gesamt Mitteleuropa verfügbar (vgl. Abb.1).
Entsprechend zu den Straßennetzen bestehen Ortsverzeichnisse; die Ortsdatenbank von Deutschland umfaßt mehr als 50000 Orte.

Bis Ende 1991 wird dieser Bestand auf Detailnetze für Gesamteuropa erweitert.

Weiterhin sind Straßendatenbanken der wichtigsten deutschen Großstädte erhältlich.

Geographische Datenbestände

Ortsdatenbanken

- Deutschland Ost und West > 50.000 Orte
- Schweiz
- Österreich
- Niederlande
- Belgien / Luxembourg
- Frankreich

Straßennetze

- Europa
- Deutschland Ost und West
- Schweiz
- Österreich
- Niederlande
- Belgien / Luxembourg
- Frankreich

Straßendatenbanken

- Augsburg
- Berlin
- Bonn
- Bochum
- Bremen
- Dortmund
- Duisburg
- Düsseldorf
- Essen
- Frankfurt
- Gelsenkirchen
- Hamburg
- Hannover
- Karlsruhe
- Köln
- Mannheim/ Ludwigshafen
- Mühlheim/Oberhausen
- München
- Nürnberg
- Recklinghausen
- Stuttgart
- Wiesbaden/Mainz
- Wuppertal

Abb.1: Geographische Datenbestände.

Ein sehr wichtiger Punkt ist, daß diese Daten nicht nur einmal erfaßt werden, sondern daß PTV eine kontinuierliche Pflege aller Daten durchführt.

Auf der Basis dieser geographischen Datenbestände kann mit den entsprechenden Anwendungsdaten ein breites Spektrum an Einsatzmöglichkeiten und Modellen definiert werden.

Beispiele dafür sind die Routenrechnung nach dem Kriterium der kostengünstigsten Wege (MEGA map), die Verteilung des Straßenverkehrs im Netz nach Verhaltensmodellen (VISUM) oder die Analyse und Planung von Vertriebsnetzstrukturen (VESPA).

4. Beispiel eines GIS-basierten Planungssystems: VESPA

Aufgabe des Systems ist die Unterstützung der Vertriebsnetzstrukturplanung und -analyse im Automobilhandel, mit dem Ziel, die Kundenzufriedenheit zu verbessern und Schwachstellen im Netz zu beseitigen.

Hinsichtlich der im System eingesetzten Daten verwendet VESPA an geographischen Datenbeständen ein kategorisiertes Straßennetz zur Fahrzeitberechnung, Orte und Ballungszentren, Postbezirke als kleinste betrachtete statistische Einheit und die Landesgrenze als Hintergrundinformation.

Die in VESPA verwendeten Anwendungsdaten können unterschieden werden in bezirksorientierte Daten wie

* Zulassungen pro Jahr und Vergleichsklasse, für alle
* Wettbewerber,
* Bestandszahlen der letzten 10 Jahre,
* Betreuungsgebiete

und, ebenfalls für alle Wettbewerber,

stützpunktorientierte Daten mit Informationen wie

* Name, Adresse,
* Lage,
* Angebot und
* Größe bzgl. Verkauf, Service oder Anzahl der Mitarbeiter.

Auf diesen Daten wird ein Marktmodell zur Simulation und Optimierung der Vertriebsnetzstruktur definiert. Dieses Modell der Potentialrechnung dient der Bewertung der Postbezirke und berücksichtigt sowohl Verkaufs- als auch Serviceaspekte.

Das Verkaufspotential eines Bezirks wird aus den Größen

- Produkt-,
- Stützpunkt- und
- Entfernungsattraktivität

berechnet.

Die Produktattraktivität, oder auch der objektivierte Marktanteil, gibt den Marktanteil an, der unabhängig von der Netzstruktur erzielt wird. Dieser Marktanteil kann mit Methoden der Marktforschung bestimmt werden; liegt dieser Wert, z.B. für einen Wettbewerber nicht vor, so kann die Produktattraktivität auch geschätzt werden.
Die Stützpunktattraktivität berücksichtigt die individuelle Leistungsfähigkeit des einzelnen Stützpunkts. Diese beinhaltet Verkaufsförderungsmaßnahmen, Kundendienstqualität, Personal u.ä.

Die Entfernungsattraktivität beschreibt das Kundenverhalten in Abhängigkeit der zurückzulegenden Fahrtzeit zum nächsten Stützpunkt. Relevant ist diese Fahrzeit insbesondere für den Servicefall, wenn es gilt, die Ausfallzeiten eines Fahrzeugs so gering wie möglich zu halten. Zur Beschreibung dieser Größe erscheint die Verwendung einer s-förmig verlaufenden Funktion, z.B. die logistische Funktion plausibel zu sein, die in unmittelbarer Nähe des Händlers nur unwesentlich abfällt, ab einer bestimmten Distanz fast linear zurückgeht und im unteren Abschnitt gegen Null konvergiert.

Multipliziert man diese drei Größen mit der Gesamtzahl der verkauften Fahrzeuge eines Bezirks, so erhält man das Verkaufspotential dieses Bezirks in Stück; durch Multiplikation mit einem mittleren Verkaufspreis kann das Verkaufspotential auch als monetäre Größe ausgedrückt werden.

Nach Eichung der Potentialfunktion ermöglicht die Bewertung der Bezirke durch die Potentiale die Quantifizierung von Veränderungen in den Vertriebsnetzen.

Für die Modelleichung können die Werte für die Stützpunkt- und die Entfernungsattraktivitäten unter Verwendung einer mehrdimensionalen Maximum-Likelyhoodfunktion geschätzt werden. Damit ist es möglich, auch die Stützpunkte des Wettbewerbs einzuordnen, da Echtdaten der Wettbewerber bezüglich der Qualität ihrer Stützpunkte in der Regel nicht zur Verfügung stehen werden. Aufbauend auf dieser Datenbasis bietet VESPA die folgende Funktionalität, die durch vier wesentliche Komponenten abgedeckt wird.

Die *Datenhaltung* erlaubt die Speicherung und Verwaltung der im System verwendeten Daten, die Definition von Planungsvarianten und den Import/Export von Datenbeständen.

Für die *Analyse* stehen Statistikfunktionen zur Klassifizierung der Marktdaten und der Berechnung von Beziehungsgrößen zur Verfügung. Ein Beispiel hierfür ist die Berechnung von Marktanteilen. Einmal erstellte Analysen können gesichert und damit immer wieder verwendet werden.

Eine wesentliche Komponente ist die *Planung* auf der Basis der Potentialrechnung. Sie erlaubt dem Netzspezialisten die Simulation von Vertriebsnetzveränderungen in Form von Gebietszuordnungen, die Veränderung von Lage und Anzahl der Stützpunkte und die Berechnung der Auswirkungen dieser Veränderungen auf die Potentiale.

Die Netzplanung wird darüber hinaus durch Optimierungsfunktionen zur Bildung optimaler Betreuungsgebiete und die Ermittlung günstiger Standorte für die Stützpunkte unterstützt. Der

Benutzer kann sämtliche Parameter der Potentialfunktion modifizieren. Damit können beliebige Netzsollstrukturen erarbeitet werden.

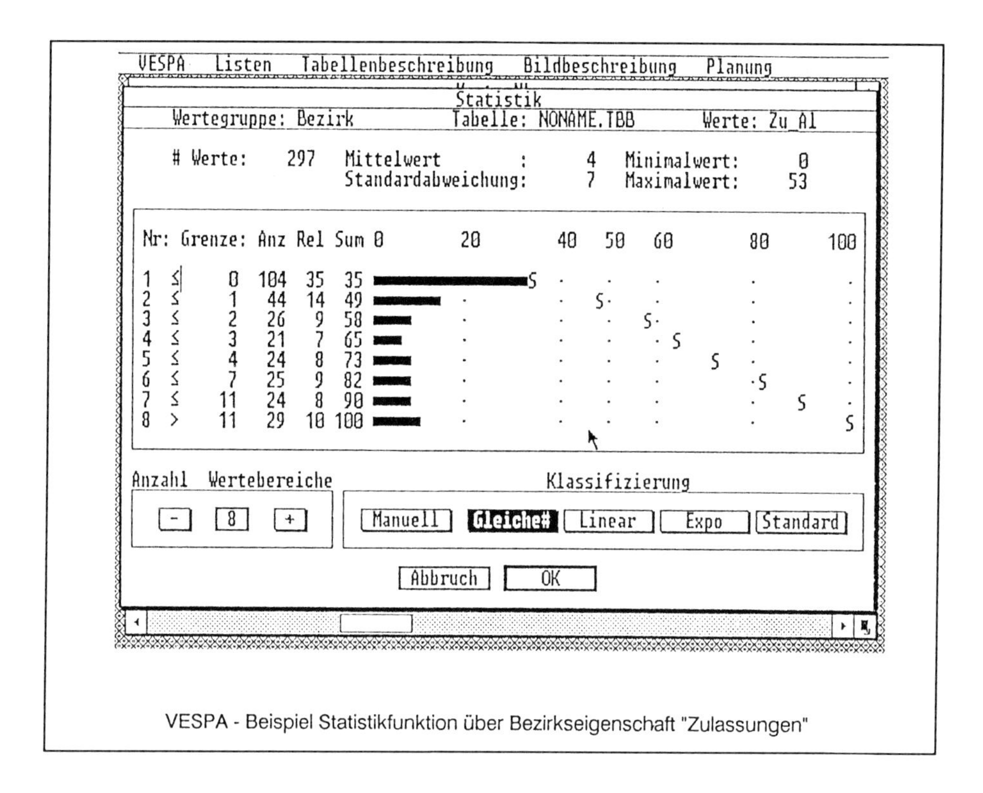

VESPA - Beispiel Statistikfunktion über Bezirkseigenschaft "Zulassungen"

Abb.2: Statistikfunktion über Bezirkseigenschaft "Zulassungen".

Die Funktionsbereiche Analyse und Planung sind verknüpft mit der *Darstellungskomponente* im Sinne eines Standard-GIS, mit der Karten von Analyse- und Planungsergebnissen erstellt werden können. Mögliche Darstellungsformen sind Flächen-, Punkt- und Wertediagramme. Auch die Ausgabe der Grenzen der Betreuungsgebiete in den Karten ist realisiert.

Die Kartenbeschreibungen werden wie die Analysen gesichert. Alle am Bildschirm erstellten Karten können in hoher Qualität ausgedruckt oder geplottet werden.

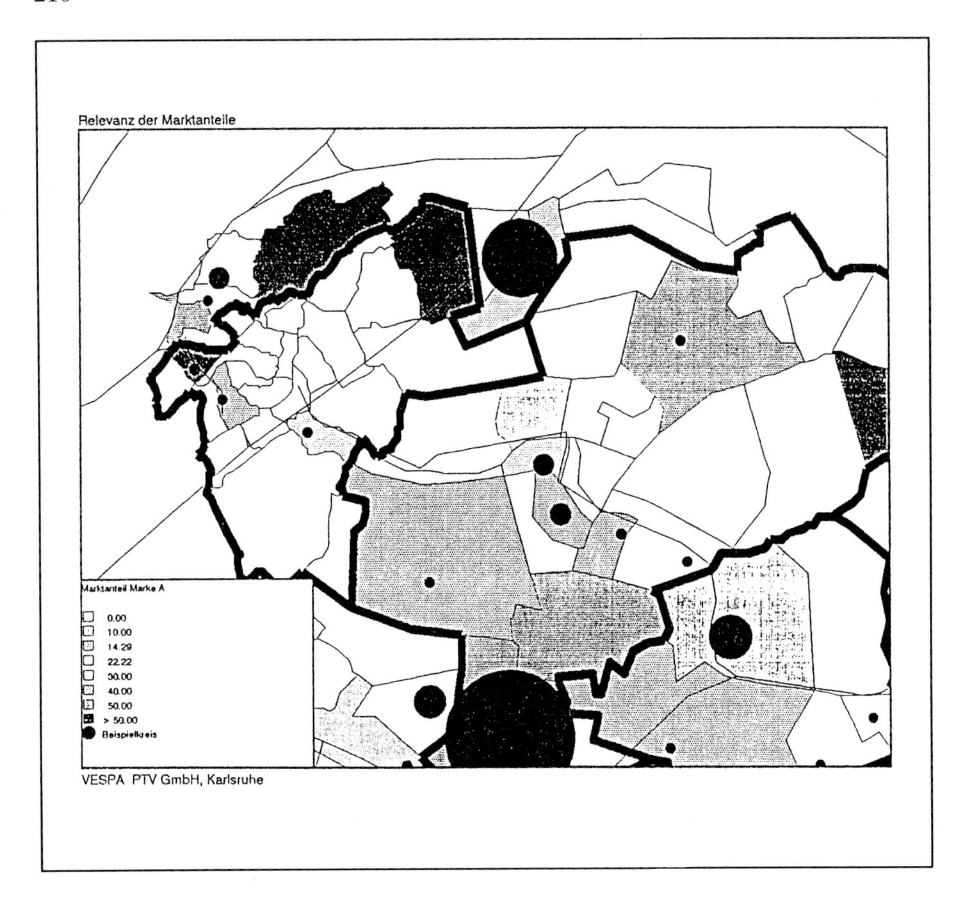

Abb.3: Marktanalyse im Nutzfahrzeugmarkt.

Alle Komponenten zusammen bilden ein Werkzeug für die strategische Netzplanung, welches ermöglicht, die bestehende Situation durch die Abbildung unterschiedlicher Einflußgrößen zu analysieren, um so Schwachstellen im Netz zu ermitteln. Die Einbeziehung der Wettbewerber erweitert die Möglichkeiten beträchtlich.

Die Simulation und die Optimierung auf der Basis der Potentialrechnung erlauben die Erarbeitung einer Netzsollstruktur, die strategische Vorgaben sowohl in der Definition der angestrebten Stützpunkte als auch in der Gewichtung der Zielfunktion berücksichtigt.

5. Zusammenfassung

Mit GIS-Anwendungen in Logistik-Planungssystemen hat das PTV Planungsbüro Transport und Verkehr GmbH die Verbindung zwischen analytisch orientierten typischen GIS-Systemen und modellorientierten Planungssystemen hergestellt. Eine wichtige Voraussetzung hierfür war die Erstellung und Pflege von "logistischen Geometriedaten", nämlich Straßennetzen und Ortsverzeichnissen, deren Bedeutung sowohl in der Darstellung der Planungssituation als auch in der Einbeziehung in die Modelldefinition begründet ist.

Literatur

Hlavac, Theodore E. / Little, John D. C. (1970)
A Geographic Model of an Urban Automobile Market
in: Applications of Managment Sciences in Marketing
(S. 313-322)
Prentice Hall, Inc., Englewood Cliffs, New Jersey

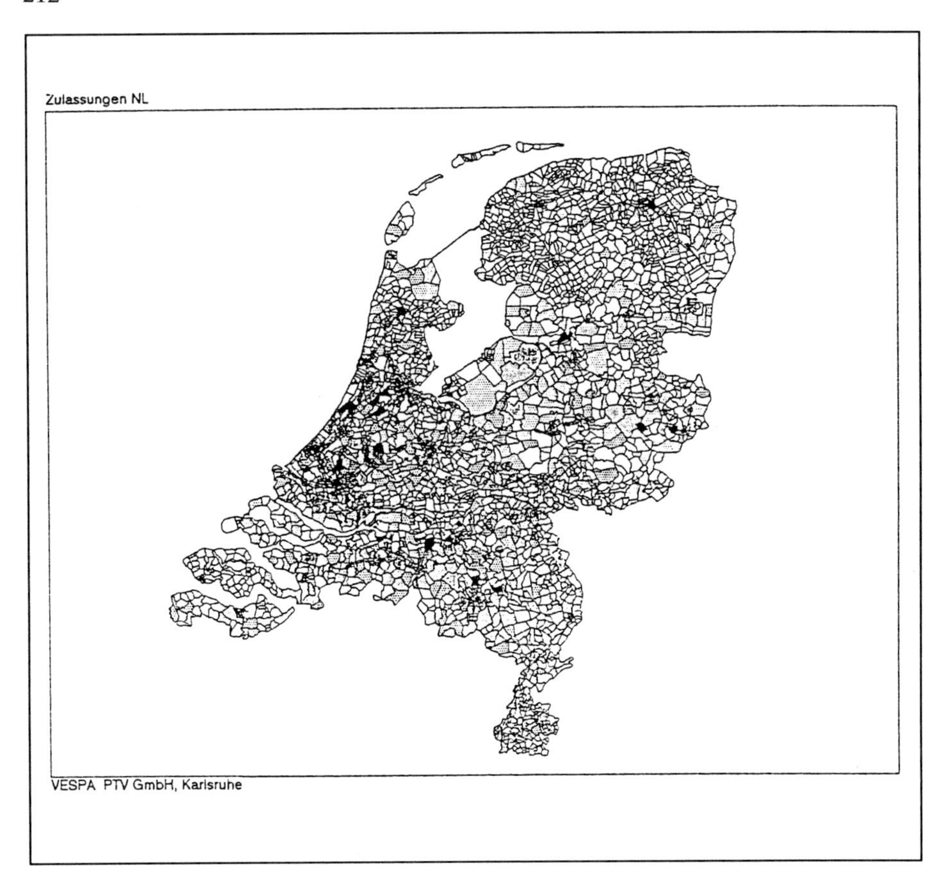

Abb.4: Übersichtkarte

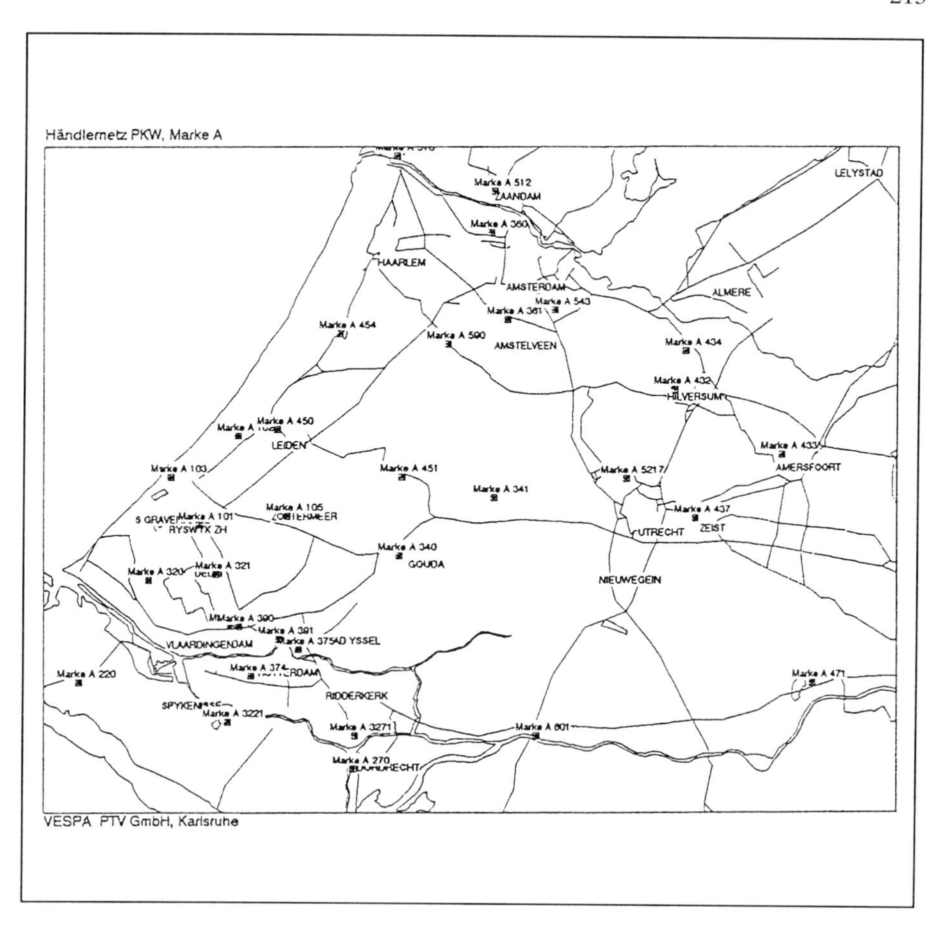

Abb.5: Händlernetz PKW, Marke A

BILDSPEKTROMETERAUFNAHMEN ALS DATENQUELLE FÜR GEOGR. INFORMATIONSSYSTEME

S. Blattner, M. Müksch, G. Pilawa

1. Vorstellung zweier Scanner-Typen

Zwei Hauptsorten von Bildspektrometern werden heute unterschieden:

- Systeme mit Filterbandtechniken (Typ 1)
- Systeme mit elektronischen Filtern (Typ 2)

Beide Systeme arbeiten auf der sog. Pushbroom-Technik, die von den "Handy Scannern", älteren Photokopiergeräten und Telefaxgeräten bekannt ist: ein sog. Array (CCD-Zeile) wird wie ein "Besen" (dessen Haare die Pixel des Arrays sind) über die Vorlage geschoben, wobei Zeile für Zeile zusammengesetzt ein Bild entstehen läßt. Dasselbe kann auch durch die Bewegung vom Flugzeug zur Aufnahme der Erdoberfläche gemacht werden.
Bei den Filterbandtechniken können die Zeilen mit Hilfe von Filtern belichtet werden, die einen bestimmten Spektralbereich ausblenden, während bei den elektronischen Filtertechniken die CCD-Zeilen direkt angesprochen werden. Im letzteren Falle wird das Spektrum des Objekts auf ein Flächen-CCD projiziert. Die Ladungen derjenigen Pixel der CCD-Zeile, die von einer bestimmten Farbe des Spektrums getroffen werden, können ausgelesen, digitalisiert und gespeichert werden.
Zusammengesetzt ergeben diese Zeilen ein Bild in jedem Spektralbereich.
Eine andere mehr konventionelle Möglichkeit besteht darin speziellen CCD-Videokameras optische, engbandige Filter vorzuhalten. Hier wird das gefilterte Bild auf einem Flächen-CCD entworfen und wie das latente Bild einer Fotographie voll abgespeichert.
Die Methode hat den Nachteil, daß solche Bilder sehr unscharf sind. Die Empfindlichkeit dieser Geräte ist sehr gering (8 bit max).

Zwei Bildspektrographen (Typ 1 und 2) sind bekannt geworden, die für diese beiden Verfahren stehen, der CAESAR-Scanner der niederländischen Luft- und Raumfahrtbehörde (Typ 1) und der CASI-Scanner der Firma ITRES/Canada (Typ 2).

Kurzbeschreibung der beiden Scanner-Typen:

A. Der CAESAR-Scanner

- Kamerasystem (insg. 4 Kameras) mit je einer Linse, einem 3-fachen CCD-array, Filter und dazugehörige Elektronik

- zwei Module werden unterschieden:

1. Down-looking mode	land mode special land mode sea mode
2. Forward-looking mode	

- zwei standard optische Filter Sets (Land, See)
- räumliche Auflösung von 0,5 x 0,5 m bei einer Flughöhe von 2000 Meter und einer Integrationszeit von 5 ms im special land mode und charakteristische zentral Wellenlänge und Bandbreite, im Bereich von 400 - 1050 nm

B. Der CASI-Scanner

- Kamera mit einem Linsensystem und einem 578 x 288 pixel CCD

- arbeitet im sog. spatial und spectral mode, d.h. erzeugt sowohl Multispektralbilder als auch Spektren

- 15 frei programmierbare Bänder

- Wellenlängebereich von 400 - 900 nm

- Auflösung von 0,25 - 1,0 qm in 350 - 750 m Flughöhe über Grund

- Besonderheit dieses Systems ist der spectral mode, der Spektren von Objekten liefert. Quantitative Chlorophyllbestimmungen, Wasserverschmutzungen (Algenkonzentrationen, Ölflächen,...) etc. sind detektierbar und anhand der Spektralkurvenverläufe sind gute Unterscheidungen möglich.

Beide Pushbroom Scanner finden Anwendung:

1. In der Landwirtschaft

   - Verfolgung der Aufzucht verschiedener Fruchtsorten und deren Unterscheidung

   - Detektion unterschiedlicher Düngerkonzentrationen

   - Krankheitsbefall und Ausdehnung

   - Gülleausbringung und Vernässung

   - Ertragsabschätzungen

2. In der Forstwirtschaft

- Klassifizierung von Vegetationstypen (auch städtisch)
- Stresserkennung und Stressentwicklung
- Bestimmung der Biomassenentwicklung (Chlorophyllgehalt)

3. In der Wasserwirtschaft, Ozeanographie und im Küstenschutz

- Gewässergütebestimmungen
- Aufnahmen von Küstenverschmutzungen, Einleitungen von Industrie, Landwirtschaft usw. in Gewässersysteme
- Konzentrationsabschätzungen von Phytoplankton, höher organisierten Algenspezies und Cyanobakterien
- Detektion von Fischschwärmen

2. DATENAUFNAHMETECHNIKEN

Die Aufnahmetechniken mit digitalen Bildspektrometern sind denen der Satelliten-Scannersysteme ähnlich, unterscheiden sich jedoch darin, daß sie als Sensorelemente Zeilen- und Flächensensoren benutzen (Charged Coupled Devices).
Die Technologie richtet sich daher ganz nach dem Aufnahmeprinzip der CCDs. Die Photon/Electron Ladungsdichte (quantum efficiency) ist weitgehend proportional der Beleuchtungsdichte eines Flächenelements (pixel). Die dadurch entstehenden Ladungen werden über ein parallel-serielles Register quasi "abgesaugt" und durch einen A/D-Wandler in sog. digital data numbers (DN) (oder Grauwerte) verwandelt.
Diese Technologie bedarf besonderer Vorkehrungen z.B. einer stabilen und hochfrequenten, zeitlichen Synchronisation aller Übertragungseinheiten im Rechner, da es andernfalls zu unscharfen Bildern kommt, wenn sich die data numbers miteinander vermischen.
Das ist wichtig bei der Aufnahme von Multispektralbildern.
Das Grundprinzip aller Bildspektrographen ist die linienweise Belichtung (sog. Integration) die innerhalb einer bestimmten Zeiteinheit stattfinden muß. Zwischen zwei Aufnahmezeiten müßen alle Ladungsregister gelöscht werden, um für den nächsten Aufnahmezyklus wieder bereit zu stehen.
Damit ein kontinuierliches Bild entsteht, muß nach jedem Aufnahmezyklus der Bildspektrograph um die Breite einer Aufnahmezeile vorgerückt werden, was durch die Flugzeuggeschwindigkeit bewirkt wird.
Kommt es hier zu nicht-synchronen Situationen zwischen Fluggeschwindigkeit und Integrationszeit, dann entstehen entweder gestreckte (zu niedere Geschw.) oder gestauchte (zu hohe Geschw.) Bilder.
Solche sog. Panoramaverzerrungen sind dann unvermeidbar und müssen bei der Bildkorrektur (geometrische Entzerrung) vorab eliminiert werden.
Gestauchte Bilder sind i.d.R. mit einem bestimmten Datenverlust behaftet. Eine vollständige Herstellung eines Bildes ist daher

nicht möglich. Im anderen Fall, in einem gestreckten Bild mit wiederholten Zeilen, lassen sich diese leicht eliminieren.
Beim Flug ist daher die redundante Zeilenaufnahme anzustreben, was eine niedere Fluggeschwindigkeit voraussetzt.
Das wiederum macht Flugzeuge notwendig, die einen speziellen Auftrieb für den Langsamflug besitzen (z.B. Wölbklappen an den Tragflächen) oder Benutzung der Landeklappen während des Aufnahmeflugs.
Ein mit Landeklappen geflogener Aufnahmeflug, gerade für große Maßstäbe (nied. Höhe) ist allerdings besonders windanfällig und würde eine seitl. Zeilenverschiebung durch die Rollbewegungen (Drehung um die Flugzeuglängsachse) bewirken, so daß die Bilder "schlangenförmig" aussehen. Gute Aufnahmen ohne stabilisierte Plattform sind daher mit Bildspektrographen nicht möglich. Vielfach wurden in der Vergangenheit bei den wenigen Zeilen-Scannern die Rollbewegungen durch Kreisel numerisch miterfaßt und dann als gerechnete Korrekturen an den "Schlangenbildern" angebracht. Dabei ergaben sich dann aber "Schlangenbewegungen" der Bildränder, die die Bildbreite bzw. Streifenbreite einengten.
Man sieht, daß ein einziges Problem bei Bildspektrographen eine ganze Reihe weitere Probleme aufwirft, die unbedingt gelöst werden müssen. Die operationelle Durchführung solcher Bildspektrometer-aufnahmen von befriedigender Qualität macht eine Reihe von elektron. mechanischen und optischen Komponenten und Einrichtungen zwingend erforderlich.
Sind alle Bedingungen für qualitative Aufnahmen erfüllt, und hat das Bildspektrometer eine hohe Aufnahmeempfindlichkeit in allen Spektralbereichen, dann können bisher nicht vorhandene Informationen geliefert werden.

3. BILDSPEKTROMETRISCHE INFORMATIONEN, AUFBEREITUNG UND VERARBEITUNG

Die Datenflut steigt trivialerweise mit der Informationsdichte, vorausgesetzt daß weder Fehler noch Redundanzen vorhanden sind. Von dieser in der Natur und in techn. Systemen niemals vorhandenen Situationen wird jedoch ausgegangen, um eine zumindest theoretische Abschätzung von Informationsdichte und Datenmenge zu erhalten.
Betrachtet man einen Spektralkanal, der eine Zeilenbreite von 600 Bildelementen umfaßt, deren jedes Element mit einem 12-bit Kanal also 4096 data numbers digitalisiert wurde, dann ist dieser Datenstrom alleine bereits 7.2 KB groß. Wird jetzt mit 8 solcher Kanäle aufgenommen, dann hat man bereits eine Größe von fast 60 KB und nimmt man schließlich ein Bild von 600 Zeilen auf, dann schwillt dieser Bildfile auf ca. 34 MB an.
Die Zeilen solcher Bildfiles müssen mit hoher Übertragungsgeschwindigkeit gespeichert werden. Dazu bedarf es bestimmter Speichermedien. Selbst optische Platten, die enorme Kapazitäten aufnehmen können wären u.U. mit 4 oder 5 Bildern bereits voll.
Werden z.B. Gebiete von 5 x 5 km beflogen, wobei angenommen 1 km^2 = 1 Bild ist, dann hätte man somit 25 Bilder x 64 MB = 864 MB also bereits fast ein Gigabyte.
Es ist leicht vorstellbar, daß die Datenflut mit wachsenden Aufnahmeflächen um ein Vielfaches steigt. Rationelle Datenspeicherung kann z.Z. praktisch und finanziell vertretbar nur auf Bändern erfolgen. Video8 Bänder haben sich als das ideale

Speichermedium erwiesen, zu lesen mit speziellen kleinen Tisch-Bandstationen oder Streamern.
Während bildspektrometrische Aufnahmen in kürzester Zeit geflogen werden können, ca. 100 qkm in knapp 2 Stunden, sind ihre Datenmengen u.U. in Wochen und Monaten kaum auswertbar, noch im Direktzugriff zu speichern.
Hier wird man zwar große Datenbestände aufnehmen, sich aber das jeweils interessierende Objekt herausnehmen, speichern und bearbeiten. Viele Informationen bleiben so erst einmal unausgewertet.
Der Vorteil der Aufnahme großer Datenbestände liegt aber darin, daß es möglich wird auf historische Daten, die immer dringlicher benötigt werden, später zurückgreifen zu können.
Die Altlastproblematik und die UVP hat den Wert historischer Daten schlagartig erhellt. Liegen solche Daten multispektral in digitaler Form vor, dann ist ihr Wert um ein Vielfaches höher.
Eine Aufbereitung dieser Daten findet im Rahmen der Objekt- und Bildselektionen statt, d.h. es wird das Objekt und sein zugehöriges Bild aus dem Datenbestand herausgeschnitten und einer entsprechenden Aufbereitung unterworfen. Diese besteht grundsätzlich in der radiometrisch-spektrometrischen Kalibrierung und einer speziellen Filterung um die in allen CCD-Scanneraufnahmen vorhandene Streifigkeit zu eliminieren.
Das dazu angewendete Verfahren ist als "Schattenkorrektion" bzw. flat field technique bekannt. Die Schattenkorrekturfaktoren werden aus einer Instrumentenkalibrierung an einer Standardlichtquelle im Labor gewonnen.
Mit diesen Faktoren werden dann die Bilder einzeln korrigiert.
Sodann erfolgt i.d.R. eine geometrische Korrektur nach den in der Bildverarbeitung bekannten Verfahren der Paßpunkttransformationen (Ähnlichkeits- Affin- oder Polynomtransformation).
Besondere Probleme macht die Höhenkorrektur von Bildspektrometerdaten, da hierzu ein digitales Geländemodell notwendig ist. Bisher gibt es keine befriedigende Lösung dieses Problems, versucht wurde es in wissenschaftlichen Arbeiten, jedoch mangelt es diesen Verfahren an Praxisreife. Operationell einsetzbar sind diese Methoden bis heute nicht.

4. ÜBERFÜHRUNG UND SPEICHERUNG IN GIS

Es bieten sich mehrere Möglichkeiten der Überführung von Bildspektrometerdaten in GIS an.

- Reine Bildspeicherungen in Bilddateien mit Verweisen in einer Datenbank, die Beschreibungen der Bilder beinhalten.

- Die Umformung der Rasterdaten des Bildes in Vektordaten sowie es die Raster-Vektor-Konversionen verschiedener Bildverarbeitungssysteme und GIS ermöglichen.

- Die Extraktion von Bildinhalten und deren Speicherung in Raster-, Vektor- oder beschreibender Form.

Manche Bildspektrometer bieten neben Multispektralbildern die Möglichkeit Spektren oder Teile von Spektren von Objekten aufzunehmen, so wie wir es von laborspektrometrischen Unter-

suchungen kennen. Diese Informationen sind völlig neu und bedürfen einer besonderen Behandlung in GIS.
Abspeicherungen können hier einerseits als Einzelspektren erfolgen oder es werden alle Spektren eines Bildes in einer Datenbank vorgehalten. In diesem Fall ist der Speicherplatzbedarf jedoch sehr hoch.
Je nach Aufgabenstellung wird man zu der ein oder anderen Methode greifen.
So z.B. bietet sich dieses Verfahren dann an, wenn von einem Gebiet die atmosphärische Situation analysiert werden soll. Spektren machen atmosphärische Absorptionen bekanntlich sichtbar. Hier sind dann sehr viele Spektren mit hoher Verteilungsdichte auszuwerten.
In Fällen der Auswertung z.B. nitrifizierter, landwirtschaftlicher Flächen, des Nitrateintrags in Wasserschutzzonen, Abwassereinleitungen, Gewässerverschmutzungen oder der Biomassenproduktion (Chlorophyll) eines Vegetationsbestandes könnte man sich auf die Auswertung der Objekte selbst beziehen und die Ergebnisse der bildspektrometrischen Daten abspeichern.
Landnutzungsklassifizierungen sind erst nach geometrischen Korrekturen durchführbar weil meist eine Bild- mit einer Kartenüberlagerung notwendig wird, um Landnutzungsgrenzen zu identifizieren. Die erwähnten Korrekturen müssen vorher durchgeführt werden.

ZUSAMMENFASSUNG

Eines kann heute bereits abgeschätzt werden, die Aufnahme von Bildspektrometer-Daten geht sehr schnell und relativ einfach sowohl vom Flugzeug, terrestrisch oder labormäßig.
Die Aufbereitung nimmt je nach angewendeten Korrekturen unterschiedliche Zeiten in Anspruch. Sollen Überführungen in GIS stattfinden, dann sind sorgfältige Überlegungen anzustellen wie dies aufgrund der jeweils spezifischen Anwendung durchgeführt werden soll.
Ein praktischer Weg ist die Extraktion und Speicherung von Objekt-Daten, wobei der Restdatenbestand vorläufig zwar gesichert aber unausgewertet bleibt.
Allmähliche Auswertungen können je nach Speicherverfügbarkeit im Laufe der Zeit erfolgen.
Da sich bereits abzeichnet, daß sich Bildspektrometer auch als real-time Systeme zur direkten visuellen Beobachtung vom Flugzeug zum Umweltmonitoring einsetzen lassen, ist zu erwarten, daß der enorme Datenbestand auch real-time vorverarbeitet wird und nach der Landung eine reduzierte, nichtredundante auf die gewünschte Anwendung zugeschnittene Datenmenge bereit steht.

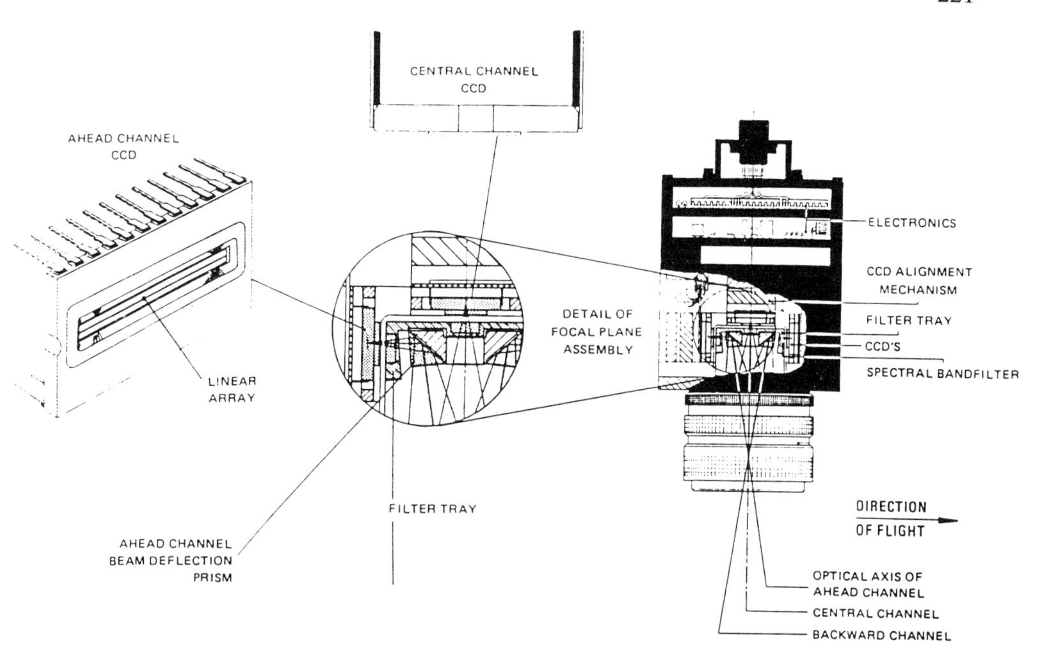

Type 1: CAESAR (CCD Airborne Experimental Scanner for Applications in Remote Sensing)

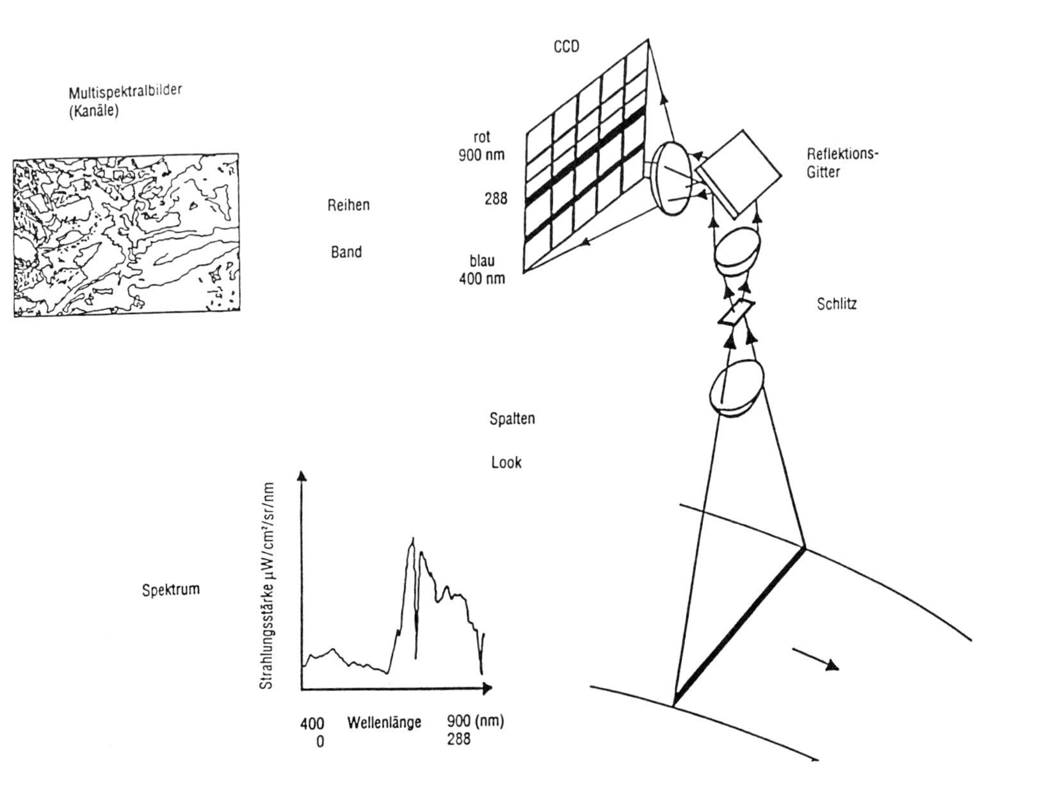

Type 2: CASI (Compact Airborne Spectrographic Imager)

Anforderungen und Zielsetzungen an ein GIS in den verschiedenen Bereichen

Joachim Leykauf
Martin-Luther-Universität Halle, Sektion Geographie, Domstr. 5/Pf, O-4010 Halle

1 GIS-Sichtweisen

Der Begriff "Geographisches Informationssystem" wird von mehreren wissenschaftlichen und planerischen Disziplinen, die die Erfassung und Verarbeitung erdräumlicher Informationen zu ihren Gegenstandsbereich zählen, besetzt und wird deshalb zunehmend auch als Oberbegriff für alle raumbezogenen Informationssysteme verwendet. Die Spezifik der raumbezogenen Informationsverarbeitung führte auch zur Formierung der Geoinformatik als Teilbereich der angewandten Informatik und zur Forderung von Goodchild (1990) nach einer interdisziplinär ausgerichteten "Spatial Information Science". Die verschiedene Sichtweise des Gegenstands GIS kann nach Margraf (1991) zumindest in drei Bereiche gegliedert werden:

- GIS als kommerzielle shell zur standardisierten Bearbeitung georäumlicher Daten,
- GIS als sach- und raumbezogenes Informationssystem mit Technologien und Methodiken zur Gewinnung, Verwaltung und Auswertung georäumlicher Grunddaten und mit einer darauf abgestimmten Software,
- GIS als ein zu entwickelndes und zu nutzendes modernes methodisches Instrumentarium für die Geographie und andere Geowissenschaften sowie für die Umwelt- und Raumplanung zur integralen Bearbeitung von Geosystemen.

2 GIS als kommerzielle shell

Die grundsätzlichen Ziele bei der Nutzung von GIS
- einheitliche digitale Erfassung und Speicherung von Informationen über geographische Objekte,
- systematische Informationsaufbereitung und -verarbeitung und
- spezifische graphische Ausgabeformen

sind über den Einsatz kommerzieller Softwaresysteme realisierbar. Obwohl der deutsche GIS-Softwaremarkt die nordamerikanische Dimension noch lange nicht erreicht hat, zeichnet sich auch hier eine dynamische Nachfrage ab, wobei die Nutzeranforderungen in zwei Richtungen tendieren, einerseits die hochleistungsfähigen Systeme für den spezialisierten professionellen GIS-Anwender und andererseits die nutzungsflexiblen Systeme für den breiten Kreis, der raumbezogene Informationen benötigt und dabei die Möglichkeiten des Werkzeuges GIS in seinem Arbeitsprozeß ausnutzen will. Letztere sollten sich neben hoher Selbsterklärung auch durch Komponenten auszeichnen, die einen fehlerhaften Einsatz von GIS-Werkzeugen einschränken.

GIS-Entwickler versuchen den Anforderungen des spezialisierten GIS-Anwenders durch Erweiterung der Funktionalität zu entsprechen, wodurch die Systeme immer umfaßender werden. Diese Systeme unterstützen in Verbindung mit leistungsfähiger Hardware effektive und hochqualitative Technologien der Gewinnung digitaler Informationen und der kartographischen Ausgabe.

Während die Anforderungen an das Erfassungs- und Ausgabesystem aus technologischer Sicht gelöst scheint, wobei die Leistungsfähigkeit proportional mit den Hard- und Softwareaufwendungen steigt, werden die Erfordernisse problemangepaßter Verarbeitungen durch "konfektionierte" GIS nur unzureichend umgesetzt. Dies wird insbesondere in Planungsinformationssystemen deutlich, in denen durch fehlende Integration planungsspezifischer Methoden und Modelle die eigentliche Informationsverarbeitung losgelößt vom computergestützten Prozeß durchgeführt wird, der sich im wesentlichen auf Primärdatenrecherchen und Primärdatenumsetzung in thematischen digitalen Karten beschränkt. Damit wird die Forderung nach offenen Softwaresystemen (mit Programmierschnittstellen) gestützt, um spezifische Applikationsmodule effektiv in die Funktionen des Gesamtsystems einbinden zu können.

Zu den Hard- und Softwareaufwendungen für den Einsatz komplexer GIS-Systeme kommen die Personalkosten für GIS-Spezialisten, in einigen Ländern werden bereits Geoinformationstechniker ausgebildet, da die Installation und die Ausnutzung der Funktionalität der Systeme, symbolisiert durch entsprechenden Handbuchumfang, den versierten Nutzer fordert.

Gegenwärtig ist ein Trend feststellbar, Softwareprodukte als objektorientierte Systeme auszuweisen. Die Anforderungen an ein objektorientiertes System sind aber die Umsetzbarkeit der fundamentalen Abstraktionsmechanismen
- Klassifikation (Abstraktion von Individuen mit gemeinsamen Eigenschaften zu einer Objektklasse - Objektdefinition)
- Generalisierung (Kombination von verschiedenen Objektklassen zu einer Superklasse unter Übergabe, 'Vererbung', von Eigenschaften und Methoden)
- Aggregation (Gruppierung mehrerer Individuen zu einem neuen Objekt).

Dazu sind komplexe Datentypen sowie eine Objektdefinitionssprache und -manipulationssprache erforderlich. Durch die Objektdefinitionssprache wird das Geoobjektmodell (konzeptionelles Schema) übersetzt. Sie beschreibt die Namen der Objektklassen, die Relationen zwischen Objektklassen und die Implementation der Objektklassen. Die Objektmanipulationssprache beschreibt Objektoperationen wie

- Übergabe von Eigenschaften an ein Objekt
- Übernahme von Eigenschaften von einem Objekt
- Vereinigung von Objekten
- Auflösung von Objekten u.a.

Neben der vollen Realisierung dieser Anforderungen in GIS-Softwaresystemen erscheint die Modellierbarkeit der realen Welt über Geoobjektmodelle noch überprüfungsbedürftig (s. a. Abs. 4).

3 GIS als sach- und raumbezogenes Informationssystem

Die Ziele beim Einsatz raumbezogener Informationssysteme liegen in der systemaren Erfassung, Verarbeitung und Präsentation raumbezogener Informationen. Dementsprechend bilden Erfassungs-, Analyse- und Ausgabesystem die Grundbestandteile. Je nach den Einsatzzielen in den verschiedenen Anwendungsbereichen sind diese Grundbestandteile im GIS ausgeprägt. Den Versuch einer Klassifikation der vielfältigen raumbezogenen Informationssysteme zeigt Tab. 1.

Mit dem digitalen Ausbau vieler amtlicher und an Hoheitsaufgaben gebundener raumbezogener Informationssysteme stehen für die Raumforschung und -planung zunehmend umfangreiche digitale Datenbestände zur Verfügung. Neben den schon breit in diesem Zusammenhang diskutierten Fragen der Urheberrechte und der Übernahmekosten stellen sich aber auch Fragen nach der Datendefinition und Datenqualität. Solche Metainformationen (Erfassungsart, Datenmodell, Genauigkeit, Gültigkeit u.a.) sind gerade bei leichten Zugriff erforderlich, um die Aufgabenangepaßtheit der Daten beurteilen zu können. Trotz weiterentwickelter Erfassungstechnologien und flächendeckender digitaler Referenzdatenbanken wird der Informationsbedarf nicht nur über Primärdaten gewährleistet werden können. So steht aus Anwendersicht die Forderung, in das GIS gesicherte Methoden und Modelle für die Erzeugung abgeleiteter Daten zu integrieren. Die positiven und negativen Ergebnisse hierbei ließen sich beispielhaft am digitalen Geländemodell demonstrieren.

Tab. 1: Merkmale raumbezogener Informationssysteme

	Geographisches Informationssystem tionssystem GIS	Räumliches In- RIS	Landinforma- formationssystem LIS
1	2	3	4
Aufbau durch:	Geographen	staatliche Ämter (Statistik)	Liegenschafts- dienst, Geodäsie
Nutzer:	Geographen, Land- schafts- und Raumplaner	staatliche Ämter und Wissenschaft- ler, die räuml. Informationen verarbeiten	Landschafts- und Raumpla- ner, Bauwesen, Verwaltungs- organe
Haupt- ziel:	Bearbeitung einer komplexen geogra- phischen Aufgaben- stellung (Analysesystem)	Bereitstellung von digitalen räuml. Informationen für einen breiten Nutzerkreis (Datenbanksystem)	Instrument zur Entscheidungs- findung in Recht, Verwaltung, Öko- Ökonomie und Raumplanung (Recherchesystem)
Metho- den- basis:	Verfahren zur Klassifikation, Raumbewertung und -modellierung	Verfahren zur Klassifikation (Typisierung/Re- gionierung) und zur Ausstattungs- analyse	Verfahren zur systematischen Erfassung, Ak- tualisierung, Verarbeitung und Verbreitung der Daten
Hardware- Anforderung	graphikfähige de- zentrale Rechen- technik mit lei- stungsfähiger Pe- ripherie und Ver- netzungsfähigkeit	Großrechner und leistungsfähige Datenerfassungs- geräte	Netz aus Groß- rechner und dezentralen Rechnern

4 GIS als methodisches Instrumentarium

In den vorherigen Abschnitten wurde deutlich gemacht, daß eine eingeengte GIS-Sicht, die durchgängige computergestützte Problembearbeitung unter Sicherung der Kongruenz zwischen Datengewinnung und -verarbeitung ausklammert. Letztlich geht es darum, den bisherigen analogen Problemlösungsprozeß auf digitaler Basis nicht nur effektiver durchführen zu können, sondern kompliziertere und neue Problemstellungen mit diesem Instrumentarium bearbeiten zu können. Damit gestaltet sich der Aufbau problemspezifischer GIS zu einem iterativen Prozeß, praktische Probleme modellhaft abbilden zu können. Daraus folgt, daß sich die GIS-Euphorie in Frustration wandelt, wenn nicht der weiteren GIS-Sicht durch einen Ausbau des Analysesystems und der interaktiven Komponenten entsprochen wird. Eine weitere Gefahr ergibt sich aus einer unzureichenden Verbindung des Werkzeuges GIS mit sachbezogenen Theorien (es zeigen sich dabei gewiße Analogien zu vergangenen Entwicklungen der "Quantitativen Revolution"). Leicht anzapfbare Datenbanken und nutzerfreundliche Softwaresysteme können die Problemanalyse nicht ersetzen. Gerade die verstärkte Hinwendung zu objektorientierten GIS erfordert bei der Erfassung, Verarbeitung und Präsentation eine Umsetzung von auf das Geoobjekt bezogene Theorien. Somit ergibt sich für den Verfasser, daß ein Geographisches Informationssytem mehr ist als ein Softwaresystem und mehr ist als eine raumbezogene Datenbank.

Literatur

Goodchild, M., Spatial Information Science. Proceedings of the 4th International Symposium on Spatial Data Handling. Zürich 1990, p. 3- 14.

Margraf,O., Systemanalytische Ansätze zur Bearbeitung geographischer Objekte. In: Freiburger Geographische Hefte, Freiburg 1991 (in Druck).

Einsatz Geographischer Informationssysteme in den Geowissenschaften

Am Beispiel des GIS-Konzeptes eines Hochschulinstitutes

Dr. Peter Ludäscher
Institut für Geographie und Geoökologie der Universität Karlsruhe (TH)
Kaiserstr. 12, D-7500 Karlsruhe 1

1 Vorbemerkung

Ein Geographisches Informationssystem (GIS) ist mehr als eine raum- und sachbezogene Datenbank (Informationssystem im engeren Sinn) oder ein fertig konfektioniertes Softwarepaket (GIS i. e. S.) zur digitalen Erfassung, Verarbeitung, Analyse und Darstellung raumbezogener Daten.

Ein GIS als methodisches Instrumentarium besteht nicht nur aus Hard- und Software, sondern vor allem in deren Einbindung in einen organisatorischen Kontext, der auch die theoretischen und inhaltlichen Vorgaben sowie die konkreten Anforderungen an ein solches System, verstanden als Gesamtkonzeption, definieren sollte.

Im folgenden wird der Begriff GIS als umfassende Bezeichnung für diese neue Technologie, als ein Gesamtsystem bestehend aus entsprechender Hard- und Software sowie einem organisatorischen Kontext institutioneller wie personeller Art verstanden. Am Beispiel des am Institut für Geographie und Geoökologie der Universität Karlsruhe realisierten Konzeptes eines Geographischen Informations- und Analysesystems sollen die Anforderungen an ein GIS für den Einsatz in den Geowissenschaften vorstellt werden.

2 Ein GIS-Konzept für geowissenschaftliche Anwendungen

In der Anfangsphase der Konzeption dieses Systems vor etwa 3-4 Jahren waren viele der GIS-spezifischen, auf die Geometrie und Topologie bezogenen Funktionen, nur im Rahmen fertig konfektionierter, weniger, spezieller GIS-Softwarepakete verfügbar.

Die Situation stellte sich Ende der 80er bzw. Anfang der 90er Jahre etwas differenzierter dar. Zum einen ist das Software-Angebot mit der Bezeichnung GIS auf derzeit einige hundert Programme und Programmsysteme angewachsen, zum andern werden zunehmend leistungsfähigere Programme für wesentliche Teilfunktionen eines GIS-Programmes, wie z. B. vektororientierte Kartographieprogramme, angeboten. Diese bieten im Hinblick auf die spezifischen Anforderungen der thematischen Kartographie[1] in der Regel mehr Möglichkeiten als konfektionierte GIS-Pakete.

Auch im Hinblick auf die Attributdatenverwaltung und -analyse waren und sind die entsprechenden Datenbank- und Statistikmodule der Mehrzahl der GIS-Programmpakete (GIS i. e. S.) lange nicht so leistungsfähig, wie entsprechende Spezialprogramme zur Datenverwaltung, -analyse und -visualisierung. Auch die Möglichkeit, softwareunterstützt dynamische Systeme zu modellieren, fehlt meist ganz.

Diese Diskrepanz zwischen dem Leistungsvermögen fertig konfektionierter GIS-Programmpakete und den vielfältigen Anforderungen in Forschung und Lehre (vgl. auch Ludäscher 1989) führte konsequenterweise zu einem erweiterten Geographischen Informations- und Analysesystem, bestehend aus verschiedenen Programmen mit den geforderten speziellen Eigenschaften.

Ein solches "modulares" Konzept, besteht zum einen aus einem System von Computerprogrammen zur digitalen Erfassung, Verarbeitung, Analyse und Darstellung von raum- und sachbezogenen Daten, der *Software-Umgebung*, zum zweiten aus einer durchgängigen, möglichst universellen und den unterschiedlichen Bedürfnissen in Forschung und Lehre Rechnung tragenden *Hardware-Umgebung*, sowie drittens aus dem *organisatorischen Kontext*[2], der den personellen, institutionellen und konzeptionellen (inhaltlichen) Rahmen eines solchen Systemkonzeptes bildet.

Wesentlich für die Realisierbarkeit eines solchen Konzeptes ist die Möglichkeit des reibungslosen Transfers von Daten zwischen den einzelnen Programmen und der Konvertierung von Daten zwischen den verschiedenen verwendeten Betriebssystemen. Bis vor ca. 1-2 Jahren bestanden zwischen den Betriebssystemwelten[3] schier unüberwindliche Barrieren. Datenaustausch war bestenfalls über serielle Schnittstellen im ASCII-Format[4] möglich. Jedes System arbeitete mit seinem speziellen Diskettenformat. Inzwischen ist es durch die Bereitstellung von entsprechender Konvertierungssoftware von Seiten einiger Hardwarehersteller möglich geworden, z. B. eine unter MS-DOS formatierte und beschriebene 3,5"-1,44MB Diskette mit allen oben genannten Hardwaresystemen zu lesen und zu beschreiben.

Der Datenaustausch zwischen verschiedenen Programmen innerhalb eines Betriebssystems wird zunehmend einfacher. Viele Softwareproduzenten sind inzwischen bemüht, den Datentransfer zwischen ihren verschiedenen Produkten (z. B. zwischen Textverarbeitungs-, Datenbank- und Tabellenkalkulationsprogramm) zu vereinfachen.

---

[1]wie zum Beispiel Kartogramm- und Planzeichendarstellung

[2]vgl. auch Aronoff 1989, S. 43, 44 und 283

[3]MS-DOS (Microsoft Disk Operatin System), Apple HFS (Hierachical Finder System), UNIX etc.

[4]American Standard Code for Information Interchange: Normiertes Datenaustauschformat, welches von fast allen Software-Produkten unterstützt wird.

Beispielhaft gelöst ist dies beim Apple Macintosh Betriebssystem. Hier ist die Datenübertragung zwischen einzelnen Programmen auch verschiedener Hersteller, über einen Zwischenspeicher nahezu problemlos durchführbar. Aber auch im MS-DOS-Bereich mehren sich die Anzeichen (graphische Benutzeroberfläche wie bei MS-Windows, Vereinheitlichung der Programmbedienung über Pulldown-Menüs, usw.) für einen Weg in diese Richtung.

Obwohl, wie eben aufgezeigt, von Seiten der Hard- und Softwarehersteller derzeit große Anstrengungen unternommen werden, die Barrieren zwischen Programmen und Betriebssystemen abzubauen, kann es in einigen Fällen noch notwendig sein, Datenkonvertierung durch den Anwender selbst durchzuführen. Dies bedeutet, daß beispielsweise zur Anpassung von Geometriedatenformaten kleine Konvertierungsprogramme notwendig sind, die entweder selbst geschrieben werden müssen oder von anderen Anwendern verfügbar sind, um die mit einem Programm erzeugten Datensätze in einem anderen Programm verwenden zu können.

2.1 Software-Umgebung

Diese besteht aus Programmen, bzw. Programmsystemen, welche nachstehend genannte Funktionen erfüllen:

- Leistungsfähiges relationales Datenbank-Management-System;
- Statistik-Programm mit deskriptiven, uni- und multivariaten Prozeduren;
- Tabellenkalkulationsprogramm zur Durchführung von Spalten und Zeilenoperationen, Erstellung von Diagrammen zur Visualisierung numerischer Daten;
- Geostatistikprogramm zur Durchführung spezieller Verfahren (z. B. verschiedene Interpolationsverfahren, Kriging etc.);
- Kartographieprogramm zur Erstellung thematischer Karten (Choroplethenkarten, Kartodiagramme);
- Geographisches Informationssystem i. e. S.:
  - Erstellung digitaler Geländemodelle und Profile;
  - Aufbereitung und Verarbeitung von Rasterdaten;
  - Durchführung verschiedener räumlicher Analyseverfahren (Netzwerkanalyse, Verschneidungen, Überlagerungen, Flächenbilanzierung etc.);
- Programm zur Erstellung von Modellen zur Simulation raum-zeitlicher Prozesse;
- Programme zur Datenkonvertierung zwischen den einzelnen Betriebssystemen;
- Programme mit der Möglichkeit des Datentransfers zwischen den einzelnen Programmsystemen innerhalb eines Betriebssystemes.

Die nachstehende Abbildung zeigt die Struktur eines solchen modularen GIS-Konzeptes mit den Verbindungen zwischen den einzelnen Programmbausteinen und den Ein- und Ausgabemöglichkeiten. Dabei ist zu berücksichtigen, daß das dargestellte Konzept eine über die Jahre gewachsene, optimierte Lösung darstellt, welche in ihrer Komplexität sicher nicht in allen Fällen als nachahmenswert oder übertragbar angesehen werden kann. Das vorgestellte Konzept will vielmehr das Spektrum der derzeit verfügbaren Möglichkeiten aufzeigen, um dem potentiellen Anwender eine für seine Anforderungen möglichst adäquate Auswahl zu bieten.

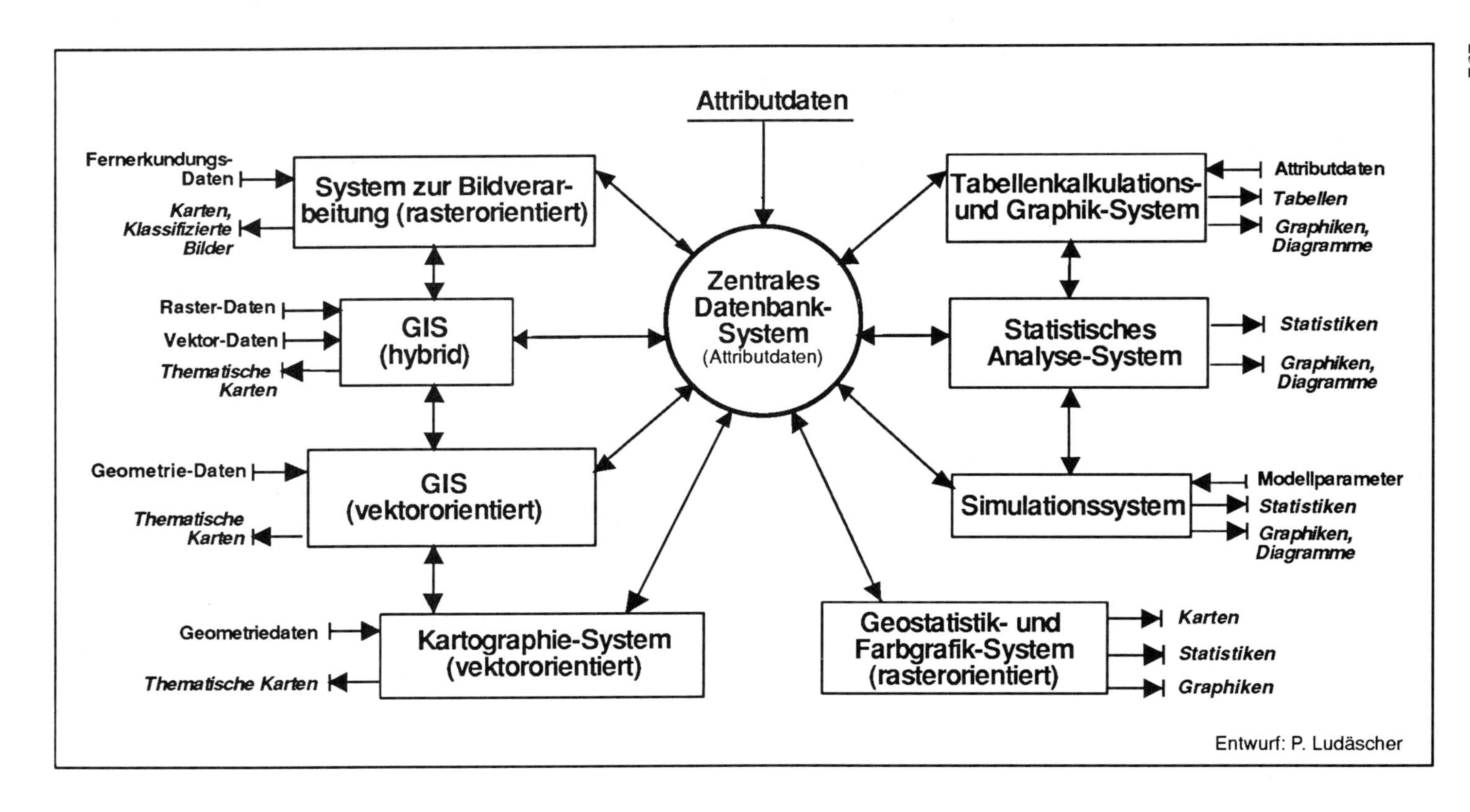

Abb. 1: Geographisches Informations- und Analysesystem als Softwaresystemkonzept für geowissenschaftliche Anwendungen

In den nachstehenden Abschnitten werden exemplarisch einzelne Programme und Programmsysteme aufgelistet und zum Teil näher erläutert, welche am Institut für Geographie und Geoökologie der Universität Karlsruhe eingesetzt werden. Dabei ist zu berücksichtigen, daß diese Auswahl weder einen Anspruch auf Vollständigkeit erhebt, noch, daß es nicht auch viele andere, vergleichbare Softwareprodukte gibt. Die Gründe für die Auswahl der aufgeführten Programme sind sehr vielschichtig, zum Teil auch durch Zufälligkeiten bestimmt.

2.1.1 Datenbankprogramme

ORACLE für PC, Macintosh und IBM 3090. Für dieses SQL[5]-basierte RDBMS[6] hat das Rechenzentrum der Universität Karlsruhe eine Mehrfachlizenz für Großrechner, Workstations (Version 6.0) und PCs (Version 5.1B). Somit wurde *ORACLE* zum Standard-DBMS der Universität. Die Vorteile liegen bei der hardwareübergreifenden Verfügbarkeit des Systems (Macintosh, MS-DOS, UNIX, Großrechner-OS). Die Einarbeitung in SQL setzt allerdings einen, im Vergleich zu nicht SQL-basierten Datenbankprogrammen, etwas höheren Aufwand voraus. Dazu kommt, daß der relativ hohe Speicherplatzbedarf die Möglichkeiten von PC-Systemen nahezu ausschöpft. Eine Schnittstelle zum GIS-Paket *ARC/INFO* wird fertig angeboten.

DBASE für MS-DOS ist eines der am weitesten verbreiteten relationalen Datenbanksysteme, vergleichsweise einfach zu erlernen und relativ vielseitig einsetzbar. Die meisten andere Programmpakete besitzten Softwareschnittstellen zum DBASE-Format wie auch die neueste MS-DOS-Version von *ARC/INFO*. *DBASE* Programm findet vor allem in der Lehre Verwendung.

FILEMAKER für Macintosh wird als ein einfach zu bedienendes relationales Datenbankprogramm verwendet und besitzt die typischen Vorteilen der Macintosh-Software wie graphische Benutzeroberfläche, einheitliche Benutzerführung und direkter Datenaustausch. Haupteinsatzbereiche liegen im Bereich Literatur- und Adressverwaltung.

2.1.2 Statistik-Programme

SAS [7]für PC und IBM 3090. Für dieses Programmpaket hält das Rechenzentrum der Universität Karlsruhe eine Campuslizenz für Großrechner und diverse PC-Lizenzen, somit wurde SAS zum Standard-Statistik-Programmpaket der Universität. Durch das bereits bestehende Rechnerkommunikationsnetz der Universität ist ein nahezu ideales Verbundsystem von Großrechner- und PC-Version dieses Programmsystemes möglich geworden.

SYSTAT für Macintosh ist ein umfangreiches Statistikprogrammpaket mit Graphikfähigkeit zur Datenvisualisierung.

DATADESK für Macintosh ist ein Statistikprogramm mit Schwerpunkten im Bereich der explorativen Datenanalyse.

---

[5]Structured Query Language

[6]Relational Data Base Management System

[7]Statistical Analysis System

2.1.3 Tabellenkalkulations- und Graphikprogramme zur Datenaufbereitung und -visualisierung

MS-EXCEL war und ist das Standard-Tabellenkalkulations- und Graphikprogramm mit Datenbankfunktionen für Macintosh-Rechner. Inzwischen ist es auch in einer MS-DOS-Version verfügbar.

LOTUS 1-2-3 für MS-DOS ist das Standard-Tabellenkalkulations- und Graphikprogramm mit Datenbankfunktionen für dieses Betriebssystem.

2.1.4 Geostatistik- und Farbgraphikprogrammsystem

UNIMAP 2000 für SUN-OS hat als rasterbasiertes Programmpaket besondere Fähigkeiten im Bereich geostatistischer Verfahren wie z. B. bei diversen räumlichen Interpolationsverfahren, der Variogrammanalyse, des Kriging etc.. Die farbgraphischen Möglichkeiten, auch in variabler 3D-Darstellung, können als herausragend bezeichnet werden. Seit Anfang 1990 steht das Paket UNIMAP 2000 auf der SUN 4 - Workstation mit Graphikprozessor zur Verfügung.

2.1.5 Kartographie-Programme

MAPMAKER ist ein weit verbreitetes, vektororientiertes Kartographieprogramm für Macintosh-Rechner zur Erstellung von Choroplethen- und Punktdichtekarten mit vergleichsweise problemlosem Geometrie- und Attributdatenimport.

PC-MAP für MS-DOS ist ein vielseitiges vektororientiertes Kartographieprogramm zur Erstellung von Choroplethenkarten, Kartodiagrammen mit eigenem Zeicheneditor und Datenbankschnittstelle zu DBASE.

SAS-Graph für PC und IBM 3090 repräsentiert ein universelles Graphiksystem zur Erstellung von Diagrammen, thematischen Karten einschließlich 3D-Darstellungen mit direkter Anbindung an das SAS-Statistikprogrammsystem.

MERCATOR dient als relativ einfaches, dafür aber leicht zu erlernendes Programm zur Erstellung thematischer Karten (Choroplethenkarten und Kartodiagrammen) auf MS-DOS-Rechnern.

CART/O/GRAPHIX ist ein weitentwickeltes Kartographie-Softwarepaket für den Macintosh mit besonderen Stärken im Bereich spezieller kartographischer Darstellungsmöglichkeiten.

2.1.6 Geographische Informationssysteme i. e. S. (konfektionierte, komplette Systeme)

ARC/INFO für PC und SUN OS wird seit etwa 3 Jahren in der PC-Version und seit Anfang 1990 auch für eine SUN 4 - Workstation am am Institut eingesetzt. Die PC-Version ist im Vergleich zu den Workstation- und Minirechner-Versionen mit diversen Restriktionen (nicht alle Module verfügbar, längere Rechenzeit) behaftet, sie ist trotzdem für viele Anwendungen mit bescheideneren Anforderungen an Möglichkeiten und Datenmaterial durchaus zu empfehlen. Die aktuellste (1990/91) und laut Vertrieb wohl auch letzte PC-Version, 3.4D, ist weiter verbessert worden. Zusätzlich ist jetzt das 3D-Modul SEM[8] erhältlich, welches erstmals mit der PC-Version die Berechnung von Hangneigung, Exposition, Profilen und Volumina etc. ermöglicht.

OSU Map-for-the-PC (Map Analysis Package, Version 3.01; 1990) ist ein Rastergraphik-System, basierend auf einem von Dana Tomlin[9] entwickelten Programm, welches am Geographic Information System Laboratory der Ohio State University entwickelt wurde. Dieses System ist sehr preiswert und schon auf einfachen 80286-MS-DOS-Rechnern (AT's) lauffähig (vgl. auch: Lenz, Schwarz-von Raumer 1991).

MAPII für Macintosh ist die entsprechende Version des Map Analysis Package von Dana Tomlin für das Apple Betriebssystem.

SPANS für OS/2 (MS-DOS und AIX-Versionen verfügbar), seit kurzem auf dem Markt ist ein leistungsfähiges hybrides GIS mit Versionen für MS-DOS, Extended OS/2 und AIX.

ERDAS für SUN-OS erlaubt die Aufbereitung und Verarbeitung von Rasterdaten aus der Fernerkundung (Bildverarbeitung). Diese Programmpaket wird seit Anfang 1991 auf der SUN 4-Workstation des Lehrstuhles 1 zur Satelittenbildauswertung eingesetzt.

Für weitere Hinweise im Hinblick auf Auswahl und Bewertungsmöglichkeiten für GIS-Software sei auf die entsprechende Literatur[10] hingewiesen.

2.1.7 Simulationsprogramm

STELLA für Macintosh ist ein Programmsystem zur Entwicklung von dynamischen Simulationsmodellen.

2.1.8 Transfer von Daten zwischen den verschiedenen Betriebssystemen

Für den Transfer von Daten zwischen MS-DOS und dem Macintosh-Betriebssystem gibt es von der Fa. Apple ein Programm mit der Bezeichnung "Dateien Konvertieren". Die 3,5" Diskettenlaufwerke der neueren Macintosh-Rechner sind MS-DOS-kompatibel.

Zwischen MS-DOS und SUN OS erfolgt der Datenaustausch ebenfalls über die 3,5" Disketten und ein entsprechendes Programm von SUN.

Daneben ist jederzeit der Datenaustausch über ein LAN[11], in diesem Fall über Ethernet, von MS-DOS-, SUN- und Macintosh-Rechnern mit den Großrechnern des Rechenzentrums der Universität und untereinander möglich. Ebenso ist damit der Zugriff auf nationale und internationale Kommunikationsnetze und Netzdienste möglich.

2.1.9 Konvertierung von Daten zwischen den einzelnen Programmsystemen

CONVERT [12] für PC ist ein interaktives Programm zur Konvertierung von Geometrie- und Attributdaten im ASCII-Format zwischen den Programmen *UNIRAS*,

---

[8]Structured Elevation Model

[9]vgl. Tomlin 1990

[10]vgl. Kilchenmann 1990 und Ludäscher 1990a

[11]Lokal Area Network (Lokales Rechnerverbundsystem)

[12]Convert wurde entwickelt am Inst. f. Geographie und Geoökologie II der Universität Karlsruhe (TH) von H.-G. Schwarz-von Raumer (vgl. auch Ludäscher 1990b)

SAS, *ARC/INFO* und *MAP-for-the-PC*. Es wurde von Institutsmitarbeitern in Turbo Pascal geschrieben und besteht aus einer Benutzeroberfläche und mehreren Konvertierungsprozeduren, mit denen die einzelnen Datenkonvertierungen durchgeführt werden können. Diese einzelnen Prozeduren bewirken:

- den einfachen Austausch von Konventionen zur Markierung von Polygonanfang und -ende (*SAS* -> *UNIMAP*, SAS -> *ARC/INFO*);
- die Rekonstruktion von geschlossenen Polygonzügen aus den Koordinaten einzelner Segmente (Arcs) und der sog. AAT-Datei bei der Konvertierung von *ARC/INFO* -> *SAS*;
- die Aufrasterung von Polygonzügen aus dem *SAS*-Format in das *MAP*-Rasterformat.

2.2 Betriebssystems- und Hardware-Umgebung

Für den Einsatz im Bereich Ausbildung sollte ein dort zum Einsatz kommendes GIS (sei es nun fertig konfektioniert oder modular aufgebaut) unter einem PC-Betriebssystem arbeiten, da in der Regel nur diese Gerätekategorie in größerer Zahl für die Lehre bereit steht. Dabei sind die Anforderungen an Rechenleistung und Verarbeitungskapazität normalerweise geringer als bei der professionellen GIS-Anwendung im Forschungsbereich oder der Projektbearbeitung. Als nahezu ideal hat sich erwiesen, wenn ein und dieselbe GIS-Software für verschieden Betriebssysteme ausgelegt wird, wenn also beispielsweise von einem GIS-Paket eine MS-DOS- und eine UNIX-Version zur Verfügung stehen. Die Vorteile solche Lösungen liegen vor allem in der nahezu gleichen Benutzerführung (Kommandosprache) und dem standardisierten Datentransfer zwischen den Versionen. Zusammenfassend sollten also folgende Kriterien erfüllt sein:

- Lauffähig unter Personalcomputer-Betriebssystemen (für dezentralen Einsatz und für die Ausbildung);
- Aufstiegsmöglichkeit auf UNIX-Workstations (z. B. für die Raster-Bildverarbeitung);
- Aufstiegsmöglichkeit auf Großrechner-Systeme sollte möglich sein (für rechenzeitintensive Programme in Forschung und Projektarbeit);
- Universell einsetzbare Ein- und Ausgabeperipherie.

Die derzeit am weitesten verbreiteten Betriebssysteme und Leistungsebenen sind nachstehend aufgeführt.

2.2.1 Personalcomputer-Betriebssysteme und Rechnertypen[13]

MS-DOS (80286, 80386 und 80486 Intel Prozessoren) AT02[14], PS/2[15] Familie und Kompatible;

---

[13]vgl. auch Ludäscher 1990c

[14]Advanced Technology (MS-DOS Rechner mit 80286 Prozessor)

[15]Personal System 2 (MS-DOS, OS/2 und AIX-fähige Rechner der neuen Generation)

Macintosh-MFS[16] (68000, 68020, 68030 und 68040 Motorola Prozessoren) Macintosh Familie (SE bis fx);

OS2 (80386 und 80486 Intel Prozessoren) PS2/70 bis PS2/90.

2.2.2 Workstation und Minicomputer Betriebssysteme (UNIX und Derivate)

- SUN-OS (SPARC Prozessor) -> SUN SPARC Station;
- AIX (80486 Intel Prozessoren) -> PS2/70 und größer, RS/6000;
- AUX (68030 und 68040 Motorola Prozessoren) -> neuere Macintosh-Rechner.

2.2.3 Großrechner-Betriebssysteme (VMS, BS3000)

- IBM 3090;
- Siemens VP400;
- Siemens 7865.

2.2.4 Ein- und Ausgabegeräte

Als *Eingabegeräte* dienen im Graphikbereich, vor allem bei der Übernahme vorhandener geometrischer Vorlagen, in der Regel *Digitalisiertabletts* in der Größe DIN-A3, bzw. *Digitalisiertische* DIN-A 2 und größer.

Für die Eingabe von kleineren Vorlagen kommen auch Abtastgeräte (*Scanner*) zur Verwendung, vor allem dann, wenn die so eingelesene Vorlage im Rasterformat weiterverarbeitet werden kann. Mit gewissen Einschränkungen können Rasterbilder auch vektorisiert werden.

Als Ausgabegeräte kommen meist die sog. *Stiftplotter* zur Anwendung. Diese eignenen sich besonders zur Darstellung von Vektorgraphik. Linienhafte Darstellungen aller Art wie Isolinien, Grenzlinien, Schraffuren und Beschriftungen in beliebigen Farben sind die Domäne dieses Typs von Ausgabegerät. Gearbeitet wird mit Zeichenstiften, welche von einem in X- und Y-Richtung frei steuerbaren Stiftträger gehalten werden. Sie arbeiten mit sechs oder acht verschiedenen Farbstiften, welche automatisch aus einem Magazin vom Stiftträger geholt werden können und bieten die Möglichkeit, je nach Ausführung Papierformate von DIN-A 3 bis 0 zu verwenden. Dabei erfolgt die Bewegung der einen Achse über Papiervorschub, die der anderen über Bewegung des Plotstiftes.

Laserdrucker (meist mit dem Papierformat DIN-A 4) haben inzwischen eine weite Verbreitung gefunden. Als qualitativ hochwertige Geräte erreichen sie eine Auflösung von 300 dpi[17] und mehr, die hohen Qualitätsansprüchen genügt, d. h. die einzelnen "dots" sind mit bloßem Auge kaum mehr zu erkennen. Laserdrucker eignen sich hervorragend zur Darstellung von Rastergraphik, erzielen aber fast ebensogute Ergebnisse bei Vektorgraphik. Zwei Nachteile bilden derzeit noch die Begrenzung auf das DIN-A 4 Format (DIN-A 3 - Laser-Drucker sind derzeit etwa um den Faktor 5 teurer) und die Beschränkung auf nur eine Farbe (farbfähige Laserdrucker sind etwa um den Faktor 6-10 teurer).

[16]Multi Finder System (erlaubt gleichzeitig mehrere Programme im Arbeitsspeicher zu halten, zwischen diesen zu wechseln und Daten auszutauschen)

[17]dots per inch (Punkte pro 25,4 mm)

Tintenstrahldrucker sind relativ preiswerte Matrixdrucker, die sich in erster Linie zur Darstellung von Rastergraphik eignen. Sie erlauben eine flächendeckende Darstellung mit geringen Kosten. I. d. R. besitzen diese Drucker vier Tintenvorratskammern in den drei Grundfarben und Schwarz. Darstellbar sind neben den Grundfarben die entsprechenden Mischfarben und, durch Hinzufügen von Schwarz, auch Schattierungen. Die Auflösung bewegt sich, je nach Ausführung, in der Größenordnung von 80 bis ca. 400 dpi. Verarbeitbares Papierformat ist bei den Standardgeräten DIN-A 4 oder DIN-A 3. Die Farbsättigung läßt jedoch bei den preiswerteren Geräten noch zu wünschen übrig.

Als hochwertige farbfähige Ausgabegeräte stehen derzeit auch Drucker zur Verfügung, welche nach dem *elektrostatischen Prinzip* oder dem *Thermotransferverfahren* arbeiten. Die Kosten solcher Geräte liegen je nach Ausgabeformat zwischen mehreren 10.000 und über 100.000 DM.

2.3 Organisatorischer Kontext

Die Einführung eines Geographischen Informationssystems in einer Institution ist mit der Beschaffung entsprechender Soft- und gegebenenfalls auch Hardware noch lange nicht beendet. Der Einstieg in diese Technologie bedingt fast notwendigerweise eine Umorientierung oder zumindest eine Revision des organisatorischen Kontextes dieser Institution. und hat in der Regel erhebliche Auswirkungen auf die personelle Struktur und das organisatorische Grundkonzept derselben. Diese neue Software-Technologie vernünftig, das heißt adäquat in Bezug zu den damit zu lösenden Aufgaben, einzusetzen, erfordert eben auch die theoretischen Auseinandersetzung mit den ihr zugrunde liegenden Modellen sowie eine fachwissenschaftlich und theoretisch fundierte Modellierung der Problemstellung.

3 Ausblick

3.1 Hardware

Leistungsfähige Hardware wird immer erschwinglicher. Der high-end 486 PC unter DOS, OS/2 und UNIX-Derivaten oder die Graphikworkstation als wissenschaftlicher Arbeitsplatz unter UNIX wird sich im GIS-Anwenderbereich weiter verbreiten.

3.2 Software

Die Datenkonvertierung zum Datenaustausch zwischen unterschiedlichen Programmsystemen wird durch ein größerwerdendes Softwareschnittstellenangebot der Programmanbieter zunehmend vereinfacht. Der Datentransfer zwischen unterschiedlichen Betriebssystemen ist durch Standardprogramme der Betriebssystemanbieter weitestgehend problemlos geworden. Dies ermöglicht die Verwendung spezifischer, leistungsfähiger Software für die Konzeption von, auf spezielle Anwenderbedürfnisse zugeschnittenen, modularen GIS-Lösungen.

4 Literatur:

Aronoff, Stanley (1989) Geographical Information Systems: A Management Perspective. WDL Publications, Ottawa, Canada, 294 S.

Kilchenmann, André (1990) Einführung: Geographische Informationssysteme. In: geodata Organ der Computer Orientierten Geologischen Gesellschaft, Berlin, Heft 4/1990, S. 22-25

Lenz, Martin und Schwarz-von Raumer, Hans-Georg (1991) OSU MAP-for-the-PC, Ein Low-Cost-GIS für die Ausbildung. (Im vorliegenden Band)

Ludäscher, P. (1989) Ein EDV-Systemkonzept für die Geoinformatikausbildung. In: Karlsruher Geoinformatik Report. Selbstverlag des Instituts für Geographie und Geoökologie II der Universität Karlsruhe (TH), Karlsruhe, Jg. 4, Heft 1/1989, S. 2-5

Ludäscher, P. (1990a) Geographische Informationssysteme, Auswahl und Bewertungsmöglichkeiten. In: Karlsruher Geoinformatik Report. Selbstverlag des Instituts für Geographie und Geoökologie II der Universität Karlsruhe (TH), Karlsruhe, Jg. 4, Heft 2/1990, S 2-4

Ludäscher, P. (1990b) Geographisches Informationssystem und Computerkartographie. In: F. Faulbaum, R.Haux und K.-H. Jöckel (Hrsg.) Softstat `89 Fortschritte der Statistik-Software 2. Gustav Fischer, Stuttgart S. 359-364

Ludäscher, P. (1990c) Möglichkeiten, Grenzen und Probleme der Implementierung von Geographischen Informationssystemen auf Personal Computern. In: Arno Semmel (Hrsg.) 47. Deutscher Geographentag Saarbrücken - Verhandlungsband (1990/91) Franz Steiner, Wiesbaden S. 164-167

Tomlin, C. Dana (1990) Geographic Information Systems and Cartographic Modeling. Prentice Hall, Englewood Cliffs, N.J. 07632, 249 S.

Beiträge von Photogrammetrie und Fernerkundung für Geo-Informationssysteme

H.-P. Bähr, Universität Karlsruhe, Institut für Photogrammetrie und Fernerkundung

1. Einordnung von GIS aus der Sicht des Vermessungswesens

Anders als die meisten geowissenschaftlichen Fachbereiche nutzen Photogrammetrie und Fernerkundung Geo-Informationssysteme nicht als Handwerkszeug für ihre eigenen Aufgaben. Sie liefern umgekehrt Bausteine für ein GIS. Das wird deutlich bei der Diskussion folgender These:

G I S = Fortsetzung der Kartographie mit anderen Mitteln

Dies soll keine weitere Definition eines GIS sein, doch ist die Aussage hilfreich zur Analyse der Funktion eines GIS aus der Sicht des Vermessungswesens. In jedem Falle handelt es sich um raumbezogene Systeme, es geht um systematische Zusammenstellung von Informationen über die Erdoberfläche; diese Informationen müssen nach bestimmten Regeln erhoben werden, z. B. "geocodiert" sein. Wichtig sind jeweils Zuverlässigkeit und Genauigkeit, und schließlich muß für Aktualisierung der Daten gesorgt werden, wenn ein solches System langfristig brauchbar sein soll. Solange keine Digitalrechner auf dem Markt waren, gab es keine Alternative zum analogen GIS, d. h. zur konventionellen thematischen und topographischen Karte. Wie allgemein bekannt, hat sich die Situation in den vergangenen zwei Jahrzehnten dramatisch verändert. Die langen Erfahrungen der Kartographie bei Aufbau und Nutzung von raumbezogenen Informationssystemen sollten bei GIS Berücksichtigung finden.

Neu sind natürlich die Möglichkeiten, die sich durch den Digitalrechner ergeben. Dies berührt nicht nur die Datenakquisition, sondern insbesondere auch die Datenspeicherung - viele Veröffentlichungen zum Thema "Datenstruktur" zeigen, wie komplex das damit verbundene Problem ist. Die Vorteile eines digital geführten raumbezogenen Informationssystems liegen jedoch bei der **Benutzung** eines solchen Systems, d. h. bei der Auswertung der dort vorliegenden Information. Dies eröffnet tatsächlich völlig neue Möglichkeiten gegenüber der klassischen Kartographie z. B. durch teilweise automatische Auswertung der Daten. Die Entwicklung von GIS steht in diesem Zusammenhang erst ganz am Anfang. Der Weg führt eindeutig hin zu wissensbasierten Auswertesystemen.

Das größte Defizit in diesem Zusammenhang ist noch die Modellbildung bei geobezogenen Fragestellungen. Es fehlt bei vielen Phänomenen eine exakte mathematisch-physikalische Parametrisierung. Die Daten zur Beschreibung eines Phänomens sind recht gut in einem GIS abzulegen. Auf welche Weise die dort verfügbaren Daten nun aber miteinander verknüpft werden müssen ist in vielen Bereichen noch nicht ausreichend bekannt. Ein Beispiel dazu möge das "Waldsterben" sein. Viele Faktoren tragen insgesamt dazu bei, aber es ist bislang nicht sicher bekannt, in welcher Weise diese Faktoren miteinander in Beziehung stehen. Das Beispiel "Waldsterben" zeigt, daß in diesem und vielen anderen Fällen eine Datenverknüpfung nach dem "Folienprinzip" nicht ausreichend sein wird.

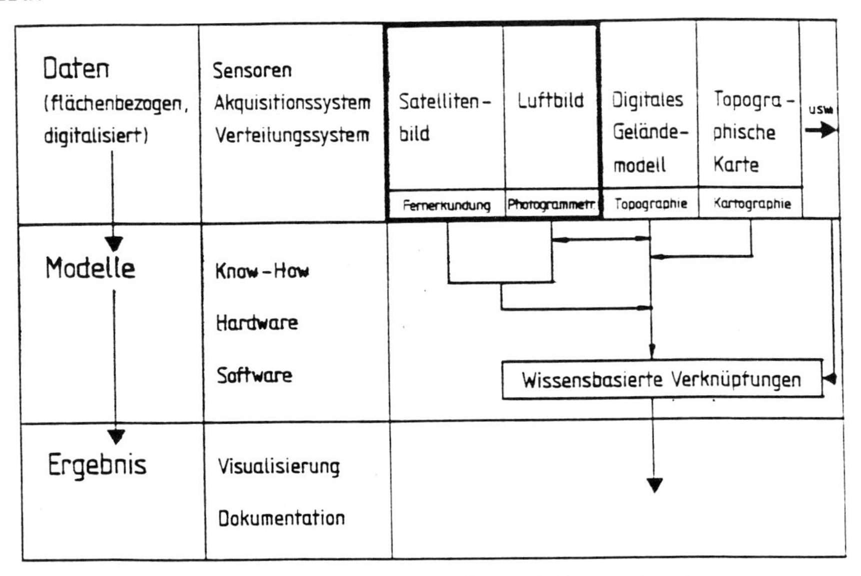

Abb. 1 Stellung von Photogrammetrie und Fernerkundung in einem GIS

Abb. 1 ist nun ein Versuch, die Stellung von Photogrammetrie und Fernerkundung in einem GIS zu veranschaulichen. Der Weg geht hier von flächenbezogenen, natürlich digital vorliegenden Daten über die Modelle - hier werden die verfügbaren Daten für eine bestimmte Anwendung miteinander verknüpft - bis hin zum Ergebnis. Photogrammetrie und Fernerkundung leisten ihren Beitrag hauptsächlich als Datenakquisitionssysteme. Jeder Bild-Sensor auf Flugzeug - oder Satellitenplattform ist ein ideales Medium für die Analyse-geobezogener Daten. Dies ist umso mehr der Fall, als heute Bild-Information häufig in digitaler Form vorliegt. Hieraus folgt konsequent dann auch eine Verarbeitung im Rastermodus. Satelliten- und Luftbild stehen neben anderen Daten für ein GIS bereit; aus dem Vermessungswesen kommen weiter vor allem das digitale Geländemodell und natürlich die topographische Karte hinzu. Darauf aufbauend folgen dann die weiteren jeweiligen Fachdateien. Sie orientieren sich geometrisch an dem vom Vermessungswesen vorgegebenen Koordinatensystem.

2. Leistung von Photogrammetrie und Fernerkundung für Geoinformationssysteme

Im Folgenden sollen nun Beiträge von Photogrammetrie und Fernerkundung für Geoinformationssysteme anhand einiger Beispiele konkretisiert werden. Es handelt sich ausschließlich um Arbeiten, die am Institut für Photogrammetrie und Fernerkundung durchgeführt wurden.

2.1 GIS bei der technischen Zusammenarbeit mit der Dritten Welt: Sturzwasserbewässerungsflächen im Sahel

Im Zusammenhang mit einem Entwicklungshilfeprojekt in Mali wurde untersucht, inwieweit das Land für die Technik der Sturzwasserbewässerung geeignet ist. Dafür muß zunächst ein Modell vorliegen, d. h. man muß wissen, welches die Parameter sind, die eine solche Bewässerungsart ermöglichen. Abb. 2 zeigt ein sehr einfaches Schema, für ein solches Modell. Es gehen danach in die Entscheidung ein: Boden-, Pflanzen- und Wasserparameter, die Entfernung zu Ortschaften und die Neigung des Geländes. Entfernung zu Ortschaften und Neigung des Geländes werden einer topographischen Karte im Maßstab 1 : 200 000 entnommen. Satellitenbilder sind es, welche weitere Informationen über den Boden liefern, sowie über die Vegetation (die Landnutzung) und die im Gelände vorhandenen Wasserflächen bzw. Wasserläufe.

In dem präsentierten Projekt wurden LANDSAT-TM- und SPOT-Satellitenbilder benutzt. Diese Daten wurden zunächst klassifiziert. Danach erschienen die Klassen 7, 11; 6, 14, 15, 16, 17, 18 und 19 beim TM-Sensor, die Klassen 9, 14, 15; 5, 11 und 16 beim SPOT-Sensor gut oder angemessen geeignet für die Durchführung von Sturzwasserbewässerung. Andere Klassen schieden hier schon einmal aus, was im Diagramm deutlich wird. Von den verbleibenden Flächen werden diejenigen als "akzeptabel" eingestuft, welche zwischen 4 bis 6 km von Ortschaften entfernt sind; bei der Geländeneigung schließlich werden Typen gebildet: In Abhängigkeit von der Entfernung zu Ortschaften werden auch noch Flächen mit über 10 % Neigung den bevorzugt geeigneten Gebieten zugeschlagen, allerdings nur unter der Voraussetzung, daß die Böden besonders geeignet sind.

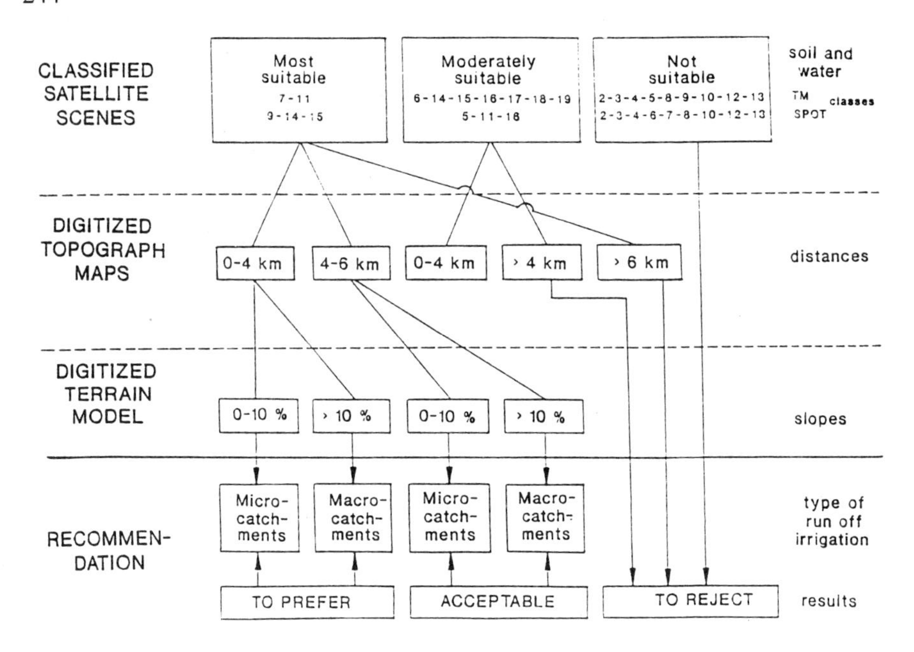

Abb. 2 Modell für Entscheidung über Sturzwasserbewässerung in Mali (aus TAUER, VÖGTLE 1990)

Ergebnis der Untersuchung ist eine thematische Karte, welche für ein Gebiet von etwa 40 x 40 km geeignete Flächen für Sturzwasserbewässerung ausweist. Das GIS liefert so einen Anhalt für eine mögliche Verbesserung im agrar-strukturellen Rahmen.

Natürlich darf man mit dem Ergebnis nicht schematisch verfahren. Jeder, der mit Entwicklungshilfe vertraut ist, weiß, daß die eigentliche Entscheidung und Arbeit auf der Basis dieser Vorklärung jetzt erst beginnt, nämlich bei der Realisierung konkreter Maßnahmen.

2.2 GIS in der Raumplanung: ökologische Wertigkeit intensiv genutzter Flächen

In einem uns näher liegenden Gebiet südlich Stuttgart im Bereich des dortigen Flughafens soll die Nutzung von GIS auf der Basis von fernerkundlichen Daten erläutert werden. Auch hier geht es zunächst darum, ein "Modell" aufzubauen, auf dem dann die Abfolge der Untersuchungen aufbauen muß. Ein solches Modell wird in Abb. 3 vorgestellt. Es handelt sich um ein Schema, welches im Zusammenhang mit einer Studie über die Belastung des Filderraums vom Stuttgarter Ministerium für Ernährung, Landwirtschaft, Umwelt und Forsten im Jahre 1985 erstellt wurde. Hier werden die verschiedenen Gebiete 3 Zonen ökologischer Wertigkeit zugeordnet, nämlich den Zonen "hoch", "mittel" und "gering". Danach können z. B. Obstwiesen in die Zone 1 fallen, wenn sie nämlich naturnah ausgeprägt sind oder auch in die Zone 2, wenn sie intensiv genutzt werden.

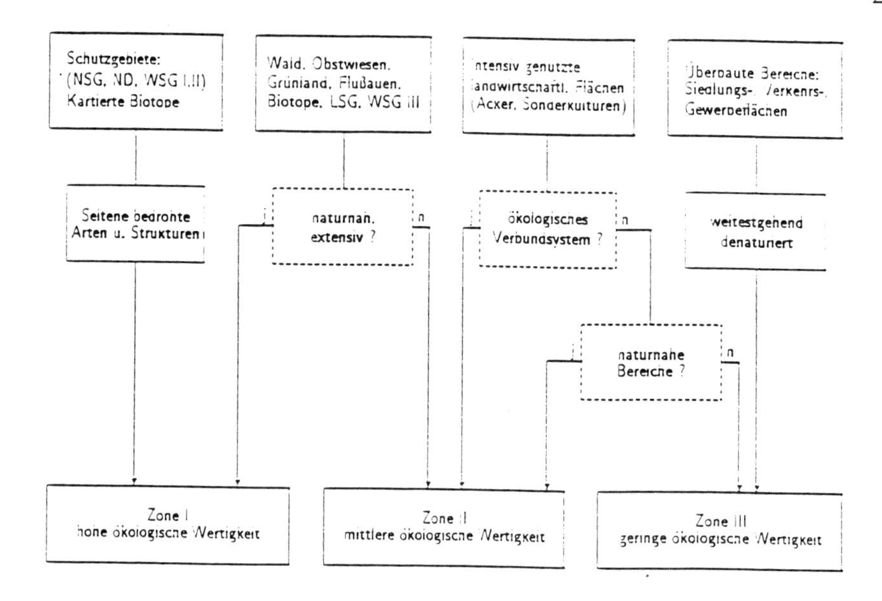

Abb. 3 Modell für Flächenkategorien ökologischer Wertigkeit (nach MELUF 1985)

Dieses Schema ist wie im vorhergegangenen Beispiel relativ einfach. Es führt zu einer Klassifizierung der Landnutzung nach ökologischer Wertigkeit, die in Zukunft mehr und mehr mit amtlichen Auflagen verbunden sein wird. Bei Umweltverträglichkeitsprüfungen gehen dann diese Informationen direkt mit ein.

Die nach diesem Schema aus amtlichen topographischen Karten abgeleitete thematische Karte der ökologischen Wertigkeit zeigt möglicherweise nicht den aktuellen Stand; außerdem sind die dort dargestellten Klassen nicht differenziert. Ein Satellitenbild hat den Vorteil, daß es den aktuellen Stand in homogener Form für ein größeres Gebiet darstellt. Den differenzierten Inhalt solcher Satellitenbilder zeigt Abb. 4, eine Kombination von SPOT und LANDSAT-TM.

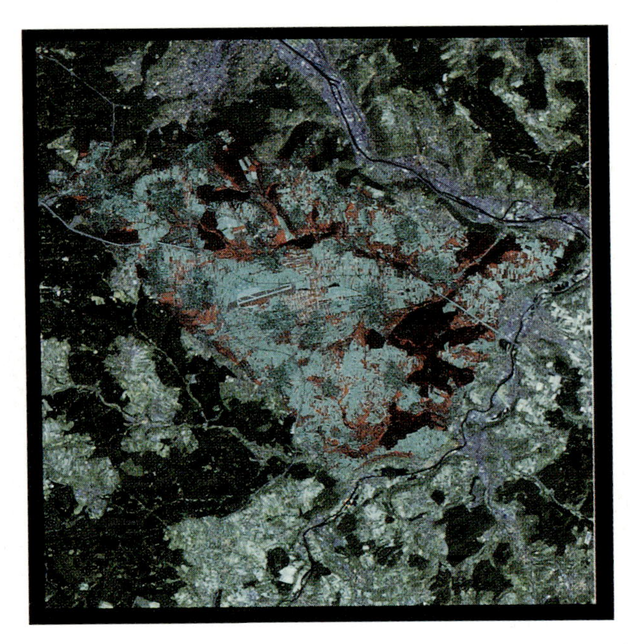

Abb. 4 Untersuchungsgebiet Filderraum in Kombination von LANDSAT-TM(grün)- und SPOT(rot)-Daten

├────────┤ entspricht 5 km
(aus J. Baumgart)

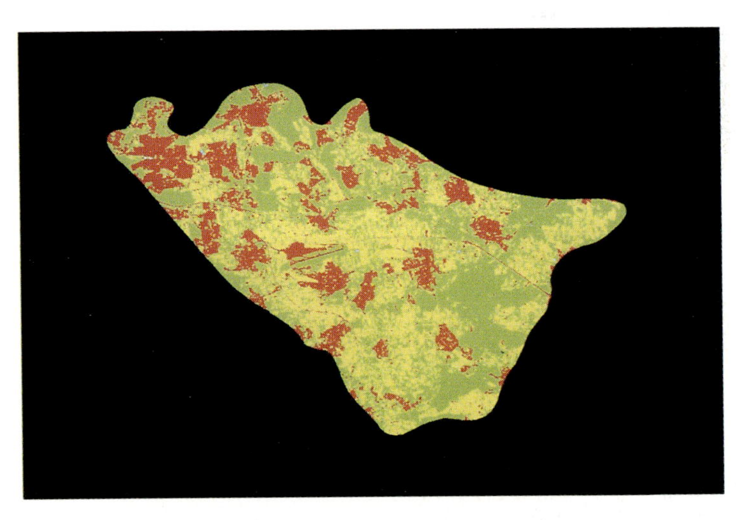

Abb. 5 Zonen ökologischer Wertigkeit auf der Grundlage einer Satellitenbild-Klassifizierung (LANDSAT-TM)

grün: hohe Wertigkeit
gelb: mittlere Wertigkeit
rot: geringe Wertigkeit
(aus J. Baumgart)

Auf der Grundlage von Satellitenbildern läßt sich das bioökologische Potential (die "ökologische Wertigkeit") auch rechnergestützt bestimmen. Abb. 5 zeigt das Ergebnis einer digitalen multispektralen Klassifizierung, wobei den Farben diejenigen Klassen der Landnutzung zugerechnet sind, welche den jeweiligen drei Zonen ökologischer Wertigkeit entsprechen. Die auf diese Weise entstandene thematische Karte ist differenzierter als diejenige, welche aus amtlichen topographischen Karten abgeleitet wurde. Man kann aufgrund dieser Darstellung Nutzungskonflikte ausmachen. Natürlich ist dies Gegenstand von "Interpretation". Aber ähnlich wie beim Beispiel aus Kapitel 2.1 muß hier darauf hingewiesen werden, daß am Ende einer GIS-Analyse immer eine Interpretation steht, d. h. die Zurhilfenahme des A-priori- und Umfeldwissens des Operateurs. Die Schnittstelle zur "Interpretation durch den Operateur" ist fließend. So könnte versucht werden, auf dieser Basis mögliche Nutzungskonflikte durch das GIS "automatisch" aufzudecken.

2.3 GIS zur Unterstützung der Waldschadensforschung

Wie bereits oben erwähnt, ist die Frage nach den Ursachen der Waldschäden ein ideales Anwendungsgebiet für ein GIS. In Baden-Württemberg wurden die Waldschäden ab 1983 systematisch über großmaßstäbige Infrarot-Luftbilder erfaßt. Als Erfassungsmethode diente die klassische Luftbild-Interpretation, das Ergebnis wurde in thematischen Karten festgehalten. Abb. 6 zeigt die Schadensverteilung in Abhängigkeit der Höhe, also eine einfache Kombination der Waldschadenskarte mit einem digitalen Geländemodell. Daraus ergibt sich eindeutig, daß die Schäden zunächst mit der Höhe zunehmen bis zu einer Höhe von 950 m; danach nehmen die Schäden wieder ab bis 1 050 m, um darüber hinaus wieder anzusteigen. Dieser Effekt war den Forstleuten durchaus qualitativ bekannt, ist aber über diese Datenkombination in einem GIS auch quantifiziert.

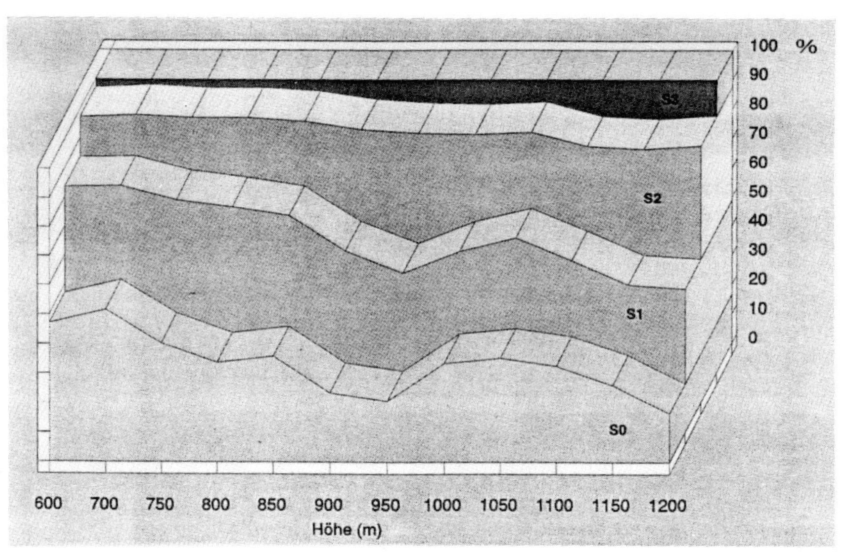

Abb. 6 Waldschäden (Südschwarzwald) stratifiziert nach Höhenstufen
Schadstufen: S 0 = ohne Schäden
S 3 = abgestorben
(nach F.-J. BEHR)

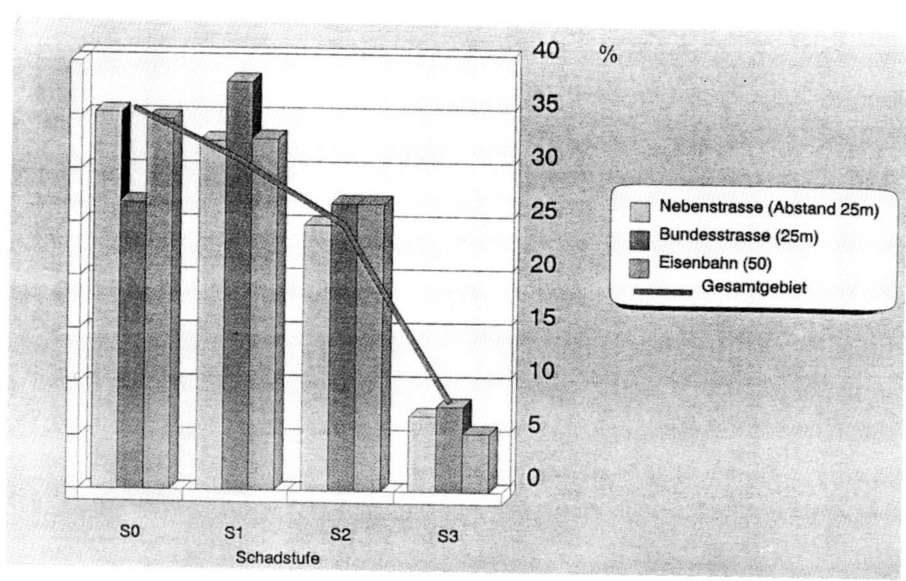

Abb. 7 Schadverteilung in der Umgebung von Verkehrswegen (nach F.-J. BEHR)

Ebenfalls ist es möglich, die Schäden z. B. in Abhängigkeit von der Entfernung zu Verkehrswegen zu untersuchen. Abb. 7 zeigt die Schadensverteilung in der Nähe von Bundesstraßen, Nebenstraßen und Eisenbahnen; überlagert sind die jeweiligen Prozentsätze bezogen auf das Gesamtgebiet der Untersuchungen. Hier fällt auf, daß in der Nähe von Bundesstraßen die ungeschädigten Gebiete deutlich geringer vertreten sind als in allen anderen Bereichen. Daraus zu schließen, daß "Autoabgase für das Waldsterben verantwortlich seien" ist allerdings zu einfach. Zu viele Faktoren spielen hier mit, z. B. der Traufeffekt und das Kleinklima an Straßenrändern. Allerdings läßt sich nicht übersehen, daß hier eine eindeutige Tendenz vorliegt, die es weiter zu untersuchen gilt.

Auch dieses Beispiel zeigt, daß das GIS nur eine Grundlage für weitere Analysen und Entscheidungen auf der Basis des A-priori-Wissens des Fachmanns sein kann.

2.4 Offene Probleme bei der geometrischen Entzerrung

Die Arbeit mit an einem GIS setzt voraus, daß die raumbezogenen Daten auf ein einheitliches Koordinatensystem bezogen sind. Die "geometrische Entzerrung" ist keine triviale Aufgabe. Dies gilt nicht so sehr bei konventioneller Zentralperspektive der analogen Photographie, da inzwischen von der Photogrammetrie für diese Systeme genügend Erfahrung vorliegt. Schwierigkeiten gibt es nach wie vor mit elektronischen Systemen, deren Bilder "geo-codiert" verfügbar sein müssen, um sie auf eine beliebige Geometrie transformieren zu können. Schwierigkeiten mit der Geometrie offenbaren sich dem Nutzer vor allem bei der Aufgabe der Änderungserkennung. Hier multipliziert sich die Unsicherheit der geometrischen Entzerrung mit der Unsicherheit der Feststellung von Veränderungen überhaupt. Ergebnisse von Änderungserkennung haben daher immer eine erheblich geringere Zuverlässigkeit als einmalige, absolute Erhebungen. Abb. 8 zeigt eine Ursache für diese Schwierigkeiten. Es handelt sich um den Quadranten einer TM-Szene, in welchem doppelte Zeilen und Spalten markiert wurden. Wie man sieht, ist diese Verdoppelung nicht zufällig, sondern erfolgte systematisch, was auch zu systematischen Fehlern führt. Grund dafür ist die Datenvorverarbeitung. Diese Datenvorverarbeitung, welche auch geometrische Standardoperationen umfaßt, wird von Bodenstation zu Bodenstation unterschiedlich und auch von Zeitpunkt zu Zeitpunkt unterschiedlich durchgeführt. Man hat also keine Sicherheit, was die geometrische Stabilität der Satellitenbilddaten anbetrifft. Mit Paßpunkten läßt sich hier nicht allzuviel ausrichten, da je nach Dichte dieser Paßpunkte zwischen den verbleibenden Lücken doch relativ große unkontrollierte Flächen bleiben können.

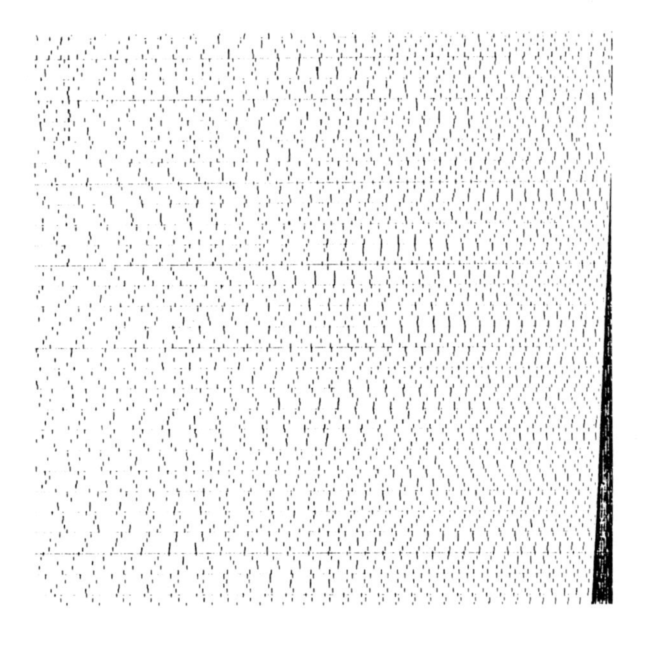

Abb. 8 Verfälschung der Bildgeometrie im Quadranten einer TM-Szene durch die Vorverarbeitung. Markiert sind verdoppelte Zeilen und Spalten (aus J. BAUMGART)

3. Mit neuen Techniken zu neuen Produkten (BÄHR, 1988)

Die angeführten Beispiele aber auch die Beispiele in der weiteren Literatur zeigen, daß man bei der **Nutzung** eines GIS erst am Anfang steht. Die Anwender werden z. Z. in Atem gehalten durch die Digitalisierung bereits in analoger Form vorhandener raumbezogener Information wie z. B. thematische und topographische Karten. Auch die Einbeziehung eines digitalen Geländemodells wird stark diskutiert. Über diese mehr handwerklich-technischen Aspekte hinaus bleibt die eigentliche Herausforderung eines GIS unbeachtet. Diese Herausforderung besteht darin, das Handwerkszeug GIS optimal einzusetzen. Dabei beobachtet man heute noch, daß Grunde genommen mit den neuen Techniken konventionelle Produkte hergestellt werden. Bei Standardprodukten wie amtliche topographische Karten ist zu sehen, daß die jeweiligen Verwaltungen die bisherigen Karten als Vorbild für GIS-Produkte nehmen. Es ist aber unwirtschaftlich, mit neuen Techniken konventionelle Produkte herzustellen. Diese neuen Produkte werden anders aussehen als die konventionellen, und sie eröffnen auch ganz neue Möglichkeiten: Der nächste Schritt wird darin bestehen, wissensbasierte Auswerteverfahren mit einzubeziehen. Dazu gehört auch, die Unsicherheit ("Fehler") der Eingangsdaten mit zu berücksichtigen, ein Weg, den die Geodäsie mit ihren Daten schon immer gegangen ist.

L I T E R A T U R

BÄHR, H.-P.: Wechselwirkung von Instrumenten, Verfahren und Aufgaben bei geobezogenen Informationssystemen. Seminar "Geo-Informationssysteme in der öffentlichen Verwaltung", IPF, Universität Karlsruhe, 1988

BAUMGART, J.: Satellitenfernerkundungsdaten und ihre Integration in ein Geo-Informationssystem zur Nutzung in der Raum- und Landschaftsplanung. Diss. IPF, Universität Karlsruhe, 1991

BEHR, F.-J.: BÄHR, H.-P.: GOSSMANN, H.: SAURER, H.: Aufbau eines Geographischen Informationssystems zur Ermittlung von Waldschäden und ihrer Veränderung. Projekt Europäisches Forschungszentrum Karlsruhe - PEF 85/005/1A (im Druck)

MELUF: Ministerium für Ernährung, Landwirtschaft und Forsten, Baden-Württemberg Bericht der Filderraum-Kommission, EM 12-84, Stuttgart 1985

TAUER, W.: VÖGTLE, Th.: Das Potential an Sturzwasserbewässerungsflächen in der Sahelzone. Bericht Institut für Wasserbau und Kulturtechnik, Universität Karlsruhe 1990

Anwendungsmöglichkeiten von Geo-Informationssystemen in der Raumplanung

von Hartwig Junius, Dortmund

1. GIS in der Raumplanung und im Verwaltungsvollzug

Bei [Emery, 1989] findet sich ein treffender Hinweis auf zwei ganz unterschiedliche Anwendungsbereiche von Geo-Informationssystemen. Emery betrachtet den Sachverhalt aus der Sicht des AM/FM und meint, daß ein GIS im ursprünglichen Sinne als Hilfsmittel 'for the purpose of managing gross information for gross decisions' gedacht seien wie etwa in der Raumplanung, Bodenkunde, Exploration, Hydrologie, Forstwirtschaft (also bei der überwiegenden Zahl der Geo-Wissenschaften). Andere Systeme seien für Zwecke eingerichtet, die sehr genaue und detaillierte Daten benötigen, um Entscheidungen im Einzelfall durchführen zu können (dazu rechnet er die von ihm betrachteten AM/FM-Systeme).

Planung - insbesondere im kommunalen Bereich - hat zwei Aspekte. Sie ist zum einen Raumplanung und konkretisiert sich gemäß Baugesetzbuch in der vorbereitenden und der verbindlichen Bauleitplanung und zum andern Objektplanung des Hoch- und Tiefbaus, die durch die privatwirtschaftliche Objektplanung von Architekten ergänzt und von der Bauordnung verwaltungsmäßig begleitet wird. Für beide Aufgabenbereiche sind Entscheidungshilfsmittel erforderlich, müssen jedoch ganz unterschiedlich ausgestaltet sein. Es steht außer Frage, daß bei einer Entscheidung über eine Objektplanung (= Bauantrag) nur in Kenntnis des Einzelfalles entschieden werden kann; die für das Grundstück maßgeblichen Tatsachen müssen bekannt sein bzw. abgefragt werden können. Für die Raumplanung hingegen - dies wird bei der Flächennutzungsplanung deutlich - werden aggregierte Informationen über größere Flächen verlangt und es werden im Regelfall keine Einzelfallentscheidungen notwendig. Demzufolge sind die beiden Anwendungsbereiche

* Verwaltungsvollzug und
* Planungsverwaltung

in der kommunalen Praxis zu unterscheiden [Junius, 1988a]. Zum Verwaltungsvollzug sind die Maßnahmen der Hoch- und Tiefbauverwaltung, der Bauaufsicht und der Bodenordnung zu zählen. Hier handelt es sich in aller Regel um Einzelfallentscheidungen, die sich auf einzelne Grundstücke oder eine bestimmte Zahl von Grundstücken beziehen[1]. Dazu werden Angaben über diese Grundstücke benötigt wie etwa die Lage, Ausdehnung und Nutzung, das Baurecht, die darauf ruhenden Rechte oder Belastungen sowie der Eigentümer. Das dafür benötigte automatisierte Liegenschaftskataster, auch wenn es eher als Auskunftsystem zu bezeichnen wäre, erfüllt diese Zwecke in natürlicher Weise optimal, was durch die breit gestreute Literatur zu diesem Thema deutlich indiziert wird. Es sei nur kurz auf die beiden Säulen des automatisierten Katasters hingewiesen, nämlich das Automatisierte Liegenschaftsbuch (ALB) und die automatisierte Liegenschaftskarte (ALK).

---

[1] Wieser hat diesen Bereich in mehreren Veröffentlichungen ausführlich dargelegt, insbesondere in [Wieser, 1989, 1990 a, 1990 b]

Die kommunale Raumplanung benötigt Informationen über das Einzelgrundstück nur im Ausnahmefall, und zwar bei der Bearbeitung von Bebauungsplänen eher als bei der des Flächennutzungsplans. Zwar werden auch in der Flächennutzungsplanung kleinräumige Analysen durchgeführt, bei der aber die Qualität der Einzelgrundstücke selten eine Rolle spielt. Aggrierte Sachverhalte dominieren. Typische Vertreter für solche Informationssysteme haben sich in München und Frankfurt bewährt [Blum, o.J.], [KOMPASS, o.j.], [UVF, 1985].

Bei den weiteren Überlegungen sollen nur noch Anwendungen in der Raumplanung beleuchtet werden. Dabei wird das Vorhandensein der methodischen Grundlagen und geeigneter Datenstrukturen angenommen. Software-Systeme wie ARC/INFO oder SPANS können in weiten Bereichen diese Erwartungen erfüllen.

2. Allgemeine und Fachinformationssysteme

Veröffentlichungen der sechziger Jahre zum Thema "Planungsinformationssysteme" oder "kommunale Informationssysteme" machen die Unterschiede, auf die in 1 hingewiesenen wurde, kaum und tendieren zu einem ganzheitlichen Ansatz.

Die KGSt (Kommunale Gemeinschaftsstelle für Verwaltungsvereinfachung) hat mehrere Untersuchungen zur Automation im Bauwesen erarbeitet und Integrationsmodelle aufgestellt [Lehmann-Grube, 1969], [KGSt, 1970]. Die IBM ging mit ihren Vorstellungen zu einem Kommunalen Informationssystem in die gleiche Richtung [AKD, 1970]. Ausgehend von der Erkenntnis, daß in den Fachämtern einer Kommunalverwaltung Daten "entstehen" oder von anderen Fachämtern übernommen werden und nur in einem geringem Umfang durch eigene Fachinformationen ergänzt werden, stellt sich die Datenmenge aus der Sicht der Gesamtverwaltung redundant dar; d. h. einzelne Daten werden an verschiedenen Stellen dauernd vorgehalten. Wenn sie an einer Stelle geändert werden, müssen sie an allen anderen Stellen ebenfalls geändert werden. Werden im Fortführungsfalle die gemeinsamen Daten nicht weitergegeben, so wird der Datenbestand aus der Gesamtsicht inkonsistent.

Der Grundgedanke für das damals konzipierte Modell für ein kommunales Informationssystem baute auf der redundanzfreien Speicherung der Daten auf. Außerdem sollten die Daten von der Stelle verwaltet werden, wo sie entstehen. Das Konzept sah daher gemeinsame Grunddateien und spezielle Folgedateien vor. Auf die Grunddateien kann von allen Stellen - allerdings in einer begrenzten Benutzersicht - lesend zugegriffen werden, ein schreibender Zugriff sollte nur für die berechtigten Stellen aus möglich sein.

Auch die amerikanischen Bemühungen zielten auf solche euphorisch gedachten umfassenden Systeme ab. Diese sind letzten Endes jedoch gescheitert, weil sie u.a. als "schwerfällige Dinosaurier" angelegt waren. Außerdem war das Problem der Datenfortführung nicht oder nur unzureichend gelöst [Kraemer et al., 1978].

Zwar gewinnt die Vernetzung von Aufgaben in der Verwaltung eine immer größere Bedeutung, ohne aber zu einem kommunalen Informationssystem im ursprünglichen Sinne zusammenzuwachsen. Vielmehr geht die in den letzten Jahren zu beobachtende Entwicklung eindeutig zu Fachinformationssystemen über. Begriffe wie Umweltinformationssystem,

Landschaftsinformationssystem, Altlastenkataster, Raumordnungskataster u.a. deuten gleichzeitig den angestrebten Verwendungszweck an.

3. Geo-Informationssysteme in der Raumplanung

Im Hinblick auf die soeben erörterten Fragestellungen fällt es nun nicht mehr schwer, die Stellung eines GIS in der Raumplanung zu bestimmen. Sicher wird es ein Fachinformationssystem sein, das von der jeweils planenden Stelle in eigener Regie geführt wird. Die Ausgestaltung eines solchen Systems, die Datenversorgung und die Auswertemechanismen werden sich aufgrund der Planungsaufgaben unterscheiden. Einige Beispiele und Aufgaben werden im Kap. 4 behandelt.

4. Aufgabenstellungen für GIS in der Raumplanung

Die allgemeinen Gesichtspunkte sollen hier nun anhand von Beispielen weiter ausgebreitet werden. Wenn man als Hypothese gelten läßt, daß in einem Planungsprozeß die Karte das sichtbare Kommunikat und Ergebnis eines Teilprozesses ist, dann haben wir die GIS-Einsatzgebiete, die zu Grundlagen-, Beteiligungs- und Festlegungskarten führen, zu betrachten.

4.1 GIS und Planungsgrundlagenkarten

Der geradezu klassische Einsatzbereich für GIS ist in der Planungsvorbereitung, d.h. bei der Bestandsaufnahme im weitesten Sinne festzustellen. Aufbauend auf einer breit angelegten Datenbasis mit ihrem Raumbezug werden durch Verknüpfung der verschiedensten Merkmale raumbedeutsame Phänomene erarbeitet. In den meisten Fällen ist das Ergebnis der Untersuchung eine thematische Karte, wenn auch in einzelnen Fällen wie z.B. bei statistischen Analysen auch die Liste als denkbares Ergebnis in Frage kommt.

4.1.1 KOMPAS

Der geradezu klassische Vertreter eines umfassenden GIS, das die Bezeichnung Planungsinformationssystem (PLIS) verdient, ist das System KOMPAS[2] der Landeshauptstadt München. Obwohl die Software dieses Systems durch die Portierung auf die inzwischen mehrfach weiterentwickelten Hardware-Plattformen an die Grenze der Lebensdauer gestoßen ist, darf es dennoch als Vorbild für ein Planungsinformationssystem angesehen werden. Es wurde bereits Anfang der 70iger Jahre konzipiert und entwickelt [Blum, o.J.] und ständig benutzt. Eine 10-Jahres-Bilanz wird in [KOMPAS,o.J.] und eine spezielle Betrachtung bei [SCHUSS-

---

[2] KOMPAS = Kommunales Planungs- und Analysesystem für die Landeshauptstadt München

MANN, 1984] gegeben. Am Beispiel KOMPAS lassen sich die wesentlichen und typischen Kriterien eines ergebnisorientierten GIS aufzeigen.

Die organisatorische Voraussetzung für das Funktionieren war die Grundsatzentscheidung, das System in die Hand der Planer zu geben und von der DV-Zentrale abzukoppeln. Die direkte Zugänglichkeit für die Planer war damit gegeben, und sie waren gleichzeitig für das System verantwortlich.

Eine weitere Voraussetzung für den Erfolg war die Organisation der Datenversorgung und die Fortführung der Daten, und zwar insbesondere mit der Nachführung der Daten aus dem Verwaltungsvollzug. Hier läßt sich besonders deutlich das allgemeine Datenversorgungsmodell für ein PLIS zeigen, das im Regelfall auf Individualdaten verzichtet und nur auf die kleinste Raumbezugseinheit aggregierte Daten verwendet (s. Schema). In regelmäßigen Abständen werden Datenabzüge mit der Aggregation durchgeführt und in das System eingespielt. Die Daten werden dabei so gespeichert, daß auch Zeitreihen mit KOMPAS gebildet werden können.

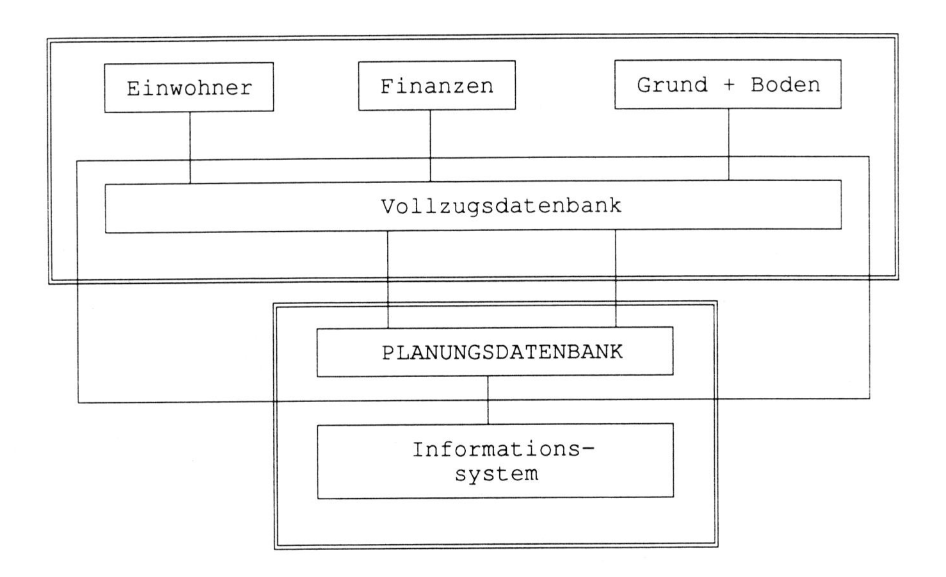

Abb. 1 Schema: Datenversorgung eines Planungsinformationssystems aus den Daten des Verwaltungsvollzuges

KOMPAS war von Anfang an methodenorientiert, was nichts anderes bedeutet, daß die Sammlung der Daten sich an dem Bedarf der Programme orientierte, durch die einzelne Methoden realisiert wurden. Zu den bei KOMPAS eingesetzten Methoden gehören neben reinen Analyseverfahren auch einige Prognosemodelle für den Wohnungs- und Arbeitsmarkt, die Bevölkerungsentwicklung (groß- und kleinräumig), die soziale Infrastruktur, den Energiebedarf u.a. [SCHUSSMANN, 1984]. Diese formalisierten und in sich geschlossenen Modelle, deren Datenversorgung durch das PLIS sichergestellt war, wird ergänzt durch ad-hoc-Fragestellungen, die mit den System-Werkzeugen direkt bearbeitet werden können. Das System KOMPAS hat zwar eine raumbezogene Datenbasis und verfügt über die üblichen räumlichen Abfrage- und Selektionsmechanismen, aber die Auswerteverfahren im engeren Sinne sind überwiegend statistisch orientiert. Hingegen fehlen weitgehend die bei modernen Geo-Informationssystemen vorhandenen räumlichen Auswerteverfahren.

4.1.2 Umlandverband Frankfurt

Der Umlandverband Frankfurt ist einen anderen Weg gegangen, hat andere Schwerpunkte gesetzt und verfügt heute über ein modernes GIS zur Planungsunterstützung, das in weiten Teilen die Funktion eines PLIS erfüllt. Die Grundsatzentscheidung Ende der 60iger Jahre war auf die digitale Erstellung des Flächennutzungsplanes gerichtet, der auf einer mit den Mitteln der graphischen Datenverarbeitung erstellten digitalen Grundkarte mit den Realnutzungen aufbaut [UVF, 1985]. Andere thematische Datenbestände sollen diese ergänzen, um thematische Grundlagenkarten für den täglichen Bedarf erstellen zu können. Mit der Einführung eines GIS-Software-Systems anstelle eines individuell auf die Belange des IPS zugeschnittenen Systems, dessen Grenzen der Leistungsfähigkeit erreicht waren, war der Schritt zu einem allgemeinen PLIS getan. Ergänzungen fand das System durch eine Reihe von zusätzlichen Spezialprogrammen wie etwa zur wirtschaftlichen Entwicklung und Infrastrukturplanung, Verkehrsmodelle, zur Lärmausbreitung, der Hochwassersimulation u.ä. Diese Programme wurden so in das IPS eingebunden, daß sie einerseits aus dem System mit Daten versorgt werden und die Ergebnisdaten wieder in das System einfließen konnten, um die (karto-) graphische Darstellung zu ermöglichen und sie mit andern Daten zusammenzuführen. Beispiel: Die Ergebnisse der Hochwassersimulation werden mit der Realnutzung oder der geplanten Flächennutzung verbunden [Rautenstrauch, 1989].

4.1.3 Bewertungsverfahren

Es sei nunmehr ein spezieller Punkt herausgegriffen, der den o.g. anwendungsbezogenen Bereich berührt, thematisch sehr viel enger gesehen werden muß und eigentlich Bestandteil eines umfassenden PLIS sein sollte. Es kommt hier auch sehr viel stärker der Werkzeugcharakter der jeweils eingesetzten GIS-Software zum Tragen[3]. Es lassen sich in den zu beschreibenden Beispielen die Vorgehensweisen für den Aufbau von ergebnisorientierten Systemen bzw. die Möglichkeiten der Werkzeuge auf raumbezogene Fragestellungen erarbeiten.

---

[3] Allen folgenden Überlegungen liegt das im Fachbereich Raumplanung eingesetzte System ARC/INFO zugrunde, auch wenn es im Text nicht explizit ausgeführt wird, weil prinzipiell auch andere Systeme eingesetzt werden können, wenn sie über die entsprechenden Werkzeuge verfügen.

Bewertungsverfahren für raumbezogene Sachverhalte folgen häufig den Ansätzen der Nutzwertanalyse oder der ökologischen Risikoanalyse. Während die Eignung einer abgegrenzten Fläche - im Sinne eines Potentials - eher mit nutzwertanalytischen Ansätzen ermittelt werden kann, wird der Ansatz der Risikoanalyse mehr bei Verträglichkeitsuntersuchungen von bestimmten Flächennutzungen auf bereits abgegrenzten Flächen mit den Umweltfaktoren eingesetzt[4].

Gemeinsam ist allen Bewertungsverfahren, daß die raumbeschreibenden Elemente in logischen Schichten zusammengefaßt werden. Solche können etwa sein die Flächennutzung, Gewässer, Landschaftseinheiten, Biotope, Energieleitungen, Naturschutzgebiete u.a. Die Zahl der Schichten kann beliebig hoch, die geometrische Ausprägung durch Punkte, Linien oder Flächen gegeben sein; auch wenn für die flächenhafte Bewertung Punkte und Linien zunächst wenig sinnvoll zu verwenden scheinen, so können sie dennoch in den Bewertungsprozeß einbezogen werden, da sie in nahezu allen Fällen eine Wirkung auf die Fläche ausüben.

Diese Wirkung - sie kann als "Anziehung" oder "Ausstrahlung" beschrieben werden - läßt sich geometrisch als Pufferfläche um das geometrische Element ausdrücken. Diesen Kreisflächen wird eine Bewertungszahl als Attribut zugeordnet, so daß sie damit bei der flächenhaften Bewertung berücksichtigt werden können.

Ähnlich verfährt man bei linienhaften Objekten, die man in geeigneter Weise puffert. So kann die modellhafte Lärmausbreitung, die von Straßen ausgeht, in vereinfachter Form als Pufferflächen ausgebildet werden.

Jede Fläche wird durch ein oder mehrere qualitative Merkmale beschrieben, etwa eine Schlüsselzahl für die Flächennutzung oder den Bodentyp, einen Buchstabencode für den Biotop o.ä. oder durch ein quantitatives Merkmal wie etwa die Höhenlage, den Lärmpegel, die Bodenmächtigkeit, den Gewässerflurabstand oder den Rohrquerschnitt einer Abflußleitung. Die qualitativen und/oder quantitativen Merkmale sind den geometrischen Elementen als Attribute in der Datenbank beigegeben.

Aufgabe eines Planers ist es nun, ein Bewertungssystem zu entwickeln, das der Problemlage angepaßt ist. Im einfachsten Falle handelt es sich um eine aus einer ordinalen Skala auszuwählenden Bewertungszahl, die dem Merkmal nach einem Schlüssel zugeordnet wird [Bruns, 1988]. Kardinale Werte müssen im Falle eines nutzwertanalytischen Ansatzes über eine Eignungsfunktion in dimensionslose Größen umgewandelt werden [Grotefels-Thedering, 1988], [Junius e.al., 1988]. Die daraus resultierende Bewertungszahl wird in einer Datenbankaktion als weiteres Merkmal eingeführt.

Der erste Schritt eines Bewertungsverfahrens kann eine Negativauswahl mit dem Ziel sein, alle die Flächen von vornherein auszuscheiden, die aufgrund festzulegender Bedingungen vom weiteren Bewertungsverfahren auszuschließen sind. Die Ausschlußkriterien müssen natürlich auch als flächenhafte Attribute bestimmt sein. Als Verfahren kommen in Frage

---

[4] Bei den Beispielen handelt es sich in der Mehrzahl um Diplom-Arbeiten, die unter der Betreuung des Verfassers entstanden sind.

- Auswahl (Selection),
- Ausschnitt (Clipping),
- Restmenge nach Ausschnitt (Erasing).

Allen Bewertungsverfahren ist gemeinsam, daß die einzelnen Bewertungskriterien als Flächenattribute ausgelegt und jeweils in einer eigenen Kartenschicht im GIS gespeichert sind. Die Flächenabgrenzung der "Kriteriumsflächen" kann, sie muß aber nicht gleich sein. Der Regelfall ist die nicht identische Flächenabgrenzung. Die Einflüsse der Einzelkriterien auf jede Flächeneinheit sind nun festzustellen. Dazu sind die einzelnen Kartenschichten übereinander zu projizieren, um die kleinsten gemeinsamen Flächen mit einheitlichen Bewertungskriterien zu ermitteln. Im GIS läuft dies auf die geometrischen Operationen der Flächenverschneidung hinaus, die durch den Überlagerungsalgorithmus mit der räumlichen Vereinigung abgebildet werden. Die Kriterienkarten werden immer paarweise vereinigt, so daß am Ende dieses Prozesses eine Karte mit sehr vielen Einzelflächen steht, die einheitliche Eigenschaften haben. Da die Datenbank alle Bewertungszahlen der beteiligten Flächenkarten enthält, kann nun in Abhängigkeit vom Bewertungsmodell der Summenwert, Mittelwert, der größte oder kleinste Wert, der Median oder ein anderer zu abzuleitender Wert als neues Merkmal berechnet und gespeichert werden. Es ist üblich, anschließend die Ergebnisse zu klassifizieren.

Bei der Überlagerung ist die Reihenfolge der Kombinationen beliebig, es sei denn, daß auch Zwischenergebnisse als neue Indikatoren von Bedeutung sind und festgehalten werden sollen.

Wichtig für die praktischen Arbeiten ist der abschließende Schritt der Einordnung in Bewertungsklassen, um das Ergebnis überschaubarer zu machen. Anschließend können die Grenzlinien zwischen benachbarten Flächen der gleichen Klasse entfernt werden (Dissolving). Erst dadurch läßt sich auch kartographisch das Ergebnis übersichtlich darstellen. In einem experimentellen Beispiel konnten dadurch Reduktionsfaktoren in der Größenordnung von 10 bis 15 ermittelt werden.

Falls das Untersuchungsgebiet durch eine Negativauswahl oder in anderer Weise eingeschränkt wurde, ist das Ergebnis nun auf eben dieses Gebiet abzubilden. Als Algorithmus wird hier die Schnittmenge eingesetzt, weil ja alle Flächenanteile außerhalb des Untersuchungsgebietes auszublenden sind. Die Einzelflächen des Untersuchungsgebietes enthalten u. U. mehrere unterschiedlich bewertete Flächenanteile; wenn es der Untersuchungszweck erfordert, kann ein über die Flächenanteile gewogenes arithmetisches Mittel bestimmt werden.

Das Bewertungsergebnis läßt sich sowohl als thematische Karte ausarbeiten, bei der die Klassenzugehörigkeit als Referenz für eine Flächenfarbe oder eine Schraffur benutzt wird, oder als Bilanz in Tabellenform ausdrucken, bei der der Inhalt der Tabelle aus den vorhandenen Attributen beliebig zusammenzustellen ist.

4.1.4 Klimatologische Flächenbewertung

Die rechnergestützte Flächeneignungsbewertung kann auch auf Sachverhalte ausgedehnt werden, die einem solchen Verfahren zunächst wenig zugänglich erscheinen. Wenn jedoch die Bewertungsmethode auf flächenwirksame Kriterien abgestellt wird, können die Auswertemechanismen eines GIS sehr wohl eine wertvolle Hilfestellung geben.

Das Beispiel ist eine klimatologische Begutachtung einer vorgegebenen Zahl von Flächen, die als mögliche Gewerbegebiete ausgewiesen werden sollten und in Zusammenarbeit mit dem Kommunalverband Ruhrgebiet durchgeführt wurde. Von Seiten des KVR wurde versucht, die Bewertung ausschließlich auf vorhandene Daten zu stützen und örtliche Erhebungen zu vermeiden. In gemeinsamer Arbeit wurde ein Bewertungsmodell erarbeitet, daß einerseits die Datenrestriktion berücksichtigt und andererseits nur solche Kriterien aufnimmt, die eine räumliche Konkretisierung zulassen.

Einzelne Sachverhalte wie z. B. die Flächennutzung und der daraus abzuleitende Parameter der Flächenrauhigkeit sind problemlos zu realisieren, da eine eindeutige Zuordnungsvorschrift zwischen Flächennutzungscode und Rauhigkeit aufgestellt werden kann, mit der in der Datenbank der Rauhigkeitswert als neues Flächenattribut bestimmt wird. Ein Problem stellen dagegen unscharf begrenzte Sachverhalte wie Kaltluftbahnen oder Luftschneisen dar, die in

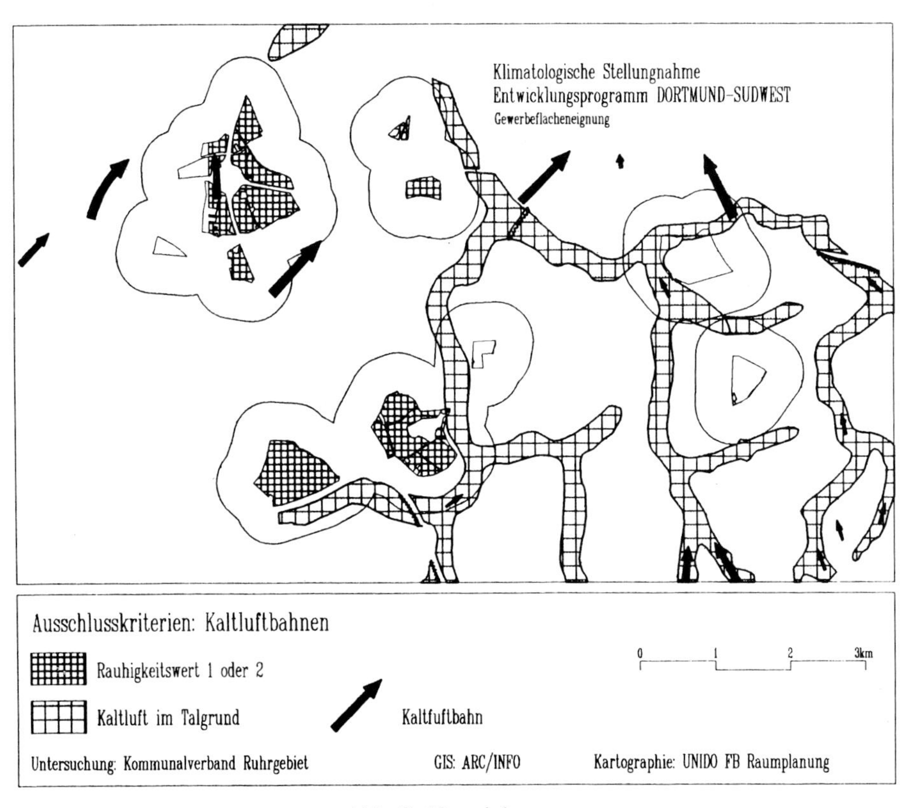

Abb. 2 Negativkarte

Klimafunktionskarten allgemein durch Pfeilsignaturen wiedergegeben werden, die die Hauptbewegungsrichtung und die Intensität der Luftbewegung angeben sollen. Wenn ein solcher Sachverhalt in einem GIS berücksichtigt und operational behandelt werden soll, kann man sich für zwei Varianten entscheiden:

* Visuelle Beurteilung
* Flächensimulation

Bei der visuellen Beurteilung liefert das GIS nur die Hilfsmittel, wie sie prinzipiell auch bei der herkömmlichen kartographischen Technik zur Verfügung stehen; mit den GIS-Werkzeugen kann die Analyse jedoch anschaulicher ausgeführt werden. Denn die zusammengehörenden Sachverhalte, auch wenn sie auf mehrere Grundlagenkarten oder thematische Schichten verteilt sind und damit mehreren Dateien angehören, können durch Selektion freigelegt und kartographisch am Bildschirm übereinander projiziert werden, und zwar auch dann, wenn die Grundlagenkarten unterschiedliche Maßstäbe aufweisen; das Ergebnis wird visuell interpretiert. Für die Erstellung einer Negativkarte, bei der alle Untersuchungsgebiete ausgeschieden werden sollten, die in Luftschneisen liegen, reichte dieses Verfahren aus (S. Abb. 2).

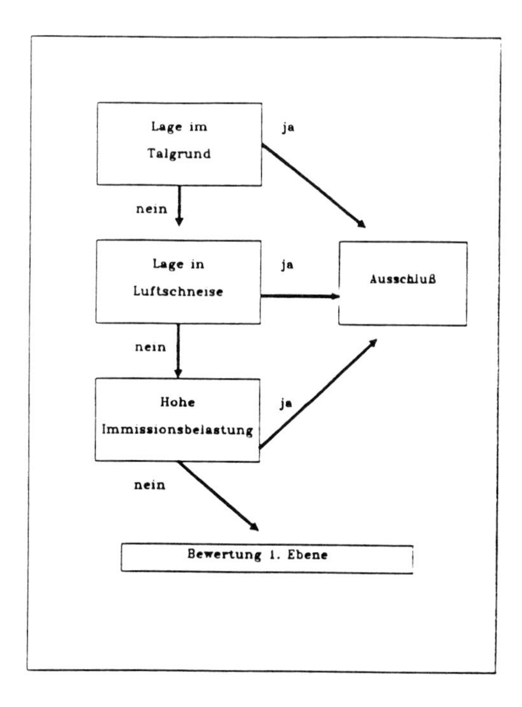

Abb. 3 Bewertung der 1. Ebene

Sollen hingegen die in Luftschneisen liegenden Flächen weitergehenden Untersuchungen unterzogen werden, sind sie flächenscharf zu bestimmen. In einer ersten Annäherung kann dies erreicht werden, indem man die für Luftschneisen typischen Flächennutzungen benennt, diese aus der Flächennutzungskarte selektiert und mit den Signaturen für Luftschneisen zusammenfaßt, und zwar durch einfaches Zusammenkopieren. In einem interaktiven Vorgang können nun alle Flächen gekennzeichnet werden, die nach Augenschein zu einer Luftschneise gehören. In einem abschließenden Selektionsvorgang werden nun die gekennzeichneten Flächen in einer neuen Karte zusammengefaßt und stehen damit für weitere Untersuchungen zur Verfügung.

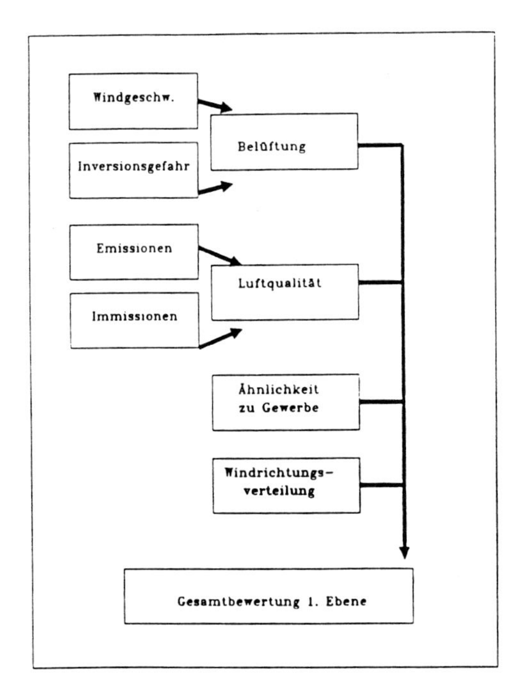

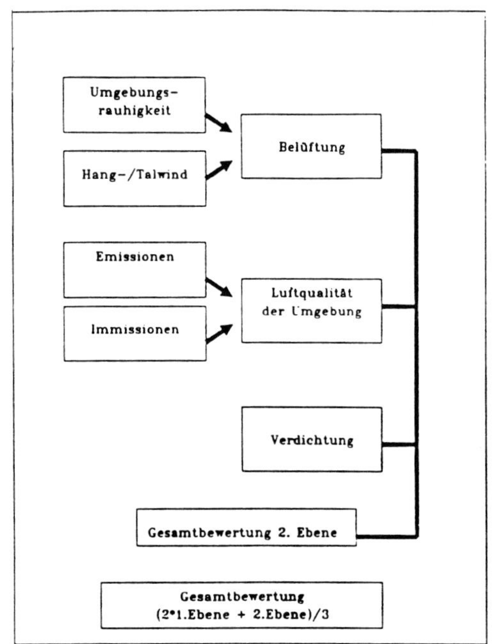

Abb. 4 Gesamtbewertung der 1. und 2. Ebene

Die eigentliche Bewertung ist zweistufig aufgebaut. In einem ersten Bewertungsschritt werden nur die definierten Untersuchungsgebiete, in einem zweiten die unmittelbare Umgebung bewertet. Auf die inhaltliche Bestimmung der Indikatoren soll hier ebensowenig eingegangen werden wie auf das Bewertungsverfahren selber, dessen inhaltliche Bestimmung aus GIS-technologischer Sicht zweitrangig ist.

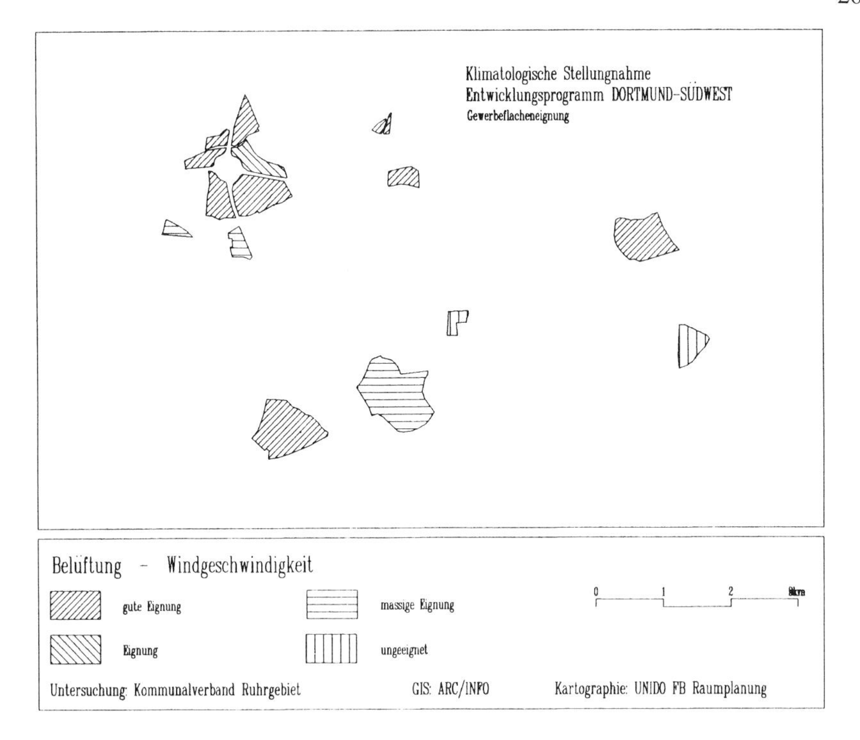

Abb. 5 Bewertung der 1. Ebene

Eine Vorstellung sollen die Ablaufdiagramme in den Abbildungen 3 und 4 vermitteln[5]. Die Indikatoren sind nach einer ordinalen Skala bewertet und werden mit den Untersuchungsgebieten als räumliche Schnittmenge überlagert. Die Untersuchungsgebiete werden dadurch in Teilflächen unterschiedlicher Wertigkeit untergliedert. Um für das Untersuchungsgebiet eine einheitliche Bewertungszahl zu erhalten, wird das gewogene arithmetische Mittel und als Gewicht die Flächengröße gewählt. Wenn für alle Indikatoren der Bewertungsvorgang wiederholt ist, kann die Gesamtbewertung ermittelt werden; als Aggregationsvorschrift fungiert wiederum das arithmetische Mittel, wobei die Gewichtung der einzelnen Indikatoren aus klimatologischer Sicht erfolgt. (s. Abb. 5).

Im zweiten Bewertungsschritt sollte in gleicher Weise das Umfeld der Untersuchungsgebiete betrachtet werden. Als Umfeld wird ein Flächensaum mit einer bestimmten Breite definiert, der im GIS durch die Pufferfunktion berechnet wird. Die Bewertung anhand der einzelnen Indikatoren wird in gleicher Weise durchgeführt wie im ersten Untersuchungsschritt. Als Besonderheit ist lediglich zu erwähnen, daß nach der analytischen Schnittmengenberechnung die innenliegenden Untersuchungsgebietsflächen ausgeblendet werden müssen. Ein Teilergebnis zeigt Abb. 6.

---

[5] Ausführlich wird über das Bewertungsmodell und seine Realisierung in [Beckröge-Junius, 1991] berichtet.

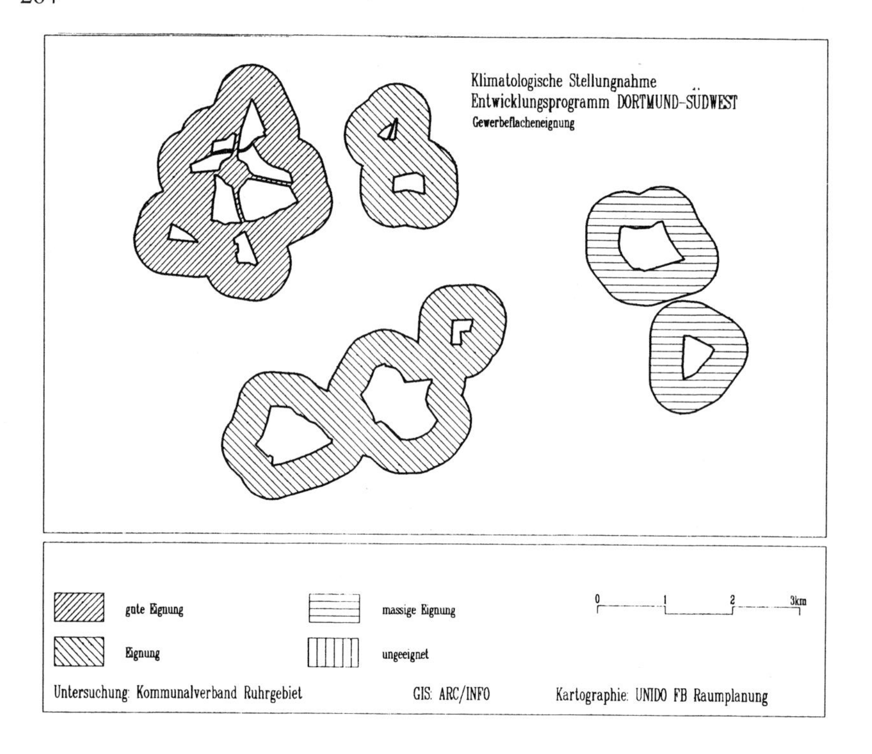

Abb. 6 Bewertung der 2. Ebene

4.1.5 Raumordnungskataster

Zum Raumordnungskataster gibt es eine umfangreiche Literatur, die letzthin bei [Reiners, 1991] zusammengefaßt wurde. Hier wird als Definition für das Raumordnungskataster (ROK) erarbeitet:

"Das Raumordnungskataster

* *enthält **inhaltlich** die vollständige Erfassung der rechtsrelevanten Festsetzungen an Grund und Boden, d. h. alle im Zuge eines förmlich fachgesetzlichen Verfahrens getroffenen Festlegungen und Entscheidungen für die Flächennutzung;*

* *stellt **methodisch** auf der Grundlage topographischer Karten, in der Regel im Maßstab 1:25000, seltener 1:50000, die Festsetzungen in flächenhafter (z.B. Siedlungs-, Gewerbeflächen), linienhafter (z.B. Verkehrs-, Ver- und Entsorgungsanlagen und -leitungen) und punkthafter Darstellung (z. B. infrastrukturelle Einrichtungen aus dem Bildungs- und Gesundheitswesen) in ständiger Aktualisierung für den Planungsraum dar;*

* *ist **funktional** Grundlage für*

(a) die Beurteilung raum- und strukturwirksamer Planungen, Maßnahmen, ggf. auch Investitionen,
(b) den Nachweis bestehender oder zu erwartender Flächennutzungskonflikte und bietet zugleich den Ansatz ihrer Lösungsmöglichkeit,
(c) die Abstimmung und Beratung von öffentlichen und privaten Planungsträgern auf Landes-/Regionalebene und dem kommunalen Bereich bei Vorhaben der Wirtschaft und Verwaltung, die einen Flächenbedarf nach sich ziehen bzw. nachhaltige Auswirkungen auf die Raumstruktur erwarten lassen,
(d) die Erarbeitung landesplanerischer Pläne,
(e) die Vorbereitung landesplanerischer Entscheidungen im Zuge überörtlicher fachlicher Einzelplanungen, die nach spezialgesetzlichen Bestimmungen aufgestellt werden" [Reiners, 1991].

Diese definitorische Beschreibung des ROK liefert gleichzeitig deutliche Hinweise für den GIS-Einsatz und läßt Strategien ableiten, und zwar insbesondere unter den Stichworten "methodisch" und "funktional".

Grundsätzlicher Aufbau

Alle in das ROK aufzunehmenden Planungen werden in Karten festgehalten. Die Planelemente können Punkten, Linien oder Flächen zugeordnet werden und sind damit in einem GIS darstellbar. Die weitergehende Charakterisierung des Planinhaltes muß tabellarisch aufgeschlüsselt werden, damit die Speicherung in der Datenbank vorgenommen und den geometrischen Elementen als Attribut zugeordnet werden kann.

Die notwendige Generalisierung bedingt daher ein zweistufiges Vorgehen. Zunächst ist die Generalisierung auf den Zielmaßstab durchzuführen, sodann die Aufteilung auf die drei möglichen Kartenschichten. Für jede wird im GIS eine eigene Folie angelegt. Dieses Vorgehen ist für jede in das ROK aufzunehmende Planart zu wiederholen.

Funktionen des ROK abgebildet auf ein GIS

a) Für die Beurteilung raum- und strukturwirksamer Planungen, Maßnahmen und Investitionen ist deren räumliche Ausprägung zu erfassen und als eigener Datenbestand in das GIS aufzunehmen.
Die Beurteilung kann zunächst qualitativ durchgeführt werden, indem Schritt für Schritt die Planungen mit den einzelnen Schichten des ROK verglichen werden. Dies kann am einfachsten durch graphische Überlagerung am Bildschirm geschehen. Konflikte mit bestehenden Planungen werden vermerkt.
Die Beurteilung kann in einem zweiten Schritt auch quantitativ durchgeführt werden, indem durch die analytische Überlagerung die Flächenanteile ermittelt werden, die verbraucht oder umgenutzt werden oder für die ein Konflikt besteht.

b) Für den Nachweis bestehender Flächennutzungskonflikte reicht die analytische Überlagerung in Form der Schnittmenge aus, um die Flächen, für die ein Konflikt besteht, zu bestimmen. Sie lassen sich problemlos in den jeweils beteiligten Planungen kartographisch hervorheben. Damit wird die Voraussetzung für die Verhandlungen mit den Planungsträgern gegeben.

c) Für die Abstimmung und Beratung mit den öffentlichen und privaten Planungsträgern können die geeigneten Grundlagen zusammengestellt werden, da sich insbesondere Bilanzierungen leicht bilden lassen, die sowohl flächenbezogen als auch objektbezogen sein können; so kann die Zahl von Einrichtungen in einem Planungsraum ermittelt und einer Zielgröße gegenübergestellt werden, die Flächengröße von Nutzungen kann berechnet und ebenso den Zielgrößen gegenübergestellt werden. Raumverträglichkeiten von vorgegebenen Planungen können bestimmt und mit der gegebenen Situation verglichen werden. Erledigte Fragestellungen werden im Zweifelsfalle in der Datenbank entsprechend gekennzeichnet, um bei weiteren Abstimmungen als feste Größen einzugehen.

d) Für die Erarbeitung landesplanerischer Pläne ergibt sich die Grundlage, wenn bereits bestehende Planungen in den zu erarbeitenden Plan aufzunehmen sind. Für den zu erarbeitenden Plan ist ein Datenkonzept zu entwickeln, welche logischen Schichten er enthalten soll und welche Daten aus dem ROK übernommen werden können oder müssen und wie sie zusammenzufassen sind. Es ergibt sich hierbei sicher die Notwendigkeit, im landesplanerischen Plan thematische Schichten des ROK zusammenzufassen.

e) Für die Vorbereitung landesplanerischer Entscheidungen im Zuge überörtlicher Einzelplanungen können die dafür benötigten Einzelkriterien thematisch zusammengestellt, gewichtet und als Grundlagenkarte ausgearbeitet werden, die einerseits die Ausschlußkriterien räumlich veranschaulicht und die potentiell zur Verfügung stehenden Räume mit einer graduellen Abstufung darstellt.

4.1.6 Altlastenkataster

Der Begriff "Altlastenkataster" verkürzt die inhaltliche Problematik, die mit aufgelassenen Industrie- und Gewerbestandorten verbunden ist, in unzulässiger Weise, da erst dann von einer Altlast gesprochen werden kann, wenn eine schädigende Kontamination des Bodens nachgewiesen ist. Ohne diese Schadensbewertung durchgeführt zu haben, darf man nur von Altstandorten und Altablagerungen sprechen. Der Begriff hat sich jedoch eingebürgert, so daß er nur mit den vorgenannten Einschränkungen benutzt wird.

Wesentlicher Inhalt ist der Nachweis der Flächen, für die Altstandorte oder Altablagerungen nachgewiesen sind, und zwar nach

* ihrer Flächenausdehnung,
* der Art und
* des Zeitraumes der Nutzung.

Damit sind die wesentlichen Problempunkte bereits genannt. Ohne auf die Erhebungstechniken einzugehen, die bei [Dodt, 1987] und [Kötter, 1989] eingehend beschrieben werden, ergibt sich die Notwendigkeit, die Zeithorizonte mitzudokumentieren. Für Auswertungen im Hinblick auf die Gefahrenabschätzung spielen Art und Dauer einer industriellen oder gewerblichen Nutzung eine entscheidende Rolle. Insbesondere im großindustriellen Bereich können Einzelflächen im Laufe der Zeit eine wechselvolle Geschichte durchlaufen. Um diese nachvollziehen zu können, stellt sich die Frage, wieviele Nutzungen auf einer Fläche übereinander gelegen und wie sie sich abgewechselt haben; sind auch Flächen von jeglicher Nutzung frei geblieben.

Bei der Anlage der Datenbank sind daher neben der Art der Nutzung oder Flächenüberdeckung die Zeiten festzuhalten, zu denen diese Tatbestände beobachtet werden konnten. Die Zeiten für die festgestellten Flächenüberdeckungen sind als Attribute in der Datenbank mitzuführen.

Im Hinblick auf die Einbindung in den Planungsprozeß kann, obwohl es sich um eine abgeschlossene Thematik handelt, ein Altlastenkataster als Teil eines umfassenden Umweltinformationssystems betrachtet werden. Für sich gesehen dient es einmal der Gefahrenabschätzung und bei der Planung als Prüfinstrument, ob eine geplante Maßnahme oder Nutzung realisiert werden kann oder Restriktionen wegen der Vorbelastung zu befürchten sind.

4.1.7 Umweltinformationssystem (UIS)

Wohl kaum ein Begriff ist so schillernd und in der jüngsten Vergangenheit so strapaziert wie dieser. Denn er wird von vielen "Leuten" in vielen Zusammenhängen gebraucht, ohne ihn zu präzisieren[6]; oftmals wird er als Geheimwaffe angesehen, mit der mit einem Schlage alle Umweltprobleme gelöst werden können. Diese oft gehörte Schlußfolgerung zeigt, wie nebulös die Vorstellungen sind. Es erinnert stark an die Argumentation zugunsten der Planungsinformationssysteme zu Beginn der siebziger Jahre.

Es wird offensichtlich an vielen Stellen und auf unterschiedlichen Planungsebenen daran gearbeitet, Umweltinformationssysteme aufzubauen, ohne jedoch weit über einen konzeptionellen Ansatz hinauszukommen. Andererseits sind Lösungsansätze bekannt geworden, die ausschließlich als Datenbank konzipiert sind und den Raumbezug völlig außer acht lassen [Baumewert-Ahlmann, 1987]. Eins der wesentlichen Probleme kann in der inhaltlichen Zweckbestimmung und der Datenversorgung gesehen werden. Dies äußert sich in großen Anstrengungen, die von unterschiedlichen Stellen unternommen werden, um Umweltinformationssysteme aufzubauen und deren methodische Einbindung in die planende Verwaltung zu verwirklichen [Stadt Herne, 1989, Hannover, 1990,].

Es sollen daher an dieser Stelle nur über einige Grundanforderungen nachgedacht werden, die aus der Sicht eines GIS-Benutzers ein Umweltinformationssystem erfüllen muß. Fragen der inhaltlichen Ausgestaltung wie auch des Datenumfangs und der Datentiefe bleiben unberück-

---

6 Die strenge Definition, die wir einem GIS zugrunde gelegt haben, schwebt sicher nur wenigen, die den Begriff benutzen, vor Augen.

sichtigt. Wie bei der GIS-Definition gezeigt, sollen die Überlegungen anhand der Begriffe Datenbasis, Datenverwaltungssystem, Raumbezugssystem und Methodenprogramme erörtert werden.

Datenbasis

Die Umweltproblematik ist in den letzten Jahren stark in das öffentliche Bewußtsein gerückt und hat vor allem in den kommunalen Verwaltungen Priorität erhalten. Es sind eigene Ressorts für Umweltfragen geschaffen worden. Datenbestände sind zumindest insoweit als erschlossen anzusehen, als sie bisher ohnehin in den Fachverwaltungen erhoben wurden. Dies gilt insbesondere für die Umweltfaktoren Boden, Wasser, Luft. Daten der lebenden Umwelt, die Flora und Fauna betreffen und von örtlichen Erhebungen abhängig sind, fehlen als flächendeckende Daten weitgehend. Ihre Aufnahme ist zeit- und kostenaufwendig.

Für die vorhandenen Daten der Fachverwaltungen gilt in gleicher oder ähnlicher Weise, daß sie (bestenfalls) als analoge Karten verfügbar sind. Bei Vorliegen dieser Voraussetzung, kann die Übernahme in ein UIS durch Digitalisieren erfolgen.

Raumbezugssystem

Die für ein UIS erforderlichen Daten sind bezüglich ihrer räumlichen Ausprägung sehr heterogen, denn sie orientieren sich nicht an anthropogenen räumlichen Struktureinheiten wie z. B. Baublöcken oder Ähnlichem. Jedes Merkmal hat sein eigenes räumliches Verteilungsmuster. Dies sollte bei der Aufnahme in ein UIS auch so erhalten bleiben. Daher ist das Folien- oder Schichtenprinzip anzuwenden, bei dem jede logische Schicht ihr eigenes Raumbezugssystem verwendet. Die qualifizierenden Merkmale und ggf. auch eine Erstbewertung werden in Form von Flächenattributen eingebracht. Eine Verknüpfung findet erst statt, wenn einzelne Schichten bei einer Anwendung überlagert werden, um die Ein- oder Auswirkungen, die Empfindlichkeiten oder Schutzwürdigkeiten festzustellen.

Datenverwaltungssystem

Die Datenverwaltung ist abhängig von der eingesetzten GIS-Software. Es muß sichergestellt sein, daß das eben beschriebene Schichtenmodell sowie ein variabler Raumbezug unterstützt werden, die Attributsdaten in einer relationalen Datenbank gespeichert sind, um einen variablen Zugriff zu gestatten, und die analytischen Überlagerungsalgorithmen verfügbar sind.

Eine relationale Datenbank wird heute allgemein als Standard angesehen. Andere Speicherungsformen sind nicht mehr zeitgemäß. Außerdem wird im Zuge der Standardisierung und der vernetzten Datenverarbeitung als weitere Voraussetzung der SQL-Standard angenommen.

Auswerteprogramme

Die Auswertemechanismen als Bestandteil der GIS-Software sind auf viele Bereiche anwendbar. Insbesondere Bewertungsverfahren lassen sich gut verwirklichen. Defizite werden eher bei den Wirkungsmechanismen im biotischen Bereich d. h. auf der fachwissenschaftlichen Seite gesehen. [Schönwandt, 1990], [Bechmann, 1989].

Es ist festzustellen, daß die meisten flächenhaften Auswirkungen mit den üblichen GIS-Werkzeugen abgebildet werden können. Ausgenommen davon sind die Sachverhalte, deren räumliche Auswirkungen zuvor bestimmt werden müssen z.B. durch Simulationsmodelle etwa zur Lärmausbreitung, zur Hochwasserrückhaltung, zur Immissionsbelastung etc. Ihre Ergebnisse können als Datenbestände wieder in das GIS übernommen werden. Nur wenn sich Wirkungsmechanismen nicht modellieren lassen, verschließen sie sich auch weitgehend einer Berücksichtigung in einem Umweltinformationssystem.

Aufgabe eines Umweltinformationssystems

Vordringlich sind zwei Hauptgruppen erkennbar, nämlich die ökologische Planung zu unterstützen und zum andern jegliche räumliche Planungen und Maßnahmen auf ihre Umweltverträglichkeit zu prüfen (UVP), sofern eine solche Prüfung notwendig ist. Da bisher überwiegend objekt- resp. maßnahmenbezogen geprüft wird, bringt ein vollständig aufgebautes Umweltinformationssystem erhebliche Vorteile, weil Stellungnahmen zeitlich erheblich verkürzt werden können. Denn bisher müssen alle relevanten Sachverhalte mühselig zusammengetragen werden.

Auch die ökologische Planung selber wird mit einem funktionierenden Umweltinformationssystem verbessert, weil einerseits Umweltqualitätsziele definiert werden können, an denen die Wirklichkeit gemessen werden kann, andererseits festgestellte Defizite wiederum in Planungsmaßnahmen umgesetzt werden können.

4.1.8 Umweltverträglichkeitsstudie

Wenn man [Langer e.al., 1988] folgt, dann ist die Umweltverträglichkeitsprüfung ein (Verwaltungs-)Verfahren, während der fachlich materielle Beitrag dazu als Umweltvertäglichkeitsstudie (UVS) bezeichnet wird. Bei der Straßenplanung, die hier als Beispiel behandelt werden soll, kann die UVS auf allen Planungstufen (Bedarfsplanung, Linienbestimmung, Ausbauplan) herangezogen werden; der bedeutendste Anwendungsbereich wird jedoch bei der Linienbestimmung gesehen. Das Bewertungsverfahren ist die ökologische Risikoanalyse, die im Detail modifiziert werden kann. Der Bewertungsansatz ist ebenfalls bei [Langer e.al., 1988]beschrieben. Einen Vergleich der möglichen Bewertungsverfahren vollzieht Zimmermann in [Zimmermann, 1989]. Das vorzustellende technische Verfahren folgt weitgehend den Richtlinien [MUVS, 1990].

Am Beispiel einer am Fachbereich durchgeführten UVS für eine Autobahnlinienbestimmung seien einige Aspekte für den GIS-Einsatz vorgestellt, die z.T. auch in [Junius, 1990] behandelt werden. Die UVS liefert zwei Teilergebnisse:

* die Raumwiderstandskarte;
* die Bewertung der Trassenvarianten.

Raumwiderstandskarte

"Im Mittelpunkt ... steht die Frage nach den Möglichkeiten und Grenzen der Leistungsfähigkeit der Landschaftspotentiale/natürlichen Resourcen

* Bodenpotential,
* Wasserdargebotspotential,
* Klimapotential,
* Biotoppotential,
* Landschaftsbildpotential." [Langer e.al., 1988]

Im Rahmen einer Bestandsaufnahme sind die Potentiale dieser Funktionsbereiche zu ermitteln und im Hinblick auf ihre Empfindlichkeit/Schutzwürdigkeit zu bewerten, und zwar nach einer drei- bis vierstufigen ordinalen Skala. Für die Ableitung der Raumwiderstandskarte werden die bewerteten Räume durch Überlagerung zusammengefaßt. Der jeweils am höchsten bewertete Flächenabschnitt bestimmt den Raumwiderstand. Aus der Raumwiderstandskarte können die für die Straßenplanung sinnvollsten, weil widerstandsärmsten Korridore ermittelt werden.

Bewertung der Trassenvarianten

Der Entwurfsprozeß für die Trassenvarianten ist eine Ingenieurarbeit, die nicht mit den GIS-Werkzeugen ausgeführt wird. Erst der fertige Entwurf wird wieder in das GIS übernommen, je nach Ausgangslage als digitaler Datenbestand oder durch Digitalisieren des graphischen Entwurfes.

Für die Bewertung ergeben sich drei Flächentypen mit unterschiedlichen Auswirkungen:

* Versiegelte Fläche;
* Baubedingte Auswirkungen
* Betriebsbedingte Auswirkungen

Die versiegelte Fläche ergibt sich aus der Definition des Regelquerschnittes ggf. unter Berücksichtigung eines nichtversiegelten Mittelstreifens und einer Banquette. Baubedingte Auswirkungen sind zum einen durch die Anlage von Böschungen für Einschnitte und Dämme wie auch durch einen zusätzlichen Arbeitsbereich entlang der Trasse gegeben (Beispiel: 10 m). Die betriebsbedingten Auswirkungen auf die Umgebung lassen sich durch trassenparallele Streifen mit unterschiedlichen Abstufungen (z.B. 50, 100, 200 m) definieren.

Für die Bewertung der Trassenvarianten gibt es alternative Vorgehensweisen, indem die Auswirkungskarte mit der aggregierten Raumwiderstandskarte oder mit den einzelnen

Funktionskarten aus der Bewertung der Bestandsaufnahme überlagert wird. Aus bewertungstechnischer und planerischer Sicht ist das erste Verfahren wegen der weitgehend fehlenden Abwägungsmöglichkeit nicht zu empfehlen. Aus GIS-technischer Sicht ist das Vorgehen jedoch gleichartig. Denn die Auswirkungskarte ist mit den Bewertungskarten der Funktionsbereiche (oder eben der Raumwiderstandskarte) zu überlagern.

Als Verfahren kommt dafür die räumliche Schnittmenge in Frage. Geometrisch bleiben dabei nur die Flächen übrig, die von der Auswirkungskarte überdeckt sind. In der Datenbank sind sowohl die Art der Flächenauswirkung als auch die Bewertungszahlen der Funktionsbereiche enthalten. Der eigentliche Bewertungsabschnitt fügt nun die entsprechenden Attribute mittels einer Bewertungsmatrix zusammen. Sofern ein algorithmischer Zusammenhang zwischen den Elementen der Matrix definiert werden kann, ist das Bewertungsergebnis leicht abzuleiten, in den anderen Fällen kann die Wertzuweisung nur aufgrund vorangegangener Selektionen erfolgen. Im Ergebnis können wiederum thematische Karten wie auch bilanzierende Flächenreports erstellt werden. Mit diesen Ergebnisse der GIS-Arbeit kann die Bewertung in einem Abwägungsprozeß abgeschlossen werden.

4.2 Planungsbeteiligungskarten

Die Aufgabenstellungen für ein GIS bei der Planaufstellung und der Planungsbeteiligung sehen wesentlich anders aus als in der Analysephase. Wie schon bei der Behandlung des ROK angedeutet, werden in der Planungsphase die übergeordneten Planungsziele ermittelt, die unterschiedlichen Raumansprüche zusammengetragen und um die eigenen Planungen ergänzt. Der notwendige Koordinierungs-, Abstimmungs- und Abwägungsprozeß kann mit Hilfe eines GIS verbessert werden.

Übergeordnete Planungsziele

Sie sind niedergelegt in den Landesentwicklungsplänen[7] und können, soweit der Grad ihrer Konkretisierung dies zuläßt, in einen neu aufzubauenden Datenbestand übernommen werden und geben einen ersten Beurteilungsrahmen für alle anderen Planungen und Maßnahmen ab.

Hinsichtlich der Datenorganisation wird dem Folienprinzip der Vorrang gegenüber anderen Organisationsmodellen eingeräumt, weil dieses übersichtlich ist und eine leichte Fortführbarkeit der einzelnen Themen gewährleistet.

Zusammentragen der Raumansprüche

Die Raumansprüche der öffentlichen und privaten Planungsträger liegen in einzelnen Karten und Plänen vor, wobei nicht sichergestellt ist, daß ein einheitlicher Maßstab und Blattschnitt gegeben sind. In den letzten Jahren kommt hinzu, daß vorliegende Planungsergebnisse bereits

---

[7] Es wird die Terminologie gemäß Landesplanungsgesetz des Landes NRW zugrunde gelegt.

in digitaler Form gegeben sind und die Karten nur die graphische Veranschaulichung darstellen[8]. Wenn die Planung "nur" als analoge Karte vorliegt, ist zunächst deren Digitalisierung erforderlich. In den nachfolgenden Abstimmungs- und Abwägungsprozeß sind die unterschiedlichen Raumansprüche auf ihre Konsistenz zu prüfen und ggf. mit den Beteiligten zu beraten.

Dieser Arbeitsschritt ist gekennzeichnet durch ein systematisches Probieren mit dem Ziel, Art und Umfang der Koordinierung und Abstimmung mit den Beteiligten zu ermitteln und sehr präzise definieren zu können, wobei sich insbesondere Konflikte zwischen unterschiedlichen Nutzungs- und/oder Funktionsansprüchen als Ergebnis einer analytischen Überlagerung (Schnittmenge) verdeutlichen lassen. Für die Verhandlungen lassen sich geeignete Kartenunterlagen erstellen.

Erarbeitung eigener Planungen

Bereits für den Abstimmungsprozeß ist es oft genug notwendig, eigene Alternativvorstellungen zu entwickeln und zu präsentieren. Bereits abgestimmte Planinhalte können "abgehakt" werden und bei weiteren Abstimmungen als feste Größen in die weiteren Beteiligungskarten eingeführt werden. Mit zunehmender Komplexität des Planinhaltes wachsen natürlich die kartographischen Darstellungsprobleme, die sich in dieser Phase nur durch die Beschränkung auf einen Teil des Planinhaltes lösen lassen. Da bei der Diskussion mit den Beteiligten die anstehenden Probleme besonders deutlich gemacht werden sollen, ist ein Abweichen von herkömmlichen Plandarstellungen gefragt. Begriffe wie "Zurückdrängen" oder "Hervorheben" spielen eine übergeordnete Rolle und müssen ein kartographisches Darstellungsäquivalent finden. Damit treten die üblichen Techniken des GIS in den Hintergrund, während die kartographischen Darstellungsverfahren im Vordergrund stehen. Nicht so sehr das WAS, sondern das WIE der Wiedergabe bestimmt die Effizienz des GIS. Normalerweise verfügt ein GIS über einen beachtlichen Vorrat an Darstellungswerkzeugen, so daß auch hier wiederum Vorteile zum Tragen kommen. Da bekanntlich nicht jeder kartographische Entwurf im Ergebnis den Vorstellungen entspricht, die an ihn gestellt werden, kann man sich durch interaktive Änderungen dem gedachten Ziel nähern.

Für die Planungstechnik ergeben sich einige Faktoren, die eigentlich zufriedenstellend nur mit einem GIS bewältigt werden können. Moll nennt als ein wesentliches Problem die kurzfristigen Änderungen, die sich im Beteiligungsprozeß ergeben [Moll, 1991]. Diese Änderungen können sowohl die räumliche Ausdehnung eines Planelementes betreffen (= Größen- und Formänderung, Löschen, Einfügen) wie auch die Funktion, die Priorität und den "Planungszustand" (bestehend, angestrebt, vorgesehen, abgestimmt, nicht abgestimmt, festgelegt). Aus der Funktion eines GIS ist deutlich, daß diese Funktionen ohne weiteres ausgeführt werden können. Die geometrischen Änderungen lassen sich im Wege der graphischen Editierung, die Funktionsänderungen durch entsprechende Änderungen in der Attributierung erreichen. Damit kann der Gang des Verfahrens flexibel begleitet werden. Moll nennt in dem zitierten Beitrag weitere beispielhafte Punkte des Beteiligungsprozesses:

---

[8] Welche Probleme bei der Übernahme zu lösen sind, ist bereits erörtert worden. Junius, H.: Zur Eignung digitaler Datenbestände für Zwecke der Planungskartographie. in: [ARL, 1991].

- Bewältigung von Konflikten,
- Durchführung von Koordination und Prüfung,
- Berücksichtigen von Alternativen und Varianten,
- Beseitigung von Mängeln,
- Beachtung des Planungszustandes,
- Herstellung einer Verbindung zu anderen Planungen.

Für alle die Punkte trifft die Aussage zu, daß sie mit einem GIS unterstützt werden können.

Zusammenfassend läßt sich feststellen, daß in der konzeptionellen Phase des Planungsprozesses durchaus unterschiedliche Gesichtspunkte einen GIS-Einsatz als vorteilhaft erscheinen lassen. Wenn auch ein GIS als ein interaktives System ausgelegt ist, so sind nicht alle Arbeitschritte als spontane Arbeitsschritte am Bildschirm sinnvoll ausführbar. Die geometrische Ausgestaltung der planerischen Festlegung ist im Regelfall für die interaktive Konstruktion am Bildschirm nicht geeignet; der Entwurf sollte auf einer Karte wie bisher ausgearbeitet werden. In einem sehr frühen Stadium kann dieser aber dann in das GIS durch Digitalisieren übernommen werden. Mit einer weitgehenden und geschickten Attributierung der Planelemente kann der Beteiligungsprozeß vorteilhaft unterstützt werden. Vor allem die Möglichkeiten der inhaltlichen und räumlichen Auswahl vereinfachen viele Sachverhalte und lassen sie auch kartographisch (in manchen Fällen sogar überspitzt) verdeutlichen. Alternative kartographische Darstellungen können diese Absicht unterstützen. Das Abstimungsmanagement findet durch den begleitenden GIS-Einsatz eine breite Unterstützung.

4.3 Planungsfestlegungskarten

Mit dem Abschluß des Beteiligungsverfahrens liegt der Planinhalt fest und natürlich als Datenbestand im GIS vor. Es muß sich jetzt "nur noch" der kartographische Ausgestaltungsprozeß anschließen, um die Karte für die Beschlußfassung vorzubereiten. Unabhängig von der Planungsebene sieht dieser Ausgestaltungsprozeß in systemtechnischer Hinsicht immer gleich aus. Denn die Planelemente haben eine geometrische Ausprägung als Punkte (= Standorte), als Linien (= Verkehrswege, Leitungen) oder als Flächen (= Baugebiet, Vorrangfläche, Belastungsgebiet) und eine planerische Festlegung, die in mindestens einem Attribut zu diesem Element in der Datenbank festgehalten wird. Dieses Attribut ist in der Regel eine Schlüsselzahl und wird für die kartographische Ausgestaltung als Zeiger auf ein Darstellungselement benutzt. Wenn eine Darstellungsart geändert werden soll, braucht man daher nur die Zuordnung zu ändern oder eine andere aufzubauen, ohne an den Merkmalsdateien irgend etwas zu ändern. Sie sind frei von jedem Zeichenschlüssel.

4.3.1 Bauleitpläne

4.3.1.1 Bebauungsplan

Die rechnergestützte Erstellung eines Bebauungsplanentwurfes hat u.a. Küpper in einer Diplomarbeit untersucht [Küpper, 1986] und die wesentlichen Arbeitsschritte aufgezeigt. Das Arbeiten mit den GIS-Werkzeugen unterscheidet sich nicht wesentlich von seinem Vorgehen. Soweit bei den Plausibilitätskontrollen Berechnungen erforderlich werden, lassen sich diese mit GIS-Makro-Programmen nachbilden.

Eine wesentliche Voraussetzung, die Küpper bereits nennt und selber nur simulieren konnte, ist das Vorliegen einer digitalen Kartengrundlage für den Bebauungsplan. Wegen der Rechtsnatur des Bebauungsplanes ist es nicht ratsam, die zugrunde liegende Flurkarte des Liegenschaftskatasters in eigener Regie zu digitalisieren, sondern es sollte auf die Automatisierte Liegenschaftskarte (ALK) aufgebaut werden. Solange dies nicht gewährleistet ist, kann man allenfalls methodische Experimente anstellen, um das technische Instrumentarium zu entwickeln.

Eine weitere Voraussetzung ist die Möglichkeit zur Übernahme der Trassierungselemente für die geplanten Straßen und Wege. Am sichersten ist natürlich die Übertragung ohne den analogen Umweg. Da heute in den Ingenieurbüros Straßen und Wege überwiegend mit CAD-Systemen trassiert werden, liegen die Geometriedaten auch in digitaler Form vor.

Wenn diese beiden Voraussetzungen erfüllt sind, kann ernsthaft daran gegangen werden, den Bebauungsplan mit einem GIS zu entwerfen.

4.3.1.2 Flächennutzungsplan

Die Bearbeitung des Flächennutzungsplanes mit GIS-Werkzeugen ist gelöst und wird routinemäßig vom Umlandverband Frankfurt praktiziert [UVF, 1985], so daß sich weitere Ausführungen zu diesem Thema erübrigen. Das oben geschilderte Darstellungskonzept ist beim UVF für die Massenproduktion aufbereitet worden.

4.3.2 Regionalplanung

Landes- und Regionalplanung liegen in der Kompetenz der Bundesländer. Während in der Bauleitplanung Form und Inhalt der Pläne durch Bundesvorschriften einheitlich geregelt sind, so daß die Pläne verglichen werden können, kann das bei den Plänen der Landes- und Regionalplanung nicht gesagt werden. Kistenmacher hat in einer Untersuchung eine weitgehend Vielfalt der Planinhalte festgestellt [Kistenmacher, 1980]. In einer weiteren Untersuchung hat der Verfasser die kartographische Ausgestaltung von Regionalplänen beleuchtet [Junius, 1987] und die ganze Bandbreite von planerischen Festlegungen und die Möglichkeiten zu ihrer kartographischen Wiedergabe aufgezeigt, um die Grundlage für einen systematisierenden Ansatz zu liefern[9]. Im Hinblick auf den GIS-Einsatz ergeben sich zwangsläufig einige konzeptionelle Darstellungsprobleme, die sich möglicherweise einer geschlossenen Lösung nach den bisherigen Vorbildern verschließen.

Soll der gesamte Inhalt des zukünftigen Regionalplanes dargestellt werden, so ergeben sich eine ganze Reihe von zusätzlichen Darstellungsproblemen. Zwar kann man durch eine inhaltliche Entflechtung des Planinhaltes die Anschaulichkeit erhöhen, ohne damit jedoch die grundsätzlichen Fragen zu lösen. Das Problem sei an einem Beispiel erläutert. In Regionalplänen liegen bei entsprechendem Regelungsumfang mehrere logische Schichten übereinander, ohne sich vollständig zu überdecken[10]. Die Schichten können sich zusammensetzen aus:

- der topographischen Kartengrundlage,
- der tatsächlichen oder geplanten Flächennutzung,
- den Schwerpunkträumen (für Ökologie, Erholung, Industrie)
- den Vorranggebieten (für Ökologie, Erholung, Energiewirtschaft etc.)
- den Bereichen für besondere Funktionen (Wasserversorgung, Abwasserbeseitigung, Rohstoffgewinnung etc.)
- den Räumen mit Leitfunktion.

Dazu kommen noch eine ganze Reihe von punkt- und linienhaften Planelementen. Ansätze für die Lösung dieser Darstellungsfragen sind im Arbeitskreis Planungskartographie der ARL diskutiert worden und finden sich in [ARL, 1991][11].

Sind die Planelemente in einem GIS gespeichert, kann dieser Datenbestand als Plan im eigentliche Sinne angesehen werden, die kartographische Wiedergabe hingegen nur als Visualisierung des Planinhaltes. Dies berücksichtigend wird ein dreistufiges Konzept vorgeschlagen, das den Gebrauch des Planes erleichtert und die bisherigen Nachteile ausräumt. Die kartographische Wiedergabe eines im GIS gespeicherten Regionalplanes erfolgt

* als generalisierte Übersicht,
* in sachlichen Teilabschnitten oder
* in räumlichen Teilabschnitten.

Die Begriffe sind nicht neu, stehen aber im Zusammenhang mit der Verwendung eines GIS in einer anderen Sichtweise. Bisher galt für die praktische Arbeit mit einem Regionalplan u.a. die pragmatischen Gesichtspunkte, daß das Plangebiet und der Inhalt des Planes auf einem Kartenblatt in handhabbarer Größe untergebracht sein sollte (= Kartenmaßstab, kartograpische

---

[9] Junius, H.: Analyse und Systematisierung von Planinhalten. in: [ARL, 1991]

[10] Der Landesentwicksplan Umwelt des Saarlandes, der zugleich ein Regionalplan ist, verdeutlicht dies in besonderer Weise.

[11] Junius, H.: "Analyse und Systematisierung von Planinhalten", Tainz, P.: "Wahrnehmung von Flächenzeichen in Planungskarten". Weitere Beispiele bei Moll, P.: "Funktionen der Karten - Grundlagen-, Beteiligungs- und Festlegungskarten" und Weick, Th.: Der Regionale Raumordnungsplan Westpfalz: Erfahrungen mit der digitalen Erstellung der Karte". Alle Beiträge sind in [ARL, 1991] enthalten.

Darstellung). Arbeitstechnische Gesichtspunkte und die Begrenzung der Kosten stützen dieses Vorgehen. Dennoch kann man für das praktische Arbeiten mit dem Regionalplan grundsätzliche Unterschiede annehmen, auf die das obige Konzept angepaßt sind.

Generalisierte Übersicht

Bei Fragestellungen, die das gesamte Plangebiet betreffen, wird man sicher nicht alle Planelemente für die jeweilige Fragestellungen benötigen, so daß die Wiedergabe des Planes auf die wesentlichen Aussagen beschränkt werden kann. Außerdem scheint eine generalsierte Wiedergabe möglich. Unter Generalisierung wird nicht nur das Weglassen von Details verstanden, die den Gesamtüberblick stören, weil sie dafür nicht unbedingt erforderlich sind, sondern auch verallgemeinernd im Sinne einer Klassenbildung, wie sie in [Junius, 1987] vorgeschlagen wurde.

Sachliche Teilabschnitte

Auch bei Übersichten, die sich einer bestimmten Fragestellung widmen, kann die Detailinformation von Bedeutung sein, um beispielsweise die Teilräume des gesamten Plangebietes zu vergleichen. Dennoch wird für diese Aufgabe nicht immer der gesamte Planinhalt benötigt und würde die angestrebte Auswertung sogar erschweren. Eine - sogar ad hoc mögliche - Anpassung des Planinhaltes an eine spezielle Problemdiskussion wird als Ausgabe in sachlichen Teilabschnitten verstanden.

Räumliche Teilabschnitte

Genau die umgekehrte Zielrichtung ist bei der Beschränkung auf räumliche Teilabschnitte gegeben. Die Plandarstellungen interessieren nur in einem bestimmten räumlichen Zusammenhang, z. B. einer Gemeinde, aber in ihrer gesamten inhaltlichen Tiefe, d.h. alle Planelemente werden in größerem Maßstab wiedergegeben. Die möglichen Darstellungsschwierigkeiten, von den oben gesprochen wurde, gehen mit der größeren zur Verfügung stehenden Fläche zurück, so daß sich auf komplizierte Zusammenhänge deutlich erkennen lassen.

4.4 Planrealisierung

Wenn mit der Fertigstellung des legalen Planes und der Beschlußfassung über ihn die Arbeiten abgeschlossen wären, ergäbe der Hinweis von Weick keinen Sinn, daß die Karte zum Regionalen Raumordnungsplan Westpfalz im wesentlichen nur deswegen digitalisiert worden sei, um die Daten des Planes anschließend in ein eigenes kleines GIS zu übernehmen[12]. Offensichtlich sind es die kleinen Arbeiten des beruflichen Planer-Alltags, die dadurch erleichtert werden. Als Aufgabetypen können in Frage kommen:

a) Fortführung des Datenbestandes,
b) Prüfung von anderen Planungen und Maßnahmen.

Fortführung

Prinzipiell lassen sich die notwendigen Änderungen am Plan als solche bezeichnen, die von außen, und andere, die aus dem eigenen Hause kommen. Eine ausgeführte Straßenplanung mit einer nunmehr festliegenden Trasse kann als typischer von außen kommender Fortführungsfall betrachtet werden. Da die Straßenbauverwaltungen seit vielen Jahren ihre Trassen nur noch rechnergestützt ableiten, stehen für die Fortführung des Planes im GIS prinzipiell digitale Daten zur Verfügung.

Die Fortführung aufgrund planerischer Entscheidungen im eigenen Hause sind insofern unproblematisch, da zu übersehen ist, welche Datenschichten davon betroffen sind.

Prüfung von Planungen und Maßnahmen

Das Arbeiten mit einem GIS bringt naturgemäß eine geänderte Arbeitsweise mit sich. Voraussetzung für die Prüfung von Planungen und Maßnahmen ist, daß diese ebenfalls in digitaler Form vorliegen und als eigene thematische Schichten in das System eingebracht werden können.

Die Prüfung kann sich natürlich immer nur auf die räumlichen Ausprägungen beziehen. D.h. es wird festgestellt, welche Planelemente von ihr betroffen sind (= räumliche Überdeckung) und deren Ausmaß in Flächeneinheiten.

Der Prüfungsvorgang beginnt mit der graphischen Überlagerung mit den thematischen Schichten des Planes, die von der Planung/Maßnahme berührt werden. In einem zweiten Schritt kann diese Überlagerung auch analytisch durchgeführt werden, um dokumentieren zu können, welche Nutzungsart oder Funktion in welche andere überführt werden sollen, ob Konflikte oder Unverträglichkeiten, und wenn ja in welchem Ausmaß auftreten. Es kommt hinzu, daß auch im Laufe der Prüfung erwägenswerte weitere Aspekte ohne weiteres mit berücksichtigt werden können, indem eine weitere Überlagerung ausgeführt wird. In der Attributsdatei sind die Flächengröße und die Eigenschaften der an der Überlagerung beteiligten Ausgangsflächen eingetragen. Der eigentliche Prüfungsvorgang schließt sich jetzt erst an, indem mit Hilfe geeigneter Abfragen festgestellt wird, ob unzulässige, kritische oder unerwünschte Kombinationen von prägenden Merkmalen auftreten, und wenn ja, in welchem Umfang. Desweiteren können Nutzungsänderungen und deren quantitative Ausprägung

---

[12] Weick, Theophil: Der regionale Raumordnungsplan Westpfalz: Erfahrungen bei der digitalen Erstellung der Karte. in [ARL, 1991]

festgestellt werden. So lassen sich durch die Attribute nach den neuen Nutzungen sortieren und Listen drucken, die über die Nutzungsgenese Auskunft geben.

In gleicher Weise, wie die vorgelegten Planungen/Maßnahmen geprüft werden, können auch Planungssimulationen in ihren Auswirkungen abgeschätzt werden. Das bezieht sich auch auf deren Fernwirkungen, wenn solche gegeben sind. Das angemessene Modellierungsinstrument hierfür sind die sog. Pufferflächen um die verursachende Fläche. Ihnen kann das Maß der Beeinflussung als Attribut zugeschrieben werden. Die Auswirkungen werden wieder durch Überlagerung ermittelt.

5. Zusammenfassung

Zusammenfassend läßt sich für die Anwendung der GIS-Technologie in der räumlichen Planung feststellen daß sie auf nahezu allen Planungsebenen sinnvoll eingesetzt werden kann. Allerdings sind die Lösungsansätze bisher isoliert und auf einzelne Problemfelder beschränkt, wie die aufgeführten Beispiele zeigen. Es gibt eine gewisse Tradition im Bereich der kommunalen Planung, die aber auf eine geringe Zahl von Anwendern beschränkt ist. Die moderne GIS-Technologie verspricht eine weitere Verbreitung, zumal die Einstiegsschwelle nicht mehr so hoch ist wie noch vor wenigen Jahren. Die in der unmittelbaren Zukunft zu lösenden Aufgaben (oder Probleme) beziehen sich in erster Linie auf die Schaffung flächendeckender, problemorientierter Datenbestände und die Erarbeitung von anwendungsspezifischen methodischen Lösungskonzepten. Ein besonders wichtiger Beitrag ist in der Aus- und Weiterbildung zu sehen, weil die potentiellen Benutzer solcher Lösungen die notwendigen Kenntnisse und Fähigkeiten besitzen müssen, um mit den Systemen sinnvolle Arbeiten ausführen zu können.

6. Literatur

AKD: Liegenschaftskataster als Bestandteil eines kommunalen Informationssystems. Arbeitsgemeinschaft Kommunale Datenverarbeitung (AKD), Essen, o. J., etwa 1970

ARL: Aufgabe und Gestaltung von Planungskarten. Akademie für Raumforschung und Landesplanung. Forschungs- und Sitzungsbericht. (In Vorbereitung). Hannover, 1991

Bechmann, Arnim:
Die Nutzwertanalyse. in: Handbuch der Umweltverträglichkeitsprüfung, Ziff. 3555, 1989

Beckröge, W., Junius, H.:
Klimatologische Begutachtung bestimmter stadtplanerischer Untersuchungsbereiche im Dortmunder Südwesten unter Einsatz eines Geo-Informationssystems. in: Vermessungswesen und Raumordnung, 1991, H. 3/4

Blum, Helmut et al.:
Kommunales Planungsinformations- und Analyse-System für München KOMPAS. Arbeitsberichte zur Fortschreibung des Stadtentwicklungsplans - Nr. 2, München o.J.

Bruns, Gerald:
Interaktive graphische Datenverarbeitung in der Regionalplanung - Praxisorientierte Anwendung eines graphischen Informationssystems zur Untersuchung von potentiellen Erholungszwecken auf regionaler Ebene. (Nichtveröffentlichte Diplomarbeit), Universität Dortmund, Fachbereich Raumplanung, 1988

Dodt, Jürgen:
Die Verwendung von Karten und Luftbildern bei der Ermittlung von Altlasten. Ein Leitfaden für die praktische Arbeit. Min. für Umwelt, Raumordnung und Landwirtschaft NRW (Hrg.). Düsseldorf, 1987

Emery, Henry, A.:
AM/FM-GIS Is there a difference? In: AM/FM European Conference V - Proceedings. Hrg.: AM/FM International - European Division, Basel, 1989

Grotefels, Martin, Thedering, Johannes:
Bewertung von Flächennutzungseignungen mit Hilfe eines interaktiven graphischen Computer-Systems (ARC/INFO) - PROGRIDA: PROzedurensystem zur Bewertung von Flächennutzungseignungen mit Hilfe eines Graphischen Interaktiven DAtenverarbeitungssystems. (Nichtveröffentlichte Diplomarbeit), Universität Dortmund, Fachbereich Raumplanung, 1988

Hannover:
Modellentwicklung eines kommunalen Umweltinformationssystems im Rahmen des ökologischen Forschungsprogramms Hannover. Projektskizze. Hannover, 1989

Junius, H., Groß, M., Posmyk, J., Rudat, J., Vettermann, H.:
Erarbeitung eines kartographischen Modells für die Raumplanung - abgeleitet aus Festlegungskarten der Regionalplanung. Forschungsauftrag Nr. 15/85 der ARL, Hannover, 1987 (a)

Junius, Hartwig:
Landinformationssysteme - eine geeignete Grundlage für die Planung? In: Vermessungswesen und Raumordnung, 1988 (a), Heft 1, S. 1-7

Junius, H., Grotefels, M., Thedering, J.:
PROGRIDA - Rechnergestützte Flächeneignungsbewertung. in: AM/FM - der Weg zur computerunterstützten Organisation von Graphik- und Fachdaten. 1. Regionalkonferenz Siegen/D 1988, S. 69-72. Basel, 1988 (b)

Junius, Hartwig:
Einsatz von Geo-Informationssystemen bei Umweltverträglichkeitsstudien. in: AM/FM - eine wesentliche Komponente zeitgemäßer Informationswirtschaft. 2. Regionalkonferenz Siegen/D 1990, S. 17-19. Basel, 1990

Kistenmacher, H. et al.:
Überprüfung der Notwendigkeit einer Erweiterung und Harmonisierung von Planinhalten. Akademie für Raumforschung und Landesplanung, Beiträge Nr. 41. Hannover, 1980.

KGSt.:
Automation im Bauwesen: Rahmenmodell. Kommunale Gemeinschaftsstelle für Verwaltungsvereinfachung. Köln, 1970

Kötter, L., Niklauß, M., Toenner, A.:
Erfassung möglicher Bodenverunreinigungen auf Altstandorten. Kommunalverband Ruhrgebiet (Hrg.), Essen, 1989

KOMPAS:
10 Jahre KOMPAS. Entwicklung und Leistungsstand des Kommunalen Planungsinformations- und Analysesystems für München. Arbeitsberichte zur Stadtentwicklungsplanung Nr. 15, München, o.J.

Kraemer, Kenneth, King, John Leslie:
Nachruf auf USAC. Übersetzung aus dem Englischen als Sonderdruck der KGSt, Köln, 1978

Küpper, St.:
Rechnergestütztes Arbeiten beim Aufstellen eines Bebauungsplan-Entwurfes und deren Auswirkungen auf das Verfahren. Unveröff. Dipl.-Arbeit. Dortmund, 1986

Langer, H., Hoppenstedt, A., Froese-Genz, R.:
Entwicklung einer vergleichbaren Methodik zur ökologischen Beurteilung von Bundesfernstraßen auf allen Planungsebenen. Forschungsbericht FE-Nr. 98066/85 im Auftrages des Bundesministers für Verkehr. Hannover, 1988

Lehmann-Grube, Hinrich:
Kommunale Planung. Projektbericht Nr. K I - 2. Der Anwender und seine Anforderungen an das Informationssystem. Stadt Köln, 1969

Moll, Peter:
Funktionen der Karten. Grundlagen-, Beteiligungs- und Festlegungskarten. in: [ARL, 1991]

Rautenstrauch, Lorenz:
Electronic Data Processing in Planning at the Umlandverband Frankfurt. in: Ekistics: The problems and science of human settlements. Vol. 56, 1989

Reiners. Herbert:
Raumordnungskataster - Gegenwärtige Situation und zukünftige Entwicklungen. in: [ARL, 1991]

Schönwandt, Walter:
Anforderungen an ökologische Informationssysteme aus der Sicht von UVP-Bearbeitern. in: Schwabl u.a. (Hr.) Technerunterstützung für die Umweltverträglichkeitsprüfung - Stand und Perspektiven. Beiträge zur Umweltgestaltung A 126. Berlin: Erich Schmidt, 1991

Schussmann, Klaus:
Forecasting methods and the Munich infrastructure planning system. In: Integrated Forecasting in Strategic Planning Practice. A Selection of Papers from the Fourth International Workshop on Strategic Planning, Liverpool, 1984

Stadt Herne:
Geographisches Umweltinformationssystem. Vorstudie. Herne, 1989

UVF: Informations- und Planungssystem. Umlandverband Frankfurt. Frankfurt, 1985

Weick, Theophil:
Der Regionale Raumordnungsplan Westpfalz. Erfahrungen bei der digitalen Erstellung der Karte. in: [ARL, 1991]

Wieser, Erich:
Systemanalytische Aspekte kommunaler Landinformationssysteme. Deutsche Geodätische Kommission, Reihe C, Nr. 350, München, 1989

Wieser, Erich:
Bedarfsanalyse für ein kommunales Informationssystem. In: Zeitschrift für Vermessungswesen, 1990 (a), Heft 3, S. 112-123

Wieser, Erich:
Informationssysteme - begrifflicher und methodischer Bezugsrahmen. in: Zeitschrift für Vermessungswesen, 1990 (b), Heft 6, S. 233-246

GIS als Arbeitsinstrument in der Landschafts- und Umweltplanung

Prof. Dr. Ulrich Kias
Fachhochschule Weihenstephan, Fachbereich Landespflege
D-8050 Freising

1 Einführung

Die technologische Entwicklung im Bereich der Verarbeitung raumbezogener Daten hat einen Stand erreicht, der auch die Arbeitsweisen und die Praxis von Landschafts- und Umweltplanung berührt. Eine ausführliche Skizzierung der Entwicklung der letzten 20 Jahre aus der Sicht der Landschaftsplanung findet sich z. B. bei KIAS (1987). In fast allen Naturschutzverwaltungen auf Landesebene wird die Biotopkartierung EDV-gestützt ausgewertet und nachgeführt. Eine Vielzahl weiterer Kataster mit landschafts- und umweltrelevanten Raumdaten existiert bereits in den entsprechenden Fachämtern bzw. steht in der Entwicklung. Die Vermessungsämter werden in absehbarer Zeit in der Lage sein, digitale Plangrundlagen zur Verfügung zu stellen. Eine Reihe von Städten arbeitet bereits an digitalen Landschaftsplänen, Baumkatastern und anderen umweltbezogenen digitalen Inventaren. Mit der damit z. T. bereits jetzt verbundenen und in Zukunft vermehrt anzutreffenden Erwartung, die von beauftragten Planungsbüros erarbeiteten Daten und Pläne in digitaler Form übernehmen zu wollen, wird auch für die Planungsbüros als Auftragnehmer der öffentlichen Hand der Einsatz geographischer Informationssysteme aktuell.

Trotz dieser Ausgangslage ist die Haltung der Planungsbüros dem neuen Instrument gegenüber noch immer reserviert und abwartend. Dies zeigt sich auch im Anteil der Landschaftsplaner an den Teilnehmerzahlen der letzten größeren GIS-Kongresse, bei denen diese eine verschwindende Minderheit darstellten.

2 Anforderungen an GIS-Software aus der Sicht der Landschafts- und Umweltplanung

Während noch vor einigen Jahren Eigenentwicklungen von GIS-Software insbesondere an den Hochschulen gang und gäbe waren, hat sich heute die Situation dahingehend verändert, daß der Einsatz eines marktüblichen Softwareproduktes für den Aufbau eines geographischen Informationssystems in aller Regel ökonomischer ist. Allenfalls die ergänzende Weiterentwicklung und Anpassung auf spezifische Bedürfnisse wird dabei sinnvoll sein. Zwar werden bereits eine Vielzahl von GIS-Softwarepaketen am Markt angeboten, jedoch sind die wenigsten speziell im Hinblick auf die Lösung landschaftsplanerischer Fragestellungen konzipiert und ausgestaltet worden. Einige haben ihre Wurzeln vielmehr im Vermessungswesen, andere im CAD-Bereich. Diese Herkunft determiniert logischerweise in starkem Maße die Funktionalität eines Systems, denn die Anforderungen in den genannten Anwendungsfeldern sind jeweils spezifisch und nicht in allen Punkten deckungsgleich mit denen, wie sie aus landschaftsplanerischer Sicht zu stellen sind (vgl. hierzu auch MARBLE et al. 1984, S. 146/147).

Ein universelles GIS, welches alle Fragestellungen abdecken kann, gibt es also nicht und wird es wohl auch kaum geben. Je nach Problemorientierung und Schwerpunkt lassen sich die angebotenen Systeme wie folgt in verschiedene Gruppe einteilen (nach SCHMID 1990):

- Nach Systemfunktionen:
  - Editiersysteme:
    Schwerpunkt auf Dateneingabe und Datenaufbereitung
  - Speichersysteme:
    Schwerpunkt auf Archivierungsfunktionen (z.B. Liegenschaftskarten)
  - Analysesysteme:
    Schwerpunkt auf Manipulations- und Analysepotential

- Nach der Datenstruktur:
  - Rastersysteme:
    Raumdefinition mittels Rastereinheiten
  - Vektorsysteme:
    Raumdefinition mittels koordinatenmäßiger Beschreibung von Punkten Linien und Flächen

- Nach dem thematischen Gehalt:
  - Leitungskataster
  - Umweltüberwachungssystem
  - Biotopinventar
  - etc.

- Nach organisatorischen Gesichtspunkten:
  - geschlossene Systeme (Turnkey-Systeme)
  - offene Systeme (projektorientiert)

2.1 Anforderungen aus genereller Sicht

Während die Stärke der aus dem Vermessungswesen stammenden Programmpakete eher auf dem Aspekt der Editierung und Archivierung liegen, insbesondere auch in der Sicherung der Datenkonsistenz und Datenintegrität, ist der Schwerpunkt der Anforderungen an ein geographisches Informationssystem für die Landschaftsplanung im analytischen Bereich anzusiedeln. Jedoch ist auch bezogen auf die Landschaftsplanung eine weitere Differenzierung sinnvoll:

- GIS in einer Behörde
- GIS am Arbeitsplatz im Landschaftsplanungsbüro

Die beiden Einsatzbereiche sind charakterisiert durch Unterschiede in ihrer Aufgabenstruktur, ihren Ansprüchen an die Funktionalität eines GIS sowie des zu bewältigenden Datenvolumens. Zum einen ist die Differenzierung begründet in der relativen Homogenität der Aufgabenstruktur einer Behörde, während ein Planungsbüro projektbezogen jeweils mit unterschiedlichen Schwerpunkten in unterschiedlichen Maßstabsebenen tätig wird. Die Behörde erwartet daher vom GIS eine größere Effizienz bei der Pflege der in ihren Aufgabenbereich fallenden Raumdaten sowie Rationalisierungseffekte bei immer wieder gleichartigen Auswertungen. Der freischaffende Planer dagegen ist speziell daran interessiert, ihm übergebene oder von ihm erfaßte Datenbestände projektbezogen analysieren zu können, er setzt also in ganz besonderem Maße auf die Flexibilität der analytischen Fähigkeiten eines GIS.

Vom Grundatz her herrscht heute bei aller Unterschiedlichkeit im Detail und bei der technischen Realisierung doch Einigkeit über die inhaltlichen Anforderungen, die an ein planungsbezogenes GIS-Softwarepaket zu stellen sind, auch wenn manche der existierenden Systeme nicht alle Komponenten implementiert haben, die als generelle Anforderungen formuliert sind. Sie können wie folgt zusammengefaßt werden:

- Unterstützung der Datenerfassung: Programmkomponenten zur benutzerfreundlichen Digitalisierung und Editierung von Flächen, Linien und Punkten sowie Eingabe zugeordneter thematischer Informationen;
- Übernahme der formalisierbaren Teile der Datenprüfung: hierunter sind Plausibilitätsprüfungen ebenso zu verstehen wie Programmkomponenten zur interaktiven Kontrolle und Korrektur der gespeicherten Daten;
- Transformationsaktionen zwischen vektoriell aufgenommenen und rasterbezogenen Daten;
- Blattschnittfreie und maßstabsunabhängige Speicherung der Daten sowie Transformation in ein anderes Koordinatensystem;
- Bereitstellung von Schnittstellen zur Übernahme von Daten aus anderen Informationssystemen;

- Auswertung der Datenbestände, wie:
  . Verschneidung verschiedener thematischer Karten;
  . Auswahl bestimmter Informationen nach vorgegebenen Kriterien (z.B. Variablenwerten, Flächengrößen usw.);
  . Aggregation nach Werten der Variablen (z.B. Zusammenfassung von Flächen);
  . Verknüpfung von Informationen nach logischen "und/ oder" - Bedingungen;
  . Nachbarschafts- und Distanzanalysen;
  . Erstellung von Flächenbilanzen;
  . u.a.;
- Komponenten zur (karto)graphischen Präsentation von End- und Zwischenergebnissen.

BIERHALS (1978, S. 3) hat in seinen Anmerkungen zum ökologischen Datenbedarf für die Landschaftsplanung im Hinblick auf die Konzeption einer Landschaftsdatenbank drei zentrale Fragen herausgeschält, die von der Landschaftsplanung beantwortet werden müssen und bei deren Bearbeitung vom Computer mittels eines geographischen Informationssystems Unterstützung erwartet werden soll:

1. Was ist wertvoll, schutzwürdig, erhaltenswürdig; was ist als Schutzobjekt oder natürliche Ressource zu sichern ?
2. Was würde geschehen, wenn ... (ökologische Wirkungsanalyse) ?
3. Welche Lösungsmöglichkeiten gibt es zur Sicherung wertvoller, schutzwürdiger Landschaft und zur Vermeidung bzw. Reduzierung von Belastungen oder Konflikten ?

Dies hat, wenn auch vor mehr als 10 Jahren formuliert, nach wie vor uneingeschränkte Gültigkeit.

2.2 Spezielle Aspekte

Ausgehend von den vorstehend dargestellten generellen Überlegungen sollen im folgenden einige wichtige Aspekte hinsichtlich Konzeption und Einsatz geographischer Informationssysteme näher beleuchtet werden. Dabei soll nicht auf Einzelheiten bezüglich Anforderungen der technischen Realisierung eines GIS eingegangen werden, wie Speicherstrukturen für geometrische und Attributdaten, Topologie etc., sondern funktionale Aspekte diskutiert werden, die sich von der Seite der Anwendung stellen. Selbstverständlich ist dabei klar, daß Anforderungen an die Funktionalität entsprechende Konsequenzen hinsichtlich der technischen Realisierung und Ausgestaltung eines GIS nach sich ziehen.

Ein wesentlicher Gesichtspunkt im Hinblick auf eine breite Anwendung von geographischen Informationssystemen in der Planungspraxis liegt darin, daß ein solches System der Struktur der Arbeit im Planungsbüro angemessen sein muß. Konkret heißt dies, daß es gemäß den Aufgaben des praktisch tätigen Planers ein Allroundwerkzeug sein muß, das er imstande ist allein zu bedienen.

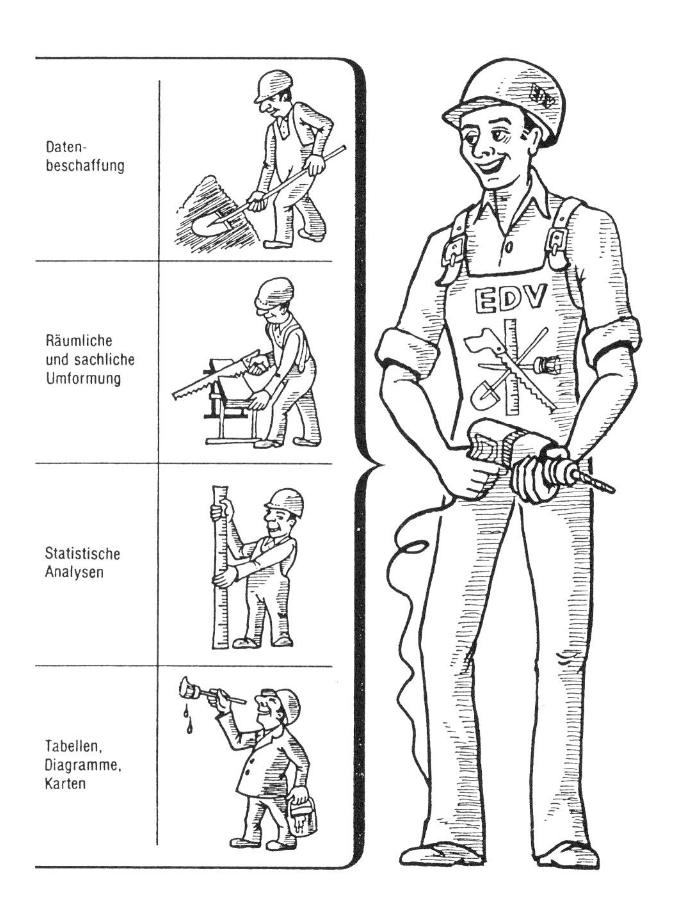

Abb. 1: Das Konzept des "long thin man" (aus: RASE 1984, S. 313)

RASE (1984) hat versucht, diesen Grundsatz durch Adaption eines Konzeptes aus der amerikanischen Elektronikindustrie, speziell für den Entwurf von hochintegrierten Digitalschaltungen, zu illustrieren, nämlich das Konzept des "long thin man". RASE (1984, S. 312) führt aus:

"Früher arbeiteten mehrere Spezialisten mit unterschiedlicher Ausbildung und langer Berufserfahrung, die kleinen dicken Menschen also, in zeitlich aufeinanderfolgenden Phasen an einem neuen Schaltkreis. Die Forderung des Marktes nach schnellerer Innovation hat dazu geführt, daß man die

Störungen in der Kommunikation und im zeitlichen Ablauf ausschalten mußte, die den Entwicklungsprozeß verzögerten. Deshalb ist an die Stelle der vielen Spezialisten ein Generalist getreten, der alle Arbeiten selbst ausführt. Fehlende Spezialkenntnisse werden durch intensive Computerunterstützung ausgeglichen. Die kleinen dicken Menschen mit ihren Eierköpfen sind nach wie vor notwendig, aber anstatt die Arbeit nun selbst durchzuführen, arbeiten sie an der Entwicklung der Computerprogramme zur Unterstützung des Generalisten mit."

Dieses Konzept läßt sich auch auf den Arbeitsprozeß übertragen, wie er bei der Analyse von räumlichen Vorgängen im Rahmen des Landschaftsplanungsprozesses abläuft, wie Abb. 1 zu illustrieren versucht.

Das Instrument EDV, sprich geographisches Informationssystem, sollte dabei den gesamten Planungsprozeß von der Datenerhebung bis zur Auswertung und Ergebnisdarstellung vom Konzept her in homogener Weise unterstützen, und zwar in einer Form, die für den "Generalisten" Landschaftsplaner erlern- und beherrschbar ist, ohne daß er sich gleich zum EDV-Spezialisten ausbilden lassen muß. Es bleibt anzumerken, daß die Vorstellungen der sporadischen und der routinierten Benutzer hinsichtlich des Begriffes "Bedienungsfreundlichkeit" alles andere als identisch sind, eine gute Software aber beiden Ansprüchen gerecht werden sollte.

Solchen Erwartungen, die sich aus der praktischen Situation der meisten Planungsbüros ableitet, steht die Tatsache gegenüber, daß für den langfristigen und effizienten Betrieb eines GIS mindestens vier wichtige Funktionen personell besetzt sein müssen: es muß einen GIS-Analytiker geben, weiterhin einen Datenbankverwalter, eine Betriebssystembetreuer und schließlich einen GIS-Anwendungsprogrammierer. Der Landschaftsplaner in einem kleinen Büro mit dem Werkzeug GIS in der Hand müßte also die vier genannten Funktionen neben seinem fachlichen Kontext in seiner Person integrieren. Dabei hat er in der Regel nicht nebenbei Geo-Informatik studiert. Das Konzept des "long thin man", übertragen auf die Landschaftsplanung scheitert bis heute also nicht nur daran, daß die mangelnde Benutzerfreundlichkeit käuflicher Systeme dem entgegenstand, sondern auch und gerade an der Ausbildungswirklichkeit der landschaftplanerischen Hochschulausbildung. Ansätze zu einer Verbesserung zeichnen sich jedoch ab (vgl. DURWEN & KIAS 1989).

Zentraler Aspekt zum Beginn des Einsatzes eines geographischen Informationssystems ist die Frage der Datenbeschaffung. Als Datenquellen kommen in Betracht:

- vorhandene (analoge) Karten;
- Kartierungen im Gelände (Eigenerhebungen);
- Fernerkundungsdaten in analoger Form als Luftbilder oder in digitaler Form als Satellitenbilddaten;
- Übernahme von bereits in digitaler Form vorliegenden räumlichen Daten aus Fremdsystemen.

Zwei grundsätzlich unterschiedliche Verfahren zur Überführung analog vorliegender Karteninformation in digitale Form stehen zur Verfügung:

- Manuelle Digitalisierung:
  . Eingabe von Geometrien am Digitalisiertablett;
  . Eingabe von Geometrien am graphisch interaktiven Bildschirm;
  . Eingabe von Koordinaten über die alphanumerische Tastatur;
- Automatische Digitalisierung:
  . Scannen analoger Karteninformation;
  . Übernahme und Aufbereitung von Scannerdaten aus Satellitenflügen.

Hinsichtlich des Stellenwertes dieser Methoden zueinander war jahrelang die Vorstellung verbreitet, daß die manuellen Methoden lediglich für eine Übergangszeit aktuell seien, jedoch über kurz oder lang von automatischen Methoden abgelöst und dann höchstens noch für einzelne Ergänzungs- sowie Korrekturarbeiten benutzt werden. Diese Vorstellung ist jedoch nur zum Teil realistisch und bedarf einer Richtigstellung.

MARBLE et al. (1984, S. 146) führen aus, daß der Nutzeffekt automatischer Digitalisierungsmethoden nicht überschätzt werden darf. Diese sind nur bei Vorliegen sehr großer Datenvolumina als ökonomisch sinnvollere Alternative zum manuellen Digitalisieren anzusehen. Voraussetzung ist die Vorbereitung der Scannerunterlagen gemäß genau definierten und strikt einzuhaltenden Spezifikationen, um die zeitaufwendige manuelle Nachbearbeitung ("postprocessing") minimal zu halten.

Bei PEUQUET & BOYLE (1984) findet sich eine Zusammenstellung möglicher Probleme bei der Digitalisierung mittels Scannermethoden, die in dem Hinweis gipfelt: "In many cases it must be realized that it may be preferable to use manual input methods rather than scanning. ... Careful tests must be carried out prior to the decision to scan map documents" (PEUQUET & BOYLE 1984, S. 3-42). Zu ähnlichen Schlüssen kommt man auch aufgrund der Erfahrungen des Schweizer Bundesamtes für Landestopographie bei der Digitalisierung der Höhenlinien des Landeskartenwerkes 1 : 25'000. Zwar gibt es bei den dort anfallenden Datenmengen keine vernünftige Alternative zur Scannerdigitalisierung. Aufgrund der nicht im Hinblick auf eine solche Aufnahme kartographierten Höheninformation ist jedoch der Aufwand für die anschließende Fehlerkorrektur und Bereinigung namentlich im Berggebiet unglaublich groß.

Umso wichtiger ist die Qualität und Flexibilität der Digitalisiermodule geographischer Informationssysteme. Diesbezüglich stellen MARBLE et al. (1984, S. 147) fest, daß viele Digitalisierprogramme der spezifischen Charakteristik und Problematik kartographischer Information nicht genügend gerecht werden, da ihre Konzeption häufig aus dem CAD-Umfeld stammt mit dem damit verbundenen Schwergewicht auf der Bearbeitung technischer Zeichnungen. Auch wenn diese Aussage aus der Situation von einigen Jahren resultiert, ist sie in der tendenz noch heute gültig.

Ein weiterer wichtiger Komplex bei der Konzeption und Ausgestaltung eines geographischen Informationssystems betrifft dessen analytische Fähigkeiten. Es genügt für landschaftsplanerische Fragestellungen nicht, wenn der Computer lediglich der digitalen Kartographie dient, das geographische Informationssystem sich also auf die Komponenten "Dateneingabe - Datenspeicherung - Datenausgabe" beschränkt. Es wurde bereits angedeutet, daß insbesondere Systeme, die ihre Wurzeln im Vermessungswesen oder im CAD-Bereich haben, hinsichtlich der analytischen Komponenten häufig nur rudimentär entwickelt sind. Dies gilt gleichermaßen auch für viele PC- Systeme, deren hardware- und systemsoftwarebedingte Grenzen bislang limitierend wirkten.

Wenn von analytischen Komponenten gesprochen wird, ist damit insbesondere die Möglichkeit zur nicht nur graphischen Überlagerung, sondern auch topologischen Verschneidung mehrerer Kartenebenen gemeint. Dabei werden die ursprünglichen Geometrien zu einer sogenannten KGG (= kleinste gemeinsame Geometrie) verschnitten und gleichzeitig die thematischen Attribute der ursprünglichen Geometrien der neuentstandenen KGG zugeordnet. Aus monovariaten Datensätzen mit unterschiedlichem räumlichen Bezug entsteht so ein multivariater Datensatz mit einheitlichem Raumbezug. Ergänzt wird ein solches Verschneidungsmodul durch Routinen zur Fehler- und Unschärfenbereinigung wie etwa das automatische Eliminieren von Artefakten (Mikropolygonen), die thematisch keinen Sinn geben, da sie auf Digitalisierungenauigkeiten resp. Unschärfen bei der zugrundeliegenden Analoginformation zurückzuführen sind. Eine solche Bereinigung muß sowohl über die Flächengröße als auch über eine thematische Spezifizierung steuerbar sein.

Allein schon solche Verschneidungsmöglichkeiten liefern die Basis für einfache Modellrechnungen und Bewertungen, sofern das System in der Lage ist, die verschiedenen thematischen Informationen der KGG miteinander in Beziehung zu setzen und daraus abgeleitete Informationen zu generieren. Ergänzt durch ein zugeschaltetes Statistikmodul eröffnet sich die ganze Palette deskriptiver und analytischer Statistik.

Damit sind jedoch die Forderungen an die analytischen Fähigkeiten eines geographischen Informationssystems noch nicht abgeschlossen. Gerade im Zusammenhang mit landschaftsplanerischen Fragestellungen spielt die Kenntnis und automatische Auswertung von Nachbarschaftsbeziehungen eine wichtige Rolle. Dies können Fragen sein vom Typ: "Wie ist die Nutzungsstruktur in einem bestimmten Umkreis von schutzwürdigen Biotopen?" oder auch: "Welche Nutzungen grenzen unmittelbar an eine Fläche bestimmten Typs und wie lang sind diese Grenzen?". Die Möglichkeit zur Beantwortung solcher Fragestellungen setzt voraus, daß das verwendete System die topologischen Strukturen, also die Beziehung der jeweiligen Geometrie- und Attributdaten zueinander kennt und auswerten kann.

3. Beispiele

Anhand einiger Beispiele sollen im folgenden aus der praktischen Arbeit heraus Einblicke in die landschaftsplanerische Arbeit und deren Unterstützung mit dem Werkzeug GIS gegeben werden. Diese können naturgemäß nicht das ganze Spektrum möglicher Anwendungen abdecken und sind in diesem Sinne beliebig ergänzbar.

3.1 GIS-gestützte iterative Verbesserung der Datenlage am Beispiel "Übersichtskarte der landwirtschaftlichen Bodennutzungseignung"

Im Rahmen des Projektes "ökologische Planung - Fallstudie Bündner Rheintal" (siehe hierzu u.a. KIAS et al. 1987 sowie GFELLER & KIAS 1989) ging es u.a. um die Frage der Beurteilung der Konflikte zwischen Naturschutz und Landwirtschaft aus regionalplanerischer Sicht. Basis für eine solche Beurteilung ist neben der Inventarisierung des biotischen Potentials die Erfassung der Standortverhältnisse in einem dem gewünschten Aussageniveau angemessenen Maßstab. Idealerweise wäre dies im vorliegenden Fall eine Bodenkarte im Maßstab 1 : 25000. Ein solches Kartenwerk existiert in der Schweiz jedoch noch nicht bzw. bisher nur in Einzelblättern.

Lediglich eine gesamtschweizerische Karte im Maßstab 1 : 200000 (Bodeneignungskarte der Schweiz) liegt vor. Diese ist für Betrachtungen im regionalplanerischen Maßstab von der Abgrenzung her zu grob, um flächenscharf verwendet werden zu können. Dagegen ist die inhaltliche Differenzierung der einzelnen Kartiereinheiten für planerische Aussagen durchaus brauchbar und ausreichend. Die Möglichkeit der Erarbeitung einer eigenen Bodenkartierung im Rahmen des Projektes schied aus zeitlichen wie aus finanziellen Gründen aus. Außerdem war es erklärtes Ziel der Fallstudie, nicht im Sinne eines Ökosystemforschungsprojektes möglichst umfassende Grundlagen zu erarbeiten, sondern sich an der Normalsituation einer Regionalplanung zu orientieren und das heißt, das bestehende Material so gut wie möglich aufzubereiten. Es ging also darum, einen Weg zu finden, um mit möglichst geringem Aufwand die Grenzziehung zu verfeinern und abzusichern (vgl. hierzu GFELLER 1988).

Abb. 2 skizziert das erarbeitete Vorgehen. Zunächst wurde der Ausschnitt aus der Bodeneignungskarte der Schweiz digitalisiert, allerdings nicht von der publizierten Version, sondern von den Feldkarte im Maßstab 1 : 50000. Parallel dazu wurde auch eine vom Kanton Graubünden erstellte Karte der Fruchtfolgeflächen und geeigneten Landwirtschaftsflächen im Maßstab 1 : 25000 digital erfaßt. Deren inhaltliche Differenzierung umfaßte zwar nur 3 Kategorien, dafür war die maßstabsbedingte räumliche Auflösung dem regionalplanerischen Arbeitsmaßstab entsprechend gut, d.h. die landwirtschaftlich genutzten Flächen waren hinreichend genau erfaßt.

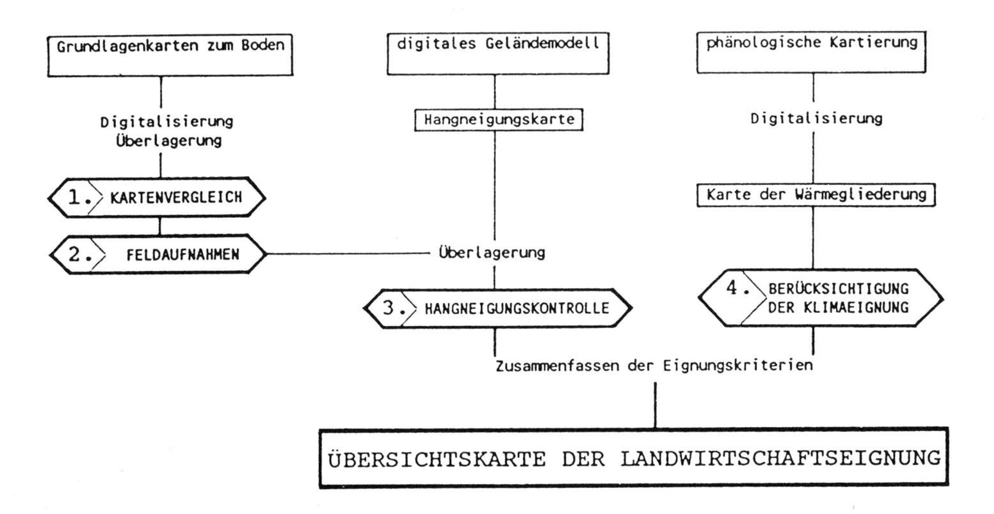

Abb. 2: Vorgehen zur Erstellung der Übersichtskarte der Landwirtschaftseignung (nach GFELLER 1988, S. 43)

Die Verschneidung der beiden Karten deckte Diskrepanzen auf, beispielsweise Bereiche, die als Fruchtfolgeflächen ausgewiesen sind, deren Bodeneignung aber gemäß der Bodeneignungskarte 1 : 200000 nicht entsprechend eingestuft ist. Auf diese Weise konnte die Feldarbeit zur Verbesserung der räumlichen Aussageschärfe der Datenbasis gezielt vorbereitet und auf ein Mindestmaß beschränkt werden.

Eine weitere Kontrolle und Verbesserung ließ sich durch Verschneidung mit der Hangneigung (abgeleitet aus einem digitalen Geländemodell) erreichen, bei der erwartungsgemäß ebenfalls Diskrepanzen auftraten, die vor allem den Generalisierungsgrad der 200000er Karte aufdeckten. Schließlich wurden in einem weiteren Verschneidungsschritt die Ergebnisse einer auf Bioindikation beruhenden Kartierung der Wärmegliederung einbezogen (KIAS & GFELLER 1086).

Als Ergebnis dieses teils automatischen, teils mit herkömmlichen manuellen Arbeitsmethoden ergänzten Analyseprozesses steht nun eine Übersichtskarte der Landwirtschaftseignung bereit, die in Maßstäben um 1 : 25000 brauchbar ist. Diese kann zwar eine großmaßstäbige Bodenkartierung nicht ersetzen, aber solange eine solche nicht vorliegt, ermöglicht sie doch mindestens einigermaßen abgesicherte Aussagen für planerische Zwecke.

3.2 Analyse und Bewertung des kulturlandschaftlichen Nutzungsmusters für Zwecke des Biotopschutzes

Auch das folgende Beispiel soll die Bedeutung belegen, die der Landschaftsplaner dem Werkzeug GIS hinsichtlich des analytischen Potentials beimessen muß. Biotopkartierungen beschränken sich aufgrund beschränkter personeller und finanzieller Ressourcen meist darauf, das Spitzenpotential zu erfassen. Je nach Gebiet werden so 10, 15 vielleicht auch mal 20 % der Gesamtfläche einer Inventarisierung zugeführt, während die restlichen 80 - 90 % durch das Erfassungsraster fallen, indem sie aus Biotopschutzsicht als weniger bis nicht relevant angesehen werden. Über diesen Raum hat man dann allenfalls Kenntnisse im Sinne einer Landnutzungskartierung. Versteht man den Begriff Biotop in seiner eigentlichen, umfassenden Bedeutung und nicht eingeschränkt auf die ihm alltagssprachlich unterstellte, so ist der Betrachtungsgegenstand des Biotopschutzes nicht nur das einzelne, als besonders schutzwürdig erachtete Biotop, sondern das kulturlandschaftliche Nutzungsmuster insgesamt, welches erst in der Zusammenschau und in seinen Wechselwirkungen die biotische Qualität eines Landschaftsausschnittes ausmacht.

Die GIS-unterstützte kombinierende Bewertung zweier räumlicher Datensätze (Biotopinventar und Landnutzungskartierung) im Hinblick auf das gleiche Ziel liegt also als arbeitsökonomisch effiziente Lösung auf der Hand. Voraussetzung dafür ist ein auf beide Datensätze anwendbarer einheitlicher Bewertungsrahmen, wie er etwa in Abb. 3 in Form einer 6-stufigen ordinalen Skala wiedergegeben ist. Bei der Definition einer Strategie zur Verschmelzung beider Datensätze zu einer gemeinsamen Datenbasis muß es darum gehen, die jeweiligen inhaltlichen und räumlichen Eigenheiten adäquat zu berücksichtigen. Dazu gehört auch eine Prüfung der Konsistenz der kombinierten Datensätze, ohne die eine Wertaggregation keinen Sinn macht.

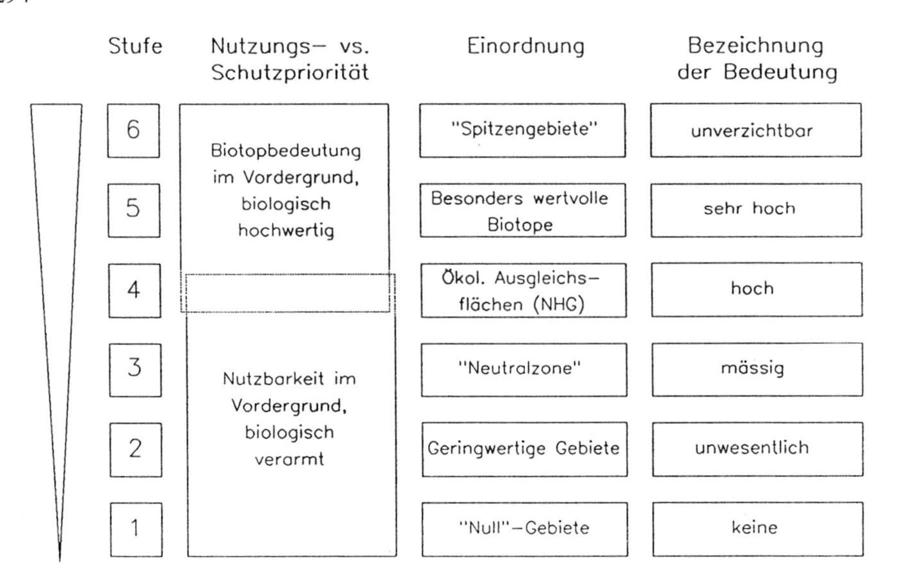

Abb. 3: Bewertungsrahmen zur Beurteilung des biotischen Regulationspotentials

Abb. 4 verdeutlicht schematisch das gewählte Vorgehen, die Ergebnisse sind aus Abb. 5 ersichtlich. Sie können mittels GIS hinsichtlich verschiedener Bilanzräume ausgewertet und als Flächenbilanzen dargestellt und interpretiert werden (ausführlicher siehe hierzu KIAS 1990).

Die Herleitung biotopschutzrelevanter Informationen aus Landnutzungsdaten wird insbesondere dann interessant, welche solche Grundlagen einmal in digitaler Form erhältlich sein werden.Darauf wird man jedoch noch Jahre warten müssen, wie sich aus der Beobachtung der Entwicklung von Pilotprojekten wie des Statistischen Informationssystems zur Bodennutzung (STABIS) des Statistischen Bundesamtes in Wiesbaden ableiten läßt (siehe dazu etwa DEGGAU et al. 1989). Auch die Vorhaben im Bereich der Vermessungsverwaltung helfen da nicht weiter, da sie von der inhaltlichen Seite her keine Nutzungsdifferenzierung bringen, die man aus Biotopschutzsicht erwarten müßte. Interessant ist in diesem Zusammenhang das Projekt "Neue Arealstatistik" der Schweiz, welches immerhin differenziert in ca. 70 Nutzungskategorien landesweit Landnutzungsinformation in einer systematischen räumlichen Stichprobe auf Hektarrasterbasis bereitstellt und nachführt (vgl. TRACHSLER et al. 1981 sowie zu biotopschutzbezogenen Auswertungsmöglichkeiten KIAS 1991).

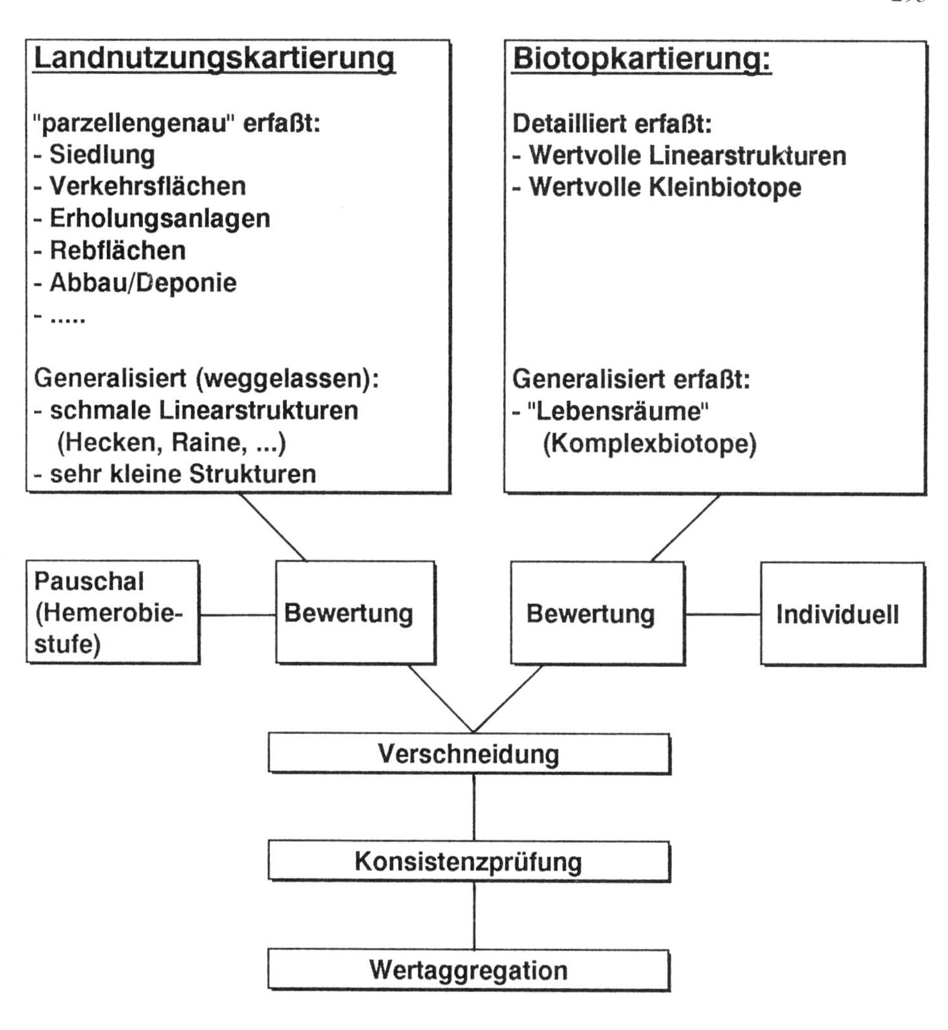

Abb. 4: Vorgehen zur Ableitung des biotischen Regulationspotentials aus Biotopinventar und Landnutzungskartierung

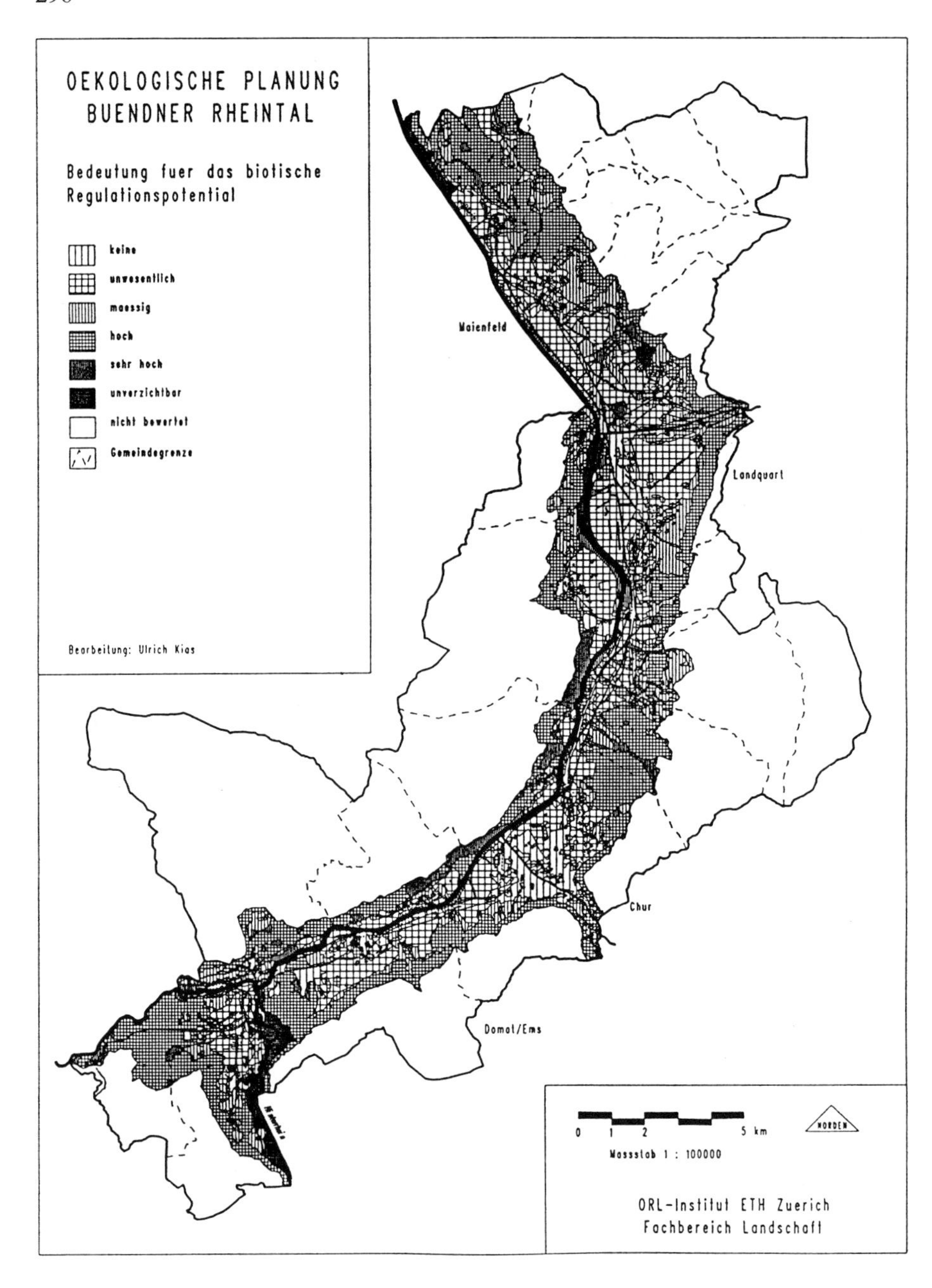

Abb. 5: Bedeutung für das biotische Regulationspotential (Original im Maßstab 1 : 100´000)

3.3 GIS als Instrument zur Visualisierung von planerisch relevanten räumlichen Sachverhalten

Besorgte Bürger, Politiker und Umweltplaner verlangen zunehmend nach Aufklärung und Information über drängende Umweltfragen. Dazu gehört auch die Belastung der Luft und damit der Umwelt insgesamt mit Schadstoffen. Insbesondere von Interesse muß dabei die Ursachenanalyse sein, also der Rückschluß von der Immission auf die Emission.

Im bereits angesprochenen Projekt "Ökologische Planung - Fallstudie Bündner Rheintal" erfolgte die flächendeckende Erfassung der Luftgesamtbelastung auf der Basis einer Flechten-Bioindikationsmethode (PETER 1988). Art und Umfang des Flechtenbewuchses von ca. 700 Bäumen wurden zu diesem Zweck kartiert. Üblicherweise werden die Ergebnisse solcher Untersuchungen in Form von Isoplethenkarten dargestellt, welche jedoch keinen Hinweis auf die dahinterstehenden Emittenten zulassen.

Mit GIS-Unterstützung wurde versucht, die Ergebnisse als "digitales Höhenmodell" zu interpretieren, wobei die Höhen Durch den Grad der Gesamt-Immissionbelastung repräsentiert werden. Daraus lassen sich durch Inklinations- und Expositionsberechnung Gradienten ableiten. Die Pfeile der Gradientenkarte (Abb. 6) zeigen Richtung und Größe der Zunahme der Gesamtbelastung an und ermöglichen damit in anschaulicher Weise den Hinweis von der Immission zum Emittenten. Das Beispiel zeigt, wie die Möglichkeiten des Werkzeugs GIS Darstellungslösungen ermöglichen, die mit herkömmlichen Mitteln aus arbeitsökonomischen Gründen nicht denkbar wären.

4. Fazit

Die ausgewählten Beispiele hatten zum Ziel, einen bescheidenen Einblick in die GIS-unterstützte "Werkstatt Landschaftsplanung" zu geben. Ein weiteres, besonders aktuelles Beispiel mit vielen Facetten wäre auch der GIS-Einsatz im Rahmen von Umweltverträglichkeitsstudien (UVS), die ganz zentral und evident auch das Arbeitsfeld des Landschaftsplaners betreffen. Die dabei zu bewältigenden Datenmengen sind ohne Unterstützung durch leistungsfähige Informatikmittel gar nicht mehr zu bewegen. Beispiele dazu finden sich etwa bei SCHALLER (1990) oder auch im Beitrag von JUNIUS im vorliegenden Buch.

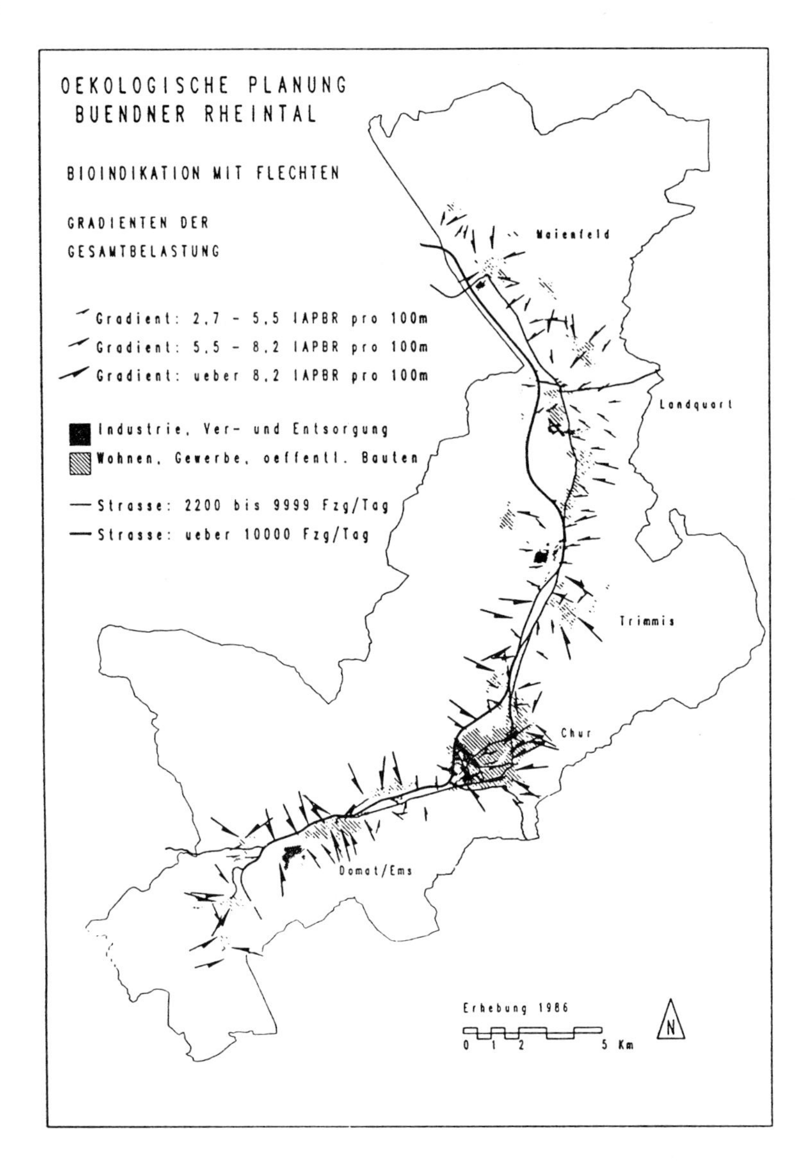

Abb. 6: Visualisierung der Verursacher von Luftbelastungen, abgeleitet aus einer Kartierung des Flechtenbewuchses von Bäumen

Zwei Thesen mögen zum Schluß einen Ausblick auf die Entwicklung des landschaftsplanerischen Berufsbildes unter dem Einfluß von GIS ahnen lassen:

- Um die Möglichkeiten des Werkzeuges GIS auszuschöpfen, muß der Landschaftsplaner seine Arbeitsmethoden zumindest teilweise ändern und dem neuen Werkzeug anpassen !

- Da der GIS-Einsatz ein streng systematisches Vorgehen erfordert, besteht bei richtigverstandener Anwendung die Chance zu einer Erhöhung der Transparenz von Planungen !

Inwieweit der Berufsstand der Landschaftsplaner bereit sein wird, sich darauf einzulassen, wird die Zukunft weisen. Er wird es wohl müssen !

5. Literatur

BIERHALS, E. (1987) Ökologischer Datenbedarf für die Landschaftsplanung - Anmerkungen zu Konzeption einer Landschaftsdatenbank. Arbeitsmaterial der Akademie für Raumforschung und Landesplanung, Nr. 13, Hannover: 1-19

DEGGAU, M., RADERMACHER, W., STRALLA, H. (1989) Pilotstudie Statistisches Informationssystem zur Bodennutzung (STABIS) - Voruntersuchung. Schriftenreihe "Forschung" des Bundesministers für Raumordnung, Bauwesen und Städtebau, Nr. 471, Bonn-Bad Godesberg, 183 S.

DURWEN, K.-J., KIAS, U. (1989) EDV-Ausbildung für Landespfleger. Garten + Landschaft 99 (10): 51-54

GFELLER, M. (1988) Die Übersichtskarte der Landwirtschaftseignung als Grundlage ökologischer Planung im Bündner Rheintal. DISP Nr. 93, Zürich: 40-49

GFELLER, M., KIAS, U. (1989) Umweltprobleme in einem inneralpinen Haupttal - Ergebnisse der Fallstudie "Ökologische Planung Bündner Rheintal". Verhandl. der Ges. für Ökologie, Bd. XVIII, Göttingen: 621-626

KIAS, U. (1987) Entwicklungstendenzen der Datenverarbeitung in der Landschaftsplanung. Anthos 26 (4): 2-12

KIAS, U. (1990) Biotopschutz und Raumplanung - Überlegungen zur Aufbereitung biotopschutzrelevanter Daten für die Verwendung in der Raumplanung und deren Realisierung mit Hilfe der EDV. Berichte zur Orts-, Regional- und Landesplanung, Nr. 80, Zürich, 297 S. + Anh.

KIAS, U. (1991) Die neue Schweizer Arealstatistik - digitale Datenbasis für die Beurteilung der biotischen Qualität von Raumnutzungsmustern in der ökologischen Planung. Verhandl. der Ges. für Ökologie, Bd. XX, Göttingen: im Druck

KIAS, U., GFELLER, M. (1986) Die Wärmeverhältnisse im Bündner Rheintal - Ergebnisse pflanzenphänologischer Beobachtungen in den Jahren 1984 - 1986. Jahresbericht der Naturforschenden Gesellschaft Graubünden 103: 141-152

KIAS, U., GFELLER, M., TRACHSLER, H., SCHMID, W.A. (1987) Ökologische Planung - Fallstudie Bündner Rheintal. Verhandl. der Ges. für Ökologie, Bd. XV, Göttingen: 71-80

MARBLE, D.F., LAUZON, J.P., McGRANAGHAN, M. (1984) Development of a conceptual model of the manual digitizing process. Proceedings of the International Symposium on Spatial Data Handling, Vol. I, Zürich (University): 146-171

PEUQUET, D.J., BOYLE, A.R. (1984) Interactions between the cartographic document and the digitizing process. In: Marble, D.F., Calkins, H.W., Peuquet, D.J. (Ed.): Basic readings in geographic information systems, SPAD Systems Ltd., Williamsville NY:3/35-3/43

PETER, K. (1988) Flechtenkartierung als Grundlage für die Charakterierung der Luftbelastung (Bündner Rheintal). Geographica Helvetica 43 (2): 99-104

RASE, W.-D. (1984) Die EDV-Unterstützung des Informationssystems der BfLR. Informationen zur Raumentwicklung, H. 3/4, Bonn: 311-323

SCHALLER, J. (1990) Anwendung des geographischen Informationssystems (GIS) ARC/INFO für Umweltverträglichkeitsprüfungen. In: UVP-Förderverein / KFA Jülich (Hrsg.): UVP in der Praxis - Verarbeitung von Umweltdaten und Bewertung der Umweltverträglichkeit, Dortmund: 45-56

SCHMID, W.A. (1990) Erfahrungen mit dem Einsatz von Geographischen Informationssystemen in Forschung und Unterricht. In: Herr, E., Scholl, B., Signer, R. (Hrsg.): Aspekte der raumplanung in Europa (Festschrift für Jakob Maurer). Schriftenreihe zur Orts-, Regional- und Landesplanung Nr. 42, Zürich: 120-136

TRACHSLER, H., KÖLBL, O., MEYER, B., MAHRER, F. (1981) Stichprobenweise Auswertung von Luftaufnahmen für die Erneuerung der Eidgenössischen Arealstatistik. Arbeitsdokumente für die schweizerische Statistik, Nr. 5, 98 S.

GEO-INFORMATIONSSYSTEME IM TECHNISCHEN RATHAUS

Das Modellstadtprojekt in Baden-Württemberg

Petra Menzel
Kommunalentwicklung Baden-Württemberg GmbH,
Bachwiesenstr. 25A D-7000 Stuttgart 1

1 Ausgangslage und Ziele

1987 hat die Kommunalentwicklung Baden-Württemberg GmbH im Auftrag der Datenzentrale Baden-Württemberg das Gutachten "Datenverarbeitung in der technischen Kommunalverwaltung" erstellt. Wichtigste Ergebnisse waren

- eine *Marktübersicht* über DV-Verfahren für die Aufgabenbereiche

Liegenschaftsverwaltung	Ver- und Entsorgung
Vermessung	Verkehr
Hoch- und Tiefbau	Umweltschutz
Bauleitplanung	Feuer- und Zivilschutz

- eine *Leitbildkonzeption* für eine integrierte Datenverarbeitung in der technischen Kommunalverwaltung (*Abb. 1*), die ein Geo-Informationssystem auf der Basis eines digitalen Liegenschaftskatasters als verbindliche Basisdatenbank für alle gebäude- und grundstücksbezogenen Anwendungen vorsieht,

- ein *Stufenkonzept* für die technische Umsetzung dieser Leitbildkonzeption.

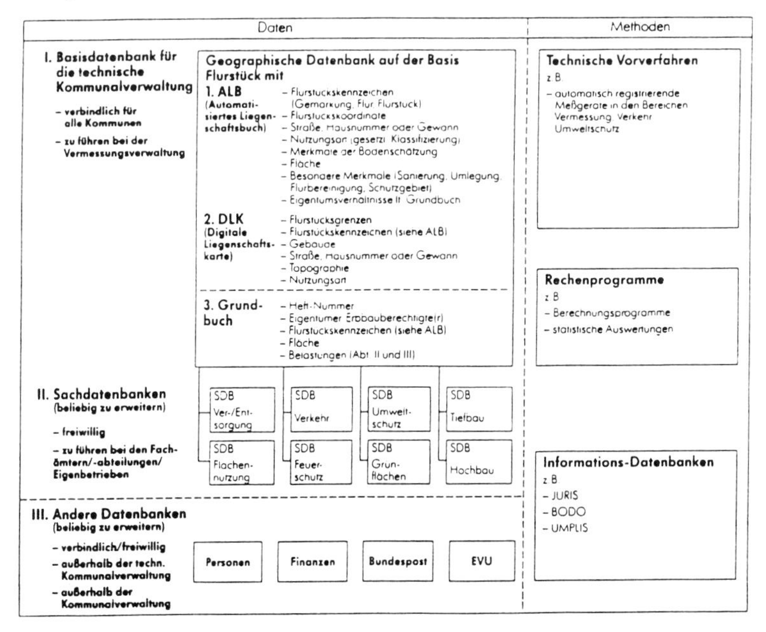

Abb. 1: Leitbildkonzeption Technische Kommunalverwaltung

Ende 1987 hat die SIEMENS AG die Kommunalentwicklung Baden-Württemberg beauftragt, die Umsetzung der Leitbildkonzeption für die Datenverarbeitung in der technischen Kommunalverwaltung auf der Basis des Systems SICAD vorzubereiten und sie bei der Auswahl von geeigneten Modellprojekten in Baden-Württemberg zu beraten. Ziel der Modellprojekte "Datenverarbeitung in der technischen Kommunalverwaltung" war, die Leitbildkonzeption in Kommunen unterschiedlicher Größe und Struktur umzusetzen. Die Auswahl der Modellkommunen erfolgte unter den Gesichtspunkten

- **Zuständigkeit für das Vermessungswesen**
- **Größe (Einwohnerzahl, Siedlungsfläche)**
- **DV-Organisation (autonom, zentral)**
- **Anwendungsschwerpunkte wie Grundkarte, Abwasser, Energieversorgungsi**

Grundlage der Modellprojekte war eine Bedarfsanalyse in den technischen Ämtern und Abteilungen der Kommunalverwaltungen. In den jeweiligen Verwaltungen eingeführte Verfahren und vorhandene Datenbestände sollten in die Gesamtkonzeption integriert werden.

Für eine Beteiligung an diesem sogenannten "Modellstadtprojekt" haben sich die Städte **Bruchsal, Esslingen, Göppingen, Konstanz, Ludwigsburg, Marbach, Nagold, Neckarsulm und Kornwestheim** entschieden.

2 Lösungen

Mit der Entwicklung der graphischen Datenverarbeitung von reinen Zeichensystemen zu Systemen, die eine Abbildung der Geometrie und Netzlogik und die wechselseitige Verknüpfung von Geometrie und Sachdaten ermöglichen, ist der Weg frei für den Aufbau umfassender raumbezogener Informationssysteme.

Die Nutzung von Grund und Boden und die technische Infrastruktur sind zu dokumentieren. Für Ver- und Entsorgungsleitungen, Straßen und Verkehrseinrichtungen sind Lage und Dimensionen zu erfassen und mit beschreibenden Daten zu ergänzen. Kommunen und Versorgungsunternehmen sind dieser Aufgabe bisher überwiegend mit der Führung von analogen Grundkarten und Bestandsplänen sowie Datensammlungen in Form von Karteien und Akten nachgekommen. Sie setzen für diese Aufgaben in zunehmendem Maße Verfahren der elektronischen Datenverarbeitung ein.

Die dargestellten Lösungen beruhen auf dem Grundgedanken, daß alle raumbezogenen Informationen auf einer gemeinsamen geodätischen Basis geführt und damit verknüpfbar und vergleichbar sein müssen. Die Erfassung sämtlicher Objekte erfolgt mit geodätischen Meßmethoden und die Führung der Daten durchgängig in einem einheitlichen geodätischen Bezugssystem. Nur so kann der angestrebte Nutzen eines vielfach verwendbaren und den Erstellungsaufwand rechtfertigenden Geo-Informationssystems erreicht werden.

Kernstück der Leitbildkonzeption ist deshalb eine Basisdatenbank mit den Informationen des Liegenschaftskatasters, die verbindlich bei den Vermessungsämtern zu führen ist. Sie ist Grundlage für Sachdatenbanken und darauf aufbauende fachspezifische Anwendungen. Als zentrale Service-Einrichtung für alle Ämter der technischen Kommunalverwaltung sowie darüber hinaus alle kommunalen Aufgaben mit Bezug zur Fläche, zu bebauten und unbebauten Grundstücken stellen die Vermessungsämter die im ALB (Automatisiertes Liegenschafts-Buch) enthaltene Lagebeschreibung (Koordinaten, Flurstücksnummer, Straße - Hausnummer) in alpha-numerischer und graphischer Form (Digitale Grundkarte) als Ordnungs- und Verknüpfungsmerkmale zur Verfügung.

Die digitale Grundkarte bildet ein einheitliches Bezugssystem, das die eindeutige geographische Zuordnung und fachübergreifende Verknüpfung von Daten aus den in *Abb. 2* aufgeführten Aufgabenbereichen ermöglicht.

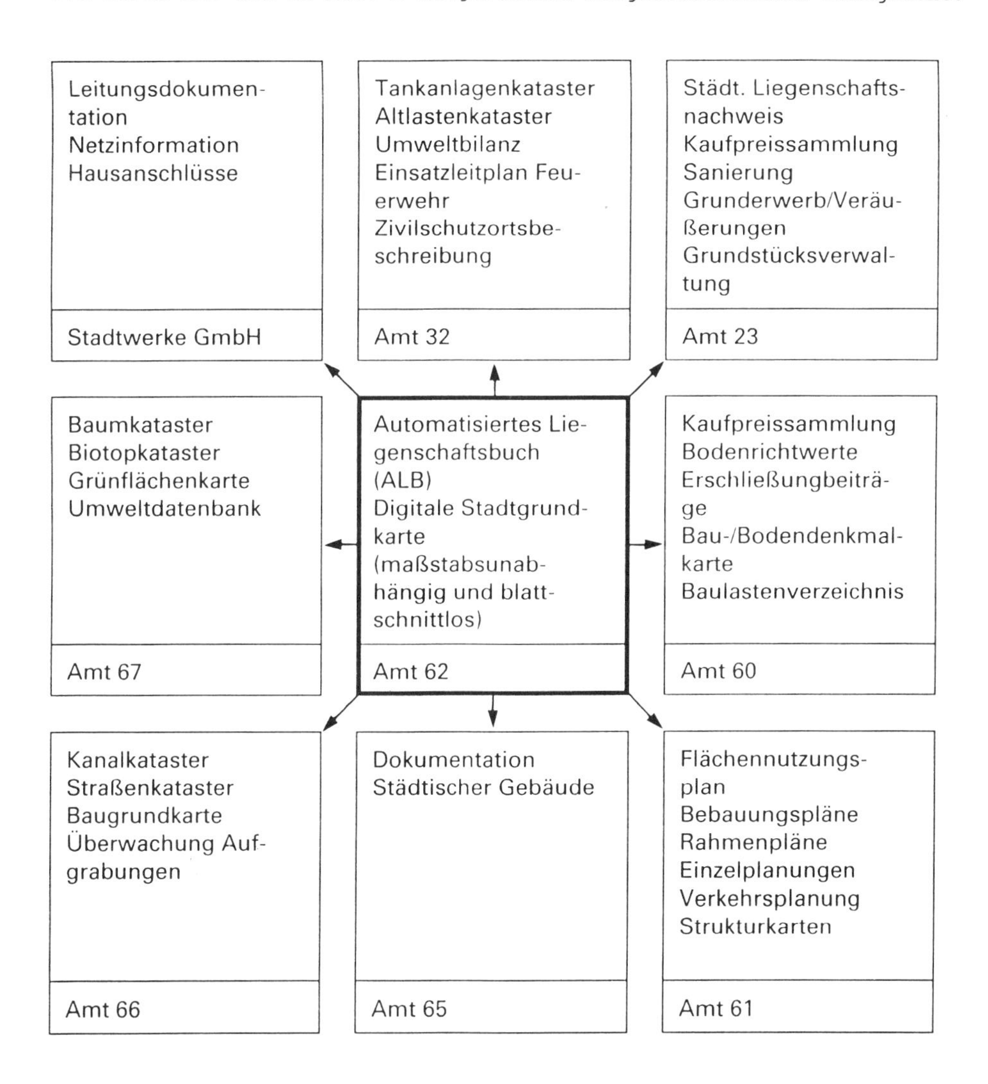

Abb. 2: Raumbezogenes Informationssystem in der Kommunalverwaltung

3 Perspektiven

Alle Modellstädte realisieren ihr kommunales raumbezogenes Informationssystem stufenweise. Die Mehrzahl der Anwender hat sich für eine autonome Hardware-Lösung auf der Basis der Workstation WS 2000 entschieden.

Kleinere Kommunen wie die Stadt Marbach sind bei der Einführung der graphischen Datenverarbeitung wegen fehlenden eigenen Fachpersonals auf Kooperationspartner angewiesen. Als **externe Partner** kommen **Ingenieurbüros und Regionale Rechenzentren** in Frage, die Dienstleistungsverträge mit den Kommunen abschließen, oder es können **Kooperationen** auf der Ebene von **Verwaltungsgemeinschaften** gebildet werden.

Von den 1.111 Städten und Gemeinden in Baden-Württemberg haben 26 die Zuständigkeit für das Vermessungswesen. 1.085 Kommunen liegen im Zuständigkeitsbereich der 34 staatlichen Vermessungsämter. Um einheitliche Standards der Datenverarbeitung in der technischen Verwaltung kleiner und großer Kommunen zu gewährleisten, stehen Entscheidungen an. Sie betreffen

Recht (Vermessungsgesetz, Katastererlaß)
Finanzen (Gebührenregelung)
Organisation (Zuständigkeiten, Zugriffsregelung)
Personal (Kapazitäten, Ausbildung).

Die Einbeziehung kleinerer und mittlerer Kommunen in den Modellversuch hat insofern Bedeutung, als eine weitere Auseinanderentwicklung der Datenverarbeitung in den größeren und kleineren Kommunen aufgehalten werden soll.

Einwohner	Anzahl der Gemeinden	davon mit eigenem Vermessungsamt	davon im Bereich eines staatlichen Vermessungsamtes
bis 10.000	910	-	910
10 - 20.000	121	-	121
20 - 50.000	60	8	52
50 - 100.000	12	10	2
über 100.000	8	8	-
Insgesamt	1.111	26	1.085

Tab. 1: Gemeindegrößen und Zuständigkeit für das Vermessungswesen in Baden-Württemberg

4 Erfahrungsaustausch

Der Aufbau raumbezogener Informationssysteme erfordert vorab Festlegungen des Anwenders, zum Beispiel für Numerierungssysteme, für die Kartenausgestaltung, Kartensymbole und Planzeichen sowie die Entwicklung von Datenmodellen für Geometrie und beschreibende Daten. Vorteile einer Zusammenarbeit der kommunalen Anwender ergeben sich aus der Vermeidung von Doppelarbeit, der Arbeitsteilung bei der Entwicklung von Benutzeroberflächen, Prozeduren und Symbolbibliotheken und dem Erfahrungsaustausch der Anwender untereinander. Kooperationen finden auf der Ebene eines Arbeitskreises der Modellstädte statt. Darüberhinaus sind inzwischen alle Modellstädte bzw. deren zuständige Rechenzentren Mitglieder des Arbeitskreises Kommunaler SICAD-Anwender in Baden-Württemberg (AKOSIC), der das Ziel verfolgt, einfach anwendbare und regional einsetzbare SICAD-Standardlösungen zu entwickeln. Dadurch soll der Einstieg in den Aufbau raumbezogener Informationssysteme erleichtert und das Anwendungsspektrum kurzfristig erweitert werden.

5 Beispiele

Zwei Beispiele aus Städten unterschiedlicher Größe sollen die Anwendungsmöglichkeiten von Geo-Informationssystemen im technischen Rathaus und bei Versorgungsunternehmen verdeutlichen (vgl. auch Stuka 1990 und Loss 1990):

Die *Stadt Nagold* ist Mittelzentrum mit 20.776 Einwohnern und liegt am östlichen Rand des Nordschwarzwaldes im Landkreis Calw. Das Stadtgebiet mit der Kernstadt Nagold und den Teilorten Emmingen, Gündringen, Hochdorf, Iselshausen, Mindersbach, Pfrondorf, Schietingen und Vollmaringen hat eine Fläche von 6.309 ha, davon rd. 1.110 ha Siedlungsfläche.

Im Stadtbauamt mit den Abteilungen Bauverwaltung und Bauordnung, Planung und Hochbau und Tiefbau sind 35 Mitarbeiter tätig. Schwerpunktaufgaben sind Stadtsanierung, Bauleitplanung (Fortschreibung Flächennutzungsplan 1990, Bebauungspläne), Umweltbericht und Umweltkataster und Abwasserbeseitigung.

Vorhanden waren Pläne 1 : 500 der bebauten Lagen in der Kernstadt und den außenliegenden Stadtteilen sowie Flurkarten 1 : 2.500 mit Grundstücksgrenzen und Gebäuden. Die Ergänzung dieser Grundkarten um aktuelle bauliche Veränderungen erfolgte intern durch die Stadtverwaltung.

Die Abwasserkanäle mit einer Gesamtlänge von rd. 122 km waren in einem Allgemeinen Kanalplan (AKP) im Maßstab 1 : 2.500 für das gesamte Stadtgebiet dokumentiert. Daneben lag ein unvollständiges Planwerk im Maßstab 1 : 500 vor, das auf der Grundlage der Katasterkarte eingemessene Kanalschächte und Kanalhaltungen enthielt. Die Einmessung erfolgte auf vorhandene Grenzpunkte, Gebäudeecken und andere topographische Objekte. Ein einheitliches Konzept fehlte.

Die Dokumentation der Wasserversorgung entsprach dem Planwerk im Bereich Abwasserkanal. Andere Leitungen in städtischer Zuständigkeit (Steuerkabel, Straßenbeleuchtung) wurden in Einmeßskizzen festgehalten.

Die Fortführung sämtlicher Bestandspläne und Leitungsdokumentationen erfolgte nach Bedarf. Die Verwaltung dieses Planwerks war sehr aufwendig und fehleranfällig.

Mitte der 80er Jahre entstand in der Stadtverwaltung die Vorstellung, auf der Grundlage des Liegenschaftskatasters ein kommunales Informationssystem zur Erstellung und Fortführung einer Stadtgrundkarte mit Angaben zur Topographie Leitungsdokumentation mit der Möglichkeit der gemeinsamen Verwaltung von Graphik und Sachdaten aufzubauen. Im Zeitraum 1986 bis 1987 wurden mehrere Graphik-Systeme untersucht. Anfang

1988 fiel die Entscheidung für SICAD. Zu klären war noch, ob eine autonome Lösung (WS 2000) oder der Anschluß eines graphischen Arbeitsplatzes an den Zentralrechner im Regionalen Rechenzentrum Karlsruhe realisiert werden sollte. Die Entscheidung fiel wegen der hohen Leitungskosten und geringen Datenübertragungsgeschwindigkeiten gegen einen Anschluß an das Regionale Rechenzentrum aus. Im Januar 1989 wurde im technischen Rathaus Nagold eine WS 2000 installiert.

Grundlage des kommunalen Geo-Informationssystems ist die amtliche Liegenschaftskarte des Staatlichen Vermessungsamtes Calw. Schon in den Jahren 1986/87 wurde mit der Vermessungsverwaltung des Landes die Übernahme digitaler Grundrißdaten erörtert und vereinbart, daß die Stadt Nagold im Rahmen eines Pilotprojektes der Vermessungsverwaltung die erforderlichen Daten erhalten sollte. Die Datenübernahme ist inzwischen wie folgt realisiert:

- Für den Bereich der Kernstadt erfolgt eine Datenaufbereitung durch Vermessungsamt und Landesvermessungsamt. Geliefert wird eine flächendeckende digitale Liegenschaftskarte (DLK).

- Für die sieben Stadtteile erfolgt aus Kapazitätsgründen zunächst keine Datenaufbereitung. Vorhandene Daten (Punktdatei) werden von der Stadt Nagold übernommen. Die Vervollständigung erfolgt über eine stadtinterne Digitalisierung.

Die ersten Daten im GDB-Format wurden im Sommer 1989 über eine Magnetbandkassette in das SICAD-System eingespielt. Die Fortführung erfolgt in unregelmäßigen Abständen. Nach Bedarf werden aktualisierte Daten in die WS 2000 eingespielt.

Die Katasterkarte wurde durch topographische Objekte (z.B. Straßenbegrenzungslinien, Gebäude) vervollständigt.

Da bis dato keine Topographie erfaßt wurde, ist es unumgänglich, eine komplette Neuaufnahme in G-K-Koordinaten durchzuführen. Ebenfalls müssen alle Kanaldeckel und Schächte in G-K-Koordinaten vorliegen.

Hierzu gab es zwei Alternativen

- terrestrisches Messen
- Photogrammetrie.

Nach reichlicher Überlegung entschied sich die Stadt Nagold für eine Befliegung des Stadtgebietes mit anschließender photogrammetrischer Auswertung. Vorteile dieser Vorgehensweise sind

- eine vollständige Erfassung des gesamten Bearbeitungsgebietes zu einem bestimmten Stichtag; die Fortführung des Kartenwerkes erfolgt also eindeutig zu einem bestimmten Termin;
- es können beliebig viele Merkmale (auch nachträglich) ausgewertet werden;
- preisgünstiger als terrestrische Aufnahme;
- Daten können problemlos in GDB-Format gebracht werden.

Die Befliegung erfolgte im April 1989 vor der Belaubung. Die Auswertung erstreckt sich auf die Jahre 1989, 1990, 1991. Folgende Arbeitsschritte waren erforderlich:

1. *Signalisierung*
   Markierung der Schachtdeckel für Kanal, Wasser-, Gas- und Elektroleitungen; Markierung der koordinatenmäßig bekannten Lage- und Höhenfestpunkte.

2. *Befliegung*
   Streifenweise Befliegung des Stadtgebietes im Bildmaßstab 1 : 3 500 mit der Reihenmeßkammer Zeiss RMK A 15/23 und Bildbewegungskompensation FMC.

3. *Paßpunktbestimmung*
   Geodätische Bestimmung von zusätzlichen Lage- und Höhenpaßpunkten zur digitalen Auswertung der Stereomodelle.

4. *Photogrammetrische Auswertung*
   Standardmäßig werden folgende topographischen Merkmale für die gesamte Siedlungsfläche ausgewertet:

   a) Straßenbegrenzungslinien
   b) Gehweghinterkanten
   c) mutmaßliche Grenzen
   d) Böschungen
   e) Gewässer
   f) Brücken
   g) Treppen und Staffeln
   h) Kanalschächte (ca. 3.300 Stück)
   i) Wasserschächte (ca. 3.000 Stück)
   j) andere Schächte

   Höhenauswertungen nach Bedarf, projektorientiert z.B. für Bebauungspläne.

5. *Konvertierung der photogrammetrischen Daten*

   Umwandlung der Daten in die SICAD-GDB-Datenstruktur mit dem Konvertierprogramm PD.

Die Datenübernahme erfolgt auf Magnetbandkassetten im GDB-Format. Die Kosten für Befliegung und Auswertung betragen ca. 450.000 DM.

Die Fortführung erfolgt durch die Vermessungsabteilung des Stadtbauamtes Nagold bzw. das Staatliche Vermessungsamt. Für einen problemlosen Datenfluss zwischen Feldaufnahme und Planausgabe mußte eine entsprechende Peripherie gekauft werden. Diese besteht aus

- einem elektrooptischen Distanzmesser Elta 4,
- einem elektronischen Feldbuch REC 500 der Fa. Zeiss/Oberkochen.

Neben der Erstellung einer Stadtgrundkarte liegt die Priorität in der Erstellung eines Leitungskatasters und Informationssystems Abwasser. Als Pilotprojekt dient hier das Industriegebiet Wolfsberg. Aus der Auswertung der Befliegung liegen uns alle Schachtdeckel in G-K-Koordinaten vor.

Folgende weitere Arbeitsschritte sind erforderlich

- Nivellierung der Schachtdeckel
- Lage- und höhenmäßige Einmessung im Schacht (Sohle)
- Einbringung der Meßdaten in die Graphik der WS 2000 (Kanal-GDB),
- Füllung der Sachsätze mit entsprechenden Sachinformationen (hier Sachsätze Schacht und Haltung)
- Erstellung und Verwaltung eines einheitlichen Leitungskatasters mit mit Hilfe des Produktes SICAD-KANAL.

Die Stadt Nagold geht davon aus, daß in den nächsten Jahren weitere Bausteine von SICAD zum Einsatz kommen können (z.B. SICAD-Bebauungsplanung, Entwürfe, thematische Kartographie) und die GDV zu einem zentralen Instrument der technischen Kommunalverwaltung wird.

Die *Stadtwerke Konstanz* - Versorgungsbetriebe und Verkehrsbetriebe - sind ein kommunales Querverbundunternehmen und versorgen ca. 75.000 Einwohner in Konstanz und Umgebung mit Strom, Erdgas und Trinkwasser. Ein Nahwärmekonzept ist zur Zeit im Aufbau.

Die bei den Stadtwerken vorliegende Leitungsdokumentation basiert auf der amtlichen Katasterkarte FK5 des städtischen Vermessungs- und Liegenschaftsamtes. Neben dem Bestandsplanwerk nach DIN 2425 der einzelnen Versorgungsbereiche, Maßstab 1:500 bzw. 1:250, werden in Teilbereichen Übersichtspläne im Maßstab 1:1500 bzw. 1:5000 geführt.

Das Planwerk wird für die Bereiche Strom, Gas und Wasser als Spartenkartenwerk geführt. Es ist durch die laufenden Änderungen und Fortführungen sehr aufwendig zu bearbeiten. In den Jahren 1975/76 wurde aus Sicherheitsgründen die Microverfilmung eingeführt. Die Planausgabe für interne Zwecke und für Fremdabgabe erfolgt in den Bereichen Gas und Wasser aktiv durch Rückvergrößerung der Microfilmkarten. Für den Bereich Stromversorgung ist dies wegen der farbigen Kabeldarstellung nicht möglich.

In einem Energieversorgungsunternehmen, das wie die Stadtwerke Konstanz spartenübergreifend versorgt, fällt sehr viel Informations- und Datenmaterial an. Dies gilt es abzurufen, auszuwerten und fortzuschreiben.

Die Verwaltung in Form von Karteien, Akten und anderen "manuellen Methoden" wird komplizierter und aufwendiger. Es ergeben sich Probleme hinsichtlich Zugriffsmöglichkeit und Auswertbarkeit. Arbeitsvorbereitung, Statistiken, turnusmäßige Aktionen usw. lassen sich manuell nur umständlich und zeitintensiv durchführen.

Die Stadtwerke begannen 1985 mit der Entwicklung eines umfassenden Netzinformationssystemes für den Bereich der Gas-Wasserversorgung (GAWANIS). Eine Erweiterung für den Bereich der Stromversorgung ist vorgesehen (ENIS). In diesem EDV-geführten Netzinformationssystem müssen alle, das jeweilige Netz charakterisierende, Datenmengen

- gespeichert
- abrufbar
- auswertbar

sein.

Nachstehende Dateien sind im Aufbau bzw. sind geplant:

- Rohr-/Kabelnetzdatei
- Hausanschlußdatei
- Zähler-/Hausdruckreglerdatei
- Kundenverbrauchsdatei
- Rechennetzdatei.

Kernstück des Netzinformationssystems ist die Strangdatei. Ein Netzstrang stellt einen homogenen, straßenbezogenen Leitungsabschnitt dar, dessen Begrenzung sich durch folgende Kriterien ergibt

- Änderung der Dimension
- Änderung des Baujahres
- Änderung des Werkstoffes
- Änderung des Korrosionsschutzes
- Abzweig einer Leitung (außer Hausanschlußleitung)
- Wechsel des Straßennamens.

Für die Ersterfassung der den Strang oder den Hausanschluß beschreibenden Attribute wurden Erfassungsformulare entwickelt. Diese Listen wurden in einen PC mit dem Betriebssystem MS DOS eingegeben und in einer Datenbank dBASE III plus gespeichert und verwaltet. Mit dem Softwareprodukt "Clipper" wurde ein komfortables maskengeführtes Erfassungsprogramm geschrieben.

Seit Mitte der 80er Jahre beschäftigte man sich bei den Stadtwerken Konstanz mit der Einführung der graphischen Datenverarbeitung, wobei grundsätzlich feststand, daß die digitale Grundkarte vom VLA geliefert wird. Zwischen dem VLA und den Stadtwerken Konstanz wurde ein Vertrag abgeschlossen ,der die anteiligen Kosten für die Erstellung der digitalen Grundkarten regelt.

Die Lieferung der digitalen Grundkarte durch das VLA ist in einem Prioritätenplan, der den Zeitraum von Frühjahr 1990 bis 1996 umfaßt, geregelt.

Es folgte die Übernahme des auf PC vorhandenen Netzinformationssystems für die Gasversorgung und die Definition der GDB für das deutsche und schweizerische Versorgungsgebiet. Parallel dazu wurden die Ebenenbelegungen, Leitungstypendateien sowie die SICAD-Bibliotheken erarbeitet. Diese umfangreichen Arbeiten erfolgten im Erfahrungsaustausch mit anderen Werken. Zur Unterstützung und Beratung bei der Erstellung der SICAD-Benutzeroberfläche sowie für die Menü-Erstellung wurde ein Ingenieurbüro beauftragt. Die erarbeitete Benutzeroberfläche mit Prozeduren und Menüs für die Bereiche Kataster, Strom, Gas, Wasser und Abwasserkanal wurde im Sommer 1989 in einem Testgebiet von 0,5 km^2 überprüft,digitalisiert und ausgewertet.

Bis September 1989 wurden bei einem Ingenieurbüro die Übersichtspläne Gas im Maßstab 1:5000 sowie die Strangpläne im Maßstab 1:1500 digitalisiert. Das Netzinformationsssystem GAWANIS ist über die GDBS der Workstation WS 2000-1 mit der Graphik verbunden, so daß nach relativ kurzer Vorarbeitszeit seit Januar 1990 die Übersichtsgraphiken Gas mit zugehörigen Sachsätzen in einem komfortablen Informationssystem ausgewertet werden können.

Im März 1990 ist mit der Lieferung der ersten digitalen Katasterkarten durch das VLA zu rechnen. Ab diesem Zeitpunkt wird mit der Erstellung der Bestandspläne Gas, Wasser und Strom begonnen. Für diese Produktionsphase wird im Sommer 1990 ein zweiter Arbeitsplatz WS 2000-5 bei den Stadtwerken installiert *(Abb. 3)*. Gleichzeitig ist daran gedacht, durch Fremdvergaben an geeignete Ingenieurbüros die Erstellung der digitalen Bestandspläne zu beschleunigen.

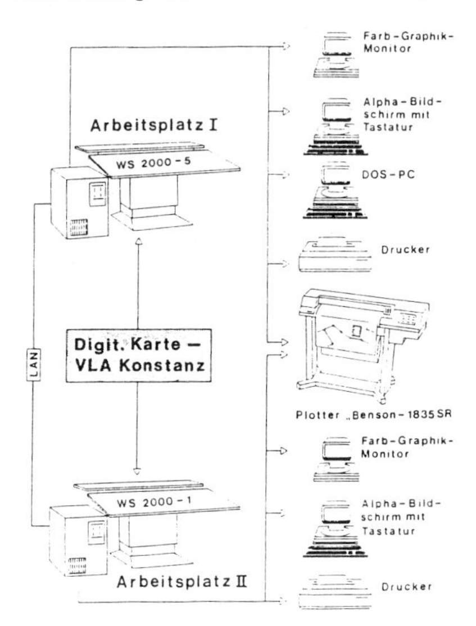

Abb. 3: GDV-Konfiguration der Stadtwerke Konstanz

In einer Erprobungsphase ist zur Zeit die vollautomatische Übernahme von Vermessungsdaten in die geographische Datenbasis (GDB) des SICAD-Systemes. Der Datenfluß erfolgt mittels elektronischem Tachymeter ELTA 4 und dem elektronischen Feldbuch REC 500 der Firma Zeiss, Oberkochen. Die im REC 500 gespeicherten Meßdaten werden in einem MS-DOS PC aufgearbeitet und mittels Filetransfer in die WS 2000 überspielt *(Abb. 4)*.

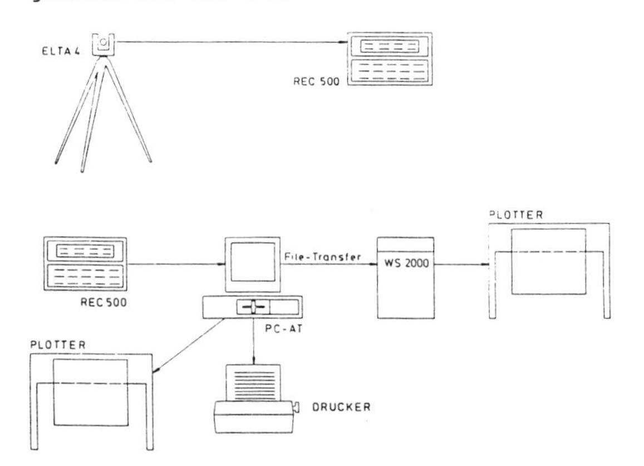

Abb. 4: Automatischer Datenfluß

Innerhalb eines Jahres ist es in Zusammenarbeit mit einem leistungsfähigen Ingenieurbüro gelungen, die komplette SICAD-Benutzeroberfläche zu schaffen. Das auf vorhandenem MS-DOS-Rechner installierte Netzinformationssystem Gas wurde in das System SICAD auf die WS 2000-1 überspielt und kann in Verbindung mit dem digitalisierten Übersichtsplanwerk genutzt werden.

Die Stadtwerke sehen als wesentliche Vorteile der GDV

- Planerstellung und Änderungsdienst mittels GDV sind preisgünstig
- das Planwerk entspricht der DIN 2425
- kostpielige Neuanfertigungen von Bestandsplänen nach einigen Jahrzehnten wie beim analogen Planwerk entfallen
- zusätzliche Speicherung von Sachsatzinformationen
- schnelle Verarbeitung
- preiswerte Archivierung
- Bestandspläne können in beliebigen Maßstäben ausgeplottet werden
- durch die angelegten Dateien sind Netzberechnungen möglich
- Erstellung eines Wärmeatlasses sowie von Themenkarten möglich
- Erstellen von jeglichen Statistiken
- automatischer Datenfluß von Meßdaten mittels Tachymeter
- blattschnittlose Speicherung der Kartenwerke im G-K-Koordinaten
- aktuelle Abfrage- und Auskunftsmöglichkeiten.

Literatur:

Loß N (1990) Einführung eines graphischen Informations- und Planungssystems in einem mittleren städtischen Versorgungsunternehmen. In: Siemens AG (Hrsg) Datenverarbeitung in der technischen Kommunalverwaltung. München 1990, S. 7.

Stuka B (1990) Graphische Datenverarbeitung in der Stadt Nagold. In: Siemens AG (Hrsg) Datenverarbeitung in der technischen Kommunalverwaltung. München 1990, S. 7.

André Kilchenmann
GeoInformatikZentrum
Institut für Geographie und Geoökologie II, Universität Karlsruhe
Kaiserstr. 12, D-7500 Karlsruhe 1

1 Situation an deutschsprachigen Hochschulen

Das Thema "Geographische Informationssysteme" ist im deutschsprachigen Hochschulbetrieb (von wenigen Ausnahmen abgesehen) noch nicht in die Lehrpläne eingegangen, obwohl dieses Thema in der Praxis bereits von größter Bedeutung ist. Dies hat verschiedene Gründe, die hier nur kurz angedeutet werden sollen: Lehr-Konservatismus der Hochschullehrer, grundsätzlich sind GIS "nur" Werkzeuge, amerikanisch/englische Herkunft, Computertechnologie-Fremdheit der Dozenten, bislang fehlende Lehrbücher, ungenügende Computerhardwareausstattung der Institute, zuwendig Haushaltsmittel für den Kauf von Software u.a.

Eine vor kurzem durchgeführte Fragebogenaktion von R. Bill (Stuttgart) hat ergeben, daß in der Geographie die Institute in Karlsruhe, Salzburg und Zürich führend sind, in der Photogrammetrie/Geodäsie die Institute in Stuttgart, Darmstadt, Karlsruhe, München. Auch in einigen praxisnahen Lehrplänen, wie z.B. der Raumplanung (Dortmund), im Forstwesen (Freiburg) oder der Landschaftspflege (Weihenstephan) nehmen GIS bereits einen wichtigen Platz ein.

Hingegen gibt es im deutschsprachigen Raum erstaunlicherweise noch kaum Informatik-Institute oder Informatiker, welche im GIS-Bereich tätig sind.
In jüngster Zeit steigen die neu strukturierten geographischen (und andere) Institute der ostdeutschen Bundesländer massiv in die Thematik ein (z.B. Halle, Leipzig, Dresden), wobei das GIS-Thema in den übergeordneten Zusammenhang der Geoinformatik gestellt wird.

An vielen Instituten hat sich der Mittelbau des Themas angenommen, wobei meist aus Forschungserfahrungen heraus, wenn der "Chef" es gestattet, GIS-Lehrveranstaltungen angeboten werden.

Es wird interessant sein zu verfolgen, wie die Hochschulen künftig auf diesen Markt reagieren werden. Vermutlich werden wegen der sehr großen Nachfrage neben den regulären Veranstaltungen Sonderveranstaltungen (Kurse, Workshops) für externe Teilnehmer (z.B. bereits Berufstätige) angeboten werden müssen.

2 GIS als Lehrinhalt

Geographische Informationssysteme sind Hilfsmittel oder Werkzeuge, die in der täglichen Forschungsarbeit und in der Berufspraxis bereits heute von größtem Nutzen sind und denen mit Sicherheit in den nächsten Jahren noch eine große Verbreitung und Weiterentwicklung bevorsteht. Die Frage, wo die Ausbildung und Weiterentwicklung sinnvollerweise geschehen soll, stellt sich heute bereits mit großer Dringlichkeit. Beides vollzieht sich heute einerseits an den Hochschulen, andererseits bei den Anbieterfirmen und daran wird sich vermutlich in Zukunft auch nichts ändern. Das Problem der Zukunft wird sein, wie gut beide Teile zusammenarbeiten werden.

An den Hochschulen werden sich in der Lehre Unterschiede herauskristallisieren, je nachdem, ob in einem Lehrplan die Grundlagen/Weiterentwicklungsforschung oder die Anwendung in Forschung/Praxis im Vordergrund stehen werden. In der Kartographie, Photogrammetrie, Geodäsie u.a. wird ersteres, in der Geographie, Geoökologie, Hydrologie, Raumplanung u.a. letzteres der Fall sein. Je mehr Gewicht der Grundlagenteil hat, umso stärker wird der Anteil an Ergänzungsfächern, wie Elektrotechnik, Informatik, Mathematik, Organisationswissenschaften u.a. sein.

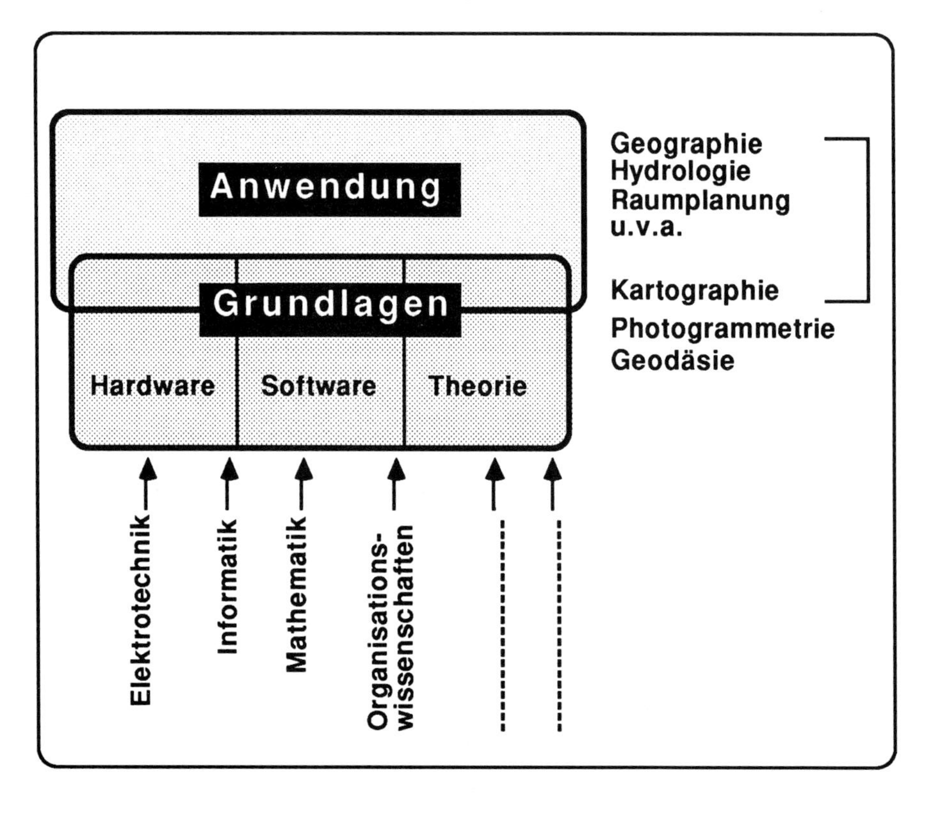

In den Studienbereichen, wo die Anwendung Geographischer Informationssysteme im Vordergrund steht, wird die Bedeutung der Grundlagenvermittlung vermindert sein, es sei denn, die Entwicklung in Richtung der Ausbildung zum GIS-Experten, GIS-Manager u.ä., wie sie in den USA und England eingesetzt hat, überträgt sich auch auf unsere Länder.

3 Lehrmodelle

Je nach Stellenwert und Ausbildungszielen sind drei Studienplanmodelle denkbar.

Im ersten Modell (siehe unten) ist die GIS-Thematik Teil eines Pflicht- oder Wahlpflichtfaches. Dies ist z.B. am Institut für Geographie und Geoökologie an der Universität Karlsruhe der Fall. Hier sind GIS Thema im Pflichtfach Geoinformatik im Studienplan Geoökologie.

Im zweiten Modell kann die GIS-Thematik als Vertiefungsrichtung in einem Studienfach gewählt werden (z.B. am Institut für Photogrammetrie an der Universität Stuttgart).

Das dritte Modell sieht GIS als Studiengang vor. Dies ist z.B. an der Universität in Edinburg (Schottland) seit 1985 der Fall (GIS Master Program), ebenso an wenigen amerikanischen Universitäten.

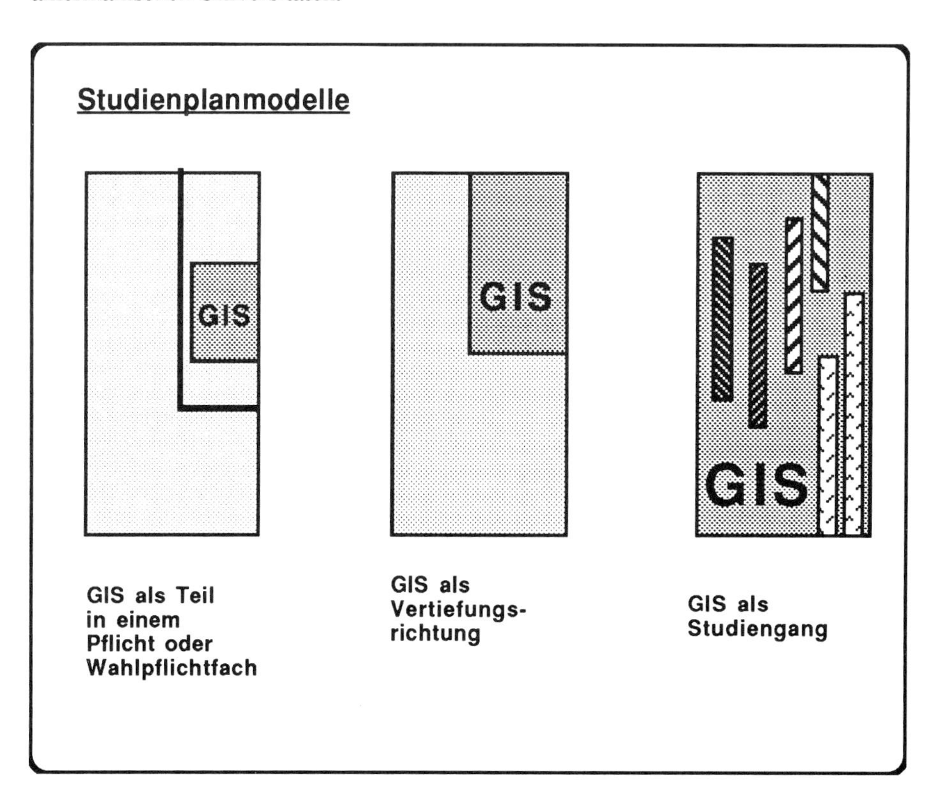

Da ein großer Nachholbedarf in der Berufswelt besteht, gibt es bereits die ersten Aufbaustudiengänge, so am Berkbeck College an der Universität London und an der holländischen "School for Higher Profess. Education" (GEON, Groningen) sowie Pläne in Zürich und Wien.

Geographische Informationssysteme als Hilfsmittel der Forschung und Werkzeuge für die Berufspraxis sind bereits etabliert und stehen am Anfang einer breiten Expansionsphase.

Jede Ausbildungseinrichtung, die GIS in irgendeiner Form im Lehrprogramm hat, wird den Stellenwert von "Grundlagen" versus "Anwendung" abwägen müssen. Im Karlsruher Diplomstudiengang Geoökologie hat es sich gezeigt, daß vorwiegend fachlich interessierte Studenten die Grundlagen Geographischer Informationssysteme (Datenstrukturen, geometrisch/kartographische Fragen, Algorithmen für Overlay-Operationen u.ä.) als ziemlich langweilig empfanden, spezielle Softwarekenntnisse allerdings intensiv forderten.

4 Lehrunterlagen (Curricula)

GIS Tutor: Am Berkbeck College, University of London, wurde ein interaktives Lehrprogramm auf Macintosh Rechner entwickelt:
NCGIA (National Center for Geographic Information and Analysis) University of California at Santa Barbara: Core GIS Curriculum for instructions of higher learning. 1990
Institute for GIS in Education Ottawa, Ontario: SPANS GIS Software: Curriculum Development ToolkitToolkit, 1990
ESRI: Understanding GIS - the ARC/INFO Method. ESRI, Redlands, Cal., USA, 1990

5. Literatur: Lehrbücher

UK Report, Dept. of Environment: Handling Geographic Information Report of the Committee of Enquiry chaired by Lord Chorley, London 1987
P.A. Burrough: Principles of GIS in Land Res. Assess. Oxford University Press, Oxford, 1986
N. Bartelme: GIS Technologie. Springer Verlag, Heidelberg 1989

S. Aronoff: Geographic Information Systems: A Management Perspective WDL Publications 1989
D.J. Peuquet & D.F. Marble: Introductory Readings in GIS. Taylor & Francis, London 1990
M. Goodchild & S. Gopal: Accuracy of Spatial Databases. Taylor and Francis, London 1990
M. Didier: Utilité et Valeur de l'Information Géographique. Conseil National de Línformation géographique, Paris 1990
J. Star & J. Estes: Geographic Information Systems - an Introduction. Prentice Hall, Englewood Cliffs, 1990
K.M.S. Allen, St.W. Green & E.B.W. Zubrow: Interpreting space: GIS in archaeology. Taylor & Francis, London, 1990
M. Ashdown, J. Schaller: Geographische Informationsysteme und ihre Anwendung in MAB-Projekten, Ökosystemforschung und Umweltbeobachtung, Deutsche Nationalkomitee für das UNESCO Programm "Der Mensch und die Biosphäre" (MAB) 1990
H.J. Scholten & J.H. Stillwell: Geographical Information Systems for Urban and Regional Planning. Kluwer Academic Publisher, Dordrecht, 1991
R. Bill, D. Fritsch: Grundlagen der Geo-Informationssysteme, Hardware, Software und Daten. Wichmann Verlag, Karlsruhe. 1991
Marguire, Goodchild, Rhind: Geographic Information Systems: Principles and Applications.
W. Huxhold: Introduction to Urban GISs. Oxford University Press, 1991
D. Tomlin: GIS and Cartographic Modelling. Prentice Hall, Comumbus, Ohio, 1990
J. Raper: Three-Dimensional GIS.

6 Literatur: Zeitschriften

Geo-Informations-Systeme: Wichmann Verlag, Karlsruhe (D)
Mapping Awareness and Integr.Spatial IS: Miles Arnold Publication, Oxford (UK)
Geographical Information Systems: Taylor & Francis, London
GIS World: Inc., Ft.Collins, CO, USA
GIS Sourcebook: GIS World Inc., Ft.Collins, CO., USA
ARC News: ESRI, Redlands, Cal., USA
Karlsruher Geoinformatik Report: Institut für Geographie und Geoökologie, Universität Karlsruhe (D), Karlsruhe
La GISETTE de CASSINI: MGM-GIP Reclus, Montpellier (F)

7 Videos

Handling Geographic Information: The Barry Wiles Film and Video Library, Kent ME10 1NQ
GIS and the National Park Service; National Park Services Geographic Information Systems, Denver, Colorado 80225-0287
The GRASS Story: Institute for Technology Development, John C. Stennis Space Center, Mississippi 39529
Community Benefit of Digital Spatial Information: Joint Nordic Project, N-4801 Ardenal
Ontario: Progress Through Technology: Geographical Information Services, Surveys, Mapping and Remote Sensing Branch, North York, Ontario M2N 3A1
The New World of Geographic Information Systems: American Congress on Surveying and Mapping, Falls Church, Virginia 22046

8 Ausstellungen, Konferenzen

AGIT-Symposium in Salzburg (Juli 92) (deutsch)
SIG-GIS in Paris (17.3..-20.3.1992) (englisch/französisch)
EGIS in München (23.3.-26.3.92) (englisch)
KA-GIS in Karlsruhe (Dezember 1992) (deutsch)
AGI (Assoc. for Geographic Informaion) in Birmingham (20-22.11.91)
Mapping Awarness 92 in London

Zukunftsorientierte Weiterbildung in der Graphischen Datenverarbeitung (GDV)

Diplom-Kauffrau Silke Geisler

Fachzentrum für Graphische Datenverarbeitung und EDV GmbH, Klingenderstraße 10 - 14, D-4790 Paderborn

Innovation, Wachstum und Strukturwandel gehen Hand in Hand. Insbesondere die Geowissenschaften sind stark durch den technischen Fortschritt geprägt worden. Dementsprechend haben sich auch die Berufsbilder verändert; aus Geographen, Karthographen, Vermessungsingenieuren etc. sind zunehmend Fachleute für elektronische Informationsgewinnung und -verarbeitung geworden.

Die bislang übliche Ausbildungspraxis hat mit der technischen Entwicklung nicht Schritt halten können. Auf dem Arbeitsmarkt kann daher die große Nachfrage nach GDV-geschultem Personal nicht befriedigt werden. GDV-Weiterbildung ist damit zu einer zwingenden Notwendigkeit geworden.

Das Fachzentrum für Graphische Datenverarbeitung und EDV GmbH (FGE) hat sich auf die Aus- und Weiterbildung im Bereich des Automated Mapping spezialisiert. Unsere Maßnahmen tragen dazu bei, den am Markt bestehenden Mangel an Fachpersonal zu reduzieren und den Lehrgangsteilnehmern ein interessantes Berufsfeld mit vielfältigen Entwicklungsmöglichkeiten zu eröffnen. In enger Zusammenarbeit mit der Praxis haben wir Ausbildungskonzepte erarbeitet, die auch zukünftigen Anforderungen gerecht werden.

Bildungsangebot

Im Bereich der GDV bieten wir ein umfassendes Weiterbildungsprogramm an. Es gliedert sich in die Bereiche:

Unternehmensstruktur FGE

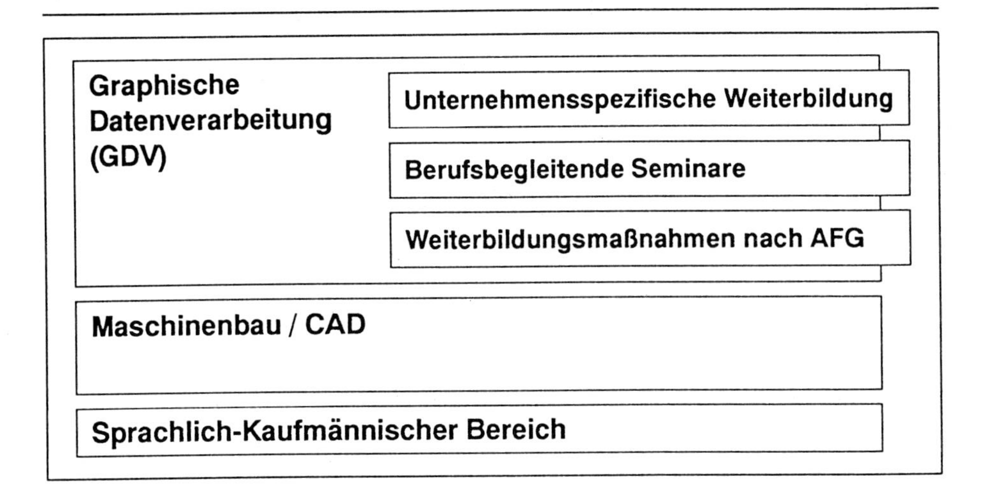

Unternehmensspezifische Weiterbildung

Alle Unternehmen, die die Einführung oder den weiteren Ausbau der Graphischen Datenverarbeitung planen, stehen vor dem Problem, ihre Mitarbeiter entsprechend auf diese Aufgabe vorbereiten zu müssen. Zu diesem Zweck erstellen wir ein Ausbildungskonzept, das Ihnen vor Ort eine "maßgeschneiderte" Weiterbildung auf fast allen marktgängigen Systemen ermöglicht.

Berufsbegleitende Seminare

In unseren Kurzlehrgängen und Seminaren, wozu auch die alljährlichen Paderborner GDV-Tage gehören, greifen wir neben grundsätzlichen Themen auch aktuelle Probleme und Trends in der Graphischen Datenverarbeitung auf.

Weiterbildungsmaßnahmen nach Arbeitsförderungsgesetz (AFG)

Zu diesen vom Arbeitsamt geförderten Lehrgängen gehören unsere bewährten Weiterbildungsmaßnahmen mit dem Berufsziel GDV-Ingenieur bzw. GDV-Fachkraft. Die Maßnahmen unterscheiden sich hinsichtlich Schwerpunkten und Zielgruppe. Ingenieure aus den Bereichen Vermessungswesen, Bauwesen, Geographie, Karthographie etc. bilden wir zu GDV-Ingenieuren aus. Teilnehmer aus den Berufsfeldern Vermessungstechnik, Technisches Zeichnen, Bauzeichnen u. ä. schulen wir zu GDV-Fachkräften.

Weiterbildungsmaßnahmen nach AFG

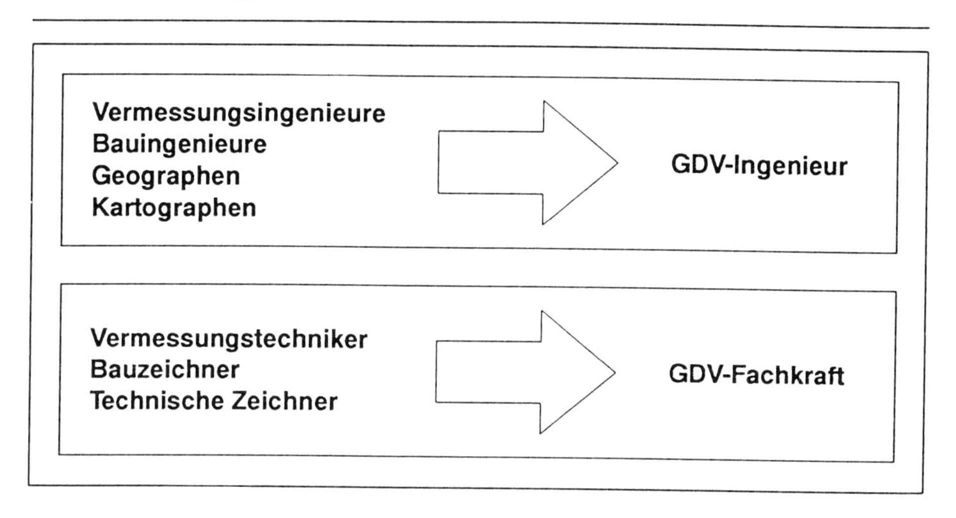

Lehrinhalte

Gemeinsam ist beiden Maßnahmen die Vermittlung vermessungstechnischer Grundlagen sowie fundierter Kenntnisse in EDV und GDV. Unterschiede gibt es aber in den Schwerpunkten; so liegt das Verhältnis von Theorie- und Anlagenpraxis bei den Fachkräften etwa bei 50:50, bei den Ingenieuren dagegen etwa bei 60:40, da hier den Programmier- und Systemmanagementkenntnissen höherer Wert beigemessen wird.

In den Bereichen EDV und GDV stehen folgende Themenkomplexe auf dem Stundenplan:

EDV:

- Betriebssysteme (VMS, BS 2000/SINIX, MS-DOS)
- Programmierung, vornehmlich in FORTRAN 77
  - Entwicklung anwenderspezifischer Funktionen und Routinen
  - Programmierung von Schnittstellen für den Datenaustausch
- Systemverwaltung

GDV:

- Aufbau und Funktionsweise der eingesetzten Softwareprodukte (GRADIS 2000, SICAD, INTERGRAPH MicroStationPC, CADdy, Procart)
- Datenstrukturen und ihre Auswirkung auf die Methodik der Datenerfassung
- Erstellung von Digitalisiervorschriften und Menüfeldern
- Automatische Digitalisierung
- Verfahren zur Datenprüfung

Darüber hinaus sind folgende Merkmale für unsere Ausbildung charakteristisch:

Charakteristische Ausbildungsmerkmale

- ☐ Starke Praxisorientierung
- ☐ Systemneutralität
- ☐ Aktuelle Ausbildungsinhalte
- ☐ Bewährtes Unterrichtskonzept
- ☐ Fachübergreifende Schulung

- Starke Praxisorientierung

  Da wir aus der Praxis kommen, kennen wir deren Probleme nicht nur vom Hörensagen. Das spiegelt sich vor allem in den Ausbildungsinhalten wider. Wir verwenden aktuelle Beispiele aus dem betrieblichen Alltag und arbeiten an Originalvorlagen. Eine starke Orientierung an den in der Praxis üblichen Arbeitsabläufen ist selbstverständlich.

  Diesem Ziel tragen wir auch durch den hohen Anteil an Anlagenpraxis Rechnung. Weiterhin ist die Absolvierung eines Praktikums fester Bestandteil unserer Ausbildung. Hier kann das Gelernte in die Praxis umgesetzt werden. Wir vermitteln unsere Teilnehmer je nach beruflicher Vorbildung an Ingenieurbüros, Energieversorgungsunternehmen sowie die Träger der öffentlichen Verwaltung.

- Systemneutralität

  Größten Wert legen wir auf eine möglichst systemneutrale Ausbildung. Um dieser Zielsetzung gerecht zu werden, setzen wir folgende Systeme ein:

  - Siemens/SICAD
  - STI/GRADIS 2000
  - condata/Procart
  - INTERGRAPH/MicroStationPC
  - Ziegler/CADdy

  Damit sind sowohl Anlagen der mittleren Datentechnik als auch PC-Systeme gleichermaßen vertreten. Auf diese Systemvielfalt sind wir stolz. Unsere Absolventen haben so die Gewißheit, für die Praxis bestens gerüstet zu sein. Und für die späteren Arbeitgeber reduziert sich der Einarbeitungsaufwand erheblich, da die neuen Mitarbeiter mit Hard- und Software genauestens vertraut sind.

Eingesetzte GDV-/CAD-Systeme

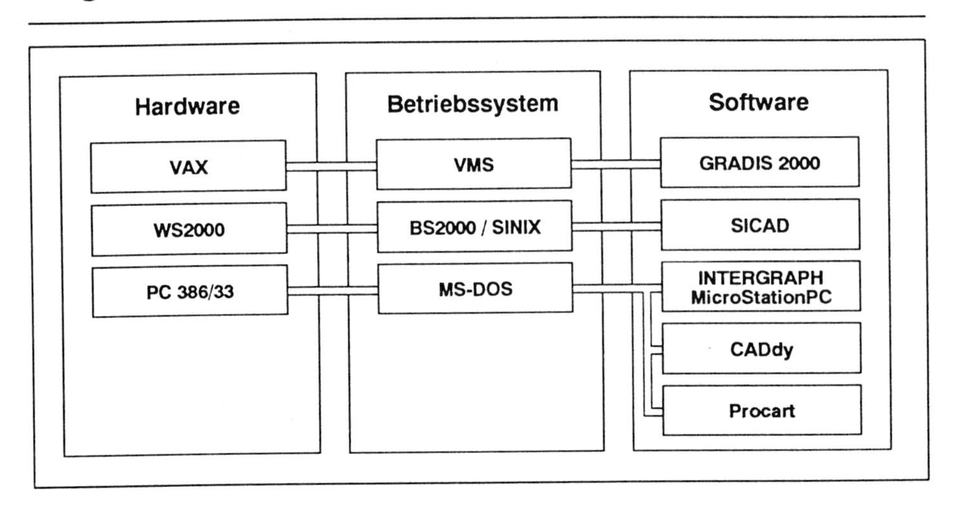

- Aktuelle Ausbildungsinhalte

  Durch unsere starke Verbindung zur Praxis nehmen wir unmittelbar an allen wichtigen neuen Entwicklungen teil und werden ständig mit den neuesten Anforderungen konfrontiert. Es ist unser Ehrgeiz, sie so schnell wie möglich in unsere Ausbildung zu integrieren. Als unabhängiger Bildungsträger haben wir dazu alle Möglichkeiten.

- Bewährtes Unterrichtskonzept

  Die Akzeptanz unserer Absolventen auf dem Arbeitsmarkt zeigt uns, daß wir mit unserem Ausbildungskonzept richtig liegen. Die enge Zusammenarbeit mit potentiellen Arbeitgebern bei der Gestaltung der Lehrpläne zahlt sich für die Lehrgangsteilnehmer in hervorragenden Vermittlungsquoten und für die zukünftigen Arbeitgeber durch einen minimalen Einarbeitungsaufwand aus.

- Fachübergreifende Schulung

  Wir schulen interdisziplinär und vermitteln somit breit angelegtes Wissen. In Theorie und Praxis wird den Lehrgangsteilnehmern das Zusammenspiel und das Ineinandergreifen der einzelnen Bereiche Vermessung/Karthographie, EDV und GDV nahegebracht. Interdisziplinäres Wissen zahlt sich aus, denn viele Problemlösungen in der GDV, wie z.B. der automatisierte Datenfluß, sind aus der Verknüpfung der Einzeldisziplinen entstanden. Zudem eröffnet die breite Palette an Wissen den Kursteilnehmern vielfältige Einsatzbereiche.

Eine abschließende Graphik verdeutlicht den Arbeitsmarkt für GDV-Ingenieure und GDV-Fachkräfte:

Arbeitsmarkt

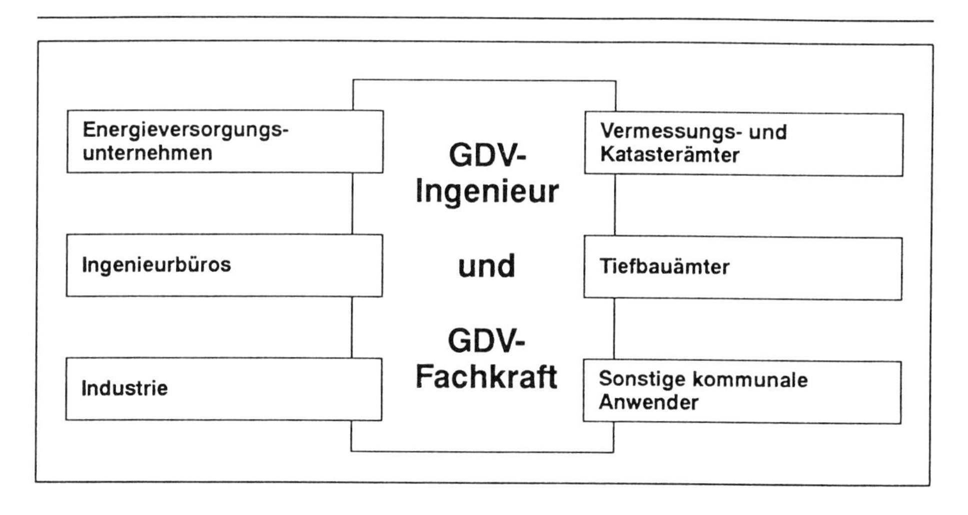

OSU MAP-for-the-PC
Ein Low-Cost-GIS für die Ausbildung

Martin Lenz, Hans-Georg Schwarz-von Raumer
Institut für Geographie und Geoökologie der Universität Karlsruhe
Kaiserstr. 12, D-7500 Karlsruhe 1

1 Einleitung

Die Behandlung und der Einsatz Geographischer Informationssysteme (GIS) in der Lehre als Teilbereich Geographischer Informationsverarbeitung, Angewandter Geographischer Informationstechnologie und/oder Geoinformatik nimmt in Disziplinen wie Geographie, Geologie, Photogrammetrie, Landschafts- und Raumplanung zu.

Das unter Federführung von D. F. Marble an der Ohio-State-University (OSU) entstandene Programm OSU MAP-for-the-PC (Vers. 3.01) steht in der Tradition des 'Map Analysis Package' (MAP), das von C. D. Tomlin an der Harvard und der Yale Universität für Großrechner und Personal Computer entwickelt wurde. Es handelt sich bei MAP um mehrere Computerprogramme zur Eingabe, Speicherung, Manipulation, Analyse und Darstellung von geographischen Informationen. MAP ist das Ergebnis von zu dieser Zeit existierenden Geographischen Informationssystemen wie SYMAP, GRID, IMGRID und der von Tomlin entwickelten Methodik geographischer Datenverarbeitung (Tomlin 1983, 1990). Zum Testen und zur Weiterentwicklung ist das MAP-Programm an verschiedene Universitäten verteilt worden, woraus diverse Abkömmlinge wie MAP für VAX, DEC10 und PDP11 (Berg, Lith u. Roos 1984), MAP II und macGIS für Macintosh (Cartwright 1990a, 1990b), pMAP (Berry 1987) und OSU MAP-for-the-PC entstanden.

Das Map Analysis Package und dessen Derivate wurden mehrfach in Forschungsprojekten eingesetzt. Kertesz, Markus u. Mezosi (1990) bewerteten, u. a. mit MAP-for-the-PC, die Ästhetik der Landschaft am Balaton-See (Ungarn). Das Lehr- und Forschungsgebiet Landschafts- und Grünordnungsplanung der Universität Kaiserslautern bearbeitete mit dem Map Analysis Package im Rahmen des Forschungsvorhabens "Landschafts-Informationssystem Eisenberg" verschiedene Fallstudien, so z. B. eine (Teil-) UVP-Wohnbaulandausweisung (siehe Buhmann 1986: 32; Buhmann u. Wüst 1988: 163-166). Widera führte mit MAP eine Raumempfindlichkeitsanalyse am Beispiel einer

Standortbewertung und -suche für eine Abfallentsorgungsanlage durch. Relativ konfliktarme Standorte für die Abfallentsorgungsanlage sollten ermittelt und die auftretenden Konflikte dargestellt werden (Widera 1990).

In diesem Beitrag werden die Einsatzmöglichkeiten des Karten-Analyse-Programmes OSU MAP-for-the-PC (Vers. 3.01) und dessen Eignung in der GIS-Ausbildung an einem Lehrbeispiel vorgestellt.

2 Möglichkeiten von OSU MAP-for-the-PC

OSU MAP-for-the-PC ist ein rasterorientiertes Geographisches Informationssystem, in dessen Zellen Informationen qualitativer und quantitativer Art gesammelt werden können (Zellen-/Gittergeographie). Das GIS besteht aus verschiedenen Programmroutinen, mit welchen sich eine aus mehreren Karten ('layers', 'coverages') bestehende Datenbasis bearbeiten läßt. Diese analytischen Funktionen können flexibel zu verschiedenen komplexen Prozeduren kombiniert werden.

Die Verarbeitungsmöglichkeiten von OSU MAP-for-the-PC lassen sich in *Overlay-Operationen* (Verknüpfung von Karten), *Reklassifikationsoperationen*, *Distanzanalysen*, *Gestaltanalysen*, *'DGM'-Analysen* (Auswertungen des Digitalen Geländemodells) und *Statistische Analysen* einteilen (siehe Abb. 1). Zudem stehen Befehle zur *Datenein-* und *-ausgabe* sowie *Utilities* und *Stand-alone-Utilities* zur Verfügung.

Im folgenden wird der Befehlsumfang und die damit verbundenen Möglichkeiten von OSU MAP-for-the-PC vorgestellt.

Overlayoperationen: Zur Verknüpfung von Karten stehen die mathematischen Grundfunktionen Addieren (ADD), Subtrahieren (SUBTRACT), Multiplizieren (MULTIPLY), Dividieren (DIVIDE) und Potenzieren (EXPONENTIATE) der Werte einer Karte mit den Werten anderer Karten, die Ermittlung des kleinsten und größten Wertes (MINIMIZE, MAXIMIZE) und die Durchschnittsberechnung (AVERAGE) zur Verfügung. So berechnet AVERAGE beispielsweise eine neue Karte, durch Bildung des arithmetischen oder gewichteten Mittels von zwei oder mehr Karten. Die Berechnung erfolgt zellenweise, die Division wird ganzzahlig durchgeführt (Rundungsfehler). Mit dem Befehl COVER wird durch Ersetzen der 0-Werte in der zweiten Karte durch die entsprechenden Werte der ersten Karte die erste Karte überdeckt. CROSS bildet aus zwei Karten, durch explizit definierte Paarbildung von Werten dieser zwei Karten, eine neue Karte.

Reklassifikation: RENUMBER erzeugt eine neue Karte, indem den Werten oder Wertebereichen der Eingabekarte explizit neue Werte zugewiesen werden (Recodierung). SLICE teilt die Spannweite der Werte in äquidistante Intervalle und nummeriert die Werte ordinal (Klassenbildung). Mittels selbst- oder vordefinierten 3x3-Masken (Rasterzelle und die acht direkten Nachbarn) können mit FILTER Glättungen oder Kontrastierungen durchgeführt werden. SORT ordnet die Werte einer Karte vom kleinsten zum größten Wert und weist diesen in der neuen Karte die Ränge (1, 2, ...) zu.

Distanzanalysen: SPREAD mißt die kürzeste Entfernung zwischen einer angegebenen Region und allen Zellen, die außerhalb dieser Region und innerhalb eines bestimmten Radius von der Region entfernt liegen (Abstandszonen).

Gestaltanalysen: CLUMP erzeugt eine Karte, in der nichtzusammenhängende Gebiete gleicher Ausprägung 'getrennt', d.h. mit eigener Kennung versehen werden. Mit EULER wird jeder Rasterzelle als Homogenitätsmaß jener 'Euler-Index' zugewiesen, der sich aus den zur jeweiligen Ausprägung in der Ausgangskarte gehörenden Flächen ergibt. Der 'Euler-Index' berechnet sich nach der Formel "1 - Anzahl der 'Löcher' in der Fläche + Anzahl der Flächenstücke". SIZE ordnet, entsprechend der Verbreitung einer Aus-

	Punkt-operationen	Klassen-operationen	Nachbarschafts-operationen
Overlayoperationen	• ADD • SUBTRACT • MULTIPLY • DIVIDE • EXPONENTIATE • AVERAGE • MAXIMIZE • MINIMIZE • CROSS • COVER		
Reklassi-fikation	• RENUMBER • SLIZE	• SORT	• FILTER
Distanz-analysen			• SPREAD
Gestalt-analysen		• SIZE	• CLUMP • EULER • SURVEY
'DGM'-analysen			• DIFFERENTIATE • PROFILE • ORIENT • DRAIN • RADIATE
Statistische Analysen		• DESCRIBE • SCORE	• SCAN

Entwurf, Graphik: M. Lenz 4/91

Abb. 1: Analysefunktionen von OSU MAP-for-the-PC

prägung, den Rasterzellen einen neuen Wert zu (Anzahl der Rasterzellen), während SURVEY einen Konvexitätsindex berechnet, wobei dem Kreis als konvexeste Form theoretisch der maximale Wert 100 zugeordnet wird.

'DGM'-Analysen: Auswertungsmöglichkeiten des Digitalen Geländemodells (DGM) bieten die Operationen DIFFERENTIATE, ORIENT, PROFILE, DRAIN und RADIATE. DIFFERENTIATE erzeugt eine Hangneigungskarte (Neigung der Normalebene oder maximale Neigung zu den acht direkten Nachbarzellen). ORIENT berechnet die azimutale Exposition von Hängen (Himmelsrichtung oder Grad gegen Nord). PROFILE erzeugt eine Karte, in der jeder Rasterzelle der Winkel zwischen der entsprechenden Zelle in der Ausgangskarte und den zwei Nachbarn einer vorgegebenen Richtung zuordnet wird (z. B. zur Erzeugung von Schummerungseffekten). DRAIN berechnet, von benutzerdefinierten Startpunkten ausgehend, den steilsten Weg 'bergab' über eine Oberflächenkarte, bis dieser in einer Vertiefung endet. RADIATE dient der Ermittlung von Sichtbarkeitsbeziehungen.

Statistische Analysen: Aus zwei Karten wird durch SCORE eine Kreuztabelle der Ausprägungskombinationen erzeugt und als ASCII-File abgespeichert. DESCRIBE informiert über eine angegebene Karte (Name, Maßstab, Schutzstatus, Legendenbeschriftung und Häufigkeit der einzelnen Werte). SCAN berechnet einen Wert als Resultat einer definierten statistischen Funktion (z. B. Häufigkeiten) aus den Ausgangswerten einer definierbaren Nachbarschaft.

Zur *Ausgabe* der Karten auf Bildschirm, Datei oder Drucker stehen mehrere Befehle zur Verfügung. Mit COLOR wird jedem Wert für die Bildschirmausgabe eine Farbe zugewiesen. Da der erweiterte MS-DOS Graphik-Adapter (EGA) nur 15 Farben und Schwarz darstellen kann, rechnet OSU MAP-for-the-PC bei Werten größer 15 und kleiner Null modulo 16, so daß die Werte dann nicht mehr eindeutig zu identifizieren sind. Zwar können Werte größer 15 bzw. kleiner 0 bearbeitet werden, aber da OSU MAP-for-the-PC für die Darstellung dieser Werte modulo 16 rechnet, werden z. B. die Werte 20, 164 und -4 mit der gleichen Farbe (oder dem gleichen Raster) wie der Wert 4 dargestellt. Zur Vermeidung von Fehlinterpretationen sollte, in diesen Fällen, eine Rekodierung mittels der Befehle 'RENUMBER' oder 'SLICE' durchgeführt werden. Die Angabe der Option ON PLOTTER erlaubt die Ausgabe auf einem Hewlett Packard oder kompatiblen Plotter.

Mit CONTOUR wird eine Isolinien-Karte auf dem Bildschirm ausgegeben. DRAPE erlaubt die Darstellung einer thematischen Karte über einem 3D-Modell. DUMP schreibt die Werte einer Karte in einen ASCII-File. POSTSCRIPT unterstützt postscriptfähige Laserdrucker. Ein ASCII-File, der die Postscriptbefehle enthält, wird angelegt. Ein vom Benutzer ausgewählter Teilbereich der angegebenen Karte kann durch RESPACE vergrößert auf dem Bildschirm dargestellt werden (Zoom). 16 verschiedene schwarz-weiß-Raster stehen bei der Darstellung mit SHADE zur Verfügung. SURFACE erzeugt ein 3-dimensionales 'Fischnetz'-Bild.

Zur *Dateneingabe* stehen neun Befehle zur Verfügung. GRID weist den Zellen einer Reihe neue Werte zu. LABEL ordnet den Werten einer Karte Bezeichnungen zu. MAP erzeugt eine Karte mit konstantem Wert. NARRATE erlaubt dem Benutzer die Eingabe einer 11 Zeilen langen Beschreibung der Karte. PLPMAP konvertiert Punkt-, Linien- und Polygon-Daten aus einem in SAS-Format vorliegenden ASCII-File. POINT ordnet einer Rasterzelle einen neuen Wert zu. Mit SCALE wird der Maßstab einer Karte definiert. Mit STRIP kann eine Rasterzeile eingegeben werden ('run-length'-Kodierung). TRACE erlaubt dem Benutzer die Eingabe eines Polygonzuges, wobei die Eckpunkte einzugeben sind.

Zudem stehen verschiedene *Utilities* zur Verfügung. COPY kopiert eine Karte. ECHO schaltet die beschreibenden Hinweise beim Programmablauf aus oder ein. EXPLAIN gibt eine kurze verbale sowie eine Syntax-Beschreibung des angegebenen Befehls. EXPOSE setzt den Schutz-Status einer Karte um, so daß die Karte nicht mehr gegen Änderungen geschützt ist. FIND ermöglicht das interaktive Editieren der Rasterzellen. INFORM informiert über die Werte von bestimmten Programmparametern (z. B. maximale Anzahl der Karten etc.). LIST zeigt die Karten der aktuellen Datenbasis mit Namen, Kartennummer, Maßstab und Schutz-Status. Mit PALETTE kann der Benutzer zwischen verschiedenen vorherbestimmten oder selbstdefinierten Farbkombinationen durch Angabe der gewünschten Farbskala wählen (Stand-alone-Utility PAL). Mit PAUSE kann ein Batch-File für eine bestimmte Zeit bzw. bis zum nächsten Tastendruck unterbrochen werden. PROTECT schützt eine Karte gegen Änderungen. READ definiert die Eingabeperipherie der Anweisungen (Tastatur oder Batch-File), WRITE die Ausgabeperipherie für Text (ASCII-File, Bildschirm oder Drucker), womit z. B. ein Logbuch angelegt werden kann. STOP beendet das MAP-for-the-PC-Programm. ZAP löscht eine bestehende Karte aus der Datenbasis.

OSU MAP-for-the-PC stellt mehrere *Stand-alone-Utilities* zur Verfügung. ARCTOMAP konvertiert pcARC/INFO-NAS-Files in das OSU MAP-for-the-PC-Format. MINMAX berechnet die Dimensionen eines Files, welcher mit PLPMAP benutzt werden soll. OLD2NEW setzt alte Datenbestände (MAP-for-the-PC Vers. 2.0) in das neue Datenformat um. OSUGRID erzeugt *.DAT-Files im GRID-Format. Das Programm PAL ermöglicht den Aufbau eigener Farbpaletten. PRTSCR aktiviert die Möglichkeit, Screen-Dumps durchzuführen. SUBNAS kreiert einen Ausschnitt einer in NAS-Format vorliegenden Datenbasis.

3 Daten für MAP-for-the-PC

Als Raster-GIS speichert und bearbeitet OSU MAP-for-the-PC Karten in Form von Matrizen, deren Elemente aus ganzzahligen Merkmalsausprägungen des Kartenthemas bestehen. Es sind dabei sowohl Polygone wie auch Linien und Punkte in Rastern darstellbar. Die geographische Genauigkeit hängt dabei allerdings von der gewählten Auflösung, d.h. der Maschenbreite des Rastergitters ab. Eine exakte Verortung von Koordinaten, wie in einem Vektor-GIS, ist aber nicht möglich.

Der Schlüssel zum sinnvollen und erfolgreichen Einsatz von OSU MAP-for-the-PC liegt in der Lösung des Problems der Erstellung einer geeigneten Datenbasis. Diese muß nämlich in von OSU MAP-for-the-PC einlesbaren ASCII-Files vorliegen und kann nur in begrenztem Umfang und für kleine Rastermatrizen manuell eingegeben werden. In der Regel wird man auf digitale Bilder (z. B. durch Scannen) oder digitalisierte Karten zurückgreifen und diese selbst oder mit den zum Programm gelieferten Utilities aufrastern müssen. Vorhandene Karten sollten digitalisiert und anschließend in Rasterdaten konvertiert werden, da Flächeninformationen möglichst flächenscharf erfaßt, vorgehalten und verarbeitet werden sollten (Buhmann u. Wüst 1988).

Dabei ist zu beachten, daß MAP-for-the-PC nur mit ganzzahligen Werten rechnen kann. Die größtmöglichen Werte sind ±32767, wobei MAP-for-the-PC, wie erwähnt, nur 16 Farben darstellen kann.

Beim erstmaligen Gebrauch einer Datenbasis muß ein ASCII-Batchfile (mit der Extension '.DAT') in dem aktuellen Laufwerk von OSU MAP-for-the-PC vorhanden sein. Dieser File enthält die Anzahl der Zeilen und Spalten, die max. Anzahl der Karten und die Rastergröße der zu erstellenden Datenbasis und Befehlszeilen, wie sie ansonsten von der Tastatur einzugeben sind. Die letzte Zeile *muß* den Ausdruck 'READ FROM KEYBORAD' enthalten. Dies bewirkt den Übergang vom Lesen des Batchfiles zum interaktiven Modus des Programmes.

Die Befehle GRID und STRIP lesen dabei die Attributdaten 'Reihe für Reihe' ein. Bei POINT werden die Daten unter Angabe von Spalte und Zeile eingegeben. TRACE ermöglicht es, Linienzüge zu definieren. Eingegebene oder eingelesene Daten werden in Binärformat konvertiert und in einem eigenen Unterverzeichnis (*.MAP) gespeichert. Weitere Karten können ebenfalls über Batchfiles der Datenbasis hinzugefügt werden.

4 Arbeitsweise

Jede Karte (Overlay) ist eine einfache, spezielle Form einer geographischen Karte, da jede Zelle nur eine einzige thematische Ausprägung haben kann (im Gegensatz z. B. zu topographischen Karten). Es können mit OSU MAP-for-the-PC verschiedene Karten, die Informationen über eine Region enthalten, gespeichert werden. Mit OSU MAP-for-the-PC kann der Benutzer diese räumlichen Daten miteinander verknüpfen und neue Karten erstellen. Die Arbeitsweise besteht dabei in der Regel aus der sukzessiven Ableitung neuer Karten aus bereits vorhandenen Overlays (siehe Ablaufdiagramm Abb. 2).

Die Arbeit mit OSU MAP-for-the-PC ist anweisungsgebunden, wobei zu betonen ist, daß die Syntax der Anweisungen mnemotechnisch und sprachergonomisch gut formuliert ist. Dadurch gelingt der Einstieg in das Programm OSU MAP-for-the-PC relativ schnell. Die Eingabe der Anweisungen erfolgt in einer Befehlszeile am unteren Bildschirmrand, der Hauptteil des Bildschirms ist für die Kartendarstellungen reserviert. Als Beispiel sei die Syntax des RENUMBER-Befehls aufgeführt:

RENUmber <existing layer> Assigning <new value> To <old value> [Through <old value>] [To <old value>] [Assigning ...] [/] [For <new layer>]

Bei der Eingabe des entsprechenden Befehls reicht es, die jeweils großgeschriebenen Buchstaben einzugeben: z. B. reicht bei 'RENUMBER' RENU. Die in eckigen Klammern gesetzten Angaben sind optional. So wird z. B. bei 'RENUMBER', falls keine Ausgabekarte angegeben wird, die Karte X erzeugt oder überschrieben. Die genaue Syntaxvorschrift erhält der Benutzer durch Schreiben des Befehles und anschließendem Drücken der Funktionstaste F2. Dabei bedeuten: [ ] optionale Angaben, { } optional, aber eine Möglichkeit muß eingegeben werden, / eine lange Befehlszeile wird in der nächsten Zeile fortgesetzt, danach ist unbedingt ein Leerzeichen einzugeben und bei < > ist der

Kartenname bzw. der Wert vom Benutzer einzugeben.

Die Arbeit wird durch die Funktionstasten wie Einblenden des Syntax-Diagrammes zum aktuellen Befehl (F2) oder Einblenden der Liste aller Befehle (F5) unterstützt.

5 Ein Lehrbeispiel zur Standortplanung mit OSU MAP-for-the-PC

Im Skigebiet der Idalpe (Ischgl/Tirol) soll ein Berggasthof errichtet werden. Der Standort soll folgende Bedingungen erfüllen:

- Um die bei Skifahrern beliebte Sonnenterrasse anbieten zu können, soll der potentielle Standort nach Süden oder Südwesten orientiert sein (*Sonnenexposition*).
- Die Geländeneigung darf 1 % nicht überschreiten (*Flachheit*).
- Der Standort darf nicht weiter als 100 m von den Pisten entfernt sein (*Pistennähe*).
- Um eine gute Weitsicht zu ermöglichen, sollte der Gasthof über 2300 m liegen (*Weitsicht*).

Zur Standortplanung stehen die Grundkarten HOEHE und SCHAEDEN (Karte 02 [1]; siehe Anhang) zur Verfügung. Das in der Karte HOEHE kodierte Relief erstreckt sich von 1870 m bis 2700 m (Zwergstrauch- und alpine Grasheidestufe). Die durch den Skimassentourismus verursachten und in Karte 02 festgehalten Schäden im Skigebiet Ischgl/Tirol entstammen einer Kartierung von Schwarz (1984).

1. Um eine Übersicht über das Relief zu erhalten, wird die Karte HOEHE neu klassifiziert und eine Höhenschichtenkarte SCHICHT (Karte 01) generiert:

   RENUMBER HOEHE ASS 0 TO 0 THR 189 ASS 1 TO 190 THR 194 /
   ASS 2 TO 195 THR 199 ASS 3 TO 200 THR 204 ASS 4 TO 205 THR 209 /
   ASS 5 TO 210 THR 214 ASS 6 TO 215 THR 219 ASS 7 TO 220 THR 224 /
   ASS 8 TO 225 THR 229 ASS 9 TO 230 THR 234 ASS 10 TO 235 THR 239 /
   ASS 11 TO 240 THR 244 ASS 12 TO 245 THR 249 ASS 13 TO 250 THR 254 /
   ASS 14 TO 255 THR 259 ASS 15 TO 260 THR 270 FOR SCHICHT

   Zur besseren Lesbarkeit dieser Karte, sollte die Legende beschriftet werden. Dies geschieht mit dem Befehl LABEL:

   LABEL SCHICHT
   00 < 1900 M
   01 1900 - 1949 M
   02 1950 - 1999 M
   ...
   14 2550 - 2599 M
   15 > 2600 M
   -1

   Die Eingabe wird mit -1 beendet.

---

[1] Mit dem Befehl POSTSCRIPT wurde eine ASCII-Datei mit Postscript-Befehlen erzeugt. Diese Datei wurde auf Macintosh übertragen und leicht bearbeitet. Die Legendendarstellung wurde verbessert und die Beschriftung ergänzt.

2. Die Expositionsberechnung erfolgt bei OSU MAP-for-the-PC mit dem Befehl ORIENT HOEHE FOR EXPO.

   Nach Beschriftung der Legende mit LABEL [2] erhält man die Karte EXPO (Karte 03). Als potentielle Standorte kommen die süd- und südwestexponierten Hänge in Frage. Alle Flächen, die unter dem entsprechenden Kriterium als Standort geeignet sind, erhalten den Wert 1, alle ungeeigneten Flächen werden mit dem Wert 0 gekennzeichnet. Mit RENUMBER EXPO ASS 0 TO 1 THR 4 ASS 1 TO 5 THR 6 ASS 0 TO 7 THR 9 FOR SONNE wird die Karte SONNE (Karte 04) mit den beiden Ausprägungen 0 (= ungeeignet) und 1 (= geeignet) erstellt.
3. Im nächsten Schritt (siehe auch Abb. 2) wird mittels DIFFERENTIATE HOEHE FOR NEIGUNG die Karte 05 generiert. Die geeigneten Flächen werden mit RENUMBER NEIGUNG Ass 1 To 0 THR 1 Ass 0 To 2 THR 12 FOR FLACH ausgewählt.
4. Eine gute Weitsicht ist ab einer Höhenlage von 2300 m gewährleistet. Mit RENUMBER HOEHE ASS 0 TO 0 THR 229 ASS 1 TO 230 THR 280 FOR SICHT erhält man die 0/1-Eignungskarte SICHT.
5. Um der Bedingung Pistennähe Genüge zu tun, wird die Karte SCHAEDEN mit dem Befehl RENUMBER SCHAEDEN ASS 1 TO 1 THR 9 FOR PISTEN neuklassifiziert. Ergebniskarte ist die Karte PISTEN mit den Ausprägungen 0 (= keine Piste) und 1 (= Piste).

   Mit dem Befehl SPREAD PISTEN TO 10 FOR PISTDIST werden Abstandszonen um die Skipisten berechnet. Aus der resultierenden Karte PISTDIST (Karte 06) wird durch Neuklassifikation eine Karte PISTNAH mit den jeweils geeigneten Flächen erzeugt. Der Befehl lautet: RENUMBER PISTDIST ASS 1 TO 1 THR 2 ASS 0 TO 3 THR 10 FOR PISTNAH.
6. Die Gesamtbewertung der potentiellen Standorte erfolgt mit ADD SONNE TO FLACH TO SICHT TO PISTNAH FOR WERT. Die Ergebniskarte WERT (Karte 07) zeigt die Werte von 0 bis 4 Punkten.
7. Zur besseren Orientierung über die potentiellen Standorte mit 4 Punkten erstellen wir eine Karte mit den Skipisten, den potentiellen Standorten und den Höhenschichten. Dazu wird mit RENUMBER eine neue Höhenschichtenkarte SCHICHTK mit nur neun Klassen, mit CROSS WERT WITH PISTEN ASS 15 TO 4 0 ASS 14 TO 0 1 ASS 14 TO 1 1 ASS 14 TO 2 1 ASS 14 TO 3 1 FOR ERGEB eine erste Ergebniskarte mit Skipisten und potentiellen Standorten erzeugt. Mit COVER SCHICHTK WITH ERGEB FOR ENDKARTE wird die Ergebniskarte der Höhenschichtenkarte überlagert und zur besseren Darstellung mit RENUMBER ENDKARTE ASS 0 TO 14 FOR ENDKARTE in der Endkarte (Karte 08) den Skipisten der Wert 0 (d. h. die Signatur weiß) zugewiesen. Eine Übersicht zur beschriebenen Problemlösung der Standortsuche zeigt Abb. 2.

---

[2] Die Beschriftung der Legenden mit LABEL wurde bei allen Karten durchgeführt. Diese Operation wird im folgenden nicht mehr ausdrücklich erwähnt.

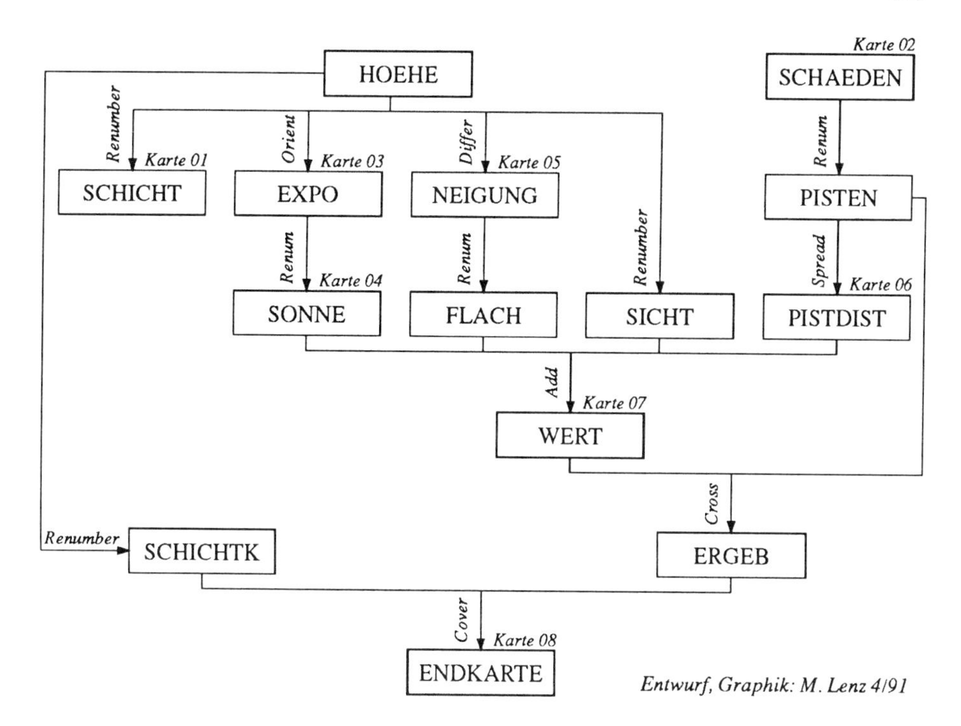

Abb. 2: Ablaufdiagramm

6 Fazit

Das vorgestellte Raster-GIS OSU MAP-for-the-PC besticht zunächst durch das Preis-Leistungsverhältnis. Dem erwähnten Umfang an Analysemöglichkeiten, die das Programm bietet, stehen die Anschaffungskosten von nur $ 115 gegenüber. Zum Programm werden 13 Datenbasen unterschiedlicher Thematik mitgeliefert, so daß die umfangreiche Datenerfassung für den Einsatz in der Lehre entfallen kann. Weiterhin sind die minimalen Hardwarevoraussetzungen mit einem IBM PC/XT oder AT bzw. kompatiblen Rechner, 640 KB Hauptspeicher und einer Karte wie Herkules oder EGA/VGA zu nennen. Ein mathematischer Coprozessor ist nicht notwendig, wird aber, falls vorhanden, unterstützt.

Gegen einen professionellen Einsatz sprechen allerdings einige unübersehbare Nachteile des Programms:

- Darstellung von nur 16 Farben bzw. Rastern;
- Beschränkung auf 50888 Rasterzellen;
- Datenerfassung durch Digitalisierung nur mit anderen Programmen;
- beschränkte Ausgabemöglichkeiten der Bildschirmdarstellung bei DRAPE, CONTOUR und SURFACE.

Zur Einführung in die GIS-Verarbeitung von Rasterdaten stellt OSU MAP-for-the-PC, aufgrund seiner überschaubaren Benutzerführung und der Zerlegung der Datenverarbeitungsprozesse in einfache Schritte, allerdings ein vortreffliches Hilfswerkzeug dar und hat sich in der Ausbildung am Institut für Geographie und Geoökologie der Universität Karlsruhe bislang bewährt. "Diese einfache Struktur ist sicherlich auch ein Grund dafür, daß MAP an sehr vielen Hochschulen und Institutionen, sowohl in den U.S.A. als zwischenzeitlich auch in Europa (so z. B. bei der BFANL), implementiert wurde sowie als vorläufig 'abgemagerte' PC-Version kommerziell zur Verfügung steht" (Buhmann u. Wüst 1988: 162).

Literatur

BERRY, Joseph K. (1987): Fundamental Operations in Computer-assisted Map Analysis. - In: Intenrational Journal of Gegrapical Information Systems 1 (2): 119-136.

BERG, Aart van den / LITH, Jetty van / ROOS, Janneke (1984): MAP: A Set of Computerprograms that provide for Input, Output and Transformation of Cartographic Data. - In: Methodology in Landscape Ecological Research and Planning : Proceedings of the First Seminar of the International Association of Landscape Ecology (IALE) Vol. III: Methodology of Data Analysis / hrsg. von J. Brandt, P. Agger. - Roskilde: Universetsforlag GeoRuc, 1984: 101-113.

BUHMANN, Erich (1986): Grafische Datenverarbeitung mit Microcomputern. - In: Garten + Landschaft 96 (9): 29-33.

BUHMANN, Erich / WÜST, Hans Stephan (1987): Landschafts-Informationssystem Eisenberg : Anwendungsmöglichkeiten von Personal-Computern in der Umweltplanung. - In: Natur und Landschaft 63 (4): 160-166.

CARTWRIGHT, John (1990a): MAP II MAP Processor. - In: GIS World 3 (2): 26-28.

CARTWRIGHT, John (1990b): macGIS - In: GIS World 3 (4): 55-56.

KERTESZ, Adam / MARKUS, Bela / MEZOSI, Gabor (1990): Application of a Microcomputer GIS for Environmental Assessment. - In: EGIS '90 : Proceedings Vol. I : First European Conference on Geographical Information Systems, Amsterdam, The Netherlands April 10-13 1990 / hrsg. von JanJaap Harts, Henk F. L. Ottens, Henk J. Scholten. - Utrecht: EGIS Foundation, 1990: 565-574.

MARBLE, Duane F. (1989): OSU MAP-for-the-PC : User's Guide Version 3.0. - Colombus, Ohio: Department of Geography, The Ohio State University.

SCHWARZ, Hans-Georg (1984): Die geoökologischen Auswirkungen des Skimassentourismus auf das alpine Ökosystem, unter besonderer Berücksichtigung der pedologischen Auswirkungen und am Beispiel der Auswirkungen im Skigebiet Ischgl/Tirol. - Karlsruhe (= unveröffentlichte Staatsexamensarbeit)

TOMLIN, C. Dana (1983): Digital Cartographic Modeling Techniques in Environmental Planning. - Yale University (= unveröffentlichte Dissertation)

TOMLIN, C. Dana (1990): Geographic Information Systems and Cartographic Modeling. - Englewood Cliffs, New Jersey: Prentice Hall.

WIDERA, Andreas (1990): Anwendung des Programms MAP für eine Raumempfindlichkeitsanalyse. - In: UVP-report 4 (2): 61-63.

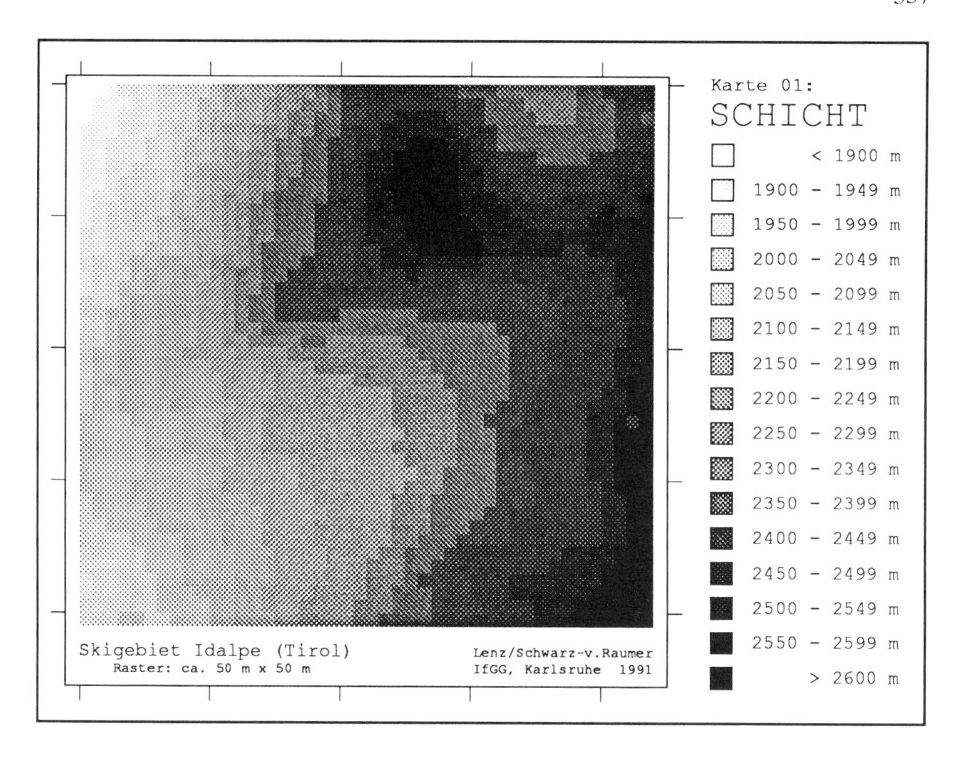
Karte 01:
SCHICHT
< 1900 m
1900 - 1949 m
1950 - 1999 m
2000 - 2049 m
2050 - 2099 m
2100 - 2149 m
2150 - 2199 m
2200 - 2249 m
2250 - 2299 m
2300 - 2349 m
2350 - 2399 m
2400 - 2449 m
2450 - 2499 m
2500 - 2549 m
2550 - 2599 m
> 2600 m
Skigebiet Idalpe (Tirol)
Raster: ca. 50 m x 50 m
Lenz/Schwarz-v.Raumer
IfGG, Karlsruhe 1991

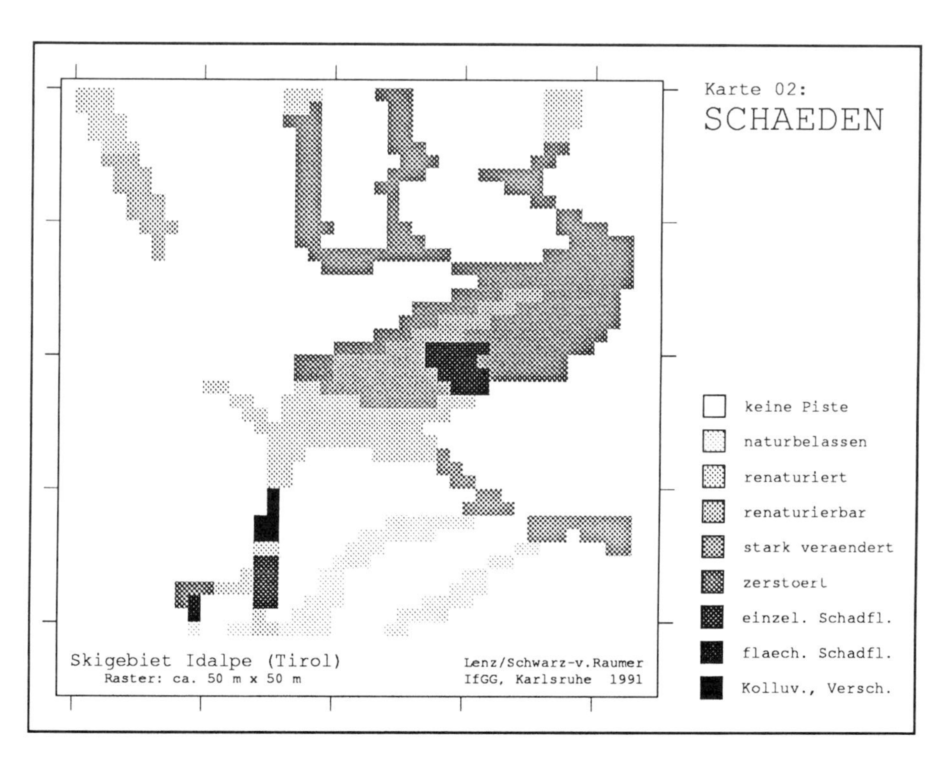
Karte 02:
SCHAEDEN
keine Piste
naturbelassen
renaturiert
renaturierbar
stark veraendert
zerstoert
einzel. Schadfl.
flaech. Schadfl.
Kolluv., Versch.
Skigebiet Idalpe (Tirol)
Raster: ca. 50 m x 50 m
Lenz/Schwarz-v.Raumer
IfGG, Karlsruhe 1991

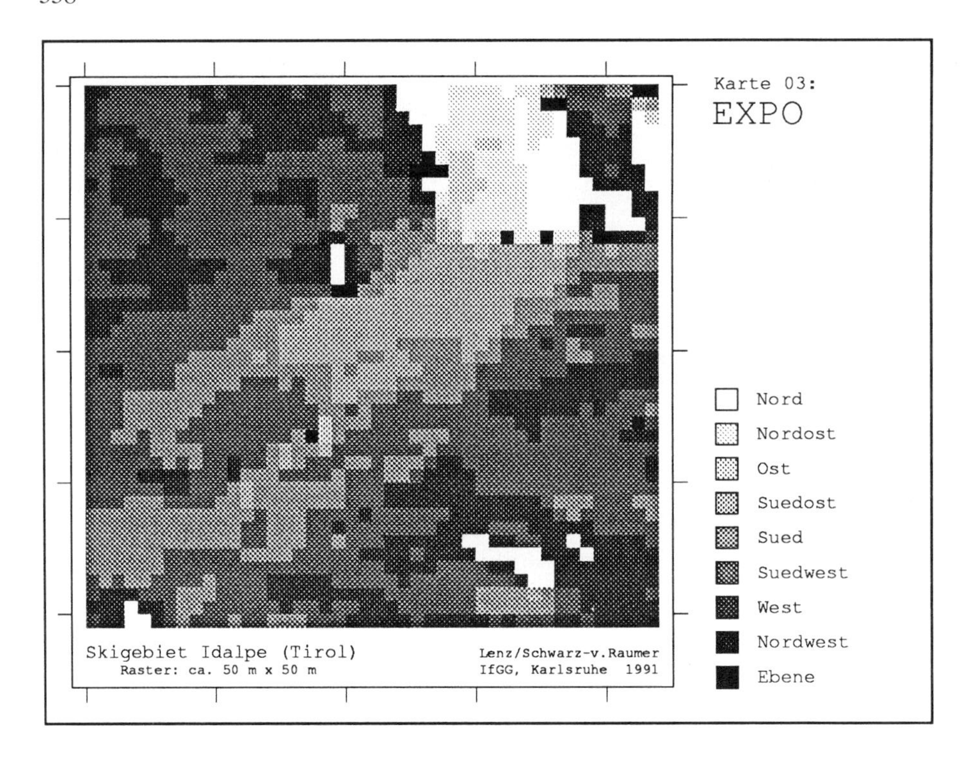
Karte 03:
EXPO
Nord
Nordost
Ost
Suedost
Sued
Suedwest
West
Nordwest
Ebene
Skigebiet Idalpe (Tirol)
Raster: ca. 50 m x 50 m
Lenz/Schwarz-v.Raumer
IfGG, Karlsruhe 1991

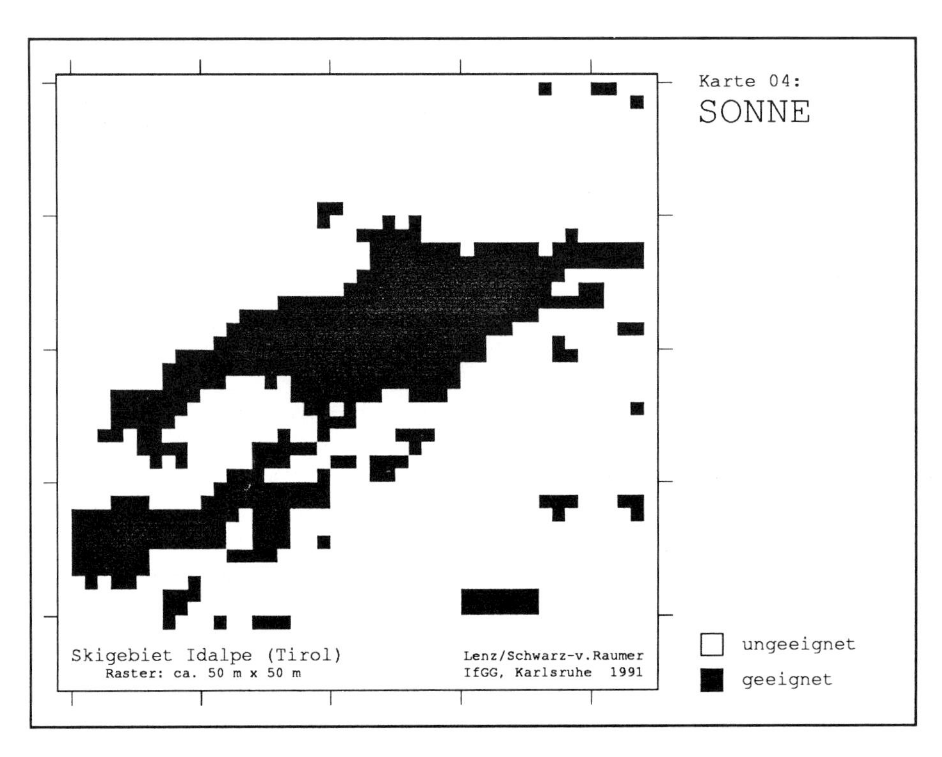
Karte 04:
SONNE
ungeeignet
geeignet
Skigebiet Idalpe (Tirol)
Raster: ca. 50 m x 50 m
Lenz/Schwarz-v.Raumer
IfGG, Karlsruhe 1991

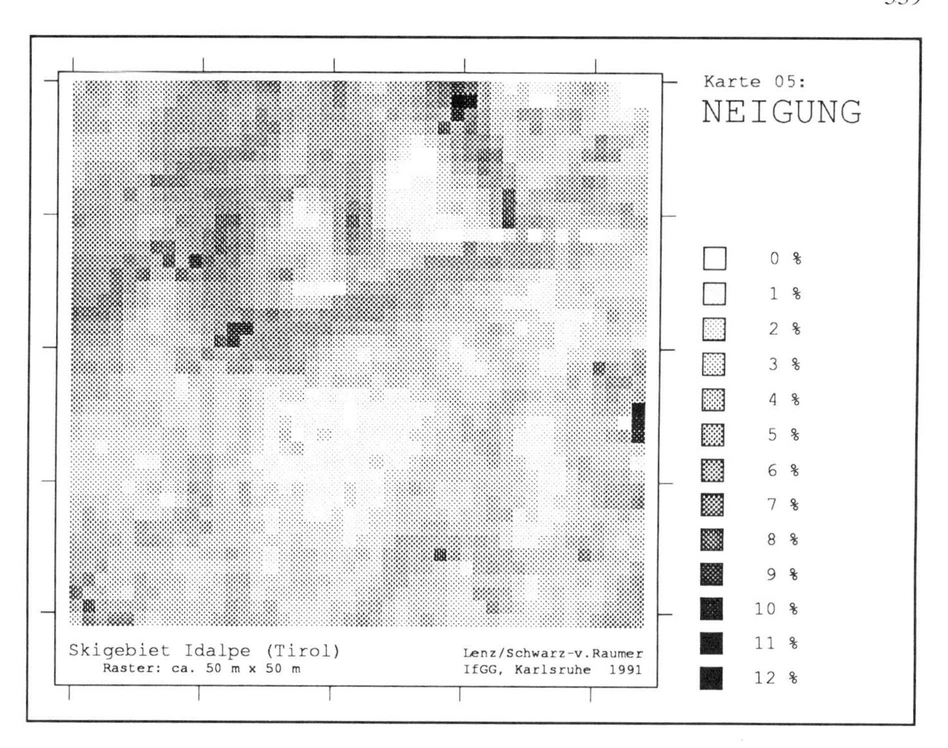
Karte 05:
NEIGUNG
0 %
1 %
2 %
3 %
4 %
5 %
6 %
7 %
8 %
9 %
10 %
11 %
12 %
Skigebiet Idalpe (Tirol)
Raster: ca. 50 m x 50 m
Lenz/Schwarz-v.Raumer
IfGG, Karlsruhe 1991

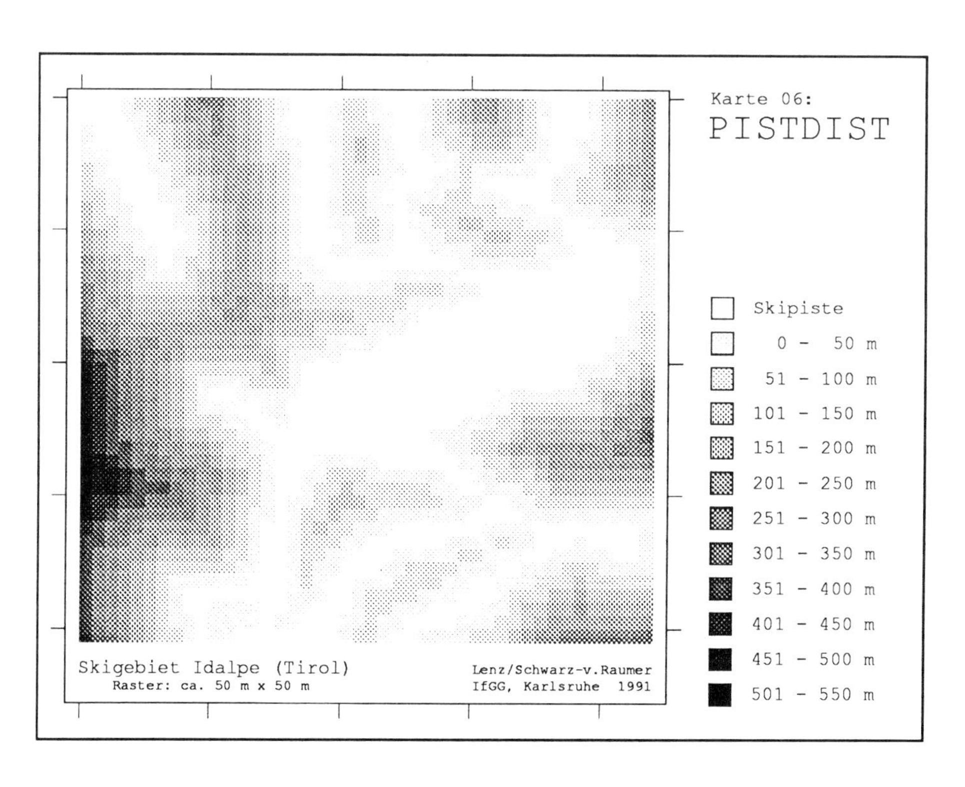
Karte 06:
PISTDIST
Skipiste
0 - 50 m
51 - 100 m
101 - 150 m
151 - 200 m
201 - 250 m
251 - 300 m
301 - 350 m
351 - 400 m
401 - 450 m
451 - 500 m
501 - 550 m
Skigebiet Idalpe (Tirol)
Raster: ca. 50 m x 50 m
Lenz/Schwarz-v.Raumer
IfGG, Karlsruhe 1991

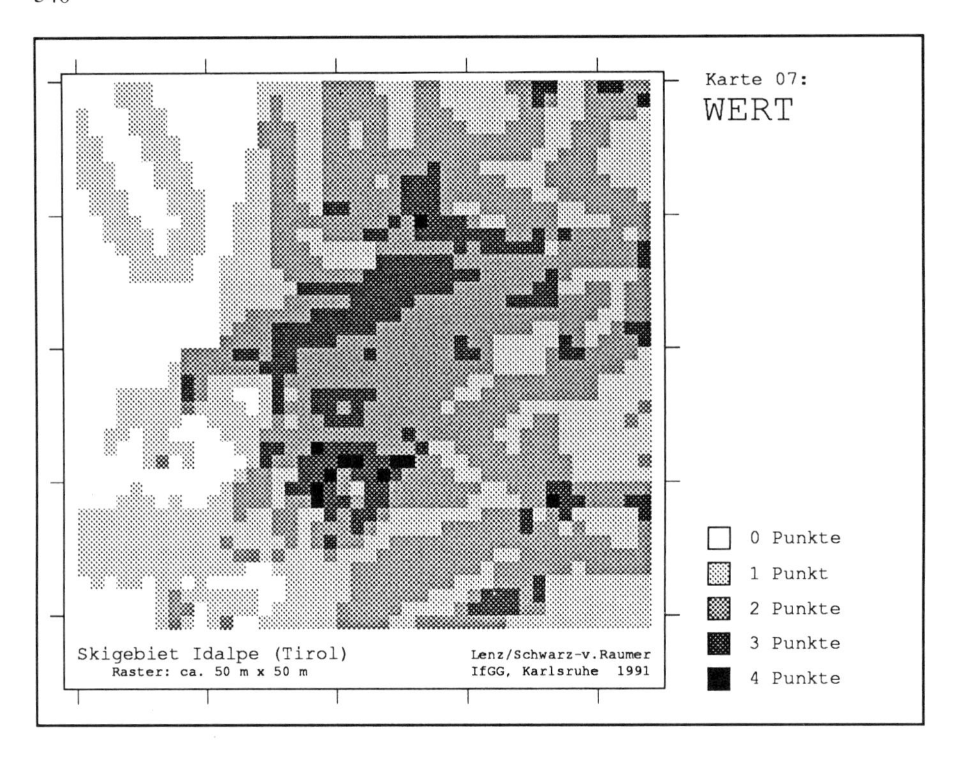
Karte 07:
WERT
0 Punkte
1 Punkt
2 Punkte
3 Punkte
4 Punkte
Skigebiet Idalpe (Tirol)
Raster: ca. 50 m x 50 m
Lenz/Schwarz-v.Raumer
IfGG, Karlsruhe 1991

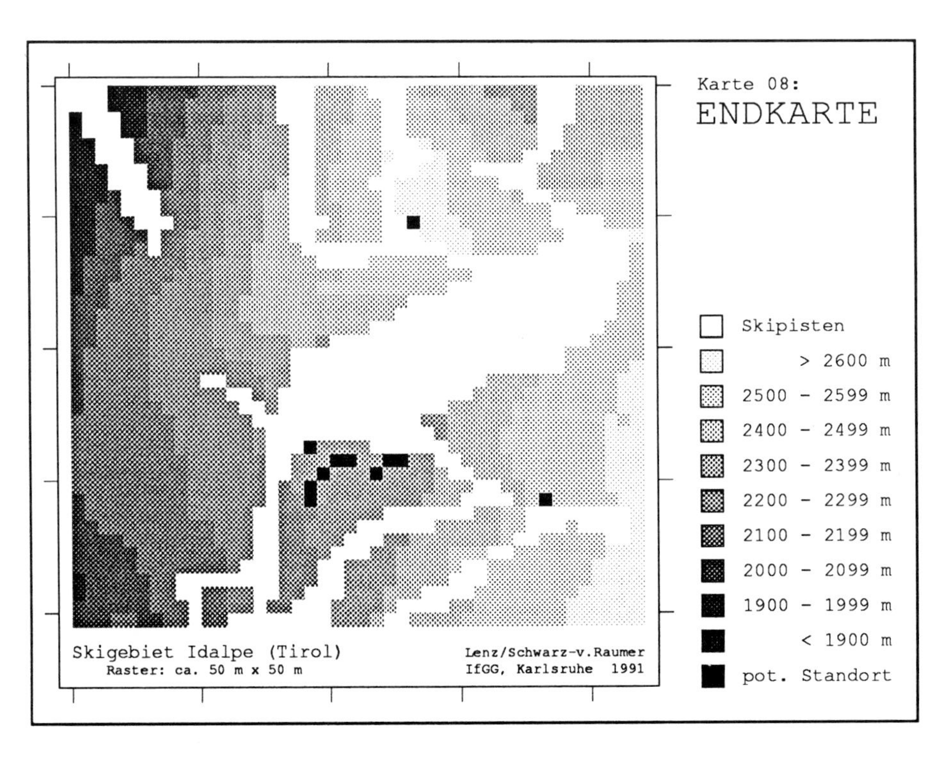
Karte 08:
ENDKARTE
Skipisten
> 2600 m
2500 - 2599 m
2400 - 2499 m
2300 - 2399 m
2200 - 2299 m
2100 - 2199 m
2000 - 2099 m
1900 - 1999 m
< 1900 m
pot. Standort
Skigebiet Idalpe (Tirol)
Raster: ca. 50 m x 50 m
Lenz/Schwarz-v.Raumer
IfGG, Karlsruhe 1991

Druck: Mercedesdruck, Berlin
Verarbeitung: Buchbinderei Lüderitz & Bauer, Berlin